高等学校专业教材
北京市精品课程建设专用教材

发 酵 工 程

主　编　韩北忠
副主编　刘　萍　殷丽君
参　编　陈晶瑜　燕国梁

中国轻工业出版社

图书在版编目（CIP）数据

发酵工程/韩北忠主编 . —北京：中国轻工业出版社，2021.11

高等学校专业教材

ISBN 978-7-5019-8845-7

Ⅰ. ①发… Ⅱ. ①韩… Ⅲ. ①发酵工程—高等学校—教材 Ⅳ. ①TQ92

中国版本图书馆 CIP 数据核字（2012）第 127533 号

责任编辑：伊双双

策划编辑：伊双双　　责任终审：唐是雯　　封面设计：锋尚制版
版式设计：宋振全　　责任校对：吴大鹏　　责任监印：张　可

出版发行：中国轻工业出版社（北京东长安街 6 号，邮编：100740）

印　　刷：三河市万龙印装有限公司

经　　销：各地新华书店

版　　次：2021 年 11 月第 1 版第 6 次印刷

开　　本：787 × 1092　1/16　印张：18.75

字　　数：427 千字

书　　号：ISBN 978-7-5019-8845-7

定　　价：38.00 元

邮购电话：010 - 65241695

发行电话：010 - 85119835　传真：85113293

网　　址：http：//www. chlip. com. cn

Email：club@ chlip. com. cn

如发现图书残缺请与我社邮购联系调换

211357J1C106ZBW

前　言

　　发酵工程是生物技术的核心，是利用微生物和有活性的离体酶的某些功能，为人类大规模生产有用的生物产品，或直接用微生物参与控制某些工业生产过程的技术。发酵工程技术历史悠久，在国民经济和人民生活方面发挥了巨大作用。随着生物技术的进步，发酵工程也得到进一步迅速发展，许多发酵工程技术成果正在越来越广泛地应用于工农业生产和医药卫生等各个领域，在人类可持续性发展的进程中，显示着巨大的优势。同时，现代发酵工程更加注重生物高技术医药产品、资源和能源产品、环境保护等领域。可以预见，随着基因工程、细胞工程以及酶工程等科技的飞速发展，作为工业生物技术核心的发酵工程，其发展将更迅速，内涵将更丰富，应用将更广阔，在社会经济中将发挥更重要的作用。

　　近年来，许多高校相继开设生物工程、生物制药、食品生物技术相关专业。发酵工程已经成为这些专业的重点骨干课程。目前，国内有关发酵工程的教材还相对较少，且已有教材比较侧重基础理论知识介绍，尤其缺乏对于发酵工程相关控制、工艺放大、发酵相关设备等工程知识的介绍，不适合综合性大学、工科院校以及农林院校相关学科的发酵工程教学。基于这种需求，我们在中国轻工业出版社的大力支持下，参阅国内外大量先进教材、专著和文献，在理论结合实际思想的指导下，编写了这本发酵工程教材。本教材编写旨在让学习者通过学习，不仅能够系统掌握发酵工程基本知识，而且侧重对发酵优化控制方法以及工艺操作放大过程的介绍，以便实际指导发酵生产，为提出新型生产工艺模式、开展现代生物工程的设计、研究、开发奠定基础。本教材也可供从事发酵工程工作的科技人员及相关人士参考。

　　本书共 11 章，编写分工为：第一章由韩北忠、燕国梁编写，第二章、第三章、第四章由刘萍编写，第五章、第六章由陈晶瑜编写，第七章、第八章、第九章由燕国梁编写，第十章由韩北忠编写，第十一章由殷丽君编写。

　　本教材的编写得到北京市精品课程建设计划的支持，还得到相关院校领导及有关部门的大力支持和关心。在编写过程中，我们参考了许多国内外相关的教材和文献资料，引用了一些重要的结论及相关图表，在此向各位前辈及同行致以衷心的感谢。中国轻工业出版社的领导和编辑对本书的出版做了大量辛勤细致的工作，在此谨致以衷心的感谢。

　　由于编者的水平有限，加之时间仓促，书中错误和不足之处在所难免。诚挚地希望专家和同行以及广大读者给予批评和指正。

编　者

2012 年 9 月于北京

1

目　录

第一章　发酵工程概述

发酵工程是指采用现代工程技术手段，利用微生物的某些特定功能，为人类生产有用的产品，或直接把微生物应用于工业生产过程的一种新技术。发酵工程是生物工程的重要内容之一，也是生物工程的基础，其内容随着科学技术的发展而不断充实和丰富。

发酵工程的主要内容包括菌种的选育、培养基的配制、灭菌、扩大培养和接种、发酵条件的控制以及产品的分离提纯等。

第一节　发酵和发酵工程的概念

一、发酵的定义

发酵，有史以来就被人类所认识。英语中的发酵为"fermentation"，是由拉丁语"fervere"派生而来，意思是"翻涌"，主要是用来描述酵母菌作用于果汁或麦芽汁时因产生二氧化碳气体而鼓泡的现象。尽管人类很早就已经掌握了"翻涌"现象，但对其本质却长时间缺乏认识，而始终把它当作神秘的东西。

现代生化和生理学意义上的发酵是指微生物在无氧条件下，分解各种有机物质产生能量的一种方式，或者更严格地说，发酵是指以有机物作为电子受体的氧化还原产能反应。因此，从这个意义来说，并非所有的发酵过程都可看见起泡（翻涌状）的现象。然而，"发酵"这个词语已经被习惯性地延伸到所有利用微生物生产产品的过程，而且现代发酵工程还包括了利用动植物细胞生产产品的过程。

二、发酵工程的概念

微生物是地球上分布最广、物种最丰富的生物种群，种类之多，至今仍然是个难以估计的未知数，包括无细胞结构不能独立生活的病毒、亚病毒和具有原核细胞结构的真细菌、古菌以及具有真核细胞结构的真菌、单细胞藻类、原生动物等。发酵工程，狭义上也称为微生物工程，是指在人为控制的条件下通过微生物的生命活动而获得人们所需物质的技术过程。现代意义上的发酵工程是一个由多学科交叉、融合而形成的技术性和应用性较强的开放性学科，它更强调利用经基因工程、细胞工程、蛋白质工程等现代生物技术手段改造过的微生物来生产对人类有用的产品的过程，而且现代发酵工程的含义还更广，不仅仅指利用微生物，还包括利用动植物细胞来生产产品的过程。可见，人类对于发酵工程这一概念的认识始终是处于不断发展和完善的过程中的。

1

第二节 发酵工程发展简史

人类利用微生物的发酵作用进行酿酒、制酱、制醋、制酸乳等已经有几千年的历史，发酵工业是一门既古老又年轻的科学，它的发展大致经历了如下几个阶段。

一、天然发酵阶段

早在公元前6000年，古巴比伦人就开始利用发酵的方法酿造啤酒；公元前4000年，埃及人就熟悉了酒、醋、面包的发酵制作方法，我国在距今4200～4000年前的龙山文化时期已有酒器出现，公元前1000多年前的殷商时期已有酿酒、制醋的文字记载。这些古老的发酵技术流传至今，属于这个时期的典型制品还有酱油、酸乳、泡菜、干酪和腐乳等。那时，人们并不知道这些现象是由微生物作用引起的，生产只能凭经验，因而很难人为控制发酵过程，产品质量不稳定。也正是由于长期对发酵的本质缺乏认识，导致发酵工程发展缓慢。

二、纯培养技术的建立

1680年，荷兰人列文·虎克发明了显微镜，并发现了肉眼看不见的细菌、酵母等微生物。1857年，法国著名生物学家巴斯德用巴氏瓶实验证明了酒精发酵是由活酵母引起的，从而将发酵过程与微生物的生命活动联系起来。1905年，德国人柯赫首先发明了固体培养基，得到了细菌的纯培养物，由此奠定了微生物分离纯化和纯培养技术的基础，开创了人为控制发酵过程的时代，提高了产品的稳定性。由于采用纯种培养与无菌操作技术，再加上简单密封式发酵罐的发明以及发酵管理技术的改进，使发酵过程避免了杂菌的污染，从而扩大了生产规模，产品质量也得到了提高。这一时期典型的发酵产品有酵母、酒精、丙酮、丁醇、甘油、有机酸和酶制剂等。一般认为纯培养技术的建立是发酵工业发展的第一个转折。

三、通气搅拌液体发酵技术的建立

纯培养技术的出现扩大了发酵工程的生产规模，但同时也出现了大规模发酵过程供氧不足的难题，限制了发酵工业的进一步发展。以青霉素为例，青霉素合成需要大量的氧气。最初的生产方法是使用一个小容器，装入1～2cm厚的原料（液体培养基），青霉菌（*Penicillium*）在液体表面生长繁殖，分泌青霉素到液体内。由于液层薄，青霉菌很容易得到氧气，不必搅拌和通入空气，但是这种方法需要很多小容器和很大的培养室。后来人们想办法将小容器串联起来，使培养液在菌层下面流动进行更新。这些办法的目的都是要解决通气问题，但终因操作不便、产量不高和容易染杂菌而失败。迫于第二次世界大战对抗细菌感染药物的需要，1945年在无菌条件下深层发酵生产青霉素的通气搅拌液体技术终于被成功应用到大规模的工业生产中，标志着好氧菌的发酵生产从此走上了大规模的工业化生产途径，开创了发酵工程史上崭新的一页。在此阶段，发酵技术发生了突飞猛进的变化，开发出了许多新产品的发酵工艺，包括其他抗生素、维生素、氨基酸、酶和类固醇等产品，有力地促进了发酵工业的迅速发展。因而，通气搅拌液体技术的建立被认为是发酵工业发展史上的第二个转折点。

四、代谢控制发酵技术

随着人们对微生物代谢途径了解的加深，人们开始利用调控代谢的手段进行微生物选种育种和控制发酵条件。代谢工程是利用重组 DNA 技术或其他技术，有目的地改变生物中已有的代谢网络和表达调控网络，以更好地理解细胞的代谢途径，并用于化学转化、能量转移及大分子装配过程。Bailey 把代谢工程分为两类：①利用外源蛋白的活性实现菌株的改良；②重新分配代谢流。Nielsen 将其分为七类：①合成异源代谢产物；②扩大底物利用范围；③生产非天然的新物质，如新型药物；④降解环境有害物质；⑤改善和提高微生物的某种性能；⑥阻断或降低副产物的合成；⑦提高代谢产物产率。虽然在植物、昆虫和动物细胞中也开始进行代谢工程研究，但微生物由于其代谢途径相对简单、遗传操作比较容易，因而仍是目前代谢工程的主要研究对象。1956 年，日本首先成功地利用自然界存在的野生生物素缺陷型菌株进行谷氨酸的发酵生产。此后，赖氨酸、苏氨酸等一系列氨基酸都采用发酵法生产。这种以代谢调控为基础的新的发酵技术使发酵工业进入了一个新的阶段。随后，核苷酸、抗生素以及有机酸等产品也逐渐采用代谢调控技术进行生产。

微生物代谢工程是工业生物技术的核心技术之一。后基因组时代的代谢工程，是在系统生物学和功能基因组学的强力支撑下，通过对微生物代谢与调控网络的全面理解，将微生物作为细胞工厂生产有用物质或服务于人类社会的重要技术。代谢工程的应用遍及医药、化工、轻工、食品、农业、能源、环保等国民经济诸多领域，是生物技术产业化和规模化发展壮大的基础。目前，微生物代谢工程已进入一个借助于系统生物学、基因组学和功能基因组学技术平台、系统开展微生物代谢途径和基因表达调控网络研究的新阶段。

五、开拓发酵原料时期

传统的发酵原料主要是粮食、农副产品等糖质原料，随着饲料用酵母及其他单细胞蛋白的需要日益增多，急需开拓和寻找新的糖质原料。由于烃类化合物的纯度高、密度低、碳含量高、能为微生物有效利用，以及从成本上可与其他基质竞争，因此石油化工副产物石蜡、甲烷等碳氢化合物被用来作为发酵原料，开始了所谓石油发酵时代，使发酵罐的容量、供氧能力、发酵过程控制都达到了前所未有的规模。由于石油资源日益枯竭，近年来利用秸秆、玉米芯等生物质作为原料生产酒精等燃料能源已经引起越来越多的国家在发展战略上的重视。目前限制乙醇作为燃料使用的主要障碍还是成本问题，因而构建能够利用可再生物质生产乙醇的工程菌仍是主要的努力方向。美国把纤维废料制取乙醇作为可再生能源战略的重要项目。美国能源部和诺维信公司合作，研究以玉米秸秆为原料的生物乙醇生产技术，目前，其关键技术纤维素酶有了突破性的进展，从玉米秆酶解生产 1US gal① 燃料酒精的纤维素酶成本从 5 美元降至 50 美分。他们计划再经过两年努力，使每生产 1US gal 燃料酒精的纤维素酶成本降至 10 美分，使纤维素酶不再是发展玉米秸秆水解生产燃料酒精的制约因素。

六、基因工程阶段

DNA 双螺旋结构发现之后，1973 年美国科学家 Herber Boyer 和 Stanley Cohen 首次对质粒进行了基因工程（genetic engineering）操作并成功转化了大肠杆菌，由此开拓了以基因工程为中心的生物工程时代。基因工程是指在基因水平上，采用与工程设计十分类似的方法，根据人们的意愿，主要是在体外进行基因切割、拼接和重新组合，再转入生物体内，生产出人们所期望的产物，或创造出具有新的遗传特征的生物类型，并使之稳定地遗传给后代。

基因工程不仅能够在不相关的微生物之间转移基因，而且可以非常精确地改造微生物的基因组，这样微生物细胞可以生产通常由高等生物细胞才能生产的有关化合物，如胰岛素、干扰素和乙肝疫苗。这样人们就能够根据自己的意愿将微生物以外的基因导入微生物细胞中，使发酵工业能够生产出自然界微生物所不能合成的产物，扩大了具有商业化潜力的微生物产品范围，并且为新的发酵工程打下基础，使发酵工业发生了革命性的变化并形成了许多新的发酵过程。

近年来，基因工程技术已开始由实验室走向工业生产。它不仅为我们提供了一种极为有效的菌种改良的技术和手段，也为攻克医学上的疑难杂症——癌症、遗传病及艾滋病的深入研究和最后的治愈提供了可能，还为农业的第三次革命提供了基础。现在由工程菌生产的珍稀药物，如胰岛素、干扰素、人生长激素、乙肝表面抗原等都已先后应用于临床，基因工程不仅保证了这些药物的来源，而且可使成本大大下降。另外，重组DNA 技术和大规模培养技术的有机结合，使得原来无法大量获得的天然蛋白质能够规模生产。但研究也发现，工程菌在保存及发酵生产过程中表现出一定的不稳定性，因此，解决工程菌不稳定性的问题成为基因工程这一高技术成果转化为生产力的关键之一。

第三节　发酵工程的范围

目前，现代发酵工程技术已深入到各个生产行业，如工业、农业、矿业、化工、医药、食品、能源和环境保护等。现代发酵工程技术已作为一种新兴的工业体系发展起来，在各个行业的知识和技术创新中发挥着越来越重要的作用。具有重要商业意义的微生物发酵过程主要包括以下五个方面。

---

① 1US gal = 3. 78541L。

一、以微生物细胞作为最终产品的发酵过程

这是以微生物菌体细胞为产品的发酵工业，例如，焙烤工业用的酵母、用于防治作物虫害的绿色农药苏云金芽孢杆菌（*Bacillus thuringiensis*）和人畜防治疾病用的疫苗。目前，单细胞蛋白（SCP）的生产规模已成为发酵工业之首；利用地衣芽孢杆菌（*Bacillus lincheniformis*）无毒株可制成微生态制剂，这种活体生物药物可用于调节人体内部的微生物区系。

二、以微生物代谢产物为产品的发酵过程

微生物合成的代谢产物不下数千种。以微生物代谢产物为产品的发酵生产是发酵工业中数量最多、产量最大，也是最重要的部分，它们包括初级代谢产物、中间代谢产物和次级代谢产物。初级代谢是指普遍存在于生物中的代谢类型，是与生物生存有关的，涉及能量产生和能量消耗的代谢类型，在这个过程中的任何环节发生障碍都有可能导致生长停滞，甚至导致机体发生突变或死亡。初级代谢产物有单糖、核苷酸、脂肪酸、蛋白质、核酸、多糖和脂类等。利用发酵生产的初级代谢产物，具有重大的经济意义（表1－1）。

表1－1　　　　　　　　　微生物的初级代谢产物及其在工业上的应用

初级代谢产物	应　　用
乙醇	含酒精饮料中的活性成分与石油混合后，可作为汽车的燃料
柠檬酸	食品工业与化学工业中有多种用途
丙酮和丁醇	溶剂
谷氨酸	调味品
赖氨酸	食品添加剂
核苷酸	调味品
多糖	食品工业提高油类回收率
维生素	食品添加剂

最有经济价值的发酵过程一般是次级代谢产物的发酵。次级代谢是某些微生物为了避免代谢过程中某种代谢产物的累积造成的不利作用而产生的一类有利于生存的代谢类型，通常是在生长后期进行。通过次级代谢合成的产物称为次级代谢产物，如抗生素、吡咯、氨基糖衍生物、香豆素等，这些代谢产物并不是微生物生长所必需的，即使这些代谢的某个环节发生障碍也不会导致机体生长停止或死亡，仅仅是影响了机体合成次级代谢产物的能力（图1－1）。

三、以微生物代谢体系中的酶为产品的发酵过程

动物、植物和微生物细胞中都存在着各种酶，但是用微生物发酵的方法可以实现酶

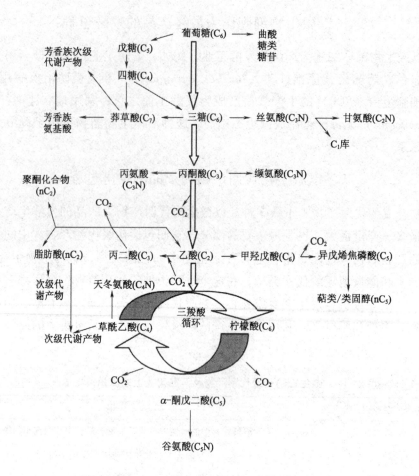

图 1-1　初级和次级代谢产物间的关系

⇨ 初级代谢　　→ 次级代谢

的大规模生产，容易提高产量。酶的生产是受到微生物本身严格控制的，但是可以通过改变微生物的代谢途径或修饰相关的调控过程以提高酶的产量，所使用的方法有优化发酵培养基和发酵条件、添加产酶诱导剂或促进剂、选育高产菌株等。近半个世纪以来，微生物酶主要用于食品工业、洗涤剂生产、皮革加工、医药生产等方面。例如，广泛用于食品加工、纤维脱浆、葡萄糖生产的淀粉酶就是一种最常用的酶制剂，其他如可用于澄清果汁、精炼植物纤维的果胶酶，以及在皮革加工、饲料添加剂等方面用途广泛的蛋白酶等，都是在工业和医药上十分重要的酶制剂。此外，还有一些在医疗上作为诊断试剂或分析试剂用的特殊酶制剂也在深入研究和应用。

四、利用微生物对某种物质进行特定修饰或转化的发酵过程

可利用微生物细胞将一种化合物转化成另一种结构相关、更具经济价值的化合物，这些催化反应可能包括脱氢、氧化、脱水、缩合、脱碳和异构化等。生物转化的最终产物并不是经过微生物细胞代谢后产生的，而是由微生物细胞的酶或酶系对底物的某一特定部位进行化

学反应而形成的。在这里，生物细胞的作用仅仅相当于一种特殊的化学催化剂，引起特定部位的反应。微生物转化反应比用特定的化学试剂有更多的优点，包括反应条件温和、反应选择性高；不需要添加重金属催化剂；反应产物纯度高；反应底物简单便宜等。最简单的生物转化的例子是微生物细胞将乙醇转化成乙酸，即醋的生产过程。微生物转化可以生产更有价值的化合物，如利用生物转化过程生产甾体、手性药物、抗生素和前列腺素。例如，早在1946年可的松就已经能用化学合成法生产，但要经过32步反应。因为步骤多、效率低，250kg左右脱氧胆酸才能生产不到1g可的松。经过研究后发现，关键的一步是要在分子结构的某一部位接上一个羟基，利用黑根霉（*Rhizopus nigricans*）可准确地完成这一反应（图1-2），从而使30多步的化学反应简化为3步。

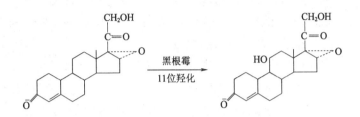

图1-2　可的松合成过程中的羟基化反应

转化发酵过程的特别之处在于先产生大量菌体，然后催化单一反应。一些最新型的过程是将全细胞或其中有催化作用的酶固定在惰性载体上，具有催化作用的固定化细胞可以反复多次地使用。

五、微生物环境保护及其他

发酵工程不仅局限于发酵罐的形式，从环境保护的角度来看，一个湖泊、一条河流、一片垃圾场都可以是开展发酵工程的场所。利用微生物处理环境中的三废物质，主要是利用废物作为微生物发酵过程的营养物，以达到分解各种有毒有害物质实现无害化的目的。例如，可采用好氧发酵的方法直接降解废水中的氰、酚以及农药等有毒物质，还可利用微生物发酵去除或回收废水和废渣中的重金属离子；此外，利用造纸废水生产甾类激素、尼龙废水生产塑料原料、甘薯废渣生产四环素、味精废液生产单细胞蛋白，这样既能保护环境，又能获得新产品。在冶金工业中，还可利用微生物对某些金属氧化物的氧化还原反应，使矿藏中的金属溶出。

第四节　发酵工程的特征和类型

一、发酵工程的特征

发酵工程是利用微生物的生物化学反应制造或生产产品的过程，依靠生命体进行化学反应是其区别于其他化学工业的最大特征。发酵工程的一般特征如下。

（1）发酵过程一般都是在适于生命活动的常温、常压条件下进行的生物化学反应，条件温和、反应安全。

（2）发酵工业所用的原料通常以淀粉、糖蜜等碳水化合物为主，多数属于生物质原料，规格不一、组成复杂，只要不含毒物一般不必进行精制，加入少量的有机和无机氮源就可进行反应。此外，还可利用碳氢化合物、废水和废物等作为原料进行发酵。可见，发酵工业对原料的要求较为粗放。

（3）由于生物体本身具有自动调节的反应机制，因此数十个反应过程能够像单一反应一样，在发酵罐的单一设备内就能很容易地完成。

（4）发酵过程能够专一地和高度选择性地对某些较为复杂的化合物进行特定部位的氧化、还原、官能团导入等化学反应，可以产生化学工业难以合成或几乎不可能合成的复杂的化合物，并且反应的专一性强，可以得到较为单一的代谢产物。酶类的生产和光学活性体的有选择性生产是发酵工业最有特色的领域。

（5）发酵工业在操作上最需要防治的是杂菌的污染。大多数发酵过程要求在无杂菌情况下进行，即必须进行设备的清洗、灭菌和空气过滤，而且对设备的密封性、取样检测都有特殊的要求。一旦发生杂菌和噬菌体的污染，容易给发酵工业带来重大经济损失。

（6）微生物菌种是进行发酵的根本因素，菌种的性能是决定发酵工业生产水平最主要的因素。可通过自然选育、诱变、基因工程等菌种选育手段获得高产的优良生产菌株，生产按常规方法难以生产的产品，能够利用原有的生产设备提高生产的经济效益。

（7）工业发酵与其他工业相比，投资少、见效快，并可以取得较显著的经济效益。

基于以上特点，工业发酵日益引起人们的重视。与传统发酵工程相比，现代发酵工程还具有以下几个特点：不完全依赖地球上的有限资源，而着眼于再生资源的利用，不受原料的限制；能解决传统技术或常规方法所不能解决的许多重大难题，并为能源、环境保护提供新的解决办法；可定向创造新品种、新物种，适应多方面的需要，造福于人类；除利用微生物外，还可以用动植物细胞和酶，也可以用人工构建的遗传工程菌进行反应；反应设备也不局限于常规的发酵罐，各种各样的生物反应器不断被研制出来，可实现自动化控制、连续化生产，使发酵工业的水平得到了很大的提高。

二、发酵工程的类型

最常见的发酵工程的分类方法是按照发酵产物来区分，如氨基酸发酵、有机酸发酵、抗生素发酵、酒精发酵和微生物发酵等。按照发酵工程中对氧气的不同需求区分也是最常见的分类方式，一般分为厌氧发酵和需氧发酵两大类型。厌氧发酵在整个发酵过程中无需供给空气，甚至需要充入氮气、二氧化碳等不活泼气体，而需氧发酵则必须在发酵过程中不断通入无菌空气。一般地，现代发酵工业中多数属于需氧发酵类型。

按照发酵的形式来区分，则有传统发酵和现代发酵两种类型，前者大多是固体发酵，而后者大多采用液体深层发酵。

按照发酵工艺的流程区分，可分为分批式、连续式和流加式等不同类型。

按照发酵原料来区分，还可分为糖类物质发酵、石油发酵以及废水发酵等类型。

第五节　发酵工程的意义和发展趋势

现代生物技术或生物工程主要由基因工程、细胞工程、酶工程和发酵工程四大工程组成。然而，基因工程、细胞工程和酶工程中的产物要实现工业化或者转化为生产，都需要借助于发酵工程的生产原理和技术。只有通过发酵工程，才能够使得由基因工程或细胞工程获得的具有某种所需性状的目的菌株实现工业化生产，最终达到基因克隆或细胞融合的目的，获得生产效益和经济效益。因此，发酵工程是整个生物技术的核心，是工业微生物实现实验室与工厂化生产的具体操作，是生物技术在生产实践中应用的原理及方法的一部分，是基因工程及酶工程等生物技术工业化的过程与方法。经过几十年的发展和实践，人们逐步认识到发酵是一个随着时间变化的、非线性的、多变量输入和输出的动态的生物学过程，按照化学工程的模式来处理发酵工业生产（特别是大规模生产）的问题，往往难以收到预期的效果。这就需要我们对发酵工程的属性进行重新的认识，高度重视细胞代谢流分布变化的有关现象，研究细胞代谢物质流与生物反应器物料流变化的相关性，重视细胞的生长变化，尽可能多地从生长变化中做出有实际价值的分析，进一步建立细胞生长变量与生物反应器的操作变量及环境变量三者之间的关系，更加有效地控制细胞的代谢流。

当前，能源结构、资源结构、环境状态将难以支撑人类社会进一步发展的目标，21世纪人类经济将从基于碳氢化合物的经济转变为基于碳水化合物的经济。在这场深刻的变革中，只有发酵工程才能将来源于太阳能的可再生的生物质资源转变为所需要的化工原料和能源，为人类所面临的环境、资源、人口、能源、粮食等危机和压力提供最有希望的解决途径，促进传统的粗放型经济增长方式走向资源节约型、环境友好型的经济增长方式。因此，这种能源结构和资源结构的转变直接关系到经济的可持续发展、社会的稳定和国家的安全。据有关方面预测，未来将有20%～30%的化学工艺过程将会被发酵工程所取代，发酵工业将成为21世纪的重大化工产业。

发酵工业已经进入到一个新的阶段。近年来生物化工技术取得了许多重大的成果，如微生物法生产丙烯酰胺、脂肪酸、己二酸、壳聚糖、透明质酸、天冬氨酸等产品已达一定的工业规模；在能源方面，纤维素发酵连续制乙醇已开发成功；在农药方面，许多新型的生物农药不断问世；在环保方面，固定化酶处理氯化物已达实用化水平；在催化方面，生物催化合成手性化合物已成为化学品合成的支柱之一。此外，传统的发酵工业已由基因重组菌种取代或改良，由生物法生产高性能高分子、高性能液晶、高性能膜、生物可降解塑料等技术不断成熟，利用高效分离精制技术、超临界气体萃取技术和高效双水相分离技术开发高纯度生物化学品制造技术也不断完善。发酵在线检测技术和发酵控制手段的进一步发展，提供了更多的能够反映环境变化和细胞生长的重要信息，作为控制发酵过程的依据，这些都极大地促进了生物反应器工程的发展，如膜反应器就可以透析除去发酵液中的有害物质，实现微生物菌株的高密度发酵。

与此同时，出现了一些新的研究热点和方向，如反向代谢工程和生理工程。虽然代谢工程在改造某些微生物、提高其发酵性能中取得了很大的成功，但是早期的相当一部分改造并没能取得预期的效果，最主要的原因是人们对大部分微生物的生理遗传背景、酶反应特性、代谢网络结构的了解还不是很透彻。与此同时，传统微生物发酵工业在几十年的发展过程中，已经获得了很多具有特殊生理性能的野生菌以及发酵能力显著提高的突变菌株。在此基础上，Jay Bailey 等在 1996 年首次提出反向代谢工程，这种策略的研究思路是在获得预期表型的基础上，"运用反向遗传策略"鉴定出相应的遗传基础，再将鉴定的遗传特性转移到工业菌株中，使其也具有同样的表型。1997 年，Jens Nielsen 在研究利用产黄青霉（*Penicillium chrysogenum*）生产青霉素时提出了"生理工程"的概念，最初的定义为：结合微生物生理和生物反应器工程的知识，在深入了解微生物代谢途径生理功能的基础上，通过分析微生物细胞的代谢流、代谢控制和建立反应动力学模型提高代谢产物的产量。李寅等人将生理工程的概念进一步扩大化和具体化：在利用代谢工程提高菌株合成代谢产物的基础上，更加重视微生物细胞的生理功能及其对环境的应答机制，通过分子生物学的方法提高细胞对环境，特别是对逆境胁迫的适应能力和代谢活性，最大限度地提高代谢产物的合成水平。从这一层意义上来说，生理工程更加重视发酵工业的实际情况，因为在工业发酵生产中，微生物细胞所面对的环境大多是逆境环境，如高糖、低氮和低 pH 等环境。只有当细胞很好地适应这种逆境环境后，才有可能通过改变的代谢途径获得高水平的目的产物。

微生物系统是一个具有高度自我调节的复杂系统。对这种系统一个基因的改变对整个系统性能的影响往往是有限的，而几个基因共同作用则可能产生较显著的影响。因此，要了解系统性能与基因的关系，就需要从总体上了解该系统的调节机制，并利用系统性能变化的数据进行建模。也就是说，需要在不同层次了解系统的调节机制。这就要求人们将基因组分析、功能研究、转录组学和蛋白质组学等研究手段结合起来，系统地了解微生物目的产物的合成过程。

基因组学是 Thomas 和 Roderick 于 1986 年提出来的，当时是指对基因组的作图、测序及分析。基因组学的研究内容包括两个部分：结构基因组学（structural genomics）和功能基因组学（functional genomics）。前者是对基因组分析的早期阶段，以建立生物的遗传、物理和转录图谱及其全序列测序为主；后者则是在前者的基础上系统地研究基因功能。自从 1995 年流感嗜血杆菌（*Haemophilus influenzae*）的基因组序列测定完成之后，目前已有 75 种（株）微生物的基因组完成测序，160 多种（株）微生物的基因组测序正在进行中。随着各种微生物基因组测序工作的不断完成和序列信息的积累，微生物基因组学研究的重点已由结构基因组学向功能基因组学转移。功能基因组学往往被称为后基因组学（postgenomics），它是利用结构基因组所提供的信息和产物，发展和应用新的实验手段，通过在基因组或系统水平上全面分析基因的功能，使得生物学研究从对单一基因或蛋白质的研究转向对多个基因或蛋白质同时进行系统的研究。研究内容包括基因功能发现、基因表达分析及突变检测。近年来，随着功能基因组学等生物技术的飞速发展，对传统的发酵工业产生了极大的冲击，它被广泛地用于工业微生物的改进、工业微生物翻译过程的解析以及建立新的工业微生物发酵过程中，极大地推动了工业微生物研究及产业的发展。

随着大量微生物全基因组序列测定的完成以及功能基因组学技术的快速发展，代谢工程已进入后基因组时代，这就需要从整体上认识微生物代谢网络，从基因、RNA、蛋白质、代谢物、代谢通量等多个层次系统地分析微生物代谢。显然，后基因组时代的代谢工程是一个庞大的系统工程，需要由系统生物学家领衔，微生物学家、分析化学家和分子生物学家等多学科背景的人员共同参与，从基础研究和应用开发方面共同努力。后基因组时代的代谢工程循环如图 1-3 所示。

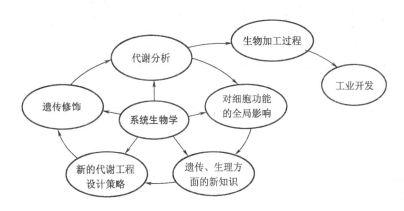

图 1-3 后基因组时代的代谢工程循环（引自李寅，《生物代谢工程：绘制细胞工厂的蓝图》）

目前，我国发酵行业生产企业有 5000 多家，主要发酵产品的年产值高达 1300 亿元人民币，在国民经济中已经占有较高的比重，其中抗生素的总产值已占到我国医药行业总产值的 18% 左右。我国发酵工程相关产业已经取得长足发展，就其规模而言，某些产业（如谷氨酸、柠檬酸、维生素 C 等）在国际上占有举足轻重的位置。但就技术水平而言，与发达国家仍有较大差距，并且存在着许多亟待解决的问题，如发酵生产周期长、分离提纯技术落后、产品收率低、产品成本和单耗高、生产厂家经济效益不佳等，更重要的是对生物技术产业缺乏足够的认识，尤其是对发酵工程重视不够。发酵工程的工业化生产水平由三个要素决定，即生产菌种的性能、发酵及提纯工艺条件和生产设备。因此，利用遗传工程等先进技术人工选育和改良菌种、采用发酵技术进行高等动植物细胞培养、广泛应用固定化技术、开发和采用节能高效的大型发酵装置、发酵过程的自动控制以及开发简便高效的分离技术都将成为发酵工程主要的发展方向。今后发酵工程的研发主要涉及生物高技术医药产品、资源和能源产品、环境保护三个领域。可以预见，随着生物技术等科技的飞速发展，作为工业生物技术核心的发酵工程的发展将更迅速，内涵将更丰富，应用将更广阔，在社会经济中将发挥更重要的作用。

第二章　工业微生物菌种的选育与保藏

微生物菌种在发酵工程中作为活细胞催化剂，优良菌种的选育和保藏是发酵能否顺利实现的关键。从自然界直接分离到的野生型菌株积累产物的能力往往很低，无法满足工业生产的需要，需要进行选育。菌种的选育主要是采用遗传育种的方法，使出发菌株的 DNA 发生突变、重组，从而从中选出产量高、成品质量好或具有新的培养特性，如耐产物抑制、能利用廉价原料以及具有生产新品种能力的优良菌种。而为了使优良菌种的性状保持稳定，需要人为创造条件，使菌种的新陈代谢活动处于不活泼状态，即选取优良菌种的休眠体（孢子或芽孢）或富有生命力的悬浮液在低温或脱水状态下保存。

第一节　工业用微生物菌种概述

一、发酵工业生产对菌种的要求

尽管工业用微生物菌种多种多样，但作为大规模生产，微生物工业对菌种的要求主要表现为以下几个方面：

（1）能在易得、价廉的原料制成的培养基上迅速生长，且代谢产物产量高（目标产物的产量尽可能接近理论转化率）。理论转化率主要是指理想状态下根据微生物的代谢途径进行物料衡算所得出的转化率的大小。

（2）目标产物最好能分泌到胞外，以降低产物抑制并利于产物分离。

（3）可以在要求不高、易于控制的培养条件下迅速生长和发酵。

（4）生长速度和反应速度较快，发酵周期较短。发酵周期短的优点在于感染杂菌的机会减少，设备的利用率提高。

（5）抗噬菌体能力强，不易被感染。

（6）菌种纯粹，遗传性状稳定（不易变异退化），以保证发酵生产和产品质量的稳定性。

（7）菌体不是病原菌，不产生任何有害的生物活性物质和毒素（包括抗生素、激素和毒素等），以保证安全。使用新菌种时尤其应注意，应用于食品领域的菌种更需经严格鉴定，如早期酱油生产采用黄曲霉（*Aspergillus. flavus*），现已停止。

二、工业微生物常用菌种

工业用微生物菌种的来源主要有以下途径：①从自然界分离出来的野生株；②经过诱变的菌株；③通过 DNA 重组的工程菌；④原生质体融合。

发酵工业中常用的微生物有细菌、酵母菌、霉菌和放线菌四大类群，此处介绍其中具有工业价值的主要微生物。

（一）细菌

细菌是自然界中分布最广、数量最多、与人类关系最为密切的一类微生物，也是发酵工业中使用最多的一种单细胞生物。细菌的一般结构包括细胞壁、细胞膜、细胞质、核质体及内含物；特殊结构是某些细菌所特有的，如荚膜、鞭毛、芽孢等，它们在细菌的分类鉴定中有重要的意义。

发酵工业中常用的细菌大多是杆菌，如工业上利用大肠杆菌（*Escherichia coli*）生产谷氨酸脱羧酶，进行谷氨酸定量分析，还可以利用大肠杆菌制取天冬氨酸、苏氨酸和缬氨酸、天冬酰胺酶；利用枯草芽孢杆菌（*B. subtilis*）产生大量淀粉酶和蛋白酶；利用乳杆菌（*Lactobacillus*）制造乳制品；利用棒状杆菌（*Corynebacterium*）、短杆菌（*Brevibacterium*）进行工业生产氨基酸和核苷酸等。

（二）放线菌

放线菌是由不同长短的纤细菌丝所形成的单细胞微生物。放线菌是抗生素的主要产生菌。除抗生素外，放线菌在甾体激素生物合成和酶制剂生产中也有广泛应用。放线菌产生的抗生素能抑制其他微生物的生长，这种作用称为拮抗作用。不同抗生素对其他微生物的抑制作用是有选择性的。

链霉菌属（*Streptomyces*）是放线菌研究中最为广泛的一类，灰色链霉菌（*S. griseus*）生产链霉素，龟裂链霉菌（*S. rimosus*）生产土霉素，金霉素链霉菌（*S. aureofaciens*）生产金霉素，红霉素链霉菌（*S. erythreus*）生产红霉素。小单胞菌属（*Micromonospora*）中多种可产抗生素，如棘孢小单胞菌（*M. echinospora*）生产庆大霉素。诺卡氏菌属（*Nocardia*）生产利福霉素、蚊霉素等。孢囊链霉菌属（*Streptosporangium*）产多霉素、创新霉素。

（三）酵母菌

酵母菌是工农业生产中极为重要的一类微生物，也是微生物遗传学研究中非常有价值的材料。除了广泛用于面包及酒精制造外，还应用在石油脱蜡、单细胞蛋白制造、酶制剂生产以及糖化饲料、猪血饲料发酵等许多方面。此外，从酵母菌体中还可以提取如核糖核酸、细胞色素 C、凝血质及辅酶 A 等医药产品。

啤酒酵母（*Saccharomyces cerevisiae*）常用于传统的发酵行业，如啤酒、白酒、果酒、酒精、药用酵母、面包制作，故又称酿酒酵母。近年来，利用啤酒酵母可以提取核酸、麦角固醇、细胞色素 C、凝血质和辅酶 A 等；生产单细胞蛋白可供食用、药用和作为饲料；它的转化酶可用于转化蔗糖，制造酒心巧克力。

（四）霉菌

霉菌与人类日常生活密切相关。除了用于传统的酿酒、制酱油外，近代广泛用于发酵工业和酶制剂工业。工业上常用的霉菌，有子囊菌纲（Ascomycetes）的红曲霉（*Monascus*）、藻状菌纲（Phycomycetes）的毛霉（*Mucor*）、根霉（*Rhizopus*）和犁头霉（*Absidia*），以及半知菌纲（Deuteromycetes）的曲霉（*Aspergillus*）及青霉（*Penicillum*）等。

米根霉（*R. oryzae*）的淀粉酶活力极强，多作糖化酶使用；又由于具有较强的蛋白质分解能力，也可用于制造腐乳。米曲霉（*A. oryzae*）有较强的蛋白质分解能力，同时又具有糖化能力，是蛋白酶和淀粉酶的生产菌。黑曲霉（*A. niger*）具有多种强大的酶系，如淀粉酶、蛋白酶、果胶酶、纤维素酶和葡萄糖氧化酶等，还能产生多种有机酸，如抗坏血酸、柠檬酸、葡萄糖酸和没食子酸等，是生产柠檬酸和葡萄糖酸的重要菌种。产黄青霉是生产青霉素的主要菌种。

第二节　工业用微生物菌种的分离与筛选

菌株的分离和筛选就是将一个混杂着各种微生物的样品通过分离技术区分开，并按照实际要求和菌株的特性采取迅速、准确、有效的方法对它们进行分离、筛选，进而得到所需微生物的过程。菌种纯化是指在特定环境中只让一种来自同一祖先的微生物群体生存的技术。菌株分离和筛选虽为两个环节，但却不能绝然分开，因为分离中的一些措施本身就具有筛选作用。

一、目标微生物样品的采集

在实验工作中，为使筛选达到事半功倍的效果，可从以下几个途径进行目标微生物样品的收集和筛选：

（1）向菌种保藏机构索取有关的菌株，从中筛选所需菌株。

（2）由自然界采集样品，如土壤、水、动植物体等，从中进行分离筛选。自然界含菌样品极其丰富，土壤、水、空气、枯枝烂叶、植物病株、烂水果等都含有众多微生物，种类、数量十分可观。但总体来讲，土壤样品的含菌量最多。

（3）从一些发酵制品中分离目的菌株，如从酱油中分离蛋白酶产生菌，从酒醪中分离淀粉酶或糖化酶的产生菌等。该类发酵制品经过长期的自然选择，具有悠久的历史，从这些传统产品中容易筛选到理想的菌株。

（一）从土壤中采样

土壤由于具备了微生物所需的营养、空气和水分，是微生物最集中的地方。从土壤中几乎可以分离到任何所需的菌株，空气和水中的微生物也都来源于土壤，所以土壤样品往往是首选的采集目标。一般情况下，土壤中含细菌数量最多，且每克土壤的含菌量大体有如下规律：细菌 10^8 cfu/g，放线菌 10^7 cfu/g，霉菌 10^6 cfu/g，酵母菌 10^5 cfu/g，藻类 10^4 cfu/g，原生动物 10^3 cfu/g，其中放线菌和霉菌指其孢子的数量。但各种微生物由于生理特性不同，在土壤中的分布也随着地理条件、养分、水分、土质、季节而有很大的变化。因此，在分离菌株前要根据分离筛选的目的，到相应的环境和地区去采集样品。

1. 根据土壤特点采样

（1）土壤有机质含量和通气状况　一般耕作土、菜园土和近郊土壤中有机质含量丰富，营养充足，且土壤成团粒结构，通气饱水性能好，因而微生物生长旺盛，数量多，尤其适合细菌、放线菌生长。山坡上的森林土植被厚，枯枝落叶多，有机质丰富，且阴暗潮湿，适合霉菌、酵母菌生长繁殖。

从土层的纵剖面看，1～5cm 的表层土由于阳光照射，蒸发量大，水分少，且有紫外线的杀菌作用，因而微生物数量比 5～25cm 土层少；25cm 以下土层则因土质紧密，空气量不足，养分与水分缺乏，含菌量也逐步减少。因此，采土样最好的土层是 5～25cm。总的说来，酵母菌分布土层最浅，为 5～10cm，霉菌和好氧芽孢杆菌也分布在浅土层。

（2）土壤酸碱度和植被状况　土壤酸碱度会影响微生物种类的分布。偏碱的土壤（pH 7.0～7.5）环境，适合细菌、放线菌生长；反之，在偏酸的土壤（pH 7.0 以下）环境下，霉菌、酵母菌生长旺盛。由于植物根部的分泌物有所不同，因此，植被对微生物分布也有一定的影响。例如，番茄地或腐烂番茄堆积处有较多维生素 C 生产菌；葡萄或其他果树在果实成熟时，其根部附近土壤中酵母菌数量增多；豆科植物的植被下，根瘤菌数量比其他植被下占优势。

（3）地理条件　南方土壤比北方土壤中的微生物数量和种类都要多，特别是热带和亚热带地区的土壤。许多工业微生物菌种，如抗生素产生菌，尤其是霉菌、酵母菌，大多从南方土壤中筛选出来。这是因为南方温度高，温暖季节长，雨水多，相对湿度高，植物种类多，植被覆盖面大，土壤有机质丰富，造成得天独厚的微生物生长环境。

（4）季节条件　不同季节微生物数量有明显的变化，冬季温度低，气候干燥，微生物生长缓慢，数量最少；到了春天，随着气温的升高，微生物生长旺盛，数量逐渐增加。但就南方来说，春季往往雨水多，土壤含水量高，通气不良，即使有微生物所需的温度、湿度，也不利于其生长繁殖。随后，经过夏季到秋季，有 7～10 个月处在较高的温度和丰富的植被下，土壤中的微生物数量比任何时候都多，因此，秋季采土样最为理想。

2. 根据微生物营养特点采样

每种微生物对碳/氮源的需求不一样，分布也有差异。研究表明，微生物的营养需求和代谢类型与其生长环境有着很大的相关性。例如，森林土有相当多枯枝落叶和腐烂的木头等，富含纤维素，适合利用纤维素作碳源的纤维素酶产生菌生长；在肉类加工厂附近和饭店排水沟的污水、污泥中，由于有大量腐肉、豆类、脂肪类存在，因而，在此处采样能分离到蛋白酶和脂肪酶的产生菌；在面粉加工厂、糕点厂、酒厂及淀粉加工厂等场所，容易分离到产生蛋白酶、糖化酶的菌株。

若要筛选以糖质为原料的酵母菌，通常到蜂蜜、蜜饯、甜果及含糖浓度高的植物汁液中采样。在筛选果胶酶产生菌时，由于柑橘、草莓及甘薯等果蔬中含有较多的果胶，因此，从上述样品的腐烂部分及果园土中采样较好。若需要筛选代谢合成某种化合物的微生物，从大量使用、生产或处理这种化合物的工厂附近采集样品，容易得到满意的结果。在油田附近的土壤中就容易筛选到利用碳氢化合物为碳源的菌株。也可将一种需要降解的物质作为样品中微生物的唯一碳源或氮源进行富集，然后分离筛选。

此外，不少微生物对碳源的利用是不完全专一的，如以油脂为碳源的某些脂肪酶产生菌同样也可以分解淀粉或其他糖类物质获得能源而生长。以石油等碳氢化合物为碳源的油田微生物，也可以利用一些糖类为碳源。具有以上特性的微生物在一般土壤、水及其他样品中也会存在，不过数量较少。

（二）特殊环境下采样

1. 局部环境条件的影响

微生物的分布除了本身的生理特性和环境条件综合因素的影响之外，还要受局部环境条件的影响。如北方气候寒冷，年平均温度低，高温微生物相对较少。但在该地区的温泉或堆肥中，却会出现为数众多的高温微生物。氧气充足的土层通常只适合好氧菌生长，但也有一些厌氧菌存活，原因是好氧菌生长繁殖消耗了土层中大量氧气，为厌氧菌创造了生长的局部有利环境，故土壤中也能分离到厌氧菌。

海洋对于微生物来说是一个特殊的局部环境，由于海洋独特的高盐度、高压力、低温及光照条件，使海洋微生物具备特殊的生理活性，相应也产生了一些不同于陆地来源的特殊产物。从海洋中采样时，可参考其中不同种类微生物的分布规律：表层多为好氧型异养菌；底层由于有机质丰富，硫化氢含量高，厌氧型腐败菌和硫酸盐还原菌较多。前苏联学者发现，20% ~50% 的海鞘、海参体内的微生物可产生具有细菌毒性和杀菌活性的化合物。此外，美国马里兰大学也曾从海绵体内的共生或共栖的细菌中分离到抗白血病、鼻咽癌的抗癌物质。日本发现深海鱼类肠道内的嗜压古细菌，80% 以上的菌株可以生产二十碳五烯酸（EPA）和二十二碳六烯酸（DHA），最高产量可达 36% 和 24%。

具有特殊性质的微生物通常分布在一些特殊的环境中。如从考拉熊肠中也曾分离到萜烯分解酶的产生菌，这可能因为考拉专吃含有高萜烯的桉树类植物，给该种微生物创造了一个适宜的生长环境。美国从用硝酸处理过的花生壳中分离到一株节杆菌（*Arthro bacter*），该菌以木质素为唯一碳源，它对处理过的花生壳的消化率可达到 63%，再加入酿酒酵母使其蛋白质含量达到 13.6%，可作为牛、猪、鸡饲料的添加剂。

2. 极端环境条件的影响

微生物一般在中温、中性 pH 条件下生长。但在绝大多数微生物所不能生长的高温、低温、高酸、高碱、高盐或高辐射强度的环境下，也有少数微生物存在，这类微生物被称为极端微生物。生活所处的特殊环境，导致它们具有与一般微生物不同的遗传特性、特殊结构和生理功能，因而在冶金、采矿及生产特殊酶制剂方面有着巨大的应用价值。

嗜冷菌（thermophiles）的最适生长温度为 15℃，在 0℃ 也可生长繁殖，最高温度不超过 20℃，主要分布于寒冷的环境中，如南北两极地区、冰窟、高山、深海和土壤等低温环境中。这类微生物在低温发酵时可生产许多风味食品，并且可节约能源及减少中温菌的污染。

最适生长 pH 在 8.0 以上，通常 pH 在 9 ~10 的微生物，称之为嗜碱菌（alkaliphiles）。大量不同类型的嗜碱菌已经从土壤、碱湖、碱性泉甚至海洋中分离得到。由于大部分碱湖伴有高盐，许多嗜碱菌同时也是嗜盐菌。该类菌所产生的酶如耐碱蛋白酶和碱性纤维素酶可作为洗涤剂的添加成分，也可将碱性淀粉酶用于纺织品工业。嗜碱菌中的基因还可以用来调节其他细菌中基因产物的表达和分泌。

热源地域是嗜热菌最好的来源。有人从温泉和海底火山口分离出了极端嗜热菌。从意大利境内的喷硫磺气的火山口中分离到一种原始的微生物，在 pH 2 和 90℃ 时生长最好，其代谢类型极不寻常，既能作为好氧型自养菌将硫氧化成硫酸，使自己增殖，又能作为厌氧菌用氢还原硫，生成 H_2S。

二、含微生物样品的富集培养

收集到的样品，如含目标菌株较多，可直接进行分离。如果样品含目标菌种很少，就要设法增加该菌的数量，进行增殖（富集）培养。所谓富集培养就是给混合菌群提供一些有利于所需菌株生长或不利于其他菌型生长的条件，以促使目标菌株大量繁殖，从而有利于分离它们。富集培养主要根据微生物的碳源、氮源、pH、温度、需氧等生理因素加以控制，一般可从以下几个方面来进行富集。

1. 控制培养基的营养成分

微生物的代谢类型十分丰富，其分布状态随环境条件的不同而异。如果环境中含有较多某种物质，则其中能分解利用该物质的微生物也较多。因此，在分离该类菌株之前，可在增殖培养基中加入相应的底物作唯一碳源或氮源。那些能分解利用的菌株因得到充足的营养而迅速繁殖，其他微生物则由于不能分解这些物质，生长受到抑制。当然，能在该种培养基上生长的微生物并非单一菌株，而是营养类型相同的微生物群。富集培养基的选择性只是相对的，它只是微生物分离中的一个步骤。

例如，筛选纤维素酶产生菌时，以纤维素作为唯一碳源进行增殖培养，使得不能分解纤维素的菌不能生长；筛选脂肪酶产生菌时，以植物油作为唯一碳源进行增殖培养，能更快更准确地将脂肪酶产生菌分离出来。除碳源外，微生物对氮源、维生素及金属离子的要求也是不同的，适当地控制这些营养条件对提高分离效果是有好处的。

又如要分离耐高渗酵母菌，由于该类菌在一般样品中含量很少，富集培养基和培养条件必须严密设计。首先要到含糖分高的花蜜、糖质中去取样。富集培养基为5%~6%的麦芽汁，30%~40%葡萄糖，pH 3~4，在20~25℃下进行培养，可以达到富集的目的。

在富集培养时，还需根据微生物的不同种类选用相应的富集培养基，如淀粉琼脂培养基通常用于丝状真菌的增殖，配方为：可溶性淀粉4%，酵母浸膏0.5%，琼脂2%，pH 6.5~7.0。在配制时要特别注意酵母浸膏的添加量，过多会刺激菌丝生长，而不利于孢子的产生。

根据微生物对环境因子的耐受范围具有可塑性的特点，可通过连续富集培养的方法分离降解高浓度污染物的环保菌。如以苯胺作唯一碳源对样品进行富集培养，待底物完全降解后，再以一定接种量转接到新鲜的含苯胺的富集培养液中，如此连续移接培养数次。同时，将苯胺浓度逐步提高，便可得到降解苯胺占优势的菌株培养液，采用稀释涂布法或平板划线法进一步分离，即可得到能降解高浓度苯胺的微生物。

2. 控制培养条件

在筛选某些微生物时，除通过培养基营养成分的选择外，还可通过它们对pH、温度及通气量等其他一些条件的特殊要求加以控制培养，以达到有效的分离目的。如细菌、放线菌的生长繁殖一般要求偏碱（pH7.0~7.5），霉菌和酵母菌要求偏酸（pH4.5~6.0）。因此，富集培养基的pH调节到被分离微生物的要求范围不仅有利于自身生长，也有利于排除不需要的、对酸碱敏感的微生物。

分离放线菌时，可将样品液在40℃恒温预处理20min，有利于孢子的萌发，可以较大程度地增加放线菌数目，达到富集的目的。

筛选极端微生物时，需针对其特殊的生理特性，设计适宜的培养条件，达到富集的目的。

一般所筛选的微生物通常是好氧菌，但有时也需分离厌氧菌。因严格厌氧菌不仅可省略通气、搅拌装置，还可节省能耗。这时除了配制特殊的培养基外，还需准备特殊的培养装置，创造一个有利于厌氧菌的生长环境，使其数量增加，易于分离。

3. 抑制不需要的菌类

在分离筛选的过程中，除了通过控制营养和培养条件，增加富集微生物的数量以有利于分离外，还可通过高温、高压、加入抗生素等方法减少非目的微生物的数量，使目的微生物的比例增加，同样能够达到富集的目的。

从土壤中分离芽孢杆菌时，由于芽孢具有耐高温特性，100℃很难杀死，要在121℃才能彻底死亡。可先将土样加热到80℃或在50%乙醇溶液中浸泡1h，杀死不产芽孢的菌种后再进行分离。在富集培养基中加入适量的胆盐和十二烷基磺酸钠可抑制革兰阳性菌的生长，对革兰阴性菌无抑制作用。分离厌氧菌时，可加入少量硫乙醇酸钠作为还原剂，它能使培养基氧化还原电势下降，造成缺氧环境，有利于厌氧菌的生长繁殖。

筛选霉菌时，可在培养基中加入四环素等抗生素抑制细菌，使霉菌在样品中的比例提高，从中便于分离到所需的菌株；分离放线菌时，在样品悬浮液中加入10滴10%的酚或加青霉素（抑制革兰阳性菌）、链霉素（抑制革兰阴性菌）各30~50U/mL，以及丙酸钠10μg/mL（抑制霉菌类）抑制霉菌和细菌的生长。在分离除链霉菌以外的放线菌时，先将土样在空气中干燥，再加热到100℃保温1h，可减少细菌和链霉菌的数量。分离耐高浓度酒精和高渗酵母菌时，可分别将样品在高浓度酒精和高浓度蔗糖溶液中处理一段时间，杀死非目的微生物后再进行分离。

三、微生物的纯种分离

经富集培养以后的样品，目的微生物得到增殖，占了优势，其他种类的微生物在数量上相对减少，但并未死亡。富集后的培养液中仍然有多种微生物混杂在一起，即使占优势的一类微生物，也并非纯种。例如，同样一群以油脂为碳源的脂肪酶产生菌，有的是细菌，有的是霉菌，有的是芽孢杆菌，有的不产芽孢，有的生产能力强，有的生产能力弱等。因此，经过富集培养后的样品，也需要进一步通过分离纯化，把最需要的菌株直接从样品中分离出来。

纯种分离常选用单菌落分离法。为了提高筛选工作效率，在纯种分离时，培养条件对筛选结果影响也很大，可通过控制营养成分、调节培养基pH、添加抑制剂、改变培养温度和通气条件及热处理等来提高筛选效率。平板分离后挑选单个菌落进行生产能力测定，从中选出优良的菌株。

（一）好氧型微生物的分离方法

好氧型微生物的分离技术主要是稀释和选择培养。稀释是在液体中或在固体表面高度稀释微生物群体，使单位体积或单位面积仅存留一个单细胞，并使此单细胞增殖为一个新的群体，最常用的为平板划线法。如果所要分离的微生物在混杂的微生物群体中数量极少或者增殖过慢而难以稀释分离，需要结合使用选择培养法，即选用仅适合于所要分离的微生物生长繁殖的特殊培养条件来培养混杂菌体，改变群体中各类微生物的比例，以达到分离的目的。分离的方法很多，大体可分为两类。一类较为粗放，只能达到"菌落纯"，如稀释涂布法、划线分离法、组织分离法等。前两种方法由于操作简便有效，工业生产中应用较多；组织分离法则通常是从有病或特殊组织中分离菌株。另一类是单细胞或单孢子分离方法，可达到"菌株纯"或"细胞纯"的水平。这类方法需采用专门的仪器设备，复杂的如显微操作装置，简单的可利用培养皿或凹玻片作分离小室进行分离。

1. 稀释涂布法

把土壤样品以 10 倍的级差，用无菌水进行稀释，取一定量的某一稀释度的悬浮液，涂抹于分离培养基的平板上，经过培养，长出单个菌落，挑取需要的菌落移到斜面培养基上培养。土壤样品的稀释程度，要看样品中的含菌数多少，一般有机质含量高的菜园土等，样品中含菌量大，稀释倍数高些，反之稀释倍数低些。采用该方法，在平板培养基上得到单菌落的机会较大，特别适合于分离易蔓延的微生物。

2. 划线分离法

用接种环取部分样品或菌体，在事先已准备好的培养基平板上划线，当单个菌落长出后，将菌落移至斜面培养基上，培养后备用。该分离方法操作简便、快捷，效果较好。在样品含菌量较少或某种目的微生物不多的情况下，微生物的纯种分离方法可以简化如下：第一种方法，取一支盛有 3～5mL 无菌水的粗试管或小三角瓶，取混匀的样品少许（0.5g 左右）放入其中，充分振荡分散，用灭菌滴管取一滴土壤悬液于琼脂平板上涂抹培养，或者用接种环接一环于平板上划线培养。这种方法不需要菌落计数，比以上常规稀释法简便。第二种方法，取风干粉末状的土样少许（几十毫克）直接撒在选择性分离培养基平板上或混入培养基中制成平板，置适温培养一定时间，长出菌落。例如分离小单胞菌就可采用该方法：从河泥中取样，风干研碎，取样品粉末 20～50mg 直接加到天冬酰胺培养基中，混合均匀制成平板，培养后长出鱼卵状菌落。这种方法有时分离不够充分，可用划线法进一步纯化。

3. 利用平皿的生化反应进行分离

这是一种利用特殊的分离培养基对大量混杂微生物进行初步分离的方法。分离培养基是根据目的微生物特殊的生理特性或利用某些代谢产物的生化反应来设计的。通过观察微生物在选择性培养基上的生长状况或生化反应进行分离，可显著提高菌株分离纯化的效率。

（1）透明圈法　在平板培养基中加入溶解性较差的底物，使培养基混浊，能分解底物的微生物便会在菌落周围产生透明圈，圈的大小初步反映该菌株利用底物的能力。该法在分离水解酶产生菌时采用较多，如脂肪酶、淀粉酶、蛋白酶、核酸酶产生菌都会在含有底物的选择性培养基平板上形成肉眼可见的透明圈。

①淀粉酶产生菌的分离：分离淀粉酶产生菌时，培养基以淀粉为唯一碳源，待样品涂布到平板上，经过培养形成单个菌落后，再用碘液浸涂，根据菌落周围是否出现透明的水

解圈来区别产酶菌株。

②核酸水解酶产生菌的分离：可用双层平板法，首先在普通平板培养基上把悬浮液涂抹培养，等长出菌落后覆盖一层营养琼脂，内含3%酵母RNA、0.7%琼脂及0.1mol/L乙二胺四乙酸（EDTA），pH7.0，于42℃左右培养2～4h，四周产生透明圈的菌落即为核酸分解酶产生菌。

③有机酸产生菌的分离：在分离某种产生有机酸的菌株时，也通常采用透明圈法进行初筛。在选择性培养基中加入碳酸钙，使平板成混浊状，将样品悬浮液涂抹到平板上进行培养，由于产生菌能够把菌落周围的碳酸钙水解，形成清晰的透明圈，可以轻易地鉴别出来。分离乳酸产生菌时，由于乳酸是一种较强的有机酸，因此，在培养基中加入的碳酸钙不仅有鉴别作用，还有酸中和作用。

④蛋白酶产生菌的分离：土壤经巴氏消毒，以减少不产芽孢的微生物，然后铺在pH8～9的琼脂培养基（含有均匀的不溶性蛋白质）表面。碱性蛋白酶产生菌能消化平板上的不溶性蛋白质，产生一透明圈。

（2）变色圈法　对于一些不易产生透明圈产物的产生菌，可在底物平板中加入指示剂或显色剂，使所需微生物能被快速鉴别出来。

①果胶酶产生菌的分离：筛选果胶酶产生菌时，用含0.2%果胶为唯一碳源的培养基平板，对含微生物的样品进行分离。待菌落长成后，加入0.2%刚果红溶液染色4h，具有分解果胶能力的菌落周围便会出现绛红色水解圈。

②谷氨酸产生菌的分离：在分离谷氨酸产生菌时，可在培养基中加入溴百里酚蓝。它是一种酸碱指示剂，变色范围在pH6.2～7.6，当pH在6.2以下时为黄色，pH在7.6以上时为蓝色。若平板上出现产酸菌，其菌落周围会变成黄色，可以从这些产酸菌中筛选谷氨酸产生菌。

③脂肪酶产生菌的分离：在进行解脂微生物的分离时，虽然有很多精确的测定方法，如酸碱滴定法、电位滴定法、浊度滴定法、甘油滴定法及色谱分析法等，但由于步骤繁琐，不适于大规模筛选测定。为提高分离筛选效率，多采用固体平板的变色圈法，如以吐温为底物，尼罗蓝作为指示剂，根据变色圈大小来判断脂肪酶活性的高低；也可用甘油三丁酸酯为底物，罗丹明B为指示剂，以荧光圈的大小来测定。

④内肽酶产生菌的分离：内肽酶产生菌的筛选，可以用酪蛋白作为不透明底物，产生内肽酶的菌种能够使平板产生透明圈；还可以用吲羟乙酸酯作为底物加到分离培养基中，产生蛋白酶的菌落由于水解吲羟乙酸酯为3－羟基吲哚，后者能氧化生成蓝色产物，根据呈色圈便可选出平板上产蛋白酶的菌落。培养基平板由两层组成，底层含明胶1.2%，酵母汁0.1%，蛋白胨0.4%，琼脂1.5%，待凝固后在其上覆盖一层琼脂。琼脂含量为0.7%，由pH7.6的0.5mol/L的磷酸氢钾缓冲液配制。配制浓度为0.083mol/L的吲羟乙酸酯溶液，取其中的0.3mL加入到上层琼脂中倒平板。

（3）生长圈法　生长圈法通常用于分离筛选氨基酸、核苷酸和维生素的产生菌。工具菌是一些相对应的营养缺陷型菌株。将待检菌涂布于含高浓度的工具菌并缺少所需营养物的平板上进行培养，若某菌株能利用平板中所缺的营养物，在该菌株的菌落周围便会形成一个混浊的生长圈。如嘌呤营养缺陷型大肠杆菌（如 *E. coli* P264）与不含嘌呤的琼脂混合倒平板，在其上涂布含菌样品保温培养，周围出现生长圈的菌落即为嘌呤产生菌。

同样，只要是筛选微生物所需营养物的产生菌时，都可采用生长圈法，工具菌用相应的营养缺陷型菌株，由于得到所需营养，凡是目的微生物周围便会出现混浊的生长圈。

（4）抑菌圈法 常用于抗生素产生菌的分离筛选。通常抗生素的筛选要投入极大的人力、财力和时间。据估计，筛选1万个菌株才能得到1株有用的生产菌，因此设计一个准确、迅速的筛选模型十分重要。抑菌圈法是常用的初筛方法，工具菌采用抗生素的敏感菌。若被检菌能分泌某些抑制菌生长的物质，如抗生素等，便会在该菌落周围形成工具菌不能生长的抑菌圈，很容易被鉴别出来。采用该方法已经得到很多有用的抗生素，如春雷霉素和青霉素等。

在青霉素生产菌种选育中，还可利用加入青霉素酶来筛选青霉素高产菌株，做法如下：将产黄青霉孢子进行诱变处理，致死率约为99%，然后分离于琼脂平板上，控制孢子浓度，使之长成独立菌落，一直培养到青霉素产量达到顶峰，加入 0.106 U/mol 青霉素酶于鉴定菌枯草芽孢杆菌悬浮液中，涂布菌落，凝固后，培养 17～20h。测量抑菌圈大小，根据有效指标（抑菌圈直径与菌落直径之比）选出高产突变株。

由于现有抗生素种类多样，得到新的抗生素越来越困难。人们除了从一些特殊的地方如极端环境中采样分离抗生素的产生菌，也采用一些特殊的筛选方法，以期从普通土样中分离筛选到新的微生物及新的抗生素。除上述的抑菌圈外，稀释法、扩散法、生物自显影法等也不同程度地得到应用。在这些方法中，检验菌的选择十分重要，直接关系到检出的灵敏度和筛选到的抗生素的活性和抗菌谱。如在筛选抗细菌抗生素时，传统上常用金黄色葡萄球菌（*Staphyloecocus aureus*）和枯草芽孢杆菌作为检验菌来检验抗生素的抗性。采用联合检验菌，如枯草芽孢杆菌和绿色产色链霉菌（*S. viridochromogenes*），可分离出抗菌活性低、对其他试验菌活性高的新抗生素，如黄霉素族的抗生素，而这些抗生素在单独使用枯草芽孢杆菌时无法检出。

在筛选抗霉菌抗生素时，需根据其特点进行筛选，因霉菌与哺乳动物细胞性质相似，为减少药物对人体的副作用，需挑选对霉菌有抗性但对人体安全的抗生素。由于哺乳动物不含几丁质，因此可先筛选抑制几丁质合成酶的生理活性物质，再从中筛选所需抗生素。抗病毒抗生素及抗肿瘤药物的筛选则可通过敏感细菌培养平板的噬菌斑来判断。

（5）特殊菌类——环保降解菌的分离 自然界存在着大量废物及污染物，如多环芳烃、有机染料和颜料、表面活性剂、农药、酚类和卤代烃等。在分离筛选这类物质的降解微生物时，用以该物质为唯一碳源或氮源的培养基进行富集培养。不能利用该物质的微生物由于得不到营养被淘汰，能分解该物质的微生物则正常生长。经过几个月的连续培养后，将富集培养液划线或涂布于分离平板上，便能筛选到所需的环保降解菌株。分离平板可采用以该污染物为底物的鉴别培养基，通过水解圈或变色圈进一步提高筛选效率。采用该方法分离苯胺、DDT、甲基对硫磷（MP）石油、甲胺磷等污染物都取得了良好的效果。

在筛选环保降解菌时需注意，某些有毒污染物由于本身对微生物的生长有抑制作用，如果直接在培养基中加入该物质连续富集培养，可能效果不佳，这时就需根据不同的情况设计更合理的筛选模型。如 Harris 在分离以氰化物为氮源的细菌时，把浸透了 KCN 溶液的滤纸放到平皿盖上，滤纸所产生的 HCN 蒸气逐渐渗入含无机盐的分离培养基，每天用新制备的浸湿 KCN 的滤纸更换，培养一段时间后，从平皿上长出的菌落中进行分离，便容易得到分解氰化物的菌株。

由于塑料工业的发展，环境中到处都有各种高分子包装废弃物，这些污染物多为不溶于水的高分子化合物，获得其降解菌株较为困难。通常采用富集法进行筛选，如日本的小野胜道教授以低浓度聚乙烯作为富集培养基对土壤微生物进行驯化，分离到了三种能降解聚乙烯的细菌。在淀粉塑料的降解试验中，采用加富土壤掩埋法，筛选到的降解微生物主要是霉菌与放线菌。这可能是因为丝状体更容易深入共混物内部生长，尤其是膜料中的聚乙烯和淀粉分布并非均匀，由于聚乙烯的流动性好，因而在吹塑过程中膜表面的聚乙烯含量偏高，使细菌在初期很难降解这类共混物，所以在降解菌的研究方面应着重考虑霉菌与放线菌。除驯化培养进行降解菌的筛选外，还可采用阶段式筛选法。如在分离聚乙二醇降解菌时，可先筛选能分解乙二醇、丙二醇或与聚乙二醇结构相似的含两个醚键的三甘醇的微生物，再从中筛选能降解聚乙二醇的菌株，也能达到较好的效果。

（二）厌氧菌的分离原理

厌氧菌一般在无氧条件下才能生长。要从样品中分离这类菌，需采取厌气培养法，否则菌体因接触氧气而死亡。因此，培养过程中要除去氧气，下面介绍几种除去氧气的方法。

1. 加入还原剂

分离培养基内加入还原剂，如半胱氨酸、D 型维生素 C、硫化钠等，操作时以最快的速度划线分离，然后立即置于事先已抽真空密闭的容器内（充 CO_2 或 N_2 也可），于室温培养。

2. 焦性没食子酸法

焦性没食子酸和 NaOH 互相反应除去氧气。操作时，先将焦性没食子酸放在容器中，把含有厌氧菌样品的培养皿架空放入容器内，然后加入 NaOH 溶液，立即盖上盖子，并用石蜡或凡士林密封，放到室温下培养。要除去 100mL 空气中的氧气，需要焦性没食子酸固体 1g 和 10% NaOH 溶液 10mL。

3. 平皿厌气培养法

取无菌培养皿一套，在皿盖内倒上分离培养基，凝固后，皿底一侧放焦性没食子酸固体，另一侧放 10% NaOH 溶液，使二者不相接触。准备完毕，在凝固的琼脂平板上迅速把含厌氧菌样品进行划线，然后盖上皿盖并密封，摇动平皿使焦性没食子酸固体和 NaOH 溶液混合，发生化学反应，除去皿内的氧气，置适宜温度下进行培养。

四、生产性能的测定

由于纯种分离后，得到的菌株数量非常大，如果对每一菌株都做全面或精确的性能测定，工作量十分巨大，而且是不必要的。一般采用两步法，即初筛和复筛，经过多次重复筛选，直到获得 1~3 株较好的菌株，供发酵条件的摸索和生产试验，进而作为育种的出发菌株。这种直接从自然界分离得到的菌株称为野生型菌株，以区别于用人工育种方法得到的变异菌株（亦称突变株）。

五、典型的微生物新种分离筛选过程

分离微生物新种的具体过程大体可分为采样、增殖、纯化和性能测定。培养方法可采用分批式富集培养（摇瓶培养）和恒化富集培养（连续培养）。分批式富集培养是将富集培养物转接到新的同一种培养基中，重新建立选择性压力，如此重复转种几次后，再取此富集培养物接种到固体培养基上，以获得单菌落。恒化富集培养是通过改变限制性基质的浓度，来控制不同菌株的比生长速率。微生物新种分离过程如图 2-1 所示。

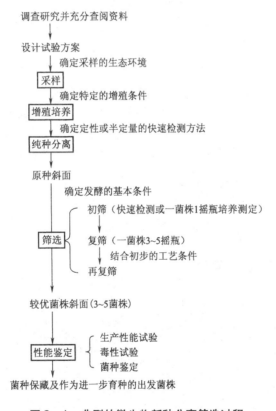

图 2-1　典型的微生物新种分离筛选过程

第三节　工业用微生物菌种的育种

菌种的自发突变往往存在两种可能性：一种是菌种衰退，生产性能下降；另一种是代谢更加旺盛，生产性能提高。具有实践经验和善于观察的工作人员，能利用自发突变出现的菌种性状的变化，选育出优良菌种。例如，在抗生素发酵生产中，从某一批次高

产的发酵液中取样并进行分离，往往能够得到较稳定的高产菌株。但自发突变的频率较低，出现优良性状的可能性较小，需坚持相当长的时间才能收到效果。由于筛选到的微生物生产目标产物的产量较低，因此需经过工业上常用的微生物菌种育种方法提高已筛选产物的产量。

工业用微生物育种方法主要包括诱变育种、杂交育种、原生质体融合、基因工程等。

一、诱变育种

诱变育种是指用人工的方法处理微生物，使它们发生突变，再从中筛选出符合要求的突变菌株，供生产和科学实验用。

诱变育种和其他方法相比较，人工诱变能提高突变频率和扩大变异谱，具有速度快、方法简便等优点，是当前菌种选育的一种主要方法，在生产中使用得十分普遍。但是，诱发突变随机性大，因此诱发突变必须与大规模的筛选工作相配合才能收到良好的效果。如果筛选方法得当，也有可能定向地获得好的变异株。

诱变育种的主要环节：①出发菌种选择；②以合适的诱变剂处理大量而均匀分散的微生物细胞悬浮液（细胞或孢子），在引起绝大多数细胞致死的同时，使存活个体中 DNA 碱基变异频率大幅度提高；③诱变处理；④用合适的方法淘汰负变异株，选出极少数性能优良的正变异株，以达到培育优良菌株的目的。诱变育种的程序如图 2-2 所示。

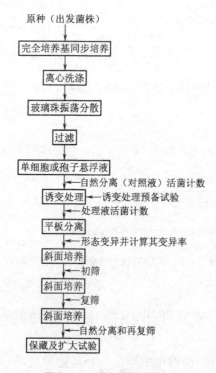

图 2-2　诱变育种的程序

（一）出发菌种的选择

用来育种处理的起始菌株称为出发菌株，出发菌株选择的原则是菌种要对诱变剂的敏感性强、变异幅度大、产量高。出发菌株的来源主要有以下三方面：

（1）自然界直接分离到的野生型菌株　这些菌株的特点是它们的酶系统完整，染色体或 DNA 未损伤，但它们的生产性能通常很差（这正是它们能在大自然中生存的原因）。通过诱变育种，它们正突变（即产量或质量性状向好的方向改变）的可能性大。

（2）经历过生产条件考验的菌株　这些菌株已有一定的生产性状，对生产环境有较好的适应性，正突变的可能性也很大。

（3）已经历多次育种处理的菌株　这些菌株的染色体已有较大的损伤，某些生理功能或酶系统有缺损，产量性状已经达到了一定水平。它们负突变（即产量或质量性状向差的方向改变）的可能性很大，可以正突变的位点已经被利用了，继续诱变处理很可能导致产量下降甚至死亡。

此外，出发菌种还可以从菌种保藏机构中购买。

一般可选择（1）或（2）类菌株，第（2）类较佳，因为已证明它可以向好的方向发展。在抗生素生产菌育种中，最好选择已通过几次诱变并发现每次的效价都有所提高的菌株作出发菌株。

（二）菌悬液的制备

（1）诱变处理前，细胞尽可能达到同步生长状态，一般要求菌体处于对数生长期。采用生长旺盛的对数期，其变异率较高且重现性好。

（2）悬液的均一性可保证诱变剂与每个细胞机会均等并充分地接触，避免细胞团中变异菌株与非变异菌株混杂，出现不纯的菌落，给后续的筛选工作造成困难。为避免细胞团出现，可用玻璃珠振荡打散细胞团，再用脱脂棉或滤纸过滤，得到分散的菌体。

（3）对产孢子或芽孢的微生物最好采用其孢子或芽孢。霉菌和放线菌的菌株一般是多核的，因此对霉菌都用孢子悬浮液进行诱变。但孢子生理活性处于休眠状态，诱变时不及营养细胞好，因此最好采用刚刚成熟的孢子，其变异率高；或在处理前将孢子培养数小时，使其脱离静止状态，则诱变率也会增加。

（4）诱变菌悬液浓度调整。一般处理真菌的孢子或酵母时，其菌悬液的浓度大约为 10^6 个/mL，细菌和放线菌孢子的浓度大约为 10^8 个/mL。

（三）诱变处理

诱变育种是指利用各种诱变剂处理微生物细胞，提高基因的随机突变频率，通过一定的筛选方法（或特定的筛子）获得所需要的高产优质菌株。

1. 工业常用微生物诱变剂的种类

工业上常用的微生物育种诱变剂主要分为物理诱变剂和化学诱变剂两类。

（1）物理诱变剂　物理诱变剂主要为各种射线，如紫外线、X 射线、α 射线、β 射线、γ 射线、超声波、微波和激光等，其中以紫外线应用最广。

紫外光谱正好与细胞内核酸的吸收光谱相一致，因此在紫外光的作用下能使 DNA 链断裂，DNA 分子内和分子间发生交联形成嘧啶二聚体，从而导致菌体的遗传性状发生改变。

（2）化学诱变剂　化学诱变剂的种类较多，常用的有甲基磺酸乙酯（EMS）、亚硝基胍、亚硝酸、氮芥等。它们作用于微生物细胞后，能够特异地与某些基团起作用，即引起物质的原发损伤和细胞代谢方式的改变，失去亲株原有的特性，并建立起新的表型。亚硝基胍和甲基磺酸乙酯虽然诱变效果好，但由于多数引起碱基对转换，得到的变异株回变率高。吖啶类等诱变剂，能引起缺失、阅读密码组移动等巨大损伤，则不易产生回复突变。各种化学诱变剂常用的剂量和处理时间见表 2－1。

表 2－1　　　　　　　　　　　常用化学诱变剂诱变处理方法

诱变剂	诱变剂的剂量	处理时间	缓冲剂	中止反应方法
亚硝酸 （HNO_2）	$0.01 \sim 0.1 mol/L$	$5 \sim 10min$	pH4.5，1mol/L 醋酸缓冲液	pH8.6，0.07mol/L 磷酸二氢钠
硫酸二乙酯 （DES）	$0.5\% \sim 1\%$	$10 \sim 30min$，孢子 $18 \sim 24h$	pH7.0，0.1mol/L 磷酸缓冲液	硫代硫酸钠或大量稀释
甲基磺酸乙酯 （EMS）	$0.05 \sim 0.5 mol/L$	$10 \sim 60min$，孢子 $3 \sim 6h$	pH7.0，0.1mol/L 磷酸缓冲液	硫代硫酸钠或大量稀释
亚硝基胍 （NTG）	$0.1 \sim 1.0 mol/mL$	$15 \sim 60min$，$90 \sim 120min$	pH7.0，0.1mol/L 磷酸缓冲液或 Tris 缓冲液	大量稀释
亚硝基甲基胍 （NMU）	$0.1 \sim 1.0 mol/mL$	$15 \sim 90min$	pH6.0～7.0，0.1moL/L 磷酸缓冲液或 Tris 缓冲液	大量稀释
氮芥	$0.1 \sim 1.0 mol/mL$	$5 \sim 10min$	$NaHCO_3$	甘氨酸或大量稀释
乙烯亚胺	$1:1000 \sim 1:10000$	$30 \sim 60min$		硫代硫酸钠或大量稀释
羟胺 （$NH_2OH \cdot HCl$）	$0.1\% \sim 0.5\%$	数小时或生长过程中诱变		大量稀释
氯化锂 （LiCl）	$0.3\% \sim 0.5\%$	加入培养基中，在生长过程中诱变		大量稀释
秋水仙碱 （$C_{22}H_{25}NO_6$）	$0.01\% \sim 0.2\%$	加入培养基中，在生长过程中诱变		大量稀释

2. 诱变剂的选择

诱变剂的选择主要是根据已经成功的经验，诱变作用不但取决于诱变剂，还与菌种的种类和出发菌株的遗传背景有关。一般对遗传上不稳定的菌株，可采用温和的诱变剂，或采用已见效果的诱变剂；对于遗传上较稳定的菌株则采用强烈的、不常用的、诱变谱广的诱变剂。要重视出发菌株的诱变系谱，不应常采用同一种诱变剂反复处理，以防止诱变效应饱和；但也不要频频变换诱变剂，以避免造成菌种的遗传背景复杂，不利于高产菌株的稳定。

选择诱变剂时，还应该考虑诱变剂本身的特点。例如，紫外线主要作用于 DNA 分子的嘧啶碱基，而亚硝酸则主要作用于 DNA 分子的嘌呤碱基。紫外线和亚硝酸复合使用，突变谱宽，诱变效果好。

3. 诱变条件的选择

仅仅采用诱变剂的理化指标控制诱变剂的用量常会造成偏差，不利于重复操作。例如，同样功率的紫外线照射，诱变效应还受到紫外灯质量及其预热时间、灯与被照射物的距离、照射时间、菌悬液的浓度、厚度及其均匀程度等诸多因素的影响。另外，不同种类和不同生长阶段的微生物对诱变剂的敏感程度不同，所以在诱变处理前，一般应预先做诱变剂用量对菌体死亡数量的致死曲线，选择合适的处理剂量。致死率表示诱变剂造成的菌悬液中死亡菌体数占菌体总数的比率。

诱变处理剂量的选择是一个比较复杂的问题，一般正突变较多出现在偏低剂量中，而负突变则较多地出现于偏高剂量中。对于经过多次诱变而提高了产量的菌株，在较高剂量下负突变率更高。因此，目前处理量已从以前采用的死亡率 90% ~99% 降低为死亡率 70% ~80%。

4. 复合诱变

诱变育种中还常常采取诱变剂复合处理，使它们产生协同效应。复合处理可以将两种或多种诱变剂分先后或同时使用，也可用同一诱变剂重复使用。因为每种诱变剂有各自的作用方式，引起的变异有局限性，复合处理则可扩大突变的位点范围，使获得正突变菌株的可能性增大。因此，诱变剂复合处理的效果往往好于单独处理。

5. 影响诱变效果的因素

除了出发菌株的遗传特性和诱变剂会影响诱变效果之外，菌种的生理状态、被处理菌株的预培养和后培养条件以及诱变处理时的外界条件等都会影响诱变效果。

菌种的生理状态与诱变效果有密切关系。例如，有的碱基类似物、亚硝基胍等只对分裂中的 DNA 有效，对静止的或休眠的孢子或细胞无效；而另外一些诱变剂，如紫外线、亚硝酸、烷化剂、电离辐射等能直接与 DNA 起反应，因此对静止的细胞也有诱变效应，但是对分裂中的细胞更有效。因此，放线菌、真菌的孢子诱变前经培养稍加萌发便可以提高诱变率。

诱变处理前后的培养条件对诱变效果有明显的影响，可在培养基中添加某些物质（如核酸碱基、咖啡因、氨基酸、氯化锂、重金属离子等）来影响细胞对 DNA 损伤的修复作用，使之出现更多的差错，从而达到提高诱变率的目的。例如，菌种在紫外线处理前，在富含核酸碱基的培养基中培养，能增加其对紫外线的敏感性。相反，如果菌种在进行紫外线处理以前，培养于含有氯霉素（或缺乏色氨酸）的培养基中，则会降低突变率。紫外线诱变处理后，将孢子液分离于富含氨基酸的培养基中，则有利于菌种发生突变。

诱变率还受到其他外界条件，例如温度、氧气、pH、可见光等因素的影响。

（四）中间培养

对于刚经诱变剂处理过的菌株，有一个表现迟滞的过程，即细胞内原有酶量的稀释过程（生理延迟），需 3 代以上的繁殖才能将突变性状表现出来。因此，应将变异处理后的细胞在液体培养基中培养几小时，使细胞的遗传物质复制，繁殖几代，以得到纯的变异细胞。这样，稳定的变异就会显现出来。若不经液体培养基的中间培养，直接在平皿上分离就会出现变异和不变异细胞同时存在于一个菌落内的可能，形成混杂菌落，以致造成筛选结果的不稳定和将来的菌株退化。

（五）工业用微生物高产突变株的筛选

在实际工作中，为了提高筛选效率，往往也将诱变菌种的筛选工作分为初筛和复筛两步进行。初筛的目的是删去明确不符合要求的大部分菌株，把生产性状类似的菌株尽量保留下来，使优良菌种不至于漏网。复筛的目的是确认符合生产要求的菌株，应精确测定每个菌株的生产指标。筛选方案如图 2-3 所示。

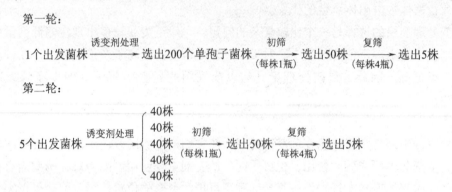

图 2-3 工业用微生物高产突变株的筛选

初筛和复筛工作可以连续进行多轮，直到获得较好的菌株为止。采用这种筛选方案，不仅能以较少的工作量获得良好的效果，而且，还可使某些眼前产量虽不很高，但有发展前途的优良菌株不至于落选。筛选获得的优良菌株还将进一步做工业生产试验，考察它们对工艺条件和原料等的适应性及遗传稳定性。

诱变处理后的孢子在斜面上活化后，进行生产能力测试筛选。为了获得优良菌株，初筛菌株的量要大，发酵和测试的条件都可粗放一些。例如，可以采用琼脂平板筛选法进行初筛，也可以采用一个菌株进一个摇瓶的方法进行初筛。随着以后一次一次的复筛，对发酵和测试条件的要求应逐步提高，复筛一般每个菌株进 3~5 个摇瓶，如果生产能力继续保持优异，再重复几次复筛。初筛和复筛均需有亲株作对照以比较生产能力是否优良。复筛后，对于有发展前途的优良菌株，可考察其稳定性、菌种特性和最适培养条件等。真正的高产菌株，往往需要经过产量提高的逐步累积过程，才能变得越来越明显。所以有必要多挑选一些出发菌株进行多步育种，以确保挑选出高产菌株。

根据形态变异淘汰低产菌株。突变一旦发生，突变细胞能够把突变的性状遗传给子代。如果诱变处理确实有效的话，在一定的培养基上，很容易发现一些菌落的性状或色泽等和亲代菌株不同，这可作为诱变效果的定性指标。某些菌落形态与生产性能有直接的相关性，可采取在平皿直接筛选。但就目前的研究，多数变异菌落的外观形态与生理的相应关系尚未完全清楚。

根据平皿直接反应挑取高产菌株。所谓平皿直接反应是指每个菌落产生的代谢产物与培养基内的指示物作用后的变色圈或透明圈等。因其可表示菌株的生产活力高低，所以可以作为初筛的标志，常用的有纸片培养显色法、透明圈法、琼脂片法、深度梯度法。菌体细胞经诱变剂处理后，要从大量的变异菌株中把一些具有优良性状的突变株挑选出来，这需要有明确的筛选目标和筛选方法，需要进行认真细致的筛选工作。

1. 营养缺陷型菌株的筛选

营养缺陷型菌株是指通过诱变产生的，由于发生了丧失某种酶合成能力的突变，因而无法在基本培养基上正常生长繁殖，只能在加有该酶合成产物的培养基（补充培养基）中才能生长的突变株。

营养缺陷型菌株的筛选与鉴定涉及下列几种培养基：

①基本培养基（MM，符号为［－］）：是指仅能满足某种微生物的野生型菌株（从自然界分离得到的微生物，在其发生突变前的原始菌株，称为野生型菌株）生长所需的最低成分的合成培养基。

②完全培养基（CM，符号为［＋］）：是指可满足某种微生物的一切营养缺陷型菌株［野生型菌株经过人工诱变或者自然突变失去合成某种营养（氨基酸、维生素、核酸等）的能力，只有在基本培养基中补充所缺乏的营养因子才能生长，称为营养缺陷型菌株］的营养需要的天然或半合成培养基。

③补充培养基（SM，符号为［A］或［B］等）：是指在基本培养基中添加某种营养物质以满足该营养缺陷型菌株生长需求的合成或半合成培养基。

营养缺陷型菌株是一种生化突变株，它的出现是由基因突变引起的。遗传信息的载体是一系列为酶蛋白编码的核酸，如果核酸系列中某碱基发生突变，由该基因所控制的酶合成受阻，该菌株也因此不能合成某种营养因子，从而使正常代谢失去平衡。

营养缺陷型菌株不仅在生产中可直接作为发酵生产核苷酸、氨基酸等中间产物的生产菌，而且在科学实验中也是研究代谢途径的好材料和研究杂交、转化、转导、原生质融合等遗传规律必不可少的遗传标记菌种。营养缺陷型菌株的筛选一般要经过诱变、淘汰野生型、检出和鉴定营养缺陷型四个环节。现分述如下：

（1）诱变剂处理　与上述一般诱变处理相同。

（2）淘汰野生型　在诱变后的存活个体中，营养缺陷型的比例一般较低。通过以下抗生素法或菌丝过滤法就可淘汰为数众多的野生型菌株，即浓缩了营养缺陷型。

①抗生素法：有青霉素法和制霉菌素法等数种。青霉素法适用于细菌，青霉素能抑制细菌细胞壁的生物合成，杀死正在繁殖的野生型细菌，但无法杀死正处于休眠状态的营养缺陷型细菌。制霉菌素法则适合真菌，制霉菌素可与真菌细胞膜上的固醇作用，从而引起膜的损伤，杀死生长繁殖着的酵母菌或霉菌。在基本培养基中加入抗生素，野生型生长被杀死，营养缺陷型不能在基本培养基中生长而被保留下来。

②菌丝过滤法：适用于进行丝状生长的真菌和放线菌。其原理是在基本培养基中，野

生型菌株的孢子能发芽成菌丝，而营养缺陷型的孢子则不能。通过过滤就可除去大部分野生型，保留下营养缺陷型。

（3）检出缺陷型菌株　检出缺陷型菌株的具体方法有很多。用一个培养皿即可检出的，有夹层培养法和限量补充培养法；在不同培养皿上分别进行对照和检出的，有逐个检出法和影印平板法，可根据实验要求和实验室具体条件加以选用。现分别介绍如下：

①夹层培养法：先在培养皿底部倒一薄层不含菌的基本培养基，待凝固后，添加一层混有经诱变剂处理菌液的基本培养基，其上再浇一薄层不含菌的基本培养基。经培养后，对首次出现的菌落用记号笔一一标在皿底。然后再加一层完全培养基，培养后新出现的小菌落多数都是营养缺陷型突变株。

②限量补充培养法：把诱变处理后的细胞接种在含有微量（<0.01%）蛋白胨的基本培养基平板上，野生型细胞就迅速长成较大的菌落，而营养缺陷型则缓慢生长成小菌落。若需获得某一特定营养缺陷型，可再在基本培养基中加入微量的相应物质。

③逐个检出法：把经诱变处理的细胞群涂布在完全培养基的琼脂平板上，待长成单个菌落后，用接种针或灭过菌的牙签把这些单个菌落逐个整齐地分别接种到基本培养基平板和另一完全培养基平板上，使两个平板上的菌落位置严格对应。经培养后，如果在完全培养基平板的某一部位上长出菌落，而在基本培养基的相应位置上却不长，说明此乃营养缺陷型。

④影印平板法：将诱变剂处理后的细胞群涂布在一完全培养基平板上，经培养长出许多菌落。用特殊工具——"印章"把此平板上的全部菌落转印到另一基本培养基平板上。经培养后，比较前后两个平板上长出的菌落。如果发现在前一培养基平板上的某一部位长有菌落，而在后一平板上的相应部位却呈空白，说明这就是一个营养缺陷型突变株。

（4）鉴定缺陷型菌株　可借生长谱法进行。生长谱法是指在混有供试菌的平板表面点加微量营养物，视某营养物的周围有否长菌来确定该供试菌的营养要求的一种快速、直观的方法。用此法鉴定营养缺陷型菌株的操作步骤如下：把生长在完全培养液里的营养缺陷型细胞经离心和无菌水清洗后，配成适当浓度的悬液（如 $10^7 \sim 10^8$ 个/mL），取 0.1mL 与基本培养基均匀混合后，倾注在培养皿内，待凝固、表面干燥后，在皿背划几个区，然后在平板上按区加上微量待鉴定缺陷型所需的营养物粉末（用滤纸片法也可），例如氨基酸、维生素、嘌呤或嘧啶碱基等。经培养后，如发现某一营养物的周围有生长圈，就说明此菌就是该营养物的缺陷型突变株。用类似方法还可测定双重或多重营养缺陷型。

2. 抗阻遏和抗反馈突变型菌株的筛选

抗阻遏和抗反馈突变型菌株都是由于代谢失调所造成的，它们有共同的表型，即在细胞中已经有大量最终代谢产物时仍然继续不断地合成这一产物。如果这一终产物是我们所需的某种氨基酸或核苷酸，那么这种突变型必然大大提高其产量。一般常用的方法是通过诱变处理后，选育结构类似物抗性突变株，这些抗性突变株就包括了抗阻遏和抗反馈两种类型突变。

结构类似物是指一些和细菌体内氨基酸、嘌呤、维生素等代谢产物结构相类似的物质。当把细菌培养在含有结构类似物的培养基上时，例如苯丙氨酸的结构类似物对氟苯丙氨酸，细菌的生长就受到抑制，即在不加苯丙氨酸的基本培养基上细菌不能生长，这是因为这些结构类似物和代谢产物结构相似，因此它也能和阻遏蛋白或变构酶相结合，阻遏或抑制了苯丙氨酸的合成。而且，由于这些结构类似物往往不能代替氨基酸合成蛋白质，它们在细胞内的浓度不会降低，因此它们和阻遏物或变构酶的结合是不可逆的，这就使得有关的酶不可逆地停止了合成或是酶的催化活性不可逆地被抑制，因此细菌不能合成苯丙氨酸而受到抑制。

结构类似物抗性菌株是指在含有类似物的环境中，其生长不被抑制的菌株。这种抗性菌株是由于变构酶结构基因或调节基因发生突变，使结构类似物不能与结构发生了变化的阻遏蛋白或变构酶结合，细菌也照样合成终产物，生长不受抑制。例如，对氟苯丙氨酸是苯丙氨酸的结构类似物，因此对氟苯丙氨酸抗性菌株所产生的苯丙氨酸也不能与阻遏蛋白或变构酶结合，这样必然会在有苯丙氨酸存在的情况下，细胞仍然不断地合成苯丙氨酸，使其得到过量积累，这就是抗阻遏或抗反馈突变株。

3. 抗性突变株的筛选

抗性突变株的筛选相对较容易，只要有 10^{-6} 几率的突变体存在，就容易筛选出来。抗性突变株的筛选常用的有一次性筛选法和阶梯性筛选法两种手段。

（1）一次性筛选法　一次性筛选法就是指在对出发菌株完全致死的环境中，一次性筛选出少量抗性变异株。一次性抗性筛选适用于抗噬菌体菌株和耐高温、高渗、高压、高浓度酒精等微生物的筛选。

抗噬菌体菌株常用此方法筛选。将对噬菌体敏感的出发菌株经变异处理后的菌悬液大量接入含有噬菌体的培养液中，为了保证敏感菌不能存活，可使噬菌体数大于菌体细胞数。此时出发菌株全部死亡，只有变异产生的抗噬菌体突变株能在这样的环境中不被裂解而继续生长繁殖。通过平板分离即可得到纯的抗性变异株。

耐高温菌株在工业发酵中的应用意义在于它可以节约冷却水的用量，尤其是在夏季，并能减少染菌的机会。耐高温菌株所产生酶的热稳定性较高，适用于一些特殊的工艺过程。耐高温菌株也常采用此法筛选。将处理过的菌悬液在一定高温下处理一段时间后再分离，对此温度敏感的细胞被大量杀死，残存的细胞则对高温有较好的耐受性。

耐高浓度酒精的酵母菌的酒精发酵能力较强，也适宜提高发酵醪液浓度，提高醪液酒精浓度。而耐高渗透压的酵母菌株具有积累甘油的性能，可用于甘油发酵。耐高酒精度、高渗透压的菌株也可分别在高浓度酒精或加蔗糖等造成的高渗环境下一次性筛选获得。

（2）阶梯性筛选法　药物抗性即抗药性突变株可在培养基中加入一定量的药物或对菌体生长有抑制作用的代谢物结构类似物来筛选，大量细胞中少数抗性菌在这种培养基平板上能长出菌落。但是在相当多的情况下，无法知道微生物究竟能耐受多少高浓度的药物，这时，药物抗性突变株的筛选需要应用阶梯性筛选法。因为药物抗性常受多位点基因的控制，所以药物的抗性变异也是逐步发展的，时间上是渐进的，先是可以抗较低浓度的药物，而对高浓度药物敏感，经"驯化"或诱变处理后，可能成为抗较高浓度药物的突变株。阶梯筛选法由梯度平板或纸片扩散，在培养皿的空间中造成药物的浓度梯度，可以筛选到耐药浓度不等的抗性变异菌株，使暂时耐药性不高，但有发展前途的菌株不至于被遗漏。所以说，阶梯性筛选法较适合于药物抗性菌株的筛选，特别是在暂时无法确定微生物可以接受的药物浓度情况下。

4. 通过培养基的调整筛选获得适宜菌种

一个突变株由于基因突变，失去生理特性的平衡，同时也因此降低了与原来环境条件的适应能力。由于这种环境因素的选择作用，不适应的突变株优良性状不能表达，甚至被淘汰。在实际选育中，当选育到一个优良突变株时，要改变环境条件，即调整培养基配方和培养条件，使突变株处于一个适应的环境中，从而得到充分表达的机会，使高产性状及其他优良特性完全发挥出来，这就是"表达型＝基因型＋环境"的作用。

基于上述道理，对诱变 1～2 代后的优良菌株，要进行培养基和培养条件的调整，使它在短时间内的群体遗传结构占优势，从而表现出更高的生产性能，发酵单位达到最佳水平。培养基的调整方法包括正交设计和响应面方法。

二、基因工程育种

体外重组 DNA 技术（或称基因工程、遗传工程）是以分子遗传学的理论为基础，综合分子生物学和微生物遗传学的最新技术而发展起来的一门新兴技术。它是现代生物技术的一个重要组成方面，是 20 世纪 70 年代以来生命科学发展的最前沿。利用基因工程能够使任何生物的 DNA 插入到某一细胞质复制因子中，进而引入寄主细胞进行成功表达。

（一）DNA 重组过程

体外重组 DNA 技术操作的对象是单个基因，它的发展应归功于以下几方面的发现：① 在细菌中发现了除染色体外能自主复制的质粒，它们可作为分子克隆的载体；② 发现了许多识别序列不同的限制性核酸内切酶，使不同来源的 DNA 分子得以切割和连接；③ 在大肠杆菌中发现了质粒转化系统。

基因操作就是把外源 DNA 分子结合到任何病毒、质粒或其他载体系统中，组成新的遗传物质，并转入宿主细胞内继续繁殖的过程。通过 DNA 片段的分子克隆，① 可以从复杂的 DNA 分子中分离出单独的 DNA 片段，这是常规物理或化学方法难以办到的；② 可以大量生产高纯度的基因片段及其产物；③ 可以在大肠杆菌中研究来自其他生物的基因；④ 在高等动植物细胞中也可以发展和建立这种基因操作系统。

重组 DNA 技术一般包括四步，即目标 DNA 片段的获得、与载体 DNA 分子的连接、重组 DNA 分子引入宿主细胞及从中选出含有所需重组 DNA 分子的宿主细胞。对于发酵工业的工程菌，在此四步之后还需加上外源基因的表达及稳定性的考虑。

1. 基因的分离

DNA 的提取通常包括去垢剂［如十二烷基硫酸钠（SDS）］裂解细胞壁、用酚和蛋白酶除去蛋白质、核糖核酸酶除去 RNA，以及乙醇沉淀等步骤。但从总体 DNA 中分离特异的目的基因，则是相当困难的，主要有物理分离法、互补 DNA（cDNA）分离法和"鸟枪"法等。

2. DNA 分子的切割与连接

DNA 分子的切割是由限制性核酸内切酶来实现的。限制性核酸内切酶主要是从原核生物中分离的，可分为三类。在分子克隆中应用的主要是Ⅱ类限制性核酸内切酶，其分子质量较小，在 DNA 上有各种不同的识别顺序，被称为分子手术刀。它不仅对切点邻近的两个核苷酸有严格要求，而且对较远的核苷酸顺序也有严格要求。限制酶的识别顺序通常为 4~6 个核苷酸，这些位点的核苷酸都作旋转对称排列。DNA 片段的连接主要通过限制酶产生的黏性末端、末端转移酶合成的同聚物接尾以及合成的人工接头等，利用 DNA 连接酶来实现。大肠杆菌的 DNA 连接酶和 T4 噬菌体感染大肠杆菌产生的 T4DNA 连接酶，都能修复互补黏性末端之间的单链缺口。T4 连接酶还能连接平末端的双链 DNA 分子或连接上合成的人工接头等。

3. 载体

能够克隆外源 DNA 片段并能在大肠杆菌中繁殖的载体有四种类型：质粒（plasmids）、噬菌体λ、黏粒（柯斯质粒）和单链噬菌体 M13 等。这四类载体大小、结构以及生物特性各不相同，但具有以下共同点：① 能在大肠杆菌中自主复制，在共价连接了外源 DNA 片段后仍能自主复制，即载体本身就是一个单独的复制子；② 对某些限制酶来说只有一个切口，并在酶作用后不影响其自主繁殖能力；③ 从细菌核酸中分离和纯化很容易；④ 在宿主中能以多拷贝形式存在，有利于插入的外源基因的表达，能在宿主中稳定地遗传。

4. 引入宿主细胞

外源 DNA 片段与载体连接形成的重组体必须进入宿主细胞才能进一步增殖和表达。以质粒为载体的重组 DNA 以转化的方式进入宿主细胞；以噬菌体为载体的重组 DNA（不带包装蛋白）则以转染的方式进入宿主细胞；经体外包裹进噬菌体外壳的噬菌体载体重组子或柯斯质粒，则以转导的方式进入宿主细胞。

5. 重组体的选择和鉴定

从转化、转染或转导的受体细胞群体中选择被研究的重组体，一般分两步：① 根据载体的遗传标记等选择出含有重组分子的转化细胞；② 进一步根据外源 DNA（目标基因）的遗传特性进行鉴定。鉴定转化细胞的方法主要有遗传学方法、免疫化学方法和核酸杂交方法等。

6. 外源基因的表达

外源基因引入受体后，能否很好地表达，表达蛋白能否分泌或到达催化反应的部位等，是关系到能否工业化应用的问题。影响外源基因表达的因素主要表现在以下几个方面：转录水平上，启动子和受体细胞中 RNA 聚合酶的统一；翻译水平上，mRNA 的核糖体结合部位与受体细胞核糖体的统一；外源基因插入方向对表达的影响；转录后修饰和翻译后修饰等。其中主要集中在转录、翻译及修饰三方面，任一步的失效均造成表达失败。

随着重组 DNA 技术的发展，将高等生物的基因克隆到大肠杆菌中，由大肠杆菌发酵生产人胰岛素、人生长激素和干扰素等高附加值药物产品已实现工业化。同时，在微生物发酵生产的其他产品中，重组 DNA 技术对产量的提高及性状的改良等也得到了广泛的研究和应用。

（二）利用基因工程技术生产氨基酸

氨基酸生产菌的基因克隆系统多采用"鸟枪"法，即利用一种或几种限制性内切酶将某一菌株的 DNA 分子切割成相当于一个或者大于一个基因的片段，然后将这些片段——与载体连接，制成重组 DNA 分子，转化到另一菌株中进行体内无性繁殖，最后对所有带有重组 DNA 分子的细菌（组成基因文库）进行培养和选择，从中挑出含有目的基因的转化子。

利用基因工程技术将氨基酸合成酶基因克隆是提高氨基酸产量的有效途径。目前，几乎所有的氨基酸合成酶基因都可以在不同系统中克隆与表达。其中，苏氨酸、色氨酸、脯氨酸和组氨酸等的工程菌已达到工业化生产水平。例如在 L-色氨酸生产中，利用色氨酸合成酶基因和丝氨酸转羟甲基酶（催化甘氨酸和甲醛合成丝氨酸的酶）基因的重组质粒，在大肠杆菌中克隆化。通过添加甘氨酸来制造 L-色氨酸，该方法能使上述两种酶的活力提高而增产 L-色氨酸。基因工程育种技术还应该和其他育种技术相结合才更为有效。例如，色氨酸的工程菌经过菌种筛选，工程菌的色氨酸产量由最初的 6.2 g/L 上升到 50 g/L。

三、原生质体融合

原生质体融合一般包括标记菌株的筛选、原生质体的制备、原生质体的融合、融合子的选择、实用性菌株的筛选等。图 2-4 所示为原生质体融合的基本过程示意图。

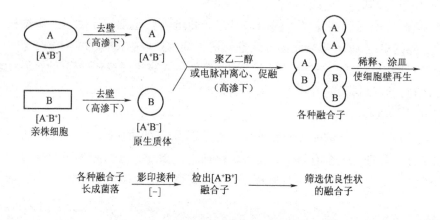

图 2-4 原生质体融合的基本过程

原生质体无细胞壁，易于接受外来遗传物质，不仅可能将不同种的微生物融合在一起，而且可能使亲缘关系更远的微生物融合在一起。原生质体易于受到诱变剂的作用，而成为较好的诱变对象。实践证明，原生质体融合能使重组频率大大提高。因此，此项技术能使来自不同菌株的多种优良性状通过遗传重组组合到一个重组菌株中。原生质体融合作为一项新的生物技术，为微生物育种工作提供了一条新的途径。现将原生质体融合过程简介如下。

（一）标记菌株的筛选

为了获得高产优质的融合子，首先应该选择遗传性状稳定且具有优势互补的两个亲株。同时，为了能明确检测到融合后产生的重组子并计算重组频率，参与融合的亲株一般都需要带有可以识别的遗传标记，如营养缺陷型或抗药性等。这些遗传标记可以通过诱变剂对原种进行处理来获得。在进行原生质体融合前，应先测定菌株各遗传标记的稳定性，如果自发回复突变的频率过高，应考虑该菌株是否适用。

（二）原生质体的制备

获得有活力、去壁较为完全的原生质体对于随后的原生质体融合和原生质体再生是非常重要的。除去细胞壁是制备原生质体的关键，一般都采用酶解法去壁。根据微生物细胞壁组成和结构的不同，需分别采用不同的酶（表2-2），如溶菌酶、纤维素酶、蜗牛酶等。对于细菌和放线菌，主要采用溶菌酶；对于酵母菌和霉菌，则一般采用蜗牛酶和纤维素酶。有时需结合其他一些措施，如在生长培养基中添加甘氨酸、蔗糖或抗生素等，以提高细胞壁对酶解的敏感性。

表2-2　　　　　　　　　　　　　　一些微生物细胞的去壁方法

微生物		细胞壁主要成分	去壁方法
革兰阳性菌	芽孢杆菌（*Bacillus*）	肽聚糖	溶菌酶处理
	葡萄球菌（*Staphyloccocus*）		溶葡萄球菌素处理
	链霉菌（*Streptomyces*）		溶菌酶处理（菌丝生长时补充0.5%～5.0%甘氨酸或10%～34%蔗糖）
革兰阴性菌	大肠杆菌（*Escherichia coli*）	肽聚糖和脂多糖	溶菌酶和EDTA处理
	黄色短杆菌（*Brevi bacterium flavum*）		溶菌酶处理（生长时补充0.41mol/L蔗糖及0.3U/mL青霉素）
霉菌		纤维素和几丁质	纤维素酶或真菌中分离的溶壁酶
酵母菌		葡聚糖和几丁质	蜗牛酶

在菌体生长的培养基中添加甘氨酸，可以使菌体较容易被酶解。甘氨酸的作用机制并不十分清楚，有人认为甘氨酸渗入细胞壁肽聚糖中代替D-丙氨酸的位置，影响细胞壁中各组分间的交联度。不同菌种对甘氨酸的最适需求量各不相同。在菌体生长阶段添加蔗糖也能提高细胞壁对溶菌酶的敏感性。蔗糖的作用可能是扰乱了菌体的代谢，最适的蔗糖添加浓度随不同菌种而变化。青霉素能干扰肽聚糖合成中的转肽作用，使多糖部分不能交联，从而影响肽聚糖网状结构的形成，所以，在菌体生长对数期加入适量青霉素，就能使细胞对溶菌酶更敏感。

原生质体对渗透压极其敏感，低渗将引起细胞破裂。一般是将原生质体放在高渗的环境中以维持它的稳定性。对于不同微生物，原生质体的高渗稳定液组成也是不同的。例如，细菌的稳定液常用SMM液（用于芽孢杆菌原生质体制备和融合，其主要成分是蔗糖0.5mol/L、丁烯二酸0.02mol/L、$MgCl_2$ 0.02mol/L）和DF液［用于棒状杆菌（*Corynebacterium*）原生质体制备和融合，主要成分是蔗糖0.25mol/L、琥珀酸0.25mol/L、EDTA 0.001mol/L、K_2HPO_4 0.02mol/L、KH_2PO_4 0.11mol/L、$MgCl_2$ 0.01mol/L］。在链霉菌中用得较多的是P液（主要成分为蔗糖0.3mol/L、$MgCl_2$ 0.01mol/L、$CaCl_2$ 0.25mol/L及少量磷酸盐和无机离子）。真菌中广为使用的是0.7mol/L NaCl或0.6mol/L $MgSO_4$ 溶液，高渗稳定液使原生质体内空泡增大，浮力增加，易与菌丝碎片分开。

影响原生质体制备的因素有许多，主要有以下几个方面。

（1）菌体的预处理　在使用脱壁酶处理菌体以前，先用某些化合物对菌体进行预处理，有利于原生质体制备。例如，用 EDTA、甘氨酸、青霉素或 D－环丝氨酸等处理细菌，可使菌体的细胞壁对酶的敏感性增加。EDTA 能与多种金属离子形成络合物，避免金属离子对酶的抑制作用而提高酶的脱壁效果。甘氨酸可以代替丙氨酸参与细胞壁肽聚糖的合成，其结果干扰了细胞壁肽聚糖的相互交联，便于原生质体化。

（2）菌体的培养时间　为了使菌体细胞易于原生质体化，一般选择对数生长期后期的菌体进行酶处理。这时的细胞正在生长，代谢旺盛，细胞壁对酶解作用最为敏感。采用这个时期的菌体制备原生质体，原生质体形成率高，再生率亦很高。

（3）酶浓度　一般地说，酶浓度增加，原生质体的形成率亦增大，超过一定范围，则原生质体形成率提高不明显。酶浓度过低，则不利于原生质体的形成；酶浓度过高，则导致原生质体再生率的降低。为了兼顾原生质体形成率和再生率，有人建议以使原生质体形成率和再生率之乘积达到最大时的酶浓度为最适酶浓度。

（4）酶解温度　温度对酶解作用有双重影响，一方面随着温度升高，酶解反应速度加快；另一方面，随着温度升高，酶蛋白变性而使酶失活。一般酶解温度控制在 $20 \sim 40 ℃$。

（5）酶解时间　充足的酶解时间是原生质体化的必要条件。但是，如果酶解时间过长，则再生率随酶解的时间延长而显著降低。其原因是当酶解达到一定的时间后，绝大多数的菌体细胞均已形成原生质体，因此，再进行酶解作用，酶便会进一步对原生质体发生作用而使细胞质膜受到损伤，造成原生质体失活。

（6）渗透压稳定剂　原生质体对溶液和培养基的渗透压很敏感，必须在高渗透压或等渗透压的溶液或培养基中才能维持其生存，在低渗透压溶液中，原生质体将会破裂而死亡。对于不同的菌种，采用的渗透压稳定剂不同。对于细菌或放线菌，一般采用蔗糖、丁二酸钠等作为渗透压稳定剂；对于酵母菌则采用山梨醇、甘露醇等；对于霉菌则采用 KCl 和 NaCl 等。稳定剂的使用浓度一般为 $0.3 \sim 0.8 mol/L$，一定浓度的 Ca^{2+}、Mg^{2+} 等二价阳离子可增加原生质膜的稳定性，所以是高渗透压培养基中不可缺少的成分。

（三）原生质体的融合与再生

原生质体再生就是使原生质体重新长出细胞壁，恢复完整的细胞形态结构。不同微生物的原生质体的最适再生条件不同，甚至一些非常接近的种，最适再生条件也往往有所差别。但最重要的一个共同点是都需要高渗透压。能再生细胞壁的原生质体只占总量的一部分。细菌的再生率一般为 $3\% \sim 10\%$。

影响原生质体融合的因素主要有：菌体的前处理、菌体的培养时间、融合剂的浓度、融合剂作用的时间、阳离子的浓度、融合的温度及体系的 pH 等。

影响原生质体再生的因素有：菌种自身的再生性能、原生质体制备的条件、再生培养基成分、再生培养条件等。检查原生质体形成和再生的指标有两个，即原生质体的形成率和原生质体的再生率，可以通过如下方法来求得：

（1）将用酶处理前的菌体经无菌水系列稀释，涂布于完全培养基平板上培养，计算出原菌数，设该数值为 A。

（2）将用酶处理后得到的原生质体分别经如下两个过程的处理：首先，用无菌水适当稀释，在完全培养基平板上培养计数，由于原生质体在低渗透压条件下会破裂失活，所以生长出的菌落数为未形成原生质体的原菌数，设该值为 B；然后，用高渗透压液适当稀释，在再生培养基平板上培养计数，生长出的菌落数为原生质体再生的菌数和未形成原生质体的原菌数之和，设该数值为 C。以原生质体形成率和再生率为指标，可确定原生质体制备最佳条件。

$$原生质体形成率 = \frac{A-B}{A} \times 100\%$$

$$原生质体再生率 = \frac{C-B}{A-B} \times 100\%$$

（四）筛选优良性状融合重组子

原生质体融合后，来自两亲代的遗传物质经过交换并发生重组而形成的子代称为融合重组子。这种重组子通过两亲株遗传标记的互补而得以识别，如两亲株的遗传标记分别为营养缺陷型 A^+B^- 和 A^-B^+，融合重组子应是 A^+B^+ 或 A^-B^-。重组子的检出方法有两种，即直接法和间接法。

（1）直接法　将融合液涂布在不补充亲株生长需要的生长因子的高渗再生培养基平板上，直接筛选出原养型重组子。

（2）间接法　把融合液涂布在营养丰富的高渗再生平板上，使亲株和重组子都再生成菌落，然后用影印法将它们复制到选择培养基上检出重组子。

从实际效果来看，直接法虽然方便，但由于选择条件的限制，对某些重组子的生长有影响。虽然间接法操作上要多一步，但不会因营养关系限制某些重组子的再生。特别是对一些有表型延迟现象的遗传标记，宜用间接法。若原生质体融合的两亲株带有抗药性遗传标记，可以用类似的方法筛选重组子。

原生质体融合后，两亲株的基因组之间有机会发生多次交换，产生多种多样的基因组合，从而得到多种类型的重组子，而且参与融合的亲株数不限于两个，可以多至三四个。这些都是常规杂交育种不可能达到的。

以上获得的仅仅是融合重组子，还需要对它们进行生理生化测定及生产性能的测定，以确定它是否是符合育种要求的优良菌株。

由于原生质体融合后会产生两种情况：一种是真正的融合，即产生杂合二倍体或单倍重组体；另一种是暂时的融合，形成异核体。两者均可以在选择培养基上生长，一般前者较稳定，而后者不稳定，会分离成亲本类型，有的甚至可以以异核状态移接几代。因此，要获得真正的融合子，必须在融合体再生后，进行几代自然分离、选择，才能确定。

（五）灭活原生质体融合技术在育种中的应用

灭活原生质体融合技术是指采用热、紫外线、电离辐射以及某些生化试剂、抗生素等作为灭活剂处理单一亲株或双亲株的原生质体，使之失去再生的能力，经细胞融合后，由于损伤部位的互补可以形成能再生的融合体。灭活处理的条件应该适当温和一些，以保持细胞 DNA 的遗传功能和重组能力。例如，在一株链霉菌中，其原生质体用 55℃ 热处理 30min，存活率为零，种内单亲株灭活融合，能够得到融合子；而处理时间为 60min 时，则得不到融合子。

（1）单一亲株灭活　该方法可以采用灭活野生型亲株的原生质体，与另一带有营养缺陷型标记的非灭活亲株融合，然后筛选原养型重组体。例如，有人在小单胞菌中用热灭活野生型亲株的原生质体，与另一营养缺陷型耐链霉素亲株融合，在再生群体中分离到的原养型菌株有 80% 为链霉素耐药菌。一般认为，被灭活的亲株在融合中起遗传物质供体的作用。

（2）双亲株或多亲株灭活　常规的杂交育种和原生质体融合，一般都要用诱变方法给双亲株进行遗传标记，这不仅要耗费很大的人力和时间，并且往往对亲株的生产性能有重大的不利影响。双亲株原生质体灭活，只要其致死损伤不一致，就有可能通过融合而互补产生活的重组体。有人将链霉素产生菌灰色链霉菌（*S. griseux*）的高产菌株 81-36、84-102 和野生型菌株 4.181、4.139 四个亲株的原生质体等量混合后，均等分成两份，分别用热和紫外线灭活，然后进行融合，获得的融合子中有一株兼有生产菌株的效价高和野生型菌株的生长快的双重优点。该方法由于可以不用遗传标记等优点，在育种工作中已初见成效。

第四节　工业用微生物菌种的衰退与复壮

由于菌种的衰退将会引起发酵过程的产量急剧下降，一旦发生菌种衰退，就必须采取有效的预防和防治措施，防止菌种的优良性状发生退化。同时若发现某些优良性状退化，应及时进行分离纯化，使生产菌种保持稳定的优良特性。防止菌种衰退的措施主要有菌种的复壮、提供良好的环境条件、定期纯化菌种、防止自身突变等各个方面。

一、微生物菌种的衰退

菌种的衰退会使微生物个体和群体特征的各个方面发生变化，其中最重要的是使所需产物的生产产量下降、营养物质代谢和生长繁殖能力下降、发酵周期延长、抗不良环境条件的性能减弱等。菌种的退化不同于培养过程中由环境条件变化引起的表面的、暂时的变化，而是由个别、少数菌体细胞衰退后逐渐导致整个菌株衰退的一个从量变到质变的遗传变异过程。

（一）菌种衰退的原因

（1）菌种连续传代是菌种发生衰退的直接原因　由于连续传代使菌种经常处于旺盛的生长状态，且每次传代时营养和环境等培养条件都是在不断地变化，与处于休眠状态的菌种相比，细胞的自发突变率要高得多。因此，菌株经过连续传代后，含突变基因的个体在数量上逐渐占优势，退化现象就逐渐显露出来。培养基灭菌升、降温的不同，培养基存放时间的不同，采用老龄菌和多核菌丝传代等都比较容易引起菌种衰退。

（2）菌种自身突变引起菌种衰退　菌种的自发突变和回复突变是引起菌种自身衰退的

主要原因。微生物细胞在每一世代中的突变概率一般为 $10^{-8} \sim 10^{-9}$，保藏在 $0 \sim 4{}^{\circ}\!C$ 时这一突变概率更小，但仍然不能排除菌种衰退的可能。例如，对营养缺陷型菌种未充足供给所需营养物，菌种就会发生突变而丧失已有的特性。

（3）突变不完全造成菌体遗传组成的差异　对于单核细胞的菌株，菌体内的 DNA 双链中仅有一条链发生位点突变，并复制成变异菌的 DNA 链，而未发生变化的一条链，复制成原菌的 DNA 链，结果形成不纯的菌落，经移植后表现出菌种的衰退现象。放线菌和霉菌的菌丝是多核的，因此，对于具有多核细胞的菌株，如果只有一个或几个核发生变异，将会产生异核菌丝，不纯的异核菌丝分裂，便会形成性状不同的菌丝，而一旦性状不同的菌丝占优势，就将表现出菌株的衰退，而不再具有优良的性状。

（二）菌种性能的改变

1. 菌种遗传特性的改变

生产菌种在使用过程中，需要在人工培养条件下进行传代，虽然原始斜面菌种是由单菌落发育而来，但菌落上的许多分生孢子已经具有不同的遗传基础，所以，菌种的性状实际上是孢子群体的特征。较纯的群体，传代后变异较少；不纯的群体，传代后变异较多。在菌种传代培养过程中，导致菌种遗传特性改变的以上几个原因都可起作用，其结果使群体中变异菌株增多。传代培养还具有某种选择作用。

具有菌种优良性状和大量生成目的产物的高产菌株往往表现出活力弱、生长繁殖速度慢的特点，多次传代会使得繁殖能力高的变异菌或低产菌比例增加。所以，菌种传代次数过多会导致菌种衰退。此外，菌种保藏条件不当也会使菌种发生变异，例如冷冻干燥会对菌体细胞的结构和 DNA 造成损伤，在修复这些损伤时，菌体就可能发生变异。

2. 菌种生理状况的改变

菌种的遗传特性需要在一定条件下才能表现出来。由于培养条件不适当，使菌种处于不利于发酵生产的生理状况，其结果也表现为菌种衰退。菌种处于不利于发酵的生理状况有以下三个方面的原因：

（1）菌种在不同培养基上具有不同的生长特性。一个菌种不是纯的群体，而是由一些变异株混合组成，这些变异株所占的比例决定该菌种的特性；单菌落菌种在固体培养基上分离可以长出许多种形态培养特征的菌落，各种类型菌落所占的比例也不同。在开始菌种选育工作时，要研究单菌落的分离培养基，找出能呈现较多菌落类型的分离培养基。菌落类型和发酵产量之间存在着某种程度的相关性。在选种实践中，人们经过对菌落形态的考察，有意识地挑选那些可能高产的菌落。

（2）菌种培养基可通过影响菌种的生理状况而影响发酵产量。菌种培养基营养过于丰富不利于孢子形成，因而影响发酵；菌种培养基营养贫乏也同样不利于发酵，因为菌种在营养贫乏的培养基中多次传代会使菌体细胞内缺乏某些生长因子而衰老，甚至死亡。因此，菌种培养基应具有菌种传代后生产能力下降不明显、菌体不易衰老和自溶的特点。

（3）在某些培养条件下，菌体的某些基因处于活化状态或阻遏状态，而使菌种的生理状态改变。这种改变可能以类似于生理性迟延或细胞分化的机制保持较长一段时间。

二、防止菌种衰退的措施

要防止菌种衰退，应该做好保藏工作，使菌种优良的特性得以保存，尽量减少传代次数。如果菌种已经发生退化，产量下降，则要进行分离复壮。

（一）菌种的分离

菌种发生衰退的同时，并不是所有的菌种都衰退，其中未衰退的菌体往往是经过环境条件考验的、具有更强生命力的菌体。因此，采用单细胞菌株分离措施，即用稀释平板法或用平板划线法，以取得单细胞长成的菌落，再通过菌落和菌体的特征分析和性能测定，就可获得具有原来性状的菌株，甚至性能更好的菌株。如对芽孢杆菌，可先将菌液用沸水处理几分钟，再用平板进行分离，从所剩下的孢子中挑选出最优的菌体。如果遇到某些菌株即使进行单细胞分离仍不能达到复壮的效果，则可改变培养条件，以达到复壮的目的。例如，AT3.942 栖土曲霉（*Asp. terricola*）的产孢子能力下降，可适当提高培养温度，恢复其能力。同时，通过实验选择一种有利于高产菌株而不利于低产菌株的培养条件。

菌种分离方法如下：

（1）配合一定的培养条件，对退化菌株进行单菌落或单细胞分离，淘汰退化的个体，保留纯化菌种。

（2）将芽孢杆菌的悬液加热至90℃，处理数分钟，杀灭已退化的菌体，保留芽孢；再将芽孢或孢子进行传代，以淘汰退化的个体。

（3）提供特殊的培养条件，使环境有利于优良性状菌株的生长而不利于退化菌株的生长，从而淘汰已退化的菌株个体。

（4）将分离后得到的初筛菌株先保藏，再进行复筛考察，从中选出稳定性较好的菌种。

（5）同时应用上述方法中的两种或两种以上的方法，会收到更好的复壮效果。

（二）提供良好的环境条件

进行合理的传代、减少传代次数可防止由于菌种的遗传稳定性变化而引起的自发突变，以及由于环境条件变化导致的退化。菌种允许使用的传代次数必须通过传代的稳定性试验确定。发酵生产中一般只用三代内的菌种。采用合适的传代条件使培养条件有利于高产菌的生长，而不利于低产菌的生长，减少突变的发生。

（三）优良的保藏方法

尽可能采用诸如斜面冰箱保藏法、砂土管保藏法、真空冷冻干燥保藏法以及采用干孢子保藏等优越的保藏方法保藏菌种，以防止菌种的衰退。

（四）定期纯化菌种

对菌种进行定期的分离纯化，可减少其中共存的自发突变菌或"突变不完全"产生的退休型菌株的增殖机会，保持原来的优良特性。诸如对营养缺陷型菌种在纯化过程中提供足够的营养物，以保持菌株的优势，避免回复突变体的竞争。同样，在进行抗性突变的菌种纯化时，在培养基中加入对应于抗性的药物，可保持菌株的抗性优势，避免产生无抗性的回复突变体。

三、菌种的复壮

菌种的复壮有狭义的复壮和广义的复壮。狭义的复壮指的是菌种已经发生衰退后，再通过纯种分离和性能测定等方法，从衰退的群体中找出尚未衰退的少数个体，以达到恢复该菌种原有典型性状的一种措施。而广义的复壮应该是一种积极的措施，即在菌种的生产性能尚未衰退前就经常有意识地进行纯种分离和生产性能的测定工作，使菌种的生产性能逐步提高，所以，这实际上是一种利用自发突变（正突变）从生产中不断进行选种的工作。

（一）纯种分离

将经过一段时间培养的微生物进行平板涂布，对获得的单个菌落进行斜面培养和生产性能测定以获得具有优良性状的菌种。通过纯种分离，可把退化菌种中一部分仍保持原有典型性状的单细胞分离出来，经过扩大培养，就可恢复原菌株的典型性。

（二）通过寄主体进行复壮

对于寄生性微生物的衰退菌株，可通过接种到相应昆虫或动物寄主体内以提高菌株毒性。如经过长期人工培养的杀螟杆菌（*B. cereus*），会发生毒力减退、杀虫率降低等现象，这时可将衰退的菌株去感染菜青虫的幼虫，然后再从病死的虫体内重新分离菌株。如此反复多次，就可提高菌株的杀虫率。

（三）淘汰已衰退的个体

有人曾对"5406"菌种采用在低温（$-30 \sim -10℃$）下处理其分生孢子 7d，使其死亡率达到 80%，结果发现在抗低温的存活个体中留下了未退化的健壮个体。

以上综合了在实践中收到一定效果的一些防止衰退和达到复壮的措施。但是，在使用这类方法之前，还要仔细分析和判断菌种究竟是衰退、污染还是仅属于一般性的表型改变，只有对症下药才能使复壮工作奏效。

第五节　菌种的保藏

在发酵生产中，高产菌种的保存和长期保藏，对于工业发酵过程的成功极为重要。一个优良的菌种被选育出来以后，要保持其生产性能的稳定、不污染杂菌、不死亡，这就需要对菌株进行保藏。

一、菌种保藏的原理

菌种保藏主要是根据菌种的生理、生化特性，人工创造条件使菌体的代谢活动处于休眠状态。保藏时，利用菌种的休眠体（孢子、芽孢等），或创造最有利于微生物休眠状态的环境条件，如低温、干燥、隔绝空气或氧气、缺乏营养物质等，使菌体的代谢活性处于最低状态，同时也应考虑到方法经济、简便。

由于微生物种类繁多，代谢特点各异，对各种外界环境因素的适应能力不一致，一个菌种选用何种方法保藏较好，要根据具体情况而定。

二、菌种保藏方法

（一）斜面低温保藏法

斜面低温保藏法是利用低温（4℃）降低菌种的新陈代谢，使菌种的特性在短时期内保持不变，即将新鲜斜面上长好的菌体或孢子，置于4℃冰箱中保存。一般的菌种均可用此方法保存1~3个月。保存期间要注意冰箱的温度，不可波动太大，不能在0℃以下保存，否则培养基会结冰脱水，造成菌种性能衰退或死亡。

影响斜面保存时间的突出问题是培养基水分蒸发而收缩，使培养基成分浓度增大，更主要的是培养基表面收缩造成板结，对菌种造成机械损伤而使菌种致死。为了克服斜面培养基水分的蒸发，用橡皮塞代替棉塞有较好的效果，也可克服棉塞受潮而长霉污染的缺点。有人将2株枯草芽孢杆菌、1株大肠杆菌和1株金黄色葡萄球菌，分别接种在18mm×180mm试管斜面上，当培养成熟后将试管口用喷灯火焰熔封，置于4℃冰箱中保存了12年后，启封移种检查，结果除1株金黄色葡萄球菌已死亡，其余3株仍生长良好，这说明对某些菌种采用这种保藏方法，可以保存较长的时间。

（二）液体石蜡封存保藏法

在斜面菌种上加入灭菌后的液体石蜡，用量高出斜面1 cm，使菌种与空气隔绝，试管直立，置于4℃冰箱保存。保存期约1年。此法适用于不能以石蜡为碳源的菌种。液体石蜡采用蒸汽灭菌。

（三）固体曲保藏法

这是根据我国传统制曲原理加以改进的一种方法，适用于产孢子的真菌。该法采用麸皮、大米、小米或麦粒等天然农产品为产孢子培养基，使菌种产生大量的休眠体（孢子）后加以保存。该法的要点是控制适当的水分。例如，在采用大米保藏孢子时，先使大米充分吸水膨胀，然后倒入搪瓷盘内蒸15min（使大米粒仍保持分散状态）。蒸毕，取出搓散团块，稍冷，分装于茄形瓶内，蒸汽灭菌30min，最后抽查含水量，合格后备用。将要保存的菌种制成孢子悬浮液，取适量加入已灭菌的大米培养基中，敲散拌匀，铺成斜面状，在一定温度下培养，在培养过程中要注意翻动。待孢子成熟后，取出置冰箱保存，或抽真空至水分含量在10%以下，放在盛有干燥剂的密封容器中低温或室温保存。保存期为1~3年。

（四）砂土管保藏法

砂土管保藏法是用人工方法模拟自然环境使菌种得以栖息，适用于产孢子的放线菌、霉菌以及产芽孢的细菌。砂土是砂和土的混合物，砂和土的比例一般为3:2或1:1。将黄砂和泥土分别洗净，过筛，按比例混合后装入小试管内，装料高度约为1 cm，经间歇灭菌2~3次，灭菌烘干，并做无菌检查后备用。将要保存的斜面菌种刮下，直接与砂土混合；或用无菌水洗下孢子，制成悬浮液，再与砂土混合。混合后的砂土管放在盛有五氧化二磷或无水氯化钙的干燥器中，用真空泵抽气干燥后，放在干燥低温环境下保存。此法保存期可达1年以上。

（五）真空冷冻干燥保藏法

此法的原理是在低温下迅速地将细胞冻结以保持细胞结构的完整，然后在真空下使水分升华。这样菌种的生长和代谢活动处于极低水平，不易发生变异或死亡，因而能长期保存，一般为 5~10 年。此法适用于各种微生物，具体的做法是将菌种制成悬浮液，与保护剂（一般为脱脂牛乳或血清等）混合，放在安瓿内，用低温酒精或干冰（-15℃以下）使之速冻，在低温下用真空泵抽干，最后将安瓿真空熔封，低温保存备用。

（六）液氮超低温保藏法

微生物在 -130℃ 以下，新陈代谢活动停止，这种环境下可永久性保存微生物菌种。液氮的温度可达 -196℃，用液氮保存微生物菌种已获得满意的结果。液氮超低温保藏法简便易行，关键是要有液氮罐、低温冰箱等设备。该方法要点是：将要保存的菌种（菌液或长有菌体的琼脂块）置于 10% 甘油或二甲基亚砜保护剂中，密封于安瓿内（安瓿的玻璃要能承受很大温差而不致破裂），先将菌液降至 0℃，再以每分钟降低 1℃ 的速度，一直降至 -35℃，然后将安瓿放入液氮罐中保存。

各种保藏方法的特点见表 2-3。

表 2-3	常用菌种保藏方法的比较			
方　　法	主要措施	适宜菌种	保 藏 期	评　　价
冰箱保藏法（斜面）	低温（4℃）	各大类	1~6 个月	简便
冰箱保藏法（半固体）	低温（4℃），避氧	细菌、酵母菌	6~12 个月	简便
石蜡油封藏法[①]	低温（4℃），阻氧	各大类[②]	1~2 年	简便
甘油悬液保藏法	低温（-70℃），保护剂（15%~50% 甘油）	细菌、酵母菌	约 10 年	较简便
砂土管保藏法	干燥，无营养	产孢子的微生物	1~10 年	简便有效
真空冷冻干燥保藏法	干燥、低温、无氧，有保护剂	各大类	5~15 年	繁而高效
液氮保藏法	超低温（-196℃），有保护剂	各大类	>15 年	繁而高效

注：①用斜面或半固体穿刺培养物均可，一般置于 4℃ 以下。
　　②对于可利用石油作碳源的微生物不适宜。

三、菌种保藏的注意事项

菌种保藏要获得较好的效果，注意事项如下。

1. 菌种在保藏前所处的状态

绝大多数微生物的菌种均保藏其休眠体，如孢子或芽孢。保藏用的孢子或芽孢等要采用新鲜斜面上生长丰满的培养物。菌种斜面的培养时间和培养温度影响其保藏质量。培养时间过短，保存时容易死亡；培养时间长，生产性能衰退。一般以稍低于最适生长温度下培养至孢子成熟的菌种进行保存，效果较好。

2. 菌种保藏所用的基质

斜面低温保藏所用的培养基，碳源比例应少些，营养成分贫乏些较好，否则易产生酸，或使代谢活动增强，影响保藏时间。砂土管保藏需将砂和土充分洗净，以防其中含有过多的有机物，影响菌的代谢或经灭菌后产生一些有毒的物质。冷冻干燥所用的保护剂，有不少经过加热就会分解或变性的物质，如还原糖和脱脂乳，过度加热往往形成有毒物质，灭菌时应特别注意。

3. 操作过程对细胞结构的损害

冷冻干燥时，冻结速度缓慢易导致细胞内形成较大的冰晶，对细胞结构造成机械损伤。真空干燥程度也将影响细胞结构，加入保护剂就是为了尽量减轻冷冻干燥所引起的对细胞结构的破坏。细胞结构的损伤不仅使菌种保藏的死亡率增加，而且容易导致菌种变异，造成菌种性能衰退。

第三章　发酵原料的制备

微生物对简单的营养物质如葡萄糖、氨基酸能够直接吸收利用，但由于发酵直接采用纯品葡萄糖和氨基酸，不但发酵成本提高，而且也使得含有这些营养物质的原料如淀粉、豆粕等中的其他营养物质，如无机盐、生长因子等在制备这些纯品原料时被分离掉，在发酵过程中还需要添加这些营养物质。另外，有的微生物不能够直接利用大分子原料如淀粉、蛋白质、纤维素等，但这些微生物又具有极高的转化单体营养物质（单糖、氨基酸）生成发酵产物的能力，如酿酒酵母不能利用淀粉生产酒精，但具有高效的利用葡萄糖生成乙醇的能力，因此，针对微生物对原料的处理特点，需要对发酵原料进行预处理和制备，使其更符合所选菌种的营养要求。

第一节　淀粉质原料制备可发酵性糖技术

可发酵性糖主要包括蔗糖、麦芽糖、葡萄糖、果糖和半乳糖等。生产中通常用的是蔗糖和葡萄糖，其次是麦芽糖和果糖。利用淀粉质原料，直接将原料中的淀粉分解成可发酵糖；同时，由于原料中还含有蛋白质、微量元素和矿物质，这些营养成分也可以为微生物的生长提供营养。

可以用于制备可发酵性糖的淀粉质原料很多，主要有薯类、玉米、小麦、高粱、大米等含淀粉原料。根据原料淀粉的性质及采用的水解催化剂的不同，淀粉水解为葡萄糖的方法主要有酸水解法、酶水解法和酸酶结合法。采用不同的水解制糖工艺，各有其优点和存在的问题，但从水解糖液的质量和降低糖耗、提高原料利用率方面来考虑，酶解法最好，其次是酸酶法，酸解法最差。从淀粉水解整个过程所需的时间来看，酸解法最短，酶解法最长。

淀粉质原料预处理通常包括蒸煮（液化）、糖化等处理。蒸煮可使淀粉糊化，并破坏细胞，形成均一的醪液，目前多数厂家开始利用 α – 淀粉酶的液化作用来替代蒸煮过程，这样可大大减少能源消耗。液化后的醪液能更好地接受糖化酶的作用，并转化为可发酵性糖。

一、淀粉质原料制备可发酵性糖的必要性

1. 多种微生物不能直接利用淀粉

就目前的状况而言，发酵工业所用的碳源供给原料都是以玉米粉、淀粉或糖质为主，而许多微生物并不能直接利用淀粉。例如，在以糖质为原料发酵生产氨基酸过程中，几乎所有的氨基酸生产菌都不能直接利用（或只能微弱地利用）淀粉和糊精。同样，在酒精发

酵过程中，酵母菌也不能直接利用淀粉或糊精，这些淀粉或糊精必须经过水解制成淀粉糖以后才能被酵母菌所利用。此外，在抗生素、有机酸、有机溶剂以及酶制剂发酵过程中，大都也要求对淀粉进行加工处理以提供给微生物可利用的碳源。

2. 能利用淀粉的微生物发酵过程缓慢

有些微生物能够直接利用淀粉作原料，但这一过程必须在微生物分解出胞外淀粉酶类以后才能进行，过程非常缓慢，致使发酵过程周期过长，实际生产中无法被采用。因此，在氨基酸、抗生素、有机酸、有机溶剂等的生产中，都要求将淀粉进行糖化，制成可发酵性糖使用。

3. 淀粉质原料中存在的杂质影响糖液的质量

淀粉质原料带来的杂质（如蛋白质、脂肪等）以及其分解产物也混入可发酵性糖液中。一些低聚糖类、复合糖等杂质则不能被利用，它们的存在，不但降低淀粉的利用率，增加粮食消耗，而且常影响到糖液的质量，降低糖液中可发酵成分。因此，如何提高淀粉的出糖率，保证可发酵性糖液的质量，满足发酵高产的要求，是一个不可忽视的重要环节。

二、淀粉质原料的种类及其组成特点

可利用的制备可发酵性糖的淀粉质原料有薯类、粮谷类、野生植物类和农产品加工副产品等。薯类原料主要有甘薯（又名红苕、地瓜、番薯）、马铃薯（又名土豆、洋芋）、木薯等；粮谷类原料有玉米、高粱、大麦、小麦、稻谷等；野生植物类系指橡子、金刚头、土茯苓、芭蕉芋等；农产品加工副产品主要有米糠、麸皮、各种粉渣等。

1. 甘薯、马铃薯

甘薯多产于四川、河南等省，鲜甘薯中淀粉含量在 $15\% \sim 25\%$，可发酵性糖 $1.5\% \sim 2.0\%$，粗蛋白质 $1.1\% \sim 1.4\%$，水分 $70\% \sim 80\%$，粗纤维素 $0.1\% \sim 0.4\%$，并含有一定的果胶质。甘薯干是用鲜甘薯切片晒干制成的，其淀粉含量为 $65\% \sim 68\%$，蛋白质为 $5\% \sim 6\%$，粗纤维素 $1.1\% \sim 1.5\%$，水分 $12\% \sim 14\%$，果胶质 $2\% \sim 4\%$。

马铃薯是一种很好的酒精生产原料，鲜马铃薯中含淀粉 $12\% \sim 20\%$、水分 $70\% \sim 80\%$、粗蛋白质 $1.8\% \sim 5.5\%$，纤维素含量较少。马铃薯干含淀粉 $63\% \sim 70\%$、水分约 13%、蛋白质 $6\% \sim 7.4\%$、纤维素 $1.5\% \sim 23\%$。

2. 木薯

木薯也是一种很好的发酵生产原料，含有较高的淀粉。鲜木薯含淀粉 $27\% \sim 33\%$（在甜味木薯中还有 $3\% \sim 4\%$ 的蔗糖）、水分 $70\% \sim 71\%$、蛋白质 $1\% \sim 1.5\%$、纤维素 $1.1\% \sim 4\%$。木薯干中含淀粉 $63\% \sim 74\%$、水分 $12\% \sim 16\%$、蛋白质 $2\% \sim 4\%$，脂肪含量甚微。

3. 玉米、大米、高粱、小麦

玉米也是一种比较理想的发酵生产原料，干玉米含淀粉 $65\% \sim 66\%$、水分 12%，蛋白质含量较高，一般为 $8\% \sim 9\%$。玉米中脂肪含量也较高，为 $4\% \sim 4.5\%$。大米是南方的主食，大米的组成是淀粉 $65\% \sim 72\%$、蛋白质 $7\% \sim 9\%$、水分 $11\% \sim 13\%$，共含碳水化合物 75% ~ 85%。高粱是生产饮料酒和酒精的重要原料，淀粉含量 63% ~ 65%，水分 12% ~ 14%，蛋白质 8% ~ 8.2%，还含有对发酵有害的单宁 3% 左右。小麦含淀粉 63% ~ 65%、蛋白质 10% ~ 10.5%、水分 12% ~ 13%、粗纤维素 1% ~ 1.5%。

4. 橡子、土茯苓

橡子俗称青杠籽，含淀粉 49% ~ 60%、蛋白质 4% ~ 7%、水分 11% ~ 14%，含单宁 2% ~ 4%。土茯苓的淀粉含量为 55% ~ 60%、蛋白质 2.3% ~ 2.5%，含水分 11% ~ 14%。

三、淀粉质原料的蒸煮

（一）蒸煮的目的

薯类、谷类、野生植物等淀粉质原料，吸水后在高温、高压条件下进行蒸煮，使植物组织和细胞彻底破裂，原料内含的颗粒，由于吸水膨胀而破坏，使淀粉由颗粒变成溶解状态的糊液，目的是使它易受淀粉酶的作用，把淀粉水解成可发酵性糖。其次，由于原料表面附着大量的微生物，如果不将这些微生物杀死，会引起发酵过程的严重污染，使生产失败。经过高温高压蒸煮后，对原料进行了灭菌。

（二）蒸煮物料发生的物理和化学变化

淀粉是一种亲水胶体，当淀粉与水接触，水就渗透薄膜而进入到淀粉颗粒里面，淀粉颗粒吸水后能发生膨胀现象，使淀粉的巨大分子链发生扩张，因而体积膨大，质量增加。

1. 淀粉糊化

淀粉颗粒在冷水或温水中浸泡后，会稍微有些膨胀，这种膨胀是由于少量的水分子进入淀粉颗粒的晶区引起的。膨化作用的第一阶段，原料吸收 20% ~ 25% 的水分。当温度升至 40℃ 时，实际上膨化作用的第二阶段已开始，随着温度升高而继续膨化。当温度升至糊化温度 60 ~ 80℃ 时，淀粉颗粒体积已膨胀到 50 ~ 100 倍，此时，各分子之间的联系削弱，使淀粉颗粒之间分开，此现象在工艺上称作淀粉糊化。

2. 不同种类淀粉的糊化差异性

各种不同原料的淀粉，它们的糊化温度也不相同，直链淀粉溶解在热水中，形成有黏性的糖化液状态。当温度升至 100℃ 时，支链淀粉开始溶解于水，形成非常黏滞的液体，等到温度继续上升至 135℃ 以上时，支链淀粉溶解得更多。

3. 淀粉的糊化过程

加热后，原料中淀粉溶解的过程如下：当温度在糊化温度下，原料吸水膨胀，淀粉粒开始解体；当温度逐渐升到 120℃ 时，支链淀粉开始溶解；而温度在 120 ~ 150℃ 进行高温、高压蒸煮，则使淀粉继续溶解；当温度达到 135℃ 以上时，细胞破裂，淀粉就游离，细胞壁软化。

原料蒸煮后，由于糖分分解时会形成着色物质，因而蒸煮醪常带淡褐色，因此可根据蒸煮醪液的颜色来判断糊化程度。在蒸煮时，可发酵性糖主要是转化糖，其中特别是果糖容易损失，同时有一部分淀粉水解为糊精（高分子产物）。

四、淀粉质原料的糖化

（一）酸解法制备可发酵性糖

酸解法又称酸糖化法，它是以酸（无机酸或有机酸）为催化剂，在高温高压下将淀粉水解转化为葡萄糖的方法。

1. 酸解法制备可发酵性糖的优缺点

用酸解法生产葡萄糖，具有生产方便、设备要求简单、水解时间短、设备生产能力大等优点。

但由于水解作用是在高温、高压及一定酸度条件下进行的，因此，酸解法要求有耐腐蚀、耐高温、耐高压的设备。此外，淀粉在酸水解过程中所发生的化学变化是很复杂的，除了淀粉的水解反应外，尚有副反应的发生，这将造成葡萄糖的损失而使淀粉的转化率降低。酸水解法对淀粉原料要求较严格，淀粉颗粒不宜过大，大小要均匀。颗粒大，易造成水解不透彻。淀粉乳浓度也不宜过高，浓度高，淀粉转化率低。这些都是酸解法亟待解决的问题。

2. 酸解条件的选择及其控制

（1）淀粉的质量　不同来源的淀粉，其水解的难易程度也不同。一般谷物淀粉较薯类淀粉难水解。即使同一种类的淀粉，其内在质量也有区别，所以在糖化工艺条件上也要做适当调整。

（2）淀粉乳浓度的选择　酸催化淀粉水解生成的葡萄糖在酸和热的作用下，会发生复合和分解反应，影响葡萄糖的产率和增加糖化液精制的困难。所以，生产上要尽可能降低这两种副反应，有效的方法是通过调节淀粉乳的浓度来控制。生产淀粉糖浆一般将淀粉乳浓度控制在 $22 \sim 24°Bé$，淀粉乳浓度越高，水解糖液中葡萄糖的浓度越大，葡萄糖的复合分解反应就越强烈，生成龙胆二糖（苦味）和其他低聚糖也越多，因而影响制品品质，降低葡萄糖产率；但如果淀粉乳浓度太低，水解糖液中葡萄糖浓度也过低，设备利用率降低，蒸发浓缩耗能大。

（3）酸的种类　许多酸对淀粉水解有催化作用，工业上主要使用具有较高催化效能的盐酸、硫酸和草酸。盐酸的特点是催化效能高，但是中和后会产生氯化物。硫酸的催化效能比盐酸低，但是大部分的 SO_4^{2-} 可用 Ca^{2+} 除去，可大大提高糖液的质量。草酸催化能力更低，但草酸根最易除去，由于草酸是弱酸，分解复合反应少，可在较高温度下水解，草酸钙加热后又可回收草酸，但主要缺点是成本太高。

（4）加酸量　除加入的酸量外，加酸的方法对糖液质量也有影响。加酸的方法一般有三种：①将所有的酸一次投入淀粉浆中，泵入糖化锅；②将全部酸用水稀释，先放入锅内，再泵入粉浆进行糖化；③将部分酸（如1/3左右）用水稀释放入锅内，其余酸放入粉浆中，再泵入糖化锅糖化。三种方法均可，但不同淀粉原料适用的加酸方法不同。

（5）糖化温度、压力和时间　根据实践经验，淀粉水解压力宜控制在蒸汽压力 0.25 ~ 0.40MPa。

（二）酶解法制备可发酵性糖

酶解法是用专一性很强的淀粉酶及糖化酶将淀粉水解为葡萄糖的工艺。利用 α - 淀粉酶将淀粉转化为糊精及低聚糖，使淀粉的可溶性增加，此过程称为液化。利用糖化酶将糊精及低聚糖进一步水解转化为葡萄糖，此过程在生产中称为糖化。

1. 酶解法制备可发酵性糖的优缺点

淀粉的液化和糖化都是在酶的作用下进行的，故酶解法又有双酶（或多酶）水解法之称。

酶解法制备可发酵性糖的优点：①采用酶解法制备葡萄糖，酶解反应条件较温和，因此不需耐高温、高压、耐酸的设备，便于就地取材，容易运作；②微生物酶作用的专一性强，淀粉水解的副反应少，因而水解糖液的纯度高，淀粉转化率（出糖率）高；③可在较高淀粉乳浓度下水解，而且可采用粗原料；④用酶解法制得的糖液颜色浅，较纯净，无异味，质量高，有利于糖液的充分利用。

酶解法制备可发酵性糖的缺点：酶解反应时间较长（48h），需要的设备较多，需要具有专门培养酶的条件，而且酶本身是蛋白质，易引起糖液过滤困难。

但是，随着酶制剂生产及应用技术的提高，酶制剂已经大量生产，酶解法制糖逐渐取代酶解法制糖已是淀粉水解制糖的一个发展趋势。

2. 淀粉质原料中淀粉的糊化与液化

由于淀粉颗粒的结晶性结构对酶作用的抵抗力非常强，不能使淀粉酶直接作用于淀粉，因而需要先加热淀粉乳，使淀粉颗粒吸水膨胀、糊化，破坏其结晶性的结构。淀粉的糊化是指淀粉受热后，淀粉颗粒膨胀，晶体结构消失，互相接触变成糊状液体，即使停止搅拌，淀粉也不会再沉淀的现象。发生糊化现象时的温度称为糊化温度，一般来讲，糊化温度有一个范围，不同的淀粉有不同的糊化温度。

淀粉液化是淀粉在 α - 淀粉酶的作用下，由高分子状态（淀粉颗粒）转变为较低分子状态（糊精），同时淀粉的黏度降低，即表现为由半固态变为溶液态。

目前针对淀粉质原料，常用低压蒸汽喷射液化工艺。低压蒸汽喷射液化工艺流程为：

在配料罐内，将淀粉加水调制成淀粉乳，用 Na_2CO_3 调 pH 至 5.0 ~ 7.0，加入 0.15% 的氯化钙作为淀粉酶的保护剂和激活剂，加入耐高温 α - 淀粉酶，料液经搅拌均匀后用泵打入喷射液化器，从喷射器中出来的料液和高温蒸汽直接接触，料液在很短时间内升温至95 ~ 97℃，此后料液进入保温罐保温 60min，然后进行二次喷射。在第二只喷射器内料液和蒸汽直接接触，使温度迅速升至 145℃ 以上，并在维持罐内维持 3 ~ 5min，料液经真空闪急冷却系统进入二次液化罐，将温度降低至 95 ~ 97℃。在二次液化罐内加入耐高温 α - 淀粉酶，液化约 30min，碘呈色试验合格后，结束液化。然后降低温度，供糖化用。

此工艺的特点是利用喷射器将蒸汽喷射入淀粉乳薄膜，在短时间内通过喷射器快速升温至145℃，完成糊化、液化，使形成的"不溶性淀粉颗粒"在高温下分散，数量也大为减少，从而使所得的液化液既透明又易于过滤，淀粉的出糖率也高，同时采用了真空闪急冷却，增高了液化液的浓度。

3. 淀粉糖化工艺条件及控制

淀粉糖化是利用糖化酶（也称葡萄糖淀粉酶）将淀粉液化产物糊精及低聚糖进一步水解成葡萄糖的过程。糖化酶对底物的作用从非还原性末端开始，将 $\alpha-1,4$ 和 $\alpha-1,6$ 糖苷键水解。糖化酶也能水解麦芽糖成为葡萄糖。糖化是在一定浓度的液化液中，调整适当温度与 pH，加入需要量的糖化酶制剂，保持一定时间，使溶液达到最高的葡萄糖值。

（三）酸酶结合法制备可发酵性糖

酸酶结合水解法是集中酸法和酶解法制糖的优点而采用的结合生产工艺。根据原料淀粉性质可采用酸酶水解法或酶酸水解法。

1. 酸酶法

酸酶法是先将淀粉酸水解成糊精或低聚糖，然后再用糖化酶将其水解成葡萄糖的工艺。如玉米、小麦等谷类原料的淀粉颗粒坚硬，如果用 $\alpha-$ 淀粉酶液化，在短时间内作用，液化反应往往不彻底。工厂采用将淀粉用酸水解到一定的程度（用 DE 表示，一般为 10~15），再降温中和后，用糖化酶进行糖化。此法的优点是酸液化速度快，糖化时可采用较高的淀粉乳浓度，提高了生产效率，且酸用量少，产品颜色浅，糖液质量高。

2. 酶酸法

酶酸法是将淀粉乳先用 $\alpha-$ 淀粉酶液化到一定的程度，然后用酸水解成葡萄糖的工艺。有些淀粉原料，颗粒大小不一（如碎米淀粉），如果用酸法水解，则常使水解不均匀，出糖率低。生产中应用酶酸法，可采用粗原料淀粉，淀粉浓度较酸解法要高，生产易控制，时间短，而且酸水解时 pH 可稍高些，以减轻淀粉水解副反应的发生。

3. 生料糖化

传统酒精生产都先将生原料蒸熟糊化后再进行糖化发酵，这种方法能耗较高，设备复杂。生料糖化就是借助外界酶作用将生淀粉直接水解为微生物可利用糖。1944 年，Balls 等报道小麦、玉米生淀粉能被米曲霉（Aspergillus oryzae）浸出液迅速、完全转化为可发酵性糖。研究发现，生淀粉和糊化淀粉的酶解差异仅在水解速率上。生淀粉水解时，黑曲霉淀粉酶水解生淀粉的能力比米曲霉或麦芽淀粉酶强；但黑曲霉 $\alpha-$ 淀粉酶对生淀粉水解活力非常低，只有葡萄糖淀粉酶对生淀粉水解具有较高活力；而将两种酶共同对生淀粉水解，其能力比任何一种单一酶都高，表明酶之间有相互促进作用。许多研究表明，葡萄糖淀粉酶能水解各种生淀粉生成葡萄糖，水解速度与淀粉种类有关。一般认为，原料被水解速度依次为大米＞小麦＞玉米＞高粱＞木薯＞甘薯、马铃薯，大体上谷类比块根茎类生淀粉易于水解。

（1）生淀粉水解酶生产菌　生料发酵工艺的关键点是生淀粉水解酶，若有能高效水解生淀粉为可发酵性糖的酶，才会使生料发酵工业化成为可能。目前随着酶工程发展，一些酶制剂生产厂家已推出高效生淀粉水解酶。生产生淀粉水解酶的菌种基本为霉菌，且生淀粉水解酶是一种包括 α - 淀粉酶及糖化酶的混合物。生产糖化酶的微生物包括黑曲霉、灰腐质霉（*Humicola grisea*）和米根霉，生产淀粉酶的微生物包括黑曲霉、白曲霉（*A. kawachi*）、雪白根霉（*R. niveus*）、环状芽孢杆菌（*Bacillus circulans*）和多黏芽孢杆菌（*B. polymyxa*）。产糖化酶活力最高的是黑曲霉，而产生 α - 淀粉酶活力最高的是米根霉，生 α - 淀粉酶与生糖化酶相互协同作用可将淀粉彻底水解成可发酵性糖。

（2）生淀粉水解酶的作用机制　淀粉是以颗粒形式自然存在，且结构独特，由直链淀粉和支链淀粉组成。在天然淀粉形态中，这两种形式的聚合物由于形成交互的半晶体和无定形体而组成淀粉颗粒。直链淀粉在淀粉颗粒中整齐排列在胶囊间隙周围，而支链淀粉则形成结晶性胶囊，结果是淀粉在冷水中不溶解，且不易被水萃取。

研究表明，在淀粉中加入来自白曲霉的纯 α - 淀粉酶和来自黑曲霉的纯糖化酶，糖化酶外切活力能使淀粉表面形成无数个小孔，且形成的小孔尖且深，而 α - 淀粉酶内切活力则能扩大小孔。在淀粉酶协同水解生淀粉得到微孔淀粉这一过程中，首先糖化酶酶解突出表现在生淀粉颗粒表面不规则部分及较容易水解无定形区，沿着淀粉分子非还原末端逐级水解。随着水解进行，淀粉颗粒吸水溶胀使淀粉酶能接近颗粒内部，淀粉酶的随机内切作用为糖化酶提供了新的非还原末端。这两种酶的复合协同作用不仅提高了水解速率，也使水解沿着更多点逐级向淀粉分子内部推进。生淀粉的天然立体结构支持这种水解行为的连续性。

这样，在生淀粉酶的作用下，淀粉颗粒连续释放葡萄糖，既能满足酵母生长代谢，又能保证几乎所有淀粉转化成糖而被酵母利用，使酵母始终处于一种健康旺盛代谢状态，从而能产生并积累大量乙醇，使生料发酵成为可能。

（3）生料酒精发酵与传统蒸煮双酶法发酵比较　蒸煮双酶法发酵工艺，即将原料粉碎后加入水调成浓度合适的粉浆，粉浆预热后加入液化酶（即高温 α - 淀粉酶），再经过喷射液化，料浆温度达 95℃ 左右，随后进入蒸煮罐，于 95～105℃ 保温 2h，之后降温至 60℃，加入糖化酶后进入糖化罐，保温 30min 进入发酵罐进行发酵。而生料糖化工艺为淀粉质原料粉碎后直接加水，加入生淀粉酶并接入目标菌种进行发酵。

与蒸煮工艺相比，生料工艺中的料液由配料罐直接进入发酵罐，省去了喷射器、蒸煮罐及糖化罐。由此带来的效应，首先是减少设备投资，节约成本；其次是减少了大量能耗。因为在蒸煮工艺中，蒸煮糖化过程消耗的能量约占整个生产过程的 35%，而生料发酵在原料处理时只需较低温度。

第二节　非淀粉质原料制备可发酵性糖技术

一、木质纤维素制备可发酵性糖

废弃的农作物秸秆、森林木屑等木质纤维素在各地分布非常广泛，如何有效地利用这些生物资源已经受到世界各国的关注。目前，关于木质纤维素的利用研究主要集中在以木质纤维素为原料生产生物乙醇，弥补全球对化石燃料的依赖。由于不同种类的木质纤维素组分中纤维素、半纤维素、木质素及其他成分的含量和比例均不相同，因此同一种预处理方法对于不同木质纤维素的预处理效果各不相同，降解产物的组成也有一定差异。从木质纤维素预处理水解产生糖的利用效率来分析，并非所有木质纤维素都适合生产燃料乙醇。水解木质纤维素使纤维素和半纤维素分解成为单糖和低聚糖，再通过化学或生物化学法制取乙醇、木糖、木糖醇、糠醛、乙酰丙酸等产品，对木质纤维素原料的综合利用将更加合理。

木质纤维素原料必须经过预处理才能获得较高的转化率。通过预处理，将纤维素、半纤维素和木质素进行分离，打破纤维素的结晶结构，提高纤维素对酶的可及性，使纤维素酶渗透进入纤维素，提高酶解纤维素的效率。

预处理是木质纤维素原料利用工艺中的关键技术环节，对后续工序和经济成本控制都会产生重要影响。较好的预处理方法可以减少酶的用量，尽量降低纤维素和半纤维素在预处理过程中降解产物的损失。通过对物理、化学、物理化学和微生物等预处理方法的研究，建立一种高效、经济的获取各种糖的预处理平台，从而实现纤维素、半纤维素和木质素高效分离的目的，同时减少降解产物糖的损失量。在预处理过程中充分考虑各种原料的差异和特点，用水解得到的糖生产各种化工产品，这将更加具有经济性和可操作性，对木质纤维素原料的综合利用也将更加具有意义。

（一）纤维素质原料常规预处理方法

目前常规的预处理方法主要有物理法、化学法、物理化学法和微生物法，这些方法都存在不同程度的问题。例如，机械粉碎法能耗高；微波处理法效率不高；碱处理虽有较强的脱出木质素和降低纤维素结晶度的能力，但木质素脱出的同时，半纤维素也被分解发生损失，同时还存在试剂的回收、中和、洗涤等问题；氨处理、臭氧处理、中性溶剂处理同样存在这样的问题；微生物法中白腐菌（*Phlebia*）、褐腐菌（*Brown - rot fungus*）等活性都不高，一般难以得到应用。白腐菌具有一定的分解木质素能力，但是白腐菌还能产生分解纤维素和半纤维素的酶，造成纤维素和半纤维素的损失。

2000 年，由美国国家可再生能源实验室（National Renewable Energy Laboratory，NREL）、奥本大学（Auburn University）等组成的合作团队专门研究生物质预处理技术，他们以玉米秸秆为原料，分别对稀酸、氨水循环、氨爆破、石灰预处理等 6 种预处理方法进行了优化和对比研究，从经济和效率各方面因素综合考虑，稀酸处理与氨爆破处理是两种比较可行的处理方式。

常规稀酸预处理虽能增强反应能力，显著提高水解率，但常规浓度酸预处理容易使降解产物糖继续降解生成糠醛、甲基呋喃等小分子发酵抑制物，造成糖的损失。酸预处理对设备有一定的腐蚀，必须在糖发酵前将酸中和，处理温度较高，能耗相对较大，需增加后续酸处理工艺。因此，采用更低浓度酸预处理木质纤维素将更具意义。

（二）超低浓度酸预处理

超低浓度酸水解是稀酸水解的一种新型工艺，因酸浓度非常低，对反应器材质要求相对较低，而且酸液不需要回收，同时水解液中生成的抑制物较少，因此超低浓度酸水解经济性较好，符合绿色环保的要求。近年来，超低浓度酸（≤0.1%）预处理木质纤维素日益受到重视。

国内目前主要研究超低浓度酸预处理木质纤维素对水解液中还原糖得率和纤维素转化率的影响等方面，缺乏对整个木质纤维素物料在预处理过程中变化情况的监控。庄新姝等研究表明，硫酸质量分数为0.05%以及其他反应优化条件下，得到质量分数为46.55%的还原糖得率和55.07%的纤维素转化率。王树荣等在自行设计的超低酸水解装置上反应，同时结合两步水解处理，得到总还原糖转化率为42.83%。由于低酸对设备的要求相对较低，而且具有环保效应，因此具有一定的研究意义。苏东海研究发现，在0.1%的硫酸预处理玉米秸秆的过程中，采用流动相管式反应器预处理后，半纤维素降解产物主要以木聚糖形式存在。同时，管式反应器处理后木质素的降解率不超过总量的32%，而流动相管式反应器处理木质素降解率可达到70%以上。木质素降解产物会影响产物糖的分离和后续发酵，因此对于管式反应器和流动相管式反应器的选择，应该根据预处理目的具体选择。超低浓度酸预处理木质纤维素、半纤维素，水解产糖主要以木糖单糖和低聚木糖存在，对防止糖的损失起到一定作用。

（三）电解水预处理法

研究发现，纯水在高温条件下会电离，使反应液形成一定的酸性，热水在一定压力下可以穿透生物质细胞表皮结构，水解纤维素，除去半纤维素。其中，水的pKa受反应温度的影响，如当温度为200℃时，pH大约为5.0。由于纯水具有特殊的高介电常数，使离子化半纤维素游离并且分解。采用电解水预处理的优势是不需要使用额外的化学试剂。同时，相对于酸预处理来说，采用控制电解水的pH的预处理方法可以很大程度地减少水解得到的寡糖降解成副产物，避免水解得到的寡糖在高温条件下生成乙醛、糠醛等物质。Weil等人通过高温、高压控制纯水电离，使其pH在4～7预处理木质纤维素，当预处理温度为220℃、处理时间为2min时，有66%的木质素降解。研究表明，200℃下用纯水预处理甘蔗渣，发现反应后溶液的pH随底物添加浓度的增加而增加。当木糖与木聚糖总量达到最大时，木糖回收率为7%～13%，其余多为木聚糖。当然，木糖的产率会随着处理时间的延长而增加，但木糖与木聚糖的总量会降低。

（四）无机盐、缓冲液预处理技术

有文献报道，秸秆灰分含量很高，一般在4%～8%，主要由钾、钙、钠、镁、铝、铁等阳离子组成。这些矿物质对预处理过程有何影响引起了一些研究者的关注。半纤维素是一大类结构不同的多聚糖的总称，其中木聚糖是半纤维素的主要组成部分。Charle E. Wyman在纯水中添加无机盐预处理木糖、木聚二糖和木聚三糖，并用纯水预处理作对照。结果显示，添加无机盐的预处理显著增加了木糖、木聚二糖和木聚三糖的降解速率，且无机盐对多聚糖的作用效果显著大于对单糖的效果。同样pH条件下，盐溶液预处理的反应速率常数大于纯酸预处理的反应速率常数。研究推测，金属无机盐的添加加速了碳水化合物的降解。这至少存在两方面的效应，一是添加无机盐降低溶液的pH，另外无机盐的添加影响了水的结构，或者盐本身是碳水化合物降解的一种催化剂。研究至此还未能解释这种效应。孙君社研究组发现，无机盐预处理木质纤维素对其降解半纤维素得率有较明显的效果，特别是 Fe^{2+}、Fe^{3+} 在预处理效果方面比较明显；但同时降解产物木糖、木聚糖也会有一定程度损失，但损失率明显好于传统稀酸预处理方法，同时木糖、木聚糖的损失量与铁离子的价态具有相关性。

从综合利用木质纤维素角度来说，如何尽量降低木糖损失率具有重要的意义。苏东海发现，无论是用纯水还是稀酸作反应溶液，反应结束后水解液的 pH 都趋向于 3.0。我们推测，木质纤维素降解生成的木糖、木聚糖和少量葡萄糖在低 pH 条件下发生降解，因此采用缓冲液体系控制反应 pH 变化来预处理木质纤维素，对不同体系缓冲液对于木糖、木聚糖损失情况的研究具有一定探讨意义。

二、糖蜜制备可发酵性糖

糖蜜是糖厂产糖的副产物，又称糖浆、橘水，是制糖工业将压榨出的甘蔗、甜菜、柑橘、玉米糖等的汁液，经加热、中和、沉淀、过滤、浓缩、结晶等工序制糖后所剩下的浓稠液体。糖蜜含糖量很高，在 50% 以上，是一种非结晶糖分。糖蜜是很好的发酵原料，用糖蜜原料发酵生产，可降低成本，节约能源，简化操作，便于实现高糖发酵工艺，有利于产品得率和转化率的提高。糖蜜原料中，有些成分不适用于发酵。糖蜜中干物质的浓度很大，如果不进行处理，微生物无法生长和发酵。所以，在使用糖蜜原料时，可先进行处理，以满足不同发酵产品的需求。糖蜜前处理程序包括稀释、酸化、灭菌及澄清等过程，主要处理方法有加酸通风沉淀法、加热加酸沉淀法、添加絮凝剂澄清处理法三种方法。

(一) 糖蜜原料的分类及组成

根据来源不同，糖蜜分为甘蔗糖蜜、甜菜糖蜜和高级糖蜜等。甘蔗糖蜜是以甘蔗为原料的糖厂生产的一种副产品，它的产量为原料甘蔗的 2.5% ~3%，甘蔗糖蜜中含有 30% ~36% 的蔗糖和 20% 转化糖。甜菜糖蜜是以甜菜为原料的糖厂生产的一种副产品，其产量占甜菜量的 3% ~4%，含蔗糖 5%，转化糖 1%。高级糖蜜是指在甘蔗榨汁（糖浆）中加入适量的硫酸或用酵母转化酶处理，制成转化糖。该糖蜜由于提高了溶解度，可使糖浓度提高 70% ~85%。此外还有两种废糖蜜：一种是精制粗糖时分离出的糖蜜，称为粗糖蜜；另一种是葡萄糖工业上不能再结晶葡萄糖的母液，称为葡萄糖蜜。

(二) 糖蜜的预处理

糖蜜的预处理，包括澄清和脱钙处理，对生物素缺陷型菌株来说（如谷氨酸），还应该进行脱生物素处理。

1. 糖蜜澄清处理

糖蜜中由于含有大量的灰分和胶体，不但影响菌体生长，也影响产品的纯度，特别是胶体的存在，致使发酵中产生大量的泡沫，影响发酵生产。因此，糖蜜应进行适当的澄清处理。

2. 谷氨酸发酵中糖蜜的预处理

目前，谷氨酸发酵中使用生物素缺陷型菌株。发酵培养基中的生物素为 $5\mu g/L$ 左右，而糖蜜中特别是甘蔗糖蜜中的生物素含量为 $1 \sim 10\mu g/g$，显然不适合谷氨酸的发酵。因此，在使用糖蜜为原料发酵生产谷氨酸时，必须想方设法降低糖蜜中生物素含量，一般通过活性炭处理法、树脂法以吸附生物素，以及用化学药剂拮抗生物素或使用其他营养缺陷型菌株（如氨基酸缺陷型菌株、甘油或油酸缺陷型菌株、精氨酸缺陷型菌株等）。通过改进生产工艺，如添加青霉素，改变细胞的渗透性，即使培养基中生物素含量高，细胞膜仍可能成为谷氨酸向外渗透模式，因而不影响谷氨酸产量。

第四章　发酵工艺条件的优化

影响微生物生长和目标发酵产物生产的条件为发酵工艺条件，主要包括微生物生长所需要的培养基和培养条件。相同的微生物，在不同的培养基和培养条件下，微生物生长和发酵产物的种类、得率不同，因此，需要对生产中所采用菌种的发酵工艺条件进行优化，以获得适于该菌发酵，同时又降低成本、利于产物提取的发酵工艺条件。

第一节　微生物培养基的组成及种类

培养基是人工配制的适合不同微生物生长繁殖或积累代谢产物的营养基质。培养基的基本成分包括碳源、氮源、无机盐、生长因子和水分，此外，还应根据微生物的要求，有一定的酸碱度和渗透压。以微生物生长、繁殖和生产产物为目的的营养物质的综合体都是微生物的培养基。

培养基应具有的共性：①单位数量的培养基应能以最高产率生产出所需产物，如单细胞蛋白或目的代谢物；②能以最高速率稳定地合成出所需产物；③培养基成分应价格便宜，易于就近取材；④培养基有利于通风、搅拌、提取、纯化和废物处理等。

一、工业微生物发酵培养基的组成

（一）碳源

凡是可以作为微生物细胞结构或代谢产物中碳架来源的营养物质，均可作为微生物的碳源。在这个意义上，碳水化合物及其衍生物（包括单糖、寡糖、多糖、醇和多元醇）、有机酸（包括氨基酸）、脂肪、烃类甚至二氧化碳或碳酸盐类均可以作为微生物的碳源。其中，除二氧化碳和碳酸盐是无机含碳化合物以外，其余的均为有机营养物质。微生物利用碳源物质具有选择性，不同种类微生物利用碳源物质的能力也有差别。

1. 单糖

单糖是一般微生物较容易利用的良好碳源和能源物质，但不同微生物对不同单糖物质的利用也有差别，例如在以葡萄糖和半乳糖为碳源的培养基中，大肠杆菌首先利用葡萄糖，然后利用半乳糖，前者称为大肠杆菌的速效碳源，后者称为迟效碳源。

几乎每种微生物都能利用葡萄糖和果糖，但对甘露糖和半乳糖的利用速度较慢，对戊糖（如木糖、阿拉伯糖）的利用不如己糖普遍。葡萄糖是碳源中最易利用的糖，所以葡萄糖常作为培养基的一种主要成分。但是，过多的葡萄糖会加速菌体的呼吸，以致培养基中的溶解氧不能满足需要，使一些中间产物不能完全氧化而积累在菌体或培养基中，如丙酮酸、乳酸、乙酸等，导致 pH 下降，影响某些酶的活性，从而抑制微生物的生长和产物的合成。

2. 寡糖

寡糖又称低聚糖，是由 2~10 个相同或不同的单糖单位以 α - 或 β - 糖苷键连接而成的。其中，最主要的是双糖或三糖，双糖中的蔗糖和麦芽糖是微生物普遍能利用的碳源，三糖中的棉子糖能被许多真菌利用。

3. 多糖

多糖是由 10 个以上单糖单位以与寡糖同样的组成原则形成的分枝或不分枝的大分子碳水化合物，包括淀粉、纤维素、半纤维素等。重要的多糖有阿拉伯聚糖、木聚糖、葡聚糖、半乳聚糖、果聚糖和甘露聚糖、甲壳质（由 N - 乙酰氨基葡萄糖单位以 β - 1，4 葡萄糖苷键相连而成）和果胶质（由半乳糖醛酸残基以 α - 1，4 葡萄糖苷键相连而成）等。多糖一般必须先经微生物分泌的胞外水解酶降解后才能作为营养被摄入细胞。

淀粉是大多数微生物均可利用的碳源，果胶、半纤维素也可被许多微生物产生的胞外酶分解。纤维素较难被微生物分解，能分解纤维素的微生物主要是霉菌，如木霉（*Trichoclerma*）、根霉、曲霉、青霉等；在细菌和放线菌中也发现有少数能分解纤维素的菌种。

4. 小分子碳源和脂类物质

乙醇、甘露醇和甘油可作为微生物的碳源和能源。除醋酸已用作微生物的培养基外，有机酸比糖类较难被微生物吸收，作为碳源其效果不如糖类。脂类物质更难被微生物作为碳源利用，但并不是不能利用，低浓度的高级脂肪酸还可刺激某些细菌的生长。

5. CO_2

少数微生物（指自养型）以 CO_2 或碳酸盐为唯一的或主要的碳源，因为这两者的碳均为碳的最高氧化形式，必须先经预还原才能转化为细胞有机物质的碳架，这个过程需要能量。大多数需要有机碳源的微生物（指异养型）也需要 CO_2，因为有些生物合成反应（如丙酮酸的羧化和脂肪酸的合成）需要 CO_2，只是需要量较少而已。虽然这些生物合成反应所需的 CO_2 可以从有机碳源和能源的代谢中获取，但如果完全排除 CO_2，往往会推迟或阻止微生物在有机培养基中的生长。少数细菌和真菌需要环境中含有较多的 CO_2（5%~10%）才能在有机培养基中生长。

6. 工业上常用的碳源

目前，在微生物工业发酵中所利用的碳源物质主要是单糖、糖蜜、淀粉、麸皮、米糠等。为了节约粮食，人们已经开展了代粮发酵的科学研究，以自然界中广泛存在的纤维素作为碳源和能源物质来培养微生物。

使用最广的碳水化合物是玉米淀粉，也可使用其他农作物，如大米、马铃薯、甘薯、木薯淀粉等。淀粉可用酸法或酶法水解产生葡萄糖，满足生产需求。

蔗糖也是一种应用较广泛的碳源。蔗糖一般来自甘蔗或甜菜，在发酵培养基中常用的甜菜或甘蔗糖蜜是在糖精制过程中留下的残液。

现在，人们对诸如酒精、简单的有机酸、烷烃等含碳物质在发酵过程中作为碳源越来越感兴趣，虽然它们的价格比同等数量的粗碳水化合物要昂贵得多，但由于纯度较高，更便于发酵结束后产物的回收和精制。甲烷、甲醇和烷烃已经用于微生物菌体的生产，例如将甲醇作为底物生产单细胞蛋白，用烷烃进行有机酸、维生素等的生产。工业发酵过程碳源的选择主要取决于发酵的产品，当然也会受到政府法规等因素的影响。

（二）氮源

凡是构成微生物细胞和代谢产物中氮素的营养物质均称为氮源。在微生物细胞的干物质中，氮的含量仅次于碳和氧，它是构成微生物细胞中核酸和蛋白质的重要元素。在各类微生物细胞中其含量有较大的差别，细菌和酵母细胞中含氮量较高，霉菌中含量较低。氮源的功能是构成菌体成分，作为酶的组成成分或维持酶的活力，调节渗透压、pH、氧化还原电位等。

1. 无机氮源

无机氮源主要是硝酸盐和铵盐。因为只有铵离子才能进入有机分子中，硝酸盐必须先还原成 NH_4^+ 后，才能用于生物合成。

无机氮源的特点表现为吸收快，但会引起 pH 的变化。一般利用无机氮化合物为唯一氮源培养微生物时，培养基有可能表现生理酸性或生理碱性。例如，以硫酸铵为氮源时，由于 NH_4^+ 被吸收，造成培养基 pH 下降，故有"生理酸性盐"之称。当以硝酸钾为氮源时，由于 NO_3^- 被还原并利用，会使培养基 pH 上升，故有"生理碱性盐"之称。当采用硝酸铵为氮源时，可以避免 pH 急剧升降。但由于微生物一般对 NH_4^+ 吸收较快，而对 NO_3^- 的吸收稍稍滞后，因此，微生物在这种培养基中一开始表现为 pH 下降，然后 pH 又上升，为此仍需在培养基中添加缓冲物质。

2. 有机氮源

工业微生物发酵利用的有机氮主要是一些廉价的原料，如玉米浆、豆饼粉、花生饼粉、鱼粉、酵母浸出膏等。其中，玉米浆（玉米提取淀粉后的副产品）和豆饼粉既能作氮源又能作碳源。有机氮源的特点表现为成分复杂，除提供氮源外，还提供大量的无机盐及生长因子。

凡能利用无机氮源的微生物，一般也能利用有机氮源，但有些微生物在只含无机氮源的培养基中不能生长，因为它们没有从无机氮化合物合成某些或某种有机氮化合物的能力。实验室常用的有机氮源有蛋白胨、牛肉膏、酵母膏等。蛋白质一般不是微生物良好的有机氮源，但某些微生物可以通过自身分泌的胞外蛋白水解酶将蛋白质降解后加以利用，因此含蛋白质的有机氮源称为迟效性氮源；而无机氮源或以蛋白质的各种降解产物形式存在的有机氮源则被称为速效氮源。

微生物在发酵早期容易利用无机态氮，发酵中期菌体的代谢酶系已形成，有利于利用有机氮源，但有机氮源来源不稳定，成分复杂，利用时要考虑到原料波动对发酵的影响。

3. 分子态氮

固氮微生物可以把分子态氮转变成氨态氮，从而合成自己的氨基酸和蛋白质，也就是说它具有把空气中的氮固定为细胞成分的能力。当固氮微生物以无机氮或有机氮作氮源时，就不再表现固氮能力。有固氮能力的微生物主要是原核微生物：一类与高等植物共生，称为共生固氮菌，包括与豆科植物根部细胞共生的根瘤菌（*Rhizobium*）和与非豆科植物（如赤杨、杨梅等）共生的放线菌弗兰克菌（*Frankia*）；另一类是自生固氮微生物，主要是蓝细菌（*Cyanobacteria*）和固氮细菌（*Azotobacteraceae*）。

4. 工业常用氮源

除培养固氮菌外，在培养基中均需加入无机氮和有机氮源。许多细菌不能利用硝酸盐，宜用铵盐作无机氮源；真菌大多可利用铵盐，也能利用硝酸盐。细菌虽能利用无机氮，但不如利用有机氮普遍。工业生产上所用的微生物都能利用无机或有机氮源，无机氮源包括了氮气、氨水、尿素、铵盐或硝酸盐等，有机氮源包括了玉米浆、豆粕粉、棉籽粉、鱼粉、酵母浸膏和蛋白水解液等。一般来讲，有机氮源更有利于微生物生长。

（三）无机盐

无机盐是微生物生命活动所不可缺少的物质。其主要功能是构成菌体成分、作为酶的组成部分和酶的激活剂或抑制剂、调节培养基渗透压、调节 pH 和氧化还原电位等。

根据微生物对矿物质元素需要量的大小可以把矿物质元素分成大量元素和微量元素。大量元素主要包括磷、硫、钾、钠、钙、镁和铁等，微生物对它们的需求浓度在 $10^{-3} \sim 10^{-4}\,mol/L$；微量元素是指那些在微生物生长过程中起重要作用，而机体对这些元素的需求量极其微小的元素，通常需求量在 $10^{-6} \sim 10^{-8}\,mol/L$，如锌、锰、钠、氯、钼、硒、钴、铜、钨、镍和硼等。

1. 微生物生长和发酵所需的主要无机盐种类及其作用

（1）磷　在细胞内的矿物质元素中，磷的含量最高，磷是合成核酸、磷脂、一些重要的辅酶（NAD、NADP、CoA 等）及高能磷酸化合物的重要原料。此外，磷酸盐还是磷酸缓冲液的组成成分，对环境中的 pH 起着重要的调节作用。微生物对磷的需要量一般为 $0.005 \sim 0.01\,mol/L$。工业生产上常用 K_3PO_4、NaH_2PO_4、NaH_2PO_4 等磷酸盐，也可用磷酸。另外，玉米浆、糖蜜、淀粉水解糖等原料中含有少量的磷。

（2）硫　在蛋白质的组成中，胱氨酸、半胱氨酸、蛋氨酸等都含有硫。一些酶的活性基团，如辅酶 A、生物素、硫辛酸、谷胱甘肽中也含有硫。作为矿物质元素，其重要性仅次于磷。H_2S、S、$S_2O_3^{2-}$ 等无机硫化物还是某些自养菌的能源物质。微生物从含硫无机盐或有机硫化物中得到硫，一般人为的提供形式为 $MgSO_4$。微生物从环境中摄取 SO_4^{2-}，再还原成 $-SH$。

（3）镁　镁是一些酶（如己糖激酶、异柠檬酸脱氢酶、羧化酶和固氮酶）的激活剂，是光合细菌菌绿素的组成成分；镁还起到稳定核糖体、细胞膜和核酸的作用。微生物可以利用硫酸镁或其他镁盐。一般革兰阳性菌对 Mg^{2+} 的最低要求量是 25 mg/L，革兰阴性菌为 $4 \sim 5$ mg/L。发酵培养基配用 $MgSO_4 \cdot 7H_2O$，一般用量为 $0.25 \sim 1g/L$ 时，Mg^{2+} 浓度 $25 \sim 90$ mg/L，其激活作用有时可被 Mn^{2+} 代替。

（4）钾　钾不参与细胞结构物质的组成，但它是细胞中重要的阳离子之一。它是许多酶（如果糖激酶）的激活剂，也与细胞质胶体特性和细胞膜透性有关。钾在细胞内的浓度比细胞外高许多倍。各种水溶性钾盐，如 K_2HPO_4、KH_2PO_4 可作为钾源。

（5）钙　钙一般不参与微生物的细胞结构物质（除细菌芽孢外），但也是细胞内重要的阳离子之一，它是某些酶（如蛋白酶）的激活剂，还参与细胞膜通透性的调节。它在细菌芽孢耐热性和细胞壁稳定性方面起着关键的作用。各种水溶性的钙盐，如 $CaCl_2$ 及 $Ca(NO_3)_2$ 等，都是微生物的钙元素来源。

（6）钠　钠也是细胞内的重要阳离子之一，它与细胞的渗透压调节有关。钠在细胞内的浓度低，细胞外浓度高。对嗜盐菌来说，钠除了维持细胞的渗透压外（将嗜盐菌放入低渗溶液即会崩解），还与营养物质的吸收有关，如一些嗜盐菌吸收葡萄糖需要 Na^+ 的帮助。

（7）微量元素　微量元素往往参与酶蛋白的组成或者作为酶的激活剂。例如，铁是过氧化氢酶、过氧化物酶、细胞色素和细胞色素氧化酶的组成元素，也是铁细菌的能源；铜是多酚氧化酶和抗坏血酸氧化酶的成分；锌是乙醇脱氢酶和乳酸脱氢酶的活性基；钴参与维生素 B_{12} 的组成；钼参与硝酸还原酶和固氮酶的组成；锰是多种酶的激活剂，有时可以代替 Mg^{2+} 起激活剂作用。

如果微生物在生长过程中缺乏微量元素，会导致细胞生理活性降低甚至停止生长。由于不同微生物对营养物质的需求不尽相同，微量元素这个概念也是相对的。微量元素通常混杂在天然有机营养物、无机化学试剂、自来水、蒸馏水、普通玻璃器皿中，如果没有特殊原因，在配制培养基时没有必要另外加入微量元素。值得注意的是，许多微量元素是重金属，如果它们过量，就会对机体产生毒害作用，而且单独一种微量元素过量产生的毒害作用更大，因此有必要将培养基中微量元素的量控制在正常范围内。

2. 培养基配制中无机盐的选择依据

在培养基配制过程中，无机盐的选择依据主要表现为：

（1）在配制培养基时，可以通过添加有关化学试剂来补充大量元素，其中首选是 K_2HPO_4 和 $MgSO_4$，它们可提供四种需求很大的元素：K、P、S 和 Mg。

（2）对其他需求量较少的元素尤其是微量元素来说，因为它们在一些化学试剂、天然水和天然培养基组分中都以杂质等状态存在，在玻璃器皿等实验用品上也有少量存在，所以，不必另行加入。

（3）各种微量元素之间应有恰当的比例关系。由于这些微量元素常含混在其他营养物和水中，所以培养基中一般不另行添加。

（四）生长因子

1. 生长因子的种类及作用

生长因子通常指那些微生物生长所必需而且需要量很小，但微生物自身不能合成的或合成量不足以满足机体生长需要的有机化合物，其功能是构成细胞的组成分，促进生命活动的进行。广义的生长因子包括维生素、氨基酸、嘌呤或嘧啶碱基、卟啉及其衍生物、固醇、胺类或脂肪酸；狭义的生长因子一般仅指维生素。

（1）维生素　维生素是首先发现的生长因子，它的主要作用是作为酶的辅基或辅酶参与新陈代谢，如维生素 B_1 是脱氧酶的辅酶。因为只是作为酶的活性基，所以需要量一般很少，其浓度范围为 $1 \sim 50 \mu g/L$，甚至更低。不同生物所需的维生素种类各不相同，有的微生物可以自行合成维生素，如肠道菌可以合成维生素 K 等。

（2）氨基酸　L-氨基酸是组成蛋白质的主要成分，此外，细菌的细胞壁合成还需要 D-氨基酸。所以，如果微生物缺乏合成某种氨基酸的能力，就需要补充这种氨基酸。培养基中一种氨基酸的存在会抑制微生物对其他氨基酸的摄取，因此必须注意使所有的氨基酸保持在适当的低水平上。补充量一般要达到 $20 \sim 50 \mu g/mL$，这是维生素需要量的几千倍。添加时，可以直接提供所需的氨基酸，或含有所需氨基酸的小分子肽。

（3）嘌呤、嘧啶及它们的衍生物　嘌呤、嘧啶在微生物机体内的作用主要是作为酶的辅酶或辅基，以及用来合成核酸和辅酶。许多微生物的分裂增殖都需要合成嘌呤核苷酸和嘧啶核苷酸。形成核苷酸的途径有两条：一条是从嘌呤（或嘧啶）直接形成相应的单磷酸核苷酸；另一条是间接形成，即先形成核苷，然后再形成单磷酸核苷酸。如果微生物中只有第一条途径（只存在第一条途径的酶），那么它就只能利用游离碱基（嘌呤、嘧啶）；如果还存在第二条途径，则游离碱基和核苷均可作为生长因子来利用。有些微生物既不能自己合成嘌呤或嘧啶核苷酸，也不能利用外源嘌呤和嘧啶来合成核苷酸，因此必须供给核苷或核苷酸才能使其生长。这些微生物对核苷和核苷酸的需要量都较大，满足最大生长所需的浓度为 $200 \sim 2000 \mu g/mL$。

2. 工业微生物发酵生长因子的添加

（1）工业微生物发酵添加生长因子的影响因素

①生长因子不是所有微生物都必需的，它只是对于某些自己不能合成这些成分的微生物才是必不可少的营养物质。

②各种微生物所需要的生长因子是不同的，有的需要多种，有的仅需一种，有的则不需要。

③一种微生物所需要的外源生长因子不是固定不变的，它会随条件的变化而变化。这些条件主要指培养基的化学组成（是否含所需生长因子的前体物质）、通气条件、培养基 pH、培养温度等。若在这些条件下，所缺乏的生长因子得以合成，则对这些生长因子的需要就发生变化。

④在微生物的科研和生产中，酵母膏、玉米浆、肝脏浸出液等通常被作为生长因子的来源物质。事实上，许多作为碳源和氮源的天然成分，如麦芽汁、牛肉膏、麸皮、米糠、马铃薯汁等本身就含有极为丰富的生长因子，一般在这类培养基中无需再另外添加生长因子。

（2）工业微生物发酵生长因子的来源

①玉米浆：玉米浆是用亚硫酸浸泡玉米而得的浸泡液的浓缩物，也是玉米淀粉生产的副产品。玉米浆的成分因玉米原料的来源及处理方法而变动。每批原料变动时均需进行小型试验，以确定用量。玉米浆用量还应根据淀粉原料不同、糖浓度及发酵条件不同而异，一般用量为 0.4% ~ 0.8%。虽然玉米浆主要用作氮源，但它含有乳酸、少量还原糖和多糖，含有丰富的氨基酸、核酸、维生素、无机盐等，因此常用作提供生长因子的物质。

②麸皮水解液：麸皮水解液可以代替玉米浆，但其蛋白质、氨基酸等营养成分比玉米浆少，用量一般为1%（以干麸皮计）左右。麸皮水解的条件为：以干麸皮：水：盐酸 = 4.6:26:1 配比混合，装入水解锅中，以 0.07～0.08 MPa 表压加热水解 70～80min。

③糖蜜：甘蔗糖蜜和甜菜糖蜜均可代替玉米浆，但氨基酸等有机氮含量较低。甘蔗糖蜜用量为 0.1%～0.4%。

④酵母提取物：可用酵母膏、酵母浸出液或直接用酵母粉。

（五）发酵过程中的前体物质、促进剂和抑制剂

为了进一步提高发酵产率，在某些工业发酵过程中，发酵培养基除了碳源、氮源、无机盐、生长因子和水分等五大成分外，考虑到代谢控制方面，还需要添加某些特殊功用的物质。这些物质加入到培养基中有助于调节产物的形成，而并不促进微生物的生长，常需要添加发酵前体物质、促进剂和抑制剂等。添加这些物质往往与菌种特性和生物合成产物的代谢控制有关，目的在于大幅度提高发酵产率、降低成本。

1. 前体物质

将某些化合物加到发酵培养基中，能直接被微生物在生物合成过程中结合到产物分子中去，而其自身的结构并没有多大变化，但产物的量却因这些化合物的加入而有较大地提高，这类化合物称为前体物质。

有些氨基酸、核苷酸和抗生素发酵时必须添加前体物质才能获得较高的产率。例如丝氨酸、色氨酸、异亮氨酸及苏氨酸发酵时，培养基中分别添加甘氨酸、吲哚、2－羟基－4－甲基硫代丁酸、α－氨基丁酸及高丝氨酸等，这样可避免氨基酸合成途径的反馈和抑制作用，从而获得较高的产率（表4－1）。目前，应用添加前体物质的方法大规模发酵生产丝氨酸在日本已经实现，色氨酸和蛋氨酸的生产也可望工业化。

表 4－1   氨基酸发酵的前体物质

氨基酸	菌 体	前体物质
丝氨酸	谷氨酸棒状杆菌（*Corynebacterium glutamicum*）	甘油酸盐（或酯）、甘油酸三甲内酯、甘氨酸
色氨酸	汉逊氏酵母（*Hansenula*）、芽孢杆菌（*Bacillus*）	邻氨基苯甲酸、吲哚、L－丝氨酸
异亮氨酸	芽孢杆菌（*Bacillus*）、沙雷氏菌（*Serrati*）、假单胞菌（*Pseudomonas*）	α－氨基丁酸、α－羟基丁酸、D－苏氨酸、α－酮基异戊酸
苏氨酸	大肠杆菌（*Escherichia coli*） 枯草芽孢杆菌（*B. subtilis*） 雷氏变形杆菌（*Proteus rettgeri*）	L－高丝氨酸

抗生素合成的前体物质在一定条件下可控制生产菌的合成方向和增加抗生素的产量（表4－2）。在青霉素的生产过程中，人们发现加入玉米浆后，青霉素的单位产量提高，进一步研究发现，单位产量增长的原因是玉米浆中含有苯乙胺。

抗生素	前体物质	抗生素	前体物质
青霉素 G	苯乙酸或在发酵中能形成苯乙酸的物质, 如乙基酰胺等	金霉素	氯化物
青霉素 O	烯丙基 – 硫基乙酸	溴四环素	溴化物
青霉素 V	苯氧乙酸	红霉素	丙酸、丙醇、丙酸盐、乙酸盐
放线菌素 C_3	肌氨酸	灰黄霉素	氯化物
链霉素	肌醇、精氨酸、甲硫氨酸		

表 4 – 2 抗生素发酵常用的前体物质

一般说来, 当前体物质是合成过程中的限制因素时, 前体物质加入量越多, 抗生素产量就越高。但前体物质的浓度越大, 利用率越低。在抗生素发酵中大多数的前体物质对生产菌体有毒性, 故一次加入量不宜过大。为了避免前体物质浓度过大, 一般采取间隙分批添加或连续滴加的方法。

2. 发酵促进剂

在培养基中添加微量的促进剂可大大地增加某些微生物酶的产量。常用的促进剂有各种表面活性剂（脂肪酰胺磺酸钠、吐温 80、植酸等）、二乙胺四乙酸、大豆油抽提物、黄血盐、甲醇等。促进剂能促进产量增加的原因主要是因为改进了细胞的渗透性, 增强了氧的传递速度, 改善了菌体对氧的有效利用。

例如, 添加占培养基 0.02% ~1% 的植酸盐可显著地提高枯草芽孢杆菌、假单胞菌 (*Pseudomonas*)、酵母、曲霉等的产酶量。在生产葡萄糖氧化酶时, 加入金属螯合剂二乙胺四乙酸对酶的形成有显著影响, 酶活力随二乙胺四乙酸用量的增加而递增。添加大豆油抽提物, 米曲霉蛋白酶的产量可提高 187%, 脂肪酶的产量可提高 150%。在酶制剂发酵过程中。

在不同的情况下, 不同的促进剂所起的作用也各不相同:

（1）起生长因子的作用, 如加入微量植物刺激剂可促进某些放线菌的生长发育、缩短发酵周期或提高抗生素发酵单位。

（2）推迟菌体的自溶, 如巴比妥药物能增加链霉素产生菌的菌丝抗自溶能力（巴比妥主要对链霉素生物合成酶系统具有刺激作用）。

（3）抑制某些合成其他产物的途径而使之向合成所需产物的途径转化。

（4）降低生产菌的呼吸, 使之有利于抗生素的合成, 如在四环素发酵中添加硫氰化苄, 可降低生产菌在三羧酸循环中某些酶的活力而增强戊糖代谢, 使之有利于四环素的合成。

（5）改变发酵液的物理性质, 改善通气效果。如加入聚乙烯醇、聚丙烯酸钠、聚二乙胺等水溶性高分子化合物或加入某些表面活性剂后, 改善了通气效果, 进而促进发酵单位提高。

（6）与抗生素形成复盐, 从而降低发酵液中抗生素的浓度和促进抗生素的合成, 如在

四环素发酵中加入 N,N - 二苄基乙烯二胺（DBED）与四环素形成复盐，促使发酵向有利于四环素合成的方向进行。

在发酵过程中添加促进剂的量极微，选择得好，效果较显著，但一般来说，促进剂的专一性较强，往往不能相互套用。

3. 代谢调节剂

代谢调节剂中包括抑制剂和诱导剂，当一种抑制剂加入到发酵过程中时，能抑制不需要的产物，而大量产生所需的特定产物（或中间体）（表4-3）。例如，在四环素发酵中，加入溴化物能抑制金霉素（即氯四环素）的形成，从而增加四环素的产量。

表4-3　　　　　　　　　　发酵过程中使用的一些抑制剂

微生物	产物	抑制剂	主要作用
假丝酵母（Candida glycerinogenes）	甘油	亚硫酸钠	阻止乙醛的生成
金霉素链霉菌（Streptomyces aureofaciens）	四环素	溴	阻止氯四环素的产生
棒杆菌属（Corynebacterium）、短杆菌属（Brevibacterium）、小杆菌属（Microbacterium）和节杆菌属（Arthrobacter）	谷氨酸	青霉素	增加细胞壁透性
黑曲霉（Aspergillus niger）	柠檬酸	碱金属、磷酸	草酸被抑制
地中海诺卡氏菌（Nocardia mediterranei）	利福霉素 B	二乙巴妥盐	其他利福霉素被抑制

多数酶的生成需要诱导剂来诱导（表4-4）。在正常情况下，酶所需的基质或基质的类似物，可用作诱导剂。添加诱导物，对产诱导酶（如水解酶类）的微生物来说，可使原来很低的产酶量大幅度地提高，这在生产酶制剂新品种时尤其明显。一般的诱导物是相应酶的作用底物或一些底物类似物，这些物质可以"启动"微生物体内的产酶机构，如果没有这些物质，这种机构通常是没有活性的，产酶是受阻遏的。

表4-4　　　　　　　　　　一些工业上重要的酶诱导物

微生物	产物酶	诱导物
曲霉菌（Aspergillus）	α - 淀粉酶	淀粉、麦芽糖
产气荚膜梭菌（Clastridium perfringens）	普鲁蓝酶	麦芽糖
灰色链霉菌（Streptomyces griseus）	α - 甘露糖酶	酵母甘露糖
大肠杆菌（Escherichia coli）	青霉素酰基酶	苯乙酸
枯草芽孢杆菌（Bacillus sulotilis）	蛋白酶	许多蛋白质
曲霉菌（Aspergillus）	蛋白酶	许多蛋白质
毛霉菌（Mucor）	蛋白酶	许多蛋白质
绿色木霉（Trichoderma viride）	纤维素酶	纤维素
曲霉菌（Aspergillus）	果胶酶	果胶

二、工业微生物培养基的种类及特点

由于发酵工程涉及菌种的筛选和保藏、活化，以及从种子培养到大规模生产的整体过程，不同阶段所用培养基的目的不同，因而培养基的组成及要求也不一致。因考虑的角度不同，可将培养基分成以下类型。

（一）根据所培养微生物的种类分类

1. 分类

根据所培养微生物的种类，培养基可分为细菌、放线菌、酵母菌和霉菌培养基。常用的异养型细菌培养基为牛肉膏蛋白胨培养基，常用的自养型细菌培养基是无机的合成培养基；常用的放线菌培养基为高氏一号合成培养基；常用的酵母菌培养基为麦芽汁培养基；常用的霉菌培养基为察氏合成培养基。

2. 目的

根据微生物种类进行培养基的区分主要用于：

（1）筛选菌种时，根据微生物种类不同，选择不同的培养基组成，可以分别获得不同的微生物群。

（2）优化培养基条件时，可以根据微生物的种类将适于不同微生物群的培养基作为基础培养基，在此基础上再进一步优化培养基的组成。

（二）根据培养基成分的来源分类

1. 天然培养基

天然培养基是指一类利用动植物、微生物体（包括其提取物）制成的培养基，或所含的化学成分还不清楚、不恒定的天然有机物（如麦芽汁、肉浸汁、鱼粉、麸皮、玉米粉、花生饼粉、玉米浆及马铃薯等，实验室中常用牛肉膏、蛋白胨及酵母膏等）配制成的培养基。天然培养基的优点是营养丰富、种类多样、配制方便、价格低廉，缺点是化学成分不清楚、不稳定。用此类材料配成的培养基很难做到不同批号之间质量的稳定一致，因其随品种、产地、季节、加工条件等变化而有所波动。因此，在选用原料时务必标明其商品的名称及批号，对不同来源的这些商品还应先做小试。虽然天然培养基存在这些缺点，但其成本较低，微生物生长较好，所以一般使用的培养基均以天然培养基为主。

2. 合成培养基

合成培养基又称组合培养基或综合培养基，是一类按微生物的营养要求精确设计后用多种高纯化学试剂配制成的培养基，例如高氏一号培养基、察氏培养基等。由于微生物对营养要求的不同，它可以完全由无机盐或无机盐加有机化合物（氨基酸、糖、嘌呤、嘧啶、维生素等）组成。这种合成培养基的配方成分都是已知的，所以只要对配制过程的操作严格要求，各批培养基的质量可做到稳定一致。

合成培养基的优点是成分精确、重演性高；缺点是配制麻烦，且微生物生长一般，价格较贵，其价格相当于同类天然培养基的几倍以至几十倍。因此，合成培养基通常仅适用于营养、代谢、生理、生化、遗传、育种、菌种鉴定或生物测定等对定量要求较高的研究工作。

3. 半合成培养基

半合成培养基又称半组合培养基，指一类主要用化学试剂配制，同时还加有某种或某些天然成分的培养基，例如培养真菌的马铃薯蔗糖培养基等。严格地讲，凡含有未经特殊处理的琼脂的任何合成培养基，实质上都是一种半合成培养基。半合成培养基的特点是配制方便，成本低，微生物生长良好。发酵生产和实验室中应用的培养基大多数都属于半合成培养基。

（三）根据培养基的物理状态分类

1. 液体培养基

呈液体状态的培养基为液体培养基，它广泛用于微生物学实验和发酵生产。液体培养基在实验室中主要用于微生物的生理、代谢研究和获取大量菌体，在发酵生产中绝大多数发酵都采用液体培养基。

2. 固体培养基

呈固体状态的培养基都称为固体培养基。固体培养基有加入凝固剂后制成的；有直接用天然固体状物质制成的，如培养真菌用的麸皮、大米、玉米粉和马铃薯块培养基；还有在营养基质上覆上滤纸或滤膜等制成的，如用于分离纤维素分解菌的滤纸条培养基。常用的实验室固体培养基是在液体培养基中加入凝固剂（约2%的琼脂或5%~12%的明胶），加热至100℃，然后再冷却并凝固的培养基。常用的凝固剂有琼脂、明胶和硅胶等。其中，琼脂是最优良的凝固剂。

固体培养基在科学研究和生产实践中具有多种用途，常用于菌种分离、鉴定、菌落计数、检测杂菌、育种、菌种保藏、抗生素等生物活性物质的效价测定及获取真菌孢子等。在食用菌栽培和发酵工业中也常使用固体培养基。

3. 半固体培养基

半固体培养基是指在液体培养基中加入少量凝固剂（如0.2%~0.5%的琼脂）而制成的半固体状态的培养基。半固体培养基有许多特殊的用途，如可以通过穿刺培养观察细菌的运动能力、进行厌氧菌的培养及菌种保藏等。

4. 脱水培养基

脱水培养基又称脱水商品培养基或预制干燥培养基，指含有除水以外的一切成分的商品培养基，使用时只要加入适量水分并加以灭菌即可，是一类具有成分精确、使用方便等优点的现代化培养基。

（四）根据培养基的功能分类

1. 选择性培养基

混合菌样中数量很少的某种微生物，如直接采用平板划线或稀释法进行分离，往往因为数量少而无法获得。选择性培养基的设计方法主要有以下两种。

（1）利用待分离的微生物对某种营养物的特殊需求而设计。例如，以纤维素为唯一碳源的培养基可用于分离纤维素分解菌，用石蜡油来富集分解石油的微生物，用较浓的糖液来富集酵母菌等。

（2）利用待分离的微生物对某些物理和化学因素具有抗性而设计。如分离放线菌时，在培养基中加入数滴10%的苯酚，可以抑制霉菌和细菌的生长；在分离酵母菌和霉菌的培养基中，添加青霉素、四环素和链霉素等抗生素可以抑制细菌和放线菌的生长；结晶紫可以抑制革兰阳性菌，培养基中加入结晶紫后，能选择性地培养革兰阴性菌；7.5% NaCl可以抑制大多数细菌，但不抑制葡萄球菌，从而选择培养葡萄球菌；德巴利酵母属（*Debaryomyces*）中的许多种酵母菌和酱油中的酵母菌能耐高浓度（180～200g/L）的食盐，而其他酵母菌只能耐受30～110g/L的食盐，所以，在培养基中加入150～200g/L的食盐，即构成耐食盐酵母菌的选择性培养基。

2. 鉴别培养基

鉴别培养基是一类在成分中加有能与目的菌的无色代谢产物发生显色反应的指示剂，从而达到只需用肉眼辨别颜色就能方便地从近似菌落中找到目的菌落的培养基。最常见的鉴别培养基是伊红美蓝乳糖培养基，即EMB培养基。它在饮用水、牛乳的大肠菌群数等细菌学检查和在大肠杆菌的遗传学研究工作中有着重要的用途。属于鉴别培养基的还有：明胶培养基可以检查微生物能否液化明胶，醋酸铅培养基可用来检查微生物能否产生H_2S气体等。

选择性培养基与鉴别培养基的功能往往结合在同一种培养基中。例如，上述EMB培养基既有鉴别不同肠道菌的作用，又有抑制革兰阳性菌和选择性培养革兰阴性菌的作用。

3. 基础培养基

尽管不同微生物的营养需求不同，但大多数微生物所需的基本营养物质是相同的。基础培养基是含有一般微生物生长繁殖所需的基本营养物质的培养基。牛肉膏蛋白胨培养基是最常用的基础培养基。

4. 加富培养基

加富培养基也称营养培养基，即在基础培养基中加入某些特殊营养物质制成的一类营养丰富的培养基。这些特殊营养物质包括血液、血清、酵母浸膏、动植物组织液等。加富培养基一般用来培养营养要求比较苛刻的异养微生物，如培养百日咳博德特氏菌（*Bordetella pertussis*）需要含有血液的加富培养基。加富培养基还用来富集和分离某种微生物，这是因为加富培养基含有某种微生物所需的特殊营养物质，该种微生物在这种培养基中较其他微生物生长速度快，并逐渐富集而占优势，逐步淘汰其他微生物，从而容易达到分离该种微生物的目的。

5. 富集培养基

这是为了分离某类微生物而加入助长该类微生物的营养物质的培养基。在这类培养基中，某种微生物将比其他微生物生长繁殖更快，能以明显的生长优势而抑制其他类群微生物的生长。因此，利用这类培养基可以从杂居多种微生物的样品较容易地分离出目的微生物。但能在这种培养基上生长的微生物并不是一个纯种，而是营养要求或抗性类似的类群。所以，这种富集和选择性只是相对的。

利用这类培养基分离或富集所需的某种微生物时，若能将培养基的营养成分和培的环境条件，如通气、温度、渗透压、光等结合起来，则分离效果更佳。

（五）根据生产工艺的要求分类

1. 菌种保藏培养基

菌种保藏培养基应根据微生物的种类和营养要求进行选择。四种微生物经典培养基分别为细菌常用营养琼脂培养基、酵母菌常用麦汁琼脂培养基、霉菌常用察氏培养基和放线菌常用高氏一号培养基。

有些细菌在全糖培养基中会因发酵产酸抑制细菌本身的生长，为避免酸度过高，可于培养基中加入 2% $CaCO_3$。

氨基酸高产株的保藏培养基一定要营养丰富，尤其是营养缺陷型菌株所缺的营养物要充足；若为某氨基酸的结构类似物抗性突变株，则要在培养基中同时添加适量的该结构类似物，而培养基中该氨基酸的含量要尽量低。若高产株对某抗生素具有抗性，可以在保藏培养基中添加一定量的该抗生素。

2. 孢子培养基

孢子培养基是供制备孢子用的。这类培养基能使菌体形成大量孢子，但不引起菌种变异。一般基质浓度特别是有机氮源浓度低一些，无机盐浓度适量。这类培养基包括生产中常用麸皮培养基、大（小）米培养基和由葡萄糖或淀粉、无机盐、蛋白胨等配制的琼脂斜面培养基等。

3. 种子培养基

种子培养基是保证菌体在生长过程中能获得大量优质孢子或营养细胞的培养基，主要用于孢子发芽和菌体生长繁殖。一般要求营养成分应易于菌体吸收利用，同时要比较丰富与完整。一般来说，氮源比例较高有利于微生物菌体的大量合成；同时应尽量考虑各种营养成分的特性，使 pH 在培养过程中能稳定在适当的范围内，以有利于菌种的正常生长和发育。有时，还需加入使菌种能适应发酵条件的基质。菌种的质量关系到发酵生产的成败，所以种子培养基的质量非常重要。

4. 发酵培养基

发酵培养基是生产中供菌种生长繁殖并积累发酵产品的培养基，一般数量较大，配料较粗。发酵培养基要求营养适当丰富和完备，碳源比例大，pH 适当而稳定，原料来源广泛，成本低，糖、氮代谢能完全符合高单位罐批的要求。在大规模生产时，原料应来源充足，成本低廉，还应有利于下游的分离提取。

三、发酵工业用培养基的设计与控制

1. 目的明确

配制培养基首先要明确培养目的，要培养什么微生物？是为了得到菌体还是代谢产物？是用于实验室还是发酵生产？根据不同的目的，配制不同的培养基。

培养细菌、放线菌、酵母菌、霉菌所需要的培养基是不同的。自养型微生物有较强的合成能力，所以自养型微生物的培养基完全由简单的无机物组成。异养型微生物的合成能力较弱，所以培养基中至少有一种有机物，通常是葡萄糖。有的异养型微生物需要多种生长因子，因此常采用天然有机物为其提供所需的生长因子。

如果为了获得菌体或作种子培养基用，一般来说，培养基的营养成分宜丰富些，特别是氮源含量应高些，以利于微生物的生长与繁殖。如果为了获得代谢产物或用作发酵培养基，则所含氮源宜低些，以使微生物生长不致过旺而有利于代谢产物的积累。

2. 培养基的配方获得

培养基的组分（包括这些组分的来源和加入方法）、配比、缓冲能力、黏度、灭菌是否彻底、灭菌后营养破坏的程度及原料中杂质的含量都对菌体生长和产物形成有影响。目前还只能在生物化学、细胞生物学等的基本理论指导下，参照前人所使用的较适合于某一类菌种的培养基（常称为基础培养基）的经验配方，了解菌种的来源、生活习惯、生理生化特征、营养要求、合成代谢途径，以及产物化学性质、分子结构、纯化方法、质量要求等，采用摇瓶等小型发酵设备，对碳、氮、无机盐和前体等进行逐个单因子试验，并进行单种营养成分来源和数量的比较、几种营养成分浓度比例调配的比较、小型试验放大到大型试验的比较等，最后再综合考虑各因素的影响，得到一个适合该菌种的培养基的配方。

3. 碳氮比适当

碳氮比指培养基中碳元素与氮元素的物质的量的比值，有时也指培养基中还原糖与粗蛋白之比。不同的微生物要求不同的 C/N 比。例如，细菌和酵母菌培养基中的 C/N 比约为 5:1，霉菌培养基中的 C/N 比约为 10:1。当 C/N 比值过小时，即培养基中氮源过多，造成微生物生长过盛，而碳源供应不足，容易引起菌体衰老和自溶，造成氮源浪费和酶产量下降；如果 C/N 比值过高，即氮源不足，微生物生长过慢，一方面容易引起杂菌感染，另一方面由于没有足够量的微生物来产酶，也会造成碳源浪费和酶产量下降。因此，应根据各种微生物的特性，恰当地选择适宜的 C/N 比值，这是提高酶产量的重要措施。

碳氮比随碳水化合物及氮源的种类以及通气搅拌等条件而异，很难确定统一的比值。一般情况下，碳氮比偏小，能导致菌体的旺盛生长，易造成菌体提前衰老自溶，影响产物的积累；碳氮比过大，菌体繁殖数量少，不利于产物的积累；碳氮比较合适，但碳源、氮源浓度高，仍能导致菌体的大量繁殖，增大发酵液黏度，影响溶解氧浓度，容易引起菌体的代谢异常，影响产物合成；碳氮比较合适，但碳源、氮源浓度过低，会影响菌体的繁殖，同样不利于产物的积累。

4. 防止沉淀和营养破坏

通常在培养基内加入 KH_2PO_4、KH_2PO_4 和 $MgSO_4$，以供应 P、S、Mg、K。如果同时加入钙和铁，则上述三种盐的用量要适当加大，这主要是考虑到它们之间会形成不溶性的磷酸盐或氢氧化物，影响正常的使用。蛋白胨、酵母膏和其他生物制品都含有磷酸盐，若培养基中有 Mg^{2+}、Ca^{2+} 等离子，就会出现沉淀、混浊。为避免生成沉淀，可将盐配成溶液，分开灭菌后再加入培养基内。

有些糖类或营养物质在高温、高压下会被破坏，故应降低压力、温度，或缩短时间，或用过滤或其他方法除菌（如化学灭菌法）。

5. pH 适宜

各种微生物的正常生长均需要有合适的 pH，一般霉菌和酵母菌比较适于微酸性环境，放线菌和细菌适于中性或微碱性环境。为此，当培养基配制好后，若 pH 不合适，必须加以调节。当在微生物培养过程中培养基的 pH 改变而不利于微生物本身的生长时，应以微生物菌体对各种营养成分的利用速度来考虑培养基的组成，同时加入缓冲剂，以调节培养液的 pH。具体调节 pH 的方法参见本章第二节内容。

6. 氧化还原电位

对大多数微生物来说，培养基的氧化还原电位一般对其生长的影响不大，即适合它们生长的氧化还原电位范围较广。但对于厌氧菌，由于氧的存在对其有毒害作用，因而往往在培养基中加入还原剂以降低氧化还原电位。常用的还原剂有巯基乙酸、半胱氨酸、硫化钠、抗坏血酸、铁屑等。也可以用其他理化手段除去氧。发酵生产上常采用深层静置发酵法创造厌氧条件。

7. 渗透压

多数微生物能忍受渗透压较大幅度的变化。培养基中营养物质的浓度过大，会使渗透压太高，使细胞发生质壁分离，抑制微生物的生长。低渗溶液则使细胞吸水膨胀，易破裂。配制培养基时，应注意营养物质要有合适的浓度。营养物质的浓度太低，不仅不能满足微生物生长对营养物质的需求，而且也不利于提高发酵产物的产量和提高设备的利用率。但是，培养基中营养物质的浓度过高时，由于培养基溶液的渗透压太大，会抑制微生物的生长。此外，培养基中各种离子的浓度比例也会影响到培养基的渗透压和微生物的代谢活动，因此，培养基中各种离子的比例需求要平衡。在发酵生产过程中，在不影响微生物的生理特性和代谢转化率的情况下，通常趋向在较高浓度下进行发酵，以提高产物产量，并尽可能选育耐高渗透压的生产菌株。当然，培养基浓度太大会使培养基黏度增加和溶氧量降低。

8. 选用低成本原料

培养基在大规模生产中用量很大，在选用时应尽量利用较丰富的廉价原料，设法降低成本，并使之尽可能地满足下列条件：① 消耗每克底物将产生最大的菌体得率或产物得率；② 能产生最高的产品或菌体浓度；③ 能得到产物生成的最大速率；④ 副产品的得率最小；⑤ 价廉并具有稳定的质量；⑥ 来源丰富且供应充足；⑦ 通气和搅拌、提取、纯化、废物处理等生产工艺过程都比较容易。

用甘蔗糖蜜、甜菜糖蜜、谷物淀粉等作为碳源，用铵盐、尿素、硝酸盐、玉米浆及发酵的残余物作为氮源，便能较好地满足上述配制培养基的条件。大量的农副产品如麸皮、米糠、玉米浆、酵母浸膏、酒糟、豆饼、花生饼等都是常用的发酵工业原料。经济节约原则大致有：以粗代精、以野代家、以废代好、以简代繁、以烃代粮、以纤代糖、以氮代朊和以国（产）代进（口）等。

9. 根据不同发酵规模调整培养基的组成

从实验室放大到中试规模，最后到工业生产，放大效应会产生各种各样的问题。例如，实验室使用的培养基一般黏度较高，而在大型发酵罐中使用，由于气液传递速率降低，高黏度的培养基显然要消耗更高的搅拌功率，故要加以调整。除了满足生长和产物形成的要求外，培养基的组成也会影响到 pH 的变化、泡沫的形成、氧化还原电位和微生物的形态。在培养基中，有时也需要添加前体物质或代谢的抑制剂，有时需添加促进剂，以促进产物的形成。

第二节 培养条件对微生物发酵的影响

影响微生物发酵的培养条件主要有温度、发酵 pH、溶氧、种龄、接种量、泡沫和发酵时间。

一、温度对微生物发酵的影响及其控制

由于微生物的生长和产物的合成代谢都是在各种酶的催化下进行的，而温度是保证酶活力的重要条件，因此在发酵过程中必须保证稳定而合适的温度环境。温度对发酵的影响是多方面的，对微生物细胞的生长和产物的生成、代谢的影响是各种因素综合表现的结果。

（一）温度对发酵的影响

在影响微生物生长繁殖的各种物理因素中，温度起着最重要的作用。温度直接影响酶反应，从而影响着生物体的生命活动。各种微生物在一定的条件下都有一个最适的生长温度范围，在此温度范围内，微生物生长繁殖最快。温度和微生物生长的关系，一方面在其最适温度范围内，生长速度随温度的升高而增加；另一方面，不同生长阶段的微生物对温度的反应不同。

温度的变化对发酵过程可产生两方面的影响：一方面是影响各种酶反应的速率和蛋白质的性质，另一方面是影响发酵液的物理性质。温度对化学反应速度的影响常用温度系数 Q_{10}（每增加 $10℃$，化学反应速度增加的倍数）来表示。在不同温度范围内，Q_{10} 的数值是不同的，一般是 $2 \sim 3$，而酶反应速度与温度变化的关系也完全符合此规律。也就是说，在一定范围内，随着温度的升高，酶反应速率也增加，但有一个最适温度，超过这个温度，酶的催化活力就下降。温度还对发酵液的物理性质产生影响，如发酵液的黏度、基质和氧在发酵液中的溶解度和传递速率、某些基质的分解和吸收速率等，都受温度变化的影响，进而影响发酵的动力学特性和产物的生物合成。

（二）影响发酵温度变化的因素

发酵过程中，随着微生物细胞对培养基中营养物质的利用、机械搅拌的作用，将会产生一定的热量；同时由于发酵罐壁的散热、水分的蒸发等将会带走部分热量，因而引起发酵温度的变化。习惯上将发酵过程中释放出来的引起温度变化的净热量称为发酵热。发酵热包括了生物热、搅拌热、蒸发热以及辐射热等，它们是发酵温度变化的主要因素。

1. 生物热（$Q_{生物}$）

生产菌在生长繁殖过程中产生的热能，称作生物热。营养基质被菌体分解代谢产生大量的热能，部分用于合成高能化合物三磷酸腺苷（ATP），供给合成代谢所需要的能量，多余的热能则以热能形式释放出来，形成了生物热。

生物热的大小随菌种和培养基成分的不同而变化。一般情况下，对某一菌株而言，在

71

同一条件下，培养基成分愈丰富，营养被利用的速度愈快，产生的生物热就愈大。发酵过程的产热具有明显的时间性，即在不同培养阶段，菌体呼吸作用和发酵作用强度不同，所产生的热量不同。生物热的大小还随培养时间不同而不同，当菌体处于孢子发芽和滞后期，产生的生物热是有限的；在生长初期，生物热少；进入对数生长期后，就释放出大量的热能，并与细胞的合成量成正比；对数期后，生物热开始减少，并随菌体逐步衰老而下降。因此，在对数生长期释放的生物热为最大，常作为发酵热平衡的主要依据。

生物热的大小与菌体的呼吸强度有对应关系，呼吸强度愈大，所产生的生物热也愈大。

2. 搅拌热（$Q_{搅拌}$）

对于机械搅拌通气式发酵罐，由于机械搅拌带动培养液做比较剧烈的运动，造成液体之间、液体与搅拌器等设备之间的摩擦，会产生比较可观的热量。搅拌器转动引起的液体之间和液体与设备之间的摩擦所产生的热能，即搅拌热。搅拌热可根据 $Q_{搅拌} = (P/V) \times 3600$ 近似计算出来，P/V 是通气条件下单位体积发酵液所消耗的功率，3600 为热功当量。

3. 蒸发热

在通气培养过程中，空气进入发酵罐后就与发酵液进行广泛的接触，除部分氧等被微生物利用外，大部分气体仍旧从发酵罐出来，排放至大气中，必然会引起热量的散发，热量将被空气或蒸发的水分带走，这些热量就称为蒸发热。水的蒸发热和废气所带的部分显热（$Q_{显}$）都散失到外界。由于进入的空气的温度和湿度是随外界的气候和控制条件而变化，所以蒸发热和显热是变化的。

4. 辐射热（$Q_{辐射}$）

由于罐外壁和大气的温度差异而使发酵液中的部分热能通过罐体向大气辐射的热能，即为辐射热。辐射热的大小取决于罐内温度与外界气温的差值，差值越大，散热越多。

由于生物热、蒸发热和显热，特别是生物热在发酵过程中是随时间变化的，因此发酵热在整个发酵过程中也随时间变化，引起发酵温度发生波动。为了使发酵能在一定温度下进行，故要设法进行控制。

（三）发酵最适温度的选择与控制

最适发酵温度是既适合菌体生长，又适合代谢产物合成的温度。

（1）需要注意的是，最适生长温度与最适生产温度往往是不一致的，因此需要选择一个最适的发酵温度。

（2）最适发酵温度还随菌种、培养基成分、培养条件和菌体生长阶段而改变。培养基成分差异和浓度大小对培养基温度的确定也有影响，在使用易利用或较稀薄的培养基时，如果在高温发酵，营养物质往往代谢快，耗竭过早，最终导致菌体自溶，使代谢产物的产量下降。因此，发酵温度的确定还与培养基的成分有密切的关系。通气较差时，降低温度有利于发酵，因为它能降低菌体的生长和代谢，并提高溶解氧浓度，对通气不足是一种弥补。

（3）理论上，整个发酵过程中不应只选择一个培养温度，而应该根据发酵的不同阶段，选择不同的培养温度。在生长阶段，应选择最适生长温度；在产物分泌阶段，应选择最适生产温度。这样的变温发酵所得产物的产量是比较理想的。然而，在工业生产中，由于发酵液体积很大，升温和降温控制起来比较困难，往往采用一个比较适宜的温度，使产量最高。因此，选择一个最适发酵温度很重要，最适温度要考虑各种相关因素的综合平衡，或者在可能的条件下进行适当地调整。

（4）大型发酵罐一般不需要加热，因为发酵中产生大量的发酵热，往往需要降温冷却，以控制发酵温度。给发酵罐夹层或蛇形管通入冷却水，通过热交换降温，维持发酵温度。在夏季时，外界气温较高，冷却水效果可能很差，需要用冷冻盐水进行循环式降温，以迅速降到发酵温度。

二、pH 对微生物发酵的影响及其控制

（一）pH 对微生物生长和代谢产物的影响

每一类微生物都有其最适的和能耐受的 pH 范围：细菌为 6.5～7.5，霉菌为 4.0～5.8，酵母菌为 3.8～6.0，放线菌为 6.5～8.0。因此，控制一定的 pH 不仅是保证微生物生长的主要条件之一，而且是防止杂菌感染的一项措施。

同一种微生物，由于 pH 不同，可能会形成不同的发酵产物。微生物生长的最适 pH 和发酵的最适 pH 往往不相同。研究其中的规律，对发酵生产中 pH 的控制尤为重要。例如，黑曲霉在 pH 为 2.0～2.5 时，有利于合成柠檬酸；在 pH 为 2.5～6.5 时，就以菌体生长为主；而在 pH 为 7 左右时，则大量合成草酸。又如，丙酮丁醇梭菌（*Cl. acetobutylicum*）在 pH 为 5.5～7.0 时，以菌体的生长繁殖为主；而在 pH4.3～5.3，才进行丙酮、丁醇发酵。此外，许多抗生素的生产菌都有同样的情况。利用上述规律对提高发酵的生产效率十分重要。

虽然微生物外环境的 pH 变化很大，但细胞内环境中的 pH 却相当稳定，一般都接近中性，这就免除了 DNA、ATP、菌绿素和叶绿素等重要成分被酸破坏，或 RNA、磷脂类等被碱破坏的可能性。与细胞内环境的中性 pH 相适应的是，胞内酶的最适 pH 一般都接近中性，而位于周质空间的酶和分泌到细胞外的胞外酶的最适 pH 则接近环境的 pH。

pH 对微生物生长繁殖和代谢产物的影响原因主要表现为以下几个方面：

（1）发酵液 pH 的改变影响微生物细胞原生质膜的电荷发生改变，这种电荷的改变同时会引起原生质膜对个别离子渗透性的改变，从而影响微生物对培养基中营养物质的吸收及代谢产物的泄漏，进而影响微生物的生长繁殖和新陈代谢。

（2）发酵液 pH 的改变直接影响酶的活力。pH 直接影响酶活力中心上有关基团的解离影响底物（培养基成分）的解离，从而影响酶－底物的结合。例如，酵母在 pH5.0 时产生乙醇，而在碱性条件下产生甘油；黑曲霉在 pH 2～3 时产生柠檬酸，在中性条件下产生草酸；棒状杆菌在 pH5.0～5.8 产生谷氨酰胺，而在中性条件下产生谷氨酸。

（3）发酵液的 pH 影响培养基中某些重要的营养物质和中间代谢产物的解离，从而影响微生物对这些物质的利用。

由于 pH 的高低对菌体生长和产物的合成能产生上述明显的影响，所以在工业发酵中，维持所需最适 pH 已成为生产成败的关键因素之一。

（二）影响发酵过程中 pH 变化的因素

微生物在其生命活动过程中也会能动地改变外界环境的 pH，这就是通常遇到的培养基的原始 pH 会在培养微生物的过程中时时发生改变的原因。在一般微生物的培养中，变酸往往占优势，因此，随着培养时间的延长，培养基的 pH 会逐渐下降。

（1）培养基碳氮比与 pH 变化的关系　一般情况下，培养基中的碳/氮值高则发酵液倾向于酸性，反之则倾向于碱性或中性。发酵液的 pH 是发酵现象的综合指标。如果培养基中糖和脂肪被利用，培养基的 pH 便会随其氧化的程度而波动。

（2）通气与 pH 变化的关系　在通气充足时，糖和脂肪得到完全氧化，产物为 CO_2 和水；在通气不充足时，糖和脂肪的氧化不完全，产生有机酸类的中间产物。这些都使培养基的 pH 下降，其差别仅是下降程度不同。

（3）培养基营养成分的组成与 pH 变化的关系　如果无机氮源被同化，则培养基 pH 也会随其种类而变化。属于生理酸性盐（被微生物利用后生酸的盐）的铵盐被利用后，pH 下降；属于生理碱性盐的硝酸盐（或有机酸盐）被利用后，其 pH 上升。如果有机氮源被利用，则培养液的 pH 随酶作用的情况不同也有不同的结果。

培养过程中菌体对碳源、氮源物质的利用也是造成培养体系 pH 变化的重要原因。若向培养基中添加糖类物质，糖和水解酪蛋白成为竞争性碳源，菌体优先利用糖类，从而抑制水解酪蛋白的碳源作用。糖类的吸收利用不引起 pH 的升高，甚至在缺氧条件下的无氧呼吸还可以引起 pH 的下降，因此糖类物质的存在抑制了吸收利用水解酪蛋白时引起的培养液 pH 升高。在碳源竞争吸收过程中，糖类物质越容易被菌体吸收，对培养液碱化的抑制作用就越强。补加糖的培养基，在发酵结束时，pH 比不添加糖的培养液低，甚至出现酸化现象。

（4）菌体生长时间与 pH 变化的关系　在发酵的前期，调节的 pH 应有利于菌体生长；在发酵的中、后期，调节的 pH 应是与产物合成有关的酶活力最大时的最适 pH。

总之，pH 的变化情况决定于菌体的特性、培养基的组成和工艺条件。菌种不同，所含酶系活力不同，培养基中糖、氮的种类和配比不同，以及通风、搅拌强度、调节 pH 方法等不同，pH 的变化也就不同。但是，在这些条件一定时，在正常发酵情况下，其 pH 的变化具有一定的规律性，因此，应该根据具体情况调节控制 pH。

（三）发酵 pH 的选择及调控

微生物发酵的合适 pH 范围一般为 5~8，但发酵的 pH 又随菌种和产品不同而不同。由于发酵是多酶复合反应系统，各酶的最适 pH 也不相同。因此，对于同一菌种，生长最适 pH 可能和产物合成的最适 pH 是不一样的。所以，应该按发酵过程的不同阶段分别控制 pH 范围，使产物的产量达到最大。

1. 初始发酵 pH 的确定

初始 pH 是指发酵液配制完毕后、灭菌前的 pH（注意：灭菌前与灭菌后的 pH 有所不同），或加入缓冲剂（如磷酸盐）制成缓冲能力强、pH 改变不大的培养基。

适宜 pH 是根据实验结果来确定的。首先将发酵培养基调节成不同的出发 pH，在发酵过程中，定时测定和调节 pH，以分别维持出发 pH，或者利用缓冲液来配制培养基以维持。一定培养时间后观察菌体的生长情况，以菌体生长达到最高值的 pH 为菌体生长的适宜 pH。以同样的方法，可测得产物合成的适宜 pH。另外，在确定适宜发酵 pH 时，还要考虑培养温度的影响，若温度提高或降低，适宜 pH 也可能发生变动。调节培养基的初始 pH 主要有以下几种方法。

（1）借磷酸缓冲液进行调节　调节 K_2HPO_4 和 KH_2PO_4 两者的浓度比即可获得 pH6.4 ~ 7.2 的一系列稳定的 pH，当两者为等摩尔浓度比时，溶液的 pH 可稳定在 6.8。但 K_2HPO_4/KH_2PO_4 缓冲系统只能在一定的 pH 范围（pH6.4 ~ 7.2）内起调节作用。

（2）以 $CaCO_3$ 作"备用碱"进行调节　由于 $CaCO_3$ 在水溶液中溶解度很低，将其加入液体或固体培养基中并不会提高培养基的 pH，但当微生物在生长过程中不断产酸时，却可以溶解 $CaCO_3$，从而发挥其调节培养基 pH 的作用。如果不希望培养基有沉淀，有时可添加 $NaHCO_3$。有些微生物，如乳酸菌能大量产酸，上述缓冲系统就难以起到缓冲作用，此时可在培养基中添加难溶的碳酸盐（如 $CaCO_3$）来进行调节。$CaCO_3$ 难溶于水，不会使培养基 pH 过度升高，但它可以不断中和微生物产生的酸，同时释放出 CO_2，将培养基 pH 控制在一定范围内。但是，碳酸钙用量大，消毒困难，易堵塞管道，在操作上易引起染菌，而且对产物的提取有影响。此法在工业上不使用。

（3）其他缓冲体系　在培养基中还存在一些天然的缓冲系统，如氨基酸、肽、蛋白质都属于两性电解质，也可起到缓冲剂的作用。

2. 发酵过程中 pH 的调控

由于微生物不断吸收、同化营养物质和排出代谢产物，因此在发酵过程中发酵液的 pH 是一直变化的。在微生物培养过程中，pH 的变化往往对该微生物本身及发酵生产均有不利的影响，为了使微生物能在最适的 pH 范围内生长、繁殖和发酵，应根据不同的微生物特性，不仅在原始培养基中控制适当的 pH，而且在整个发酵过程中，必须随时检查 pH 的变化情况。根据 pH 的变化规律，选用适宜的方法，对 pH 进行适当地调节和控制。在发酵过程中，微生物本身具有调节其生长适应 pH 的能力（即具有一定调节 pH 的能力），但当外界条件发生较大的变化时，pH 将会不断波动。在实际生产中，调节 pH 的方法应根据具体情况加以选用。

（1）在发酵过程中加弱酸或弱碱进行 pH 的调节，合理地控制发酵条件。例如，在发酵过程中流加 NaOH、$CaCO_3$ 等，可以中和发酵过程中产生的酸。

（2）进行补料是较好的办法，既调节培养液的 pH，又可补充营养，如氨水、尿素流加法等。在发酵过程中根据 pH 的变化可用流加氨水的方法来调节，同时又可把氨水作为氮源供给。由于氨水作用快，对发酵液的 pH 波动影响大，应采用少量多次的流加方法，以免造成 pH 过高，从而抑制微生物细胞的生长，或 pH 过低、NH_4^+ 不足等现象。具体的流加方法应根据微生物的特性、发酵过程中菌体的生长情况、耗糖情况等来决定，一般控制 pH 在 7.0 ~ 8.0，最好是采用自动控制连续流加方法。

以尿素作为氮源进行流加调节 pH，是目前国内味精厂普遍采用的方法。尿素流加引起的 pH 变化有一定的规律，易于控制操作。由于通风、搅拌和微生物细胞内脲酶的作用，使尿素分解放出氨，pH 上升，同时氨被微生物利用形成代谢产物，使 pH 降低，反复进行尿素流加就可维持一定的 pH。流加时，除主要根据 pH 的变化外，还应考虑微生物细胞的生长、发酵过程耗糖、代谢等不同的阶段，采取少量多次流加来控制合适的发酵 pH。

三、溶解氧对发酵的影响及其控制

在 25℃、0.10MPa 下，空气中的氧在水中的溶解度为 0.25mmol/L，在发酵液中的溶解度只有 0.22mmol/L，而发酵液中的大量微生物耗氧迅速［耗氧速率大于 25～100mmol/（L·h）］。因此，供氧对于好氧微生物来说是非常重要的。在好氧发酵中，微生物对氧有一个最低要求，满足微生物呼吸的最低氧浓度称为临界溶氧浓度，用 $C_{临界}$ 表示。在 $C_{临界}$ 以下，微生物的呼吸速率随溶解氧浓度降低而显著下降。好氧微生物的 $C_{临界}$ 一般很低，为 0.003～0.05mmol/L，需氧量一般为 25～100mmol/（L·h），其 $C_{临界}$ 是氧饱和溶解度的 1%～25%。培养液中的氧维持微生物的呼吸和代谢，保持供氧与耗氧的平衡，才能满足微生物对氧的利用。溶氧是好氧发酵控制中最重要的参数之一。由于氧在水中的溶解度很小，在发酵液中的溶解度更小，因此，需要不断调整通风和搅拌，才能满足不同发酵过程对氧的需求。溶氧的大小对菌体生长和产物的形成及产量都会产生不同的影响。

（一）溶解氧对发酵的影响

好氧微生物的生长和代谢均需要氧气，因此供氧必须满足微生物在不同阶段的需要。由于各种好氧微生物所含的氧化酶系（如过氧化氢酶、细胞色素氧化酶、黄素脱氢酶、多酚氧化酶等）的种类和数量不同，因此不同种类微生物，以及相同微生物合成不同代谢产物所消耗的溶氧量均不同。在发酵过程中，影响耗氧的因素主要有以下几方面：

①培养基的成分和菌体浓度显著影响耗氧：培养液营养丰富，菌体生长快，耗氧量大；菌体浓度高，耗氧量大；发酵过程补料或补糖，微生物对氧的摄取量随之增大。

②菌龄影响耗氧：呼吸旺盛时，耗氧量大；发酵后期菌体处于衰老状态，耗氧量自然减弱。

③发酵条件影响耗氧：在最适条件下发酵，耗氧量大。

好氧发酵并不是溶氧愈多愈好。溶氧高虽然有利于菌体生长和产物合成，但溶氧太大有时反而抑制产物的形成。初级代谢的氨基酸发酵，需氧量的大小与氨基酸的合成途径密切相关。根据需氧要求的不同将发酵分为三类：第一类，包括谷氨酸、谷氨酰胺、精氨酸和脯氨酸等谷氨酸系氨基酸，它们在菌体呼吸充足的条件下，产量才最大，如果供氧不足，氨基酸合成就会受到强烈的抑制，大量积累乳酸和琥珀酸；第二类，包括异亮氨酸、赖氨酸、苏氨酸和天冬氨酸，即天冬氨酸系氨基酸，供氧充足时可得最高产量，但若供氧受限，产量受影响并不明显；第三类，包括亮氨酸、缬氨酸和苯丙氨酸，仅在供氧受限、细胞呼吸受抑制时，才能获得最大量的氨基酸，如果供氧充足，产物形成反而受到抑制。

目前，在发酵工业中，氧的利用率还很低，只有 40%～60%，抗生素发酵工业更低，只有 2%～8%。好氧微生物的生长和代谢活动都需要消耗氧气，它们只有在氧分子存在的情况下才能完成生物氧化作用。因此，供氧对于好氧微生物是必不可少的。

（二）影响发酵过程中溶氧的因素

在发酵过程中，在已有设备和正常发酵条件下，每种产物发酵的溶氧变化都有自己的规律，谷氨酸发酵过程中溶氧的变化表现为如图4-1所示的过程。

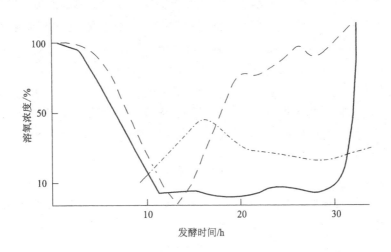

图4-1 谷氨酸发酵时正常和异常的溶氧曲线

——正常发酵溶氧曲线 ----异常发酵溶氧曲线 —·—异常发酵光密度曲线

（1）发酵前期，生产菌大量繁殖，需氧量不断增加。此时的需氧量超过供氧量，使溶氧明显下降，出现一个低峰，生产菌的摄氧速率同时出现一个高峰。对谷氨酸发酵来说，发酵液中的菌体浓度不断上升，抗生素发酵的菌体浓度也出现一个高峰。黏度一般在这个时期也会出现一个高峰阶段。这都说明产生菌正处在对数生长期。

（2）过了生长阶段，需氧量有所减少，溶氧经过一段时间的平稳阶段（如谷氨酸发酵）或随之上升后，就开始形成产物，溶氧也不断上升。谷氨酸发酵的溶氧低峰在6～20h，低峰出现的时间和低峰溶氧随菌种、工艺条件和设备供氧能力的不同而异。

（三）发酵最适溶氧的控制

发酵液的溶氧浓度，是由供氧和需氧两方面所决定的。也就是说，当发酵的供氧量大于需氧量，溶氧就上升，直到饱和；反之就下降。因此，要控制好发酵液中的溶氧，需从这两方面着手。

在供氧方面，主要是设法提高氧传递的推动力和液相体积氧传递系数值，如调节搅拌转速或通气速率来控制供氧。但供氧的大小必须与需氧量相协调，也就是说要有适当的工艺条件来控制需氧量，使生产菌的生长和产物形成对氧的需求量不超过设备的供氧能力，使生产菌发挥出最大的生产能力，这对生产实际具有重要的意义。已知，发酵液的需氧量受菌体浓度、基质的种类和浓度以及培养条件等因素的影响，其中以菌体浓度的影响最为明显。

菌体浓度过高，微生物的摄氧速率增加，发酵液表观黏度也增加，流体性质发生改变，使氧的传递速率呈对数降低。当摄氧速率大于氧的传递速率时，溶解氧减少并成为限制性因素。为了获得最高的生产率，需要采用摄氧速率与传氧速率相平衡时的菌体浓度，也就是传氧速率随菌体浓度变化的曲线和摄氧速率随浓度变化的曲线的交点所对应的菌体浓度，这就是临界菌体浓度。因此，可以控制菌的比生长速率在比临界值略高一点的水平，以达到最适菌体浓度——这是控制最适溶氧浓度的重要方法。最适菌体浓度既能保证产物比合成速率维持在最大值，又不会使需氧大于供氧。控制最适的菌体浓度可以通过控制基质的浓度来实现，如青霉素发酵就是通过控制补加葡萄糖的速率达到最适菌体浓度。现已利用敏感型的溶氧电极传感器来控制青霉素发酵，利用溶氧浓度的变化来自动控制补糖速率，间接控制供氧速率和 pH，从而实现菌体生长、溶氧和 pH 三位一体的控制体系。

除控制补料速度外，在工业上，还可采用调节温度（降低培养温度可提高溶氧浓度）、液化培养基、中间补料（当菌体过浓时，通过补加无菌水的方法来降低培养液的黏度，提高溶解氧浓度）、添加表面活性剂等工艺措施，来改变溶氧水平。

四、种龄

种子培养时间称为种龄。在种子罐内，随着培养时间延长，菌体量逐渐增加。但是菌体繁殖到一定程度，由于营养物质消耗和代谢产物积累，菌体量不再继续增加，而是逐渐趋于老化。由于菌体在不同生长阶段的生理活性差别很大，种龄的控制就显得非常重要。在工业发酵生产中，一般都选择生命力极为旺盛的对数生长期，菌体量尚未达到最高峰时移种。此时的种子能很快适应环境，生长繁殖快，可大大缩短在发酵罐中的迟滞期，缩短在发酵罐中的非产物合成时间，提高发酵罐的利用率，节省动力消耗。

如果种龄控制不适当，种龄过于年轻的种子接入发酵罐后，往往会出现前期生长缓慢、泡沫多、发酵周期延长以及因菌体量过少而菌丝结团，引起异常发酵等；而种龄过老的种子接入发酵罐后，则会因菌体老化而导致生产能力衰退。在土霉素生产中，种龄相差 2~3h，转入发酵罐后，菌体的代谢就会有明显的差异。

最适种龄因菌种不同而有很大的差异，细菌一般为 7~24h，霉菌一般为 16~50h，放线菌一般为 21~64h。需要指出的是，即使同一菌株培养相同的时间，不同发酵批次得到的种子质量也不完全一致。因此，最适的种龄应通过多次试验，特别要根据本批种子质量来确定。

五、接种量

移入的种子液体积和接种后培养液体积的比例，称为接种量。发酵罐接种量的大小与菌种特性、种子质量和发酵条件等有关。

接种量的大小与该菌在发酵罐中生长繁殖的速度有关。有些产品的发酵以接种量大一些较为有利，采用大接种量，种子进入发酵罐后容易适应，而且种子液中含有大量的水解酶，有利于对发酵培养基的利用。大接种量还可以缩短发酵罐中菌体繁殖至高峰所需的时间，使产物合成速度加快。但是，过大的接种量往往使菌体生长过快、过稠，造成营养基质缺乏或溶解氧不足而不利于发酵；接种量过小，则会引起发酵前期菌体生长缓慢，使发酵周期延长，菌丝量少，还可能产生菌丝团，导致发酵异常等。但是，对于某些品种，较小的接种量也可以获得较好的生产效果。例如，生产制霉菌素时用 1% 的接种量，其效果较用 10% 的为好，而 0.1% 接种量的生产效果与 1% 的生产效果相似。

不同的微生物其发酵的接种量是不同的，如制霉菌素发酵的接种量为 0.1% ~ 1%，肌苷酸发酵的接种量为 1.5% ~ 2%，霉菌的发酵接种量一般为 10%，多数抗生素发酵的接种量为 7% ~ 15%，有时可加大到 20% ~ 25%。

近年来，生产上多以大接种量和丰富培养基作为高产措施。如谷氨酸生产中，采用高生物素、大接种量、添加青霉素的工艺。为了加大接种量，有些品种的生产采用双种法，即 2 个种子罐的种子接入 1 个发酵罐。有时因为种子罐染菌或种子质量不理想，而采用倒种法，即倒出 1 个发酵罐部分适宜的发酵液作为另一发酵罐的种子。有时 2 个种子罐中有 1 个染菌，此时可采用混种进罐的方法，即以种子液和发酵液混合作为发酵罐的种子。以上三种接种方法若运用得当，有可能提高发酵产量，但是其染菌机会和变异机会增多。

六、泡沫对微生物生长及代谢的影响及其监控

（一）泡沫的危害

在深层液体发酵过程中，由于通风和搅拌的原因，加之培养基中的糖、蛋白质和代谢产物等稳定泡沫的物质存在，使发酵过程中产生一定的泡沫。但是，如果泡沫过多，特别是通风量较大的发酵，在菌体生长期和产物合成期泡沫更为严重，给发酵带来许多不利的影响，主要表现为以下几个方面。

1. 降低了发酵罐的装料系数

正常的发酵罐装料系数在 60% ~ 70%，余下的空间就是为了容纳泡沫，但这个空间也只能够容纳培养基中 10% 的发泡物质产生的泡沫。对于许多酶制剂的发酵，发酵罐的装料系数更少，只有 50% 左右。泡沫降低了发酵罐的装料系数，使设备利用率降低。

2. 影响发酵过程中微生物群体的均一性

由于泡沫造成的液位的变动，以及处于不同的生长状态的微生物随着泡沫的飘浮可能黏在罐壁上，使菌体的生长环境发生了变化，影响了菌群的整体性，不利于发酵的控制。

3. 增加了感染噬菌体的机会

大量的泡沫可以从搅拌轴轴封处逃逸，也可随着尾气一起排出到大气中，这就使得发酵罐的周围环境有了大量的活菌体，增加了环境中噬菌体的浓度和感染机会。

（二）影响泡沫的因素

发酵过程中泡沫的产生有一定的规律，其主要影响因素如下：

1. 通风量和搅拌转速

通风量越大，泡沫越多；搅拌转速越大，泡沫越多。

2. 培养基的成分

发泡物质主要有玉米浆、蛋白胨、花生粉、豆粕粉、黄豆粉、酵母粉、糖蜜等泡沫的稳定物质；葡萄糖的起泡性较差，但是它可以增加发酵液的黏度，稳定泡沫的存在。

3. 灭菌操作

灭菌过程中，灭菌的强度越大，其发酵液中的泡沫越多。这可能是由于灭菌的过程中，高温使得培养基中的糖和氨基酸形成了大量的类黑精，或者是形成了 5′ - 羟甲基糠醛。

4. 菌体的生长代谢

通常，在发酵初期，由于培养基中大量发泡物质的存在，使得泡沫较多，但这时的泡沫大，易破碎；随着菌体的大量增殖，以及大量的发泡物质被消耗，发酵过程中有一段时间泡沫很少；当菌体进入对数生长期后，由于菌体呼吸强度的增加，泡沫越来越多；当菌体进入产物合成期后，发酵液的泡沫仍然继续增加，这主要是由于菌体合成的产物增加了发酵液的黏度；发酵后期，由于大量菌体死亡以及死亡菌体细胞自溶，使得发酵液中的大分子蛋白质浓度增加，泡沫更为严重。

（三）化学消泡

泡沫的形成是正常的，但在发酵过程中它存在一定的危害性，因此需要进行控制。控制泡沫的方法有化学消泡和机械消泡两种。所谓化学消泡，是指向发酵液中流加一定量的消泡剂，利用消泡剂的特殊性质消除泡沫。

1. 选择消泡剂的原则

好的消泡剂应具备以下条件：

（1）对发酵过程中微生物的生长和代谢无副作用，对人和动物无毒性（微生物发酵的产品供人或动物使用）。

（2）能够迅速消泡，对泡沫的控制持久性好。

（3）高温灭菌不变性，并且在高温灭菌的温度下，对设备无腐蚀，也不产生腐蚀性物质。发酵过程中流加的消泡剂需要先灭菌后流加。

（4）对产品的后续操作不产生不利的影响。

（5）不干扰发酵过程中分析系统的正常工作，不影响溶氧及发酵液 pH 等。

（6）对氧的传递不产生不利的影响。

（7）来源丰富，价格低廉。

（8）分散性好，有利于泡沫的控制。

2. 常用化学消泡剂的种类及应用特点

（1）天然油脂类 天然油脂类消泡剂在 20 世纪 50 年代被广泛使用，目前在个别发酵行业仍然使用，主要有玉米油、豆油、棉籽油、花生油等。使用天然油脂类作为消泡剂的优点为价格便宜，来源较广泛，在培养基中加入天然油脂后，某些油脂可以作为微生物的碳源使用。但缺点表现为不能够一次性加入过多，否则油脂会被各种脂肪酸酶分解成各种脂肪酸，造成发酵液 pH 的下降。另外，油脂易氧化，氧化了的油脂对微生物的生长和代谢可能带来抑制作用。

（2）聚醚类 生产上应用较多的聚醚类消泡剂是聚氧乙烯氧丙烯甘油，又称为泡敌（GPE），其使用量在 0.3% ~ 0.35%，消泡能力为天然油脂的 10 倍以上。聚氧丙烯（GP）也是一种消泡剂，其与环氧乙烷加成生成聚氧乙烯氧丙烯，前者具有良好的抑泡能力，后者具有良好的消泡能力。在实际生产中，两者可以共同使用。

（3）硅酮类 聚甲基硅氧烷及其衍生物为无色液体，不溶于水。试验表明，其适合于微碱性的细菌、放线菌的发酵，但对于发酵液 pH 为 5 左右的霉菌的发酵，其消泡能力很差。

（四）机械消泡

应该说，无论化学消泡还是机械消泡，都是被动式的泡沫消除方式。机械消泡无论是从发酵产品的质量上，还是从其使用方法上，以及对发酵过程中微生物代谢的影响上，都要比化学消泡优越。机械消泡不同于化学消泡，它主要是依靠机械剪切力和压力的变化，促使泡沫破裂，或借助机械力将排出气体的液体加以分离回收，从而达到消泡的目的。国内外的消泡方法是有差别的。在国外，以机械消泡为主，辅以化学消泡；而在国内，目前以化学消泡为主，辅以机械消泡。国内也有机械消泡装置安装在发酵罐内，但是由于国内生物反应器的结构与国外不同，只不过是在搅拌轴上安装一个消泡桨，其作用非常有限。

七、发酵终点的判断

微生物发酵终点的判断，对提高产物的生产能力和经济效益是很重要的。生产能力（或称生产率、产率）是指单位时间内单位罐体积发酵液的产物积累量。生产过程不能只单纯追求高生产率，而不顾及产品的成本，必须把二者结合起来，既要有高产量，又要降低成本。

发酵过程中的产物，有的是随菌体的生长而生产，如初级代谢产物氨基酸等；有的代谢产物的产生与菌体生长无明显的关系，生长阶段不产生产物，直到稳定期，才进入产物生产期，如抗生素的合成。但是，无论是初级代谢产物还是次级代谢产物发酵，到了衰亡期，菌体的产物分泌能力都要下降，产物的生产率相应下降或停止。有的产生菌在衰亡期，营养耗尽，菌体衰老而进入自溶，释放出体内的分解酶会破坏已形成的产物。

要确定一个合理的发酵终点，需要考虑下列因素。

1. 经济因素

发酵终点应是最低成本获得最大生产能力的时间。在生产速率较小的情况下，产量增加有限，延长时间使平均生产能力下降，而动力消耗、管理费用支出、设备消耗等费用仍在增加，因而产物成本增加。所以，需要从经济学观点确定一个合理时间。一般对发酵和原材料成本占整个生产成本主要部分的发酵产品，主要追求提高生产率和得率。要提高总生产率，则有必要缩短发酵周期，这就要求在产物生成速率较低时放罐。延长发酵时间虽然略能提高产物浓度，但生产率下降，且耗电大，成本提高，每吨冷却水所得到的产物产量下降。

2. 产品质量

发酵时间长短对后续工艺和产品质量有很大的影响。如果发酵时间太短，势必有过多的尚未代谢的营养物质（如可溶性蛋白质、脂肪等）残留在发酵液中。这些物质对下游操作提取、分离等工序都不利，同时不利于基质最大限度地转化为产物。如果发酵时间太长，菌体会自溶，释放出菌体蛋白或体内的酶，又会显著改变发酵液的性质，增加过滤工序的难度，这不仅使过滤时间延长，甚至使一些不稳定的产物遭到破坏。所有这些影响，都可能使产物的质量下降，产物中杂质含量增加，过滤时间延长，使一些不稳定的产品遭到破坏。因此，要考虑发酵周期长短对提取工序的影响。

3. 生物、物理、化学指标

这些指标包括主要产物浓度、过滤速度、菌体形态、氨基氮、pH、溶解氧、发酵液的外观和黏度等。

4. 特殊因素

特殊因素包括染菌、代谢异常等情况，需要根据不同情况适当处理，及时采取措施。

合理的放罐时间是由试验来确定的，即根据不同的发酵时间所得的产物产量计算出发酵罐的生产率和产品成本，采用生产率高而成本又低的时间作为放罐时间。一般判断发酵终点的主要指标有：产物浓度、氨基氮浓度、菌体形态、pH、培养液的外观、黏度等。新品种发酵，更需摸索合理的发酵终点。不同发酵产品，发酵终点的判断指标略有出入。总之，发酵终点的判断需综合多方面的因素统筹考虑。

第三节　工业微生物菌种的培养

一、工业微生物菌种的培养方法

菌种培养要求一定量的种子，在适宜的培养基中，控制一定的培养条件和培养方法，从而保证种子正常生长。工业微生物菌种培养法分为静置培养和通气培养两大类型：静置培养法即将培养基盛于发酵容器中，在接种后，不通空气进行培养；而通气培养法的生产菌种以需氧菌和兼性需氧菌居多，它们生长的环境必须供给空气，以维持一定的溶解氧水平，使菌体迅速生长和发酵，又称为好氧性培养。

（1）表面培养法　　表面培养法是一种好氧静置培养法，针对容器内培养基物态又分为液态表面培养和固体表面培养。相对于容器内培养基体积而言，表面积越大，越易促进氧气由气液界面向培养基内传递。这种方法菌的生长速度与培养基的深度有关，单位体积的表面积越大，生长速度越快。

（2）固体培养法　　固体培养又分为浅盘固体培养和深层固体培养，统称为曲法培养。它起源于我国酿造生产特有的传统制曲技术，其最大特点是固体曲的酶活力高。

（3）液体深层培养　　液体深层种子罐从罐底部通气，送入的空气由搅拌桨叶分散成微小气泡以促进氧的溶解。这种由罐底部通气搅拌的培养方法，相对于由气液界面靠自然扩散使氧溶解的表面培养法来讲，称为深层培养法。其特点是容易按照生产菌种对于代谢的营养要求以及不同生理时期的通气、搅拌、温度与培养基中氢离子浓度等条件，选择最佳培养条件。

二、种子制备的过程

细菌、酵母菌的种子制备就是一个细胞数量增加的过程。细菌的斜面培养基多采用碳源限量而氮源丰富的配方，牛肉膏、蛋白胨常用作有机氮源。细菌培养温度大多数为37℃，少数为28℃，细菌菌体培养时间一般为 1～2d，产芽孢的细菌则需培养 5～10d。

霉菌、放线菌的种子制备一般包括两个过程，即在固体培养基上生产大量孢子的孢子制备和在液体培养基中生产大量菌丝的种子制备过程，而细菌和酵母菌的种子制备直接从活化的斜面接入液体中进行增殖。

（一）孢子制备

孢子制备是种子制备的开始，是发酵生产的一个重要环节。孢子的质量、数量对以后菌丝的生长、繁殖和发酵产量都有明显的影响。不同菌种的孢子制备工艺有其不同的特点。

1. 放线菌孢子的制备

放线菌的孢子培养一般采用琼脂斜面培养基，培养基中含有一些适合产孢子的营养成分，如麸皮、豌豆浸汁、蛋白胨和一些无机盐等。碳源和氮源不要太丰富（碳源约为1%，氮源不超过 0.5%），碳源丰富容易造成生理酸性的营养环境，不利于放线菌孢子的形成，氮源丰富则有利于菌丝繁殖而不利于孢子形成。一般情况下，干燥和限制营养可直接或间接诱导孢子形成。放线菌斜面的培养温度大多数为 28℃，少数为 37℃，培养时间为 5 ~ 14d。

放线菌发酵生产的工艺过程如下：

菌种 → 母斜面(孢子) → 子斜面(孢子) → 摇瓶种子(菌丝) → 种子罐 → 发酵罐

采用哪一代的斜面孢子接入液体培养，视菌种特性而定。采用母斜面孢子接入液体培养基有利于防止菌种变异，采用子斜面孢子接入液体培养基可节约菌种用量。菌种进入种子罐有两种方法。一种为孢子进罐法，即将斜面孢子制成孢子悬浮液直接接入种子罐。此方法可减少批与批之间的差异，具有操作方便、工艺过程简单、便于控制孢子质量等优点——孢子进罐法已成为发酵生产的一个方向。另一种方法为摇瓶菌丝进罐法，适用于某些生长发育缓慢的放线菌，此方法的优点是可以缩短种子在种子罐内的培养时间。

2. 霉菌孢子的制备

霉菌的孢子培养，一般以大米、小米、玉米、麸皮、麦粒等天然农产品为培养基。这是由于这些农产品中的营养成分较适合霉菌的孢子繁殖，而且这类培养基的表面积较大，可获得大量的孢子。霉菌的培养一般为 25 ~ 28℃，培养时间为 4 ~ 14d。

（二）液体种子制备

液体种子制备是将固体培养基上培养出的孢子或菌体转入到液体培养基中培养，使其繁殖成大量菌丝或菌体的过程。种子制备所使用的培养基和其他工艺条件，都要有利于孢子发芽、菌丝繁殖或菌体增殖。

种子培养基要求比较丰富和完全，并易被菌体分解利用，氮源丰富有利于菌丝生长。原则上，各种营养成分不宜过浓，子瓶培养基浓度比母瓶略高，更接近种子罐的培养基配方。

种子罐种子制备的工艺过程，因菌种不同而异，一般可分为一级种子、二级种子和三级种子的制备。孢子（或摇瓶菌丝）被接入到体积较小的种子罐中，经培养后形成大量的菌丝，这样的种子称为一级种子。把一级种子转入发酵罐内发酵，称为二级发酵。如果将一级种子接入体积较大的种子罐内，经过培养形成更多的菌丝，这样制备的种子称为二级种子。将二级种子转入发酵罐内发酵，称为三级发酵。同样道理，使用三级种子的发酵，称为四级发酵。其过程如下所示：

种子罐的级数主要决定于菌种的性质、菌体生长速度以及发酵设备的合理应用。种子制备的目的是要形成一定数量和质量的菌体。孢子发芽和菌体开始繁殖时，菌体量很少，在小型罐内即可进行。发酵的目的是获得大量的发酵产物。产物是在菌体大量形成并达到一定生长阶段后形成的，需要在大型发酵罐内才能进行。同时，若干发酵产物的产生菌，其不同生长阶段对营养和培养条件的要求有差异。因此，将两个目的不同、工艺要求有差异的生物学过程放在一个大罐内进行，既影响发酵产物的产量，又会造成动力和设备的浪费。

种子罐级数减少，有利于生产过程的简化及发酵过程的控制，可以减少因种子生长异常而造成发酵的波动。

三、种子质量的控制

种子质量是影响发酵生产水平的重要因素。种子质量的优劣，主要取决于菌种本身的遗传特性和培养条件两个方面。这就是说，既要有优良的菌种，又要有良好的培养条件才能获得高质量的种子。

（一）影响孢子质量的因素及其控制

孢子质量与培养基、培养温度、湿度、培养时间、接种量等有关，这些因素相互联系、相互影响，因此必须全面考虑各种因素，认真加以控制。

1. 培养基

构成孢子培养基的原材料，其产地、品种、加工方法和用量对孢子质量都有一定的影响。生产过程中孢子质量不稳定的现象，常常是原材料质量不稳定造成的。例如，琼脂的品牌不同，对孢子质量也有影响，这是由于不同牌号的琼脂含有不同的无机离子造成的。为了保证孢子培养基的质量，斜面培养基所用的主要原材料中糖、氮、磷的含量需经过化学分析及摇瓶发酵试验，合格后才能使用。斜面培养基在使用前，需在适当温度下放置一定时间，使斜面无冷凝水，水分适中有利于孢子生长。

此外，水质的影响也不能忽视。地区的不同、季节的变化和水源的污染，均可成为水质波动的原因。为了避免水质波动对孢子质量的影响，可在蒸馏水或无盐水中加入适量的无机盐，供配制培养基使用。

2. 培养温度和湿度

微生物在一个较宽的温度范围内生长。但是，要获得高质量的孢子，其最适温度区间很狭窄。一般来说，提高培养温度，可使菌体代谢活动加快，培养时间缩短，但是，菌体糖代谢和氮代谢的各种酶类对温度的敏感性是不同的。不同的菌株要求的最适温度不同，需经实践考察确定。

孢子斜面培养时，培养室的相对湿度对孢子形成的速度、数量和质量有很大影响。一般来说，真菌对湿度要求偏高，而放线菌对湿度要求偏低。在培养箱培养时，如果相对湿度偏低，可放入盛水的平皿，提高培养箱内的相对湿度；为了保证新鲜空气的交换，培养箱每天宜开启几次，以利于孢子生长。现代化的培养箱是恒温、恒湿的，并可换气，不用人工控制。

最适培养温度和湿度是相对的。例如，相对湿度、培养基组分不同，对微生物的最适温度会有影响；而培养温度、培养基组分不同，也会影响微生物培养的最适相对湿度。

3. 培养时间和冷藏时间

（1）放线菌和真菌的菌丝体培养时间　基内菌丝和气生菌丝内部的核物质和细胞质处于流动状态，如果把菌丝断开，各菌丝片断之间的内容是不同的，该阶段的菌丝不适宜菌种保存和传代。而孢子本身是一个独立的遗传体，其遗传物质比较完整，因此孢子用于传代和保存均能保持原始菌种的基本特征。

孢子的培养工艺一般选择在孢子成熟阶段时终止培养，此时显微镜下可见到成串孢子或游离的分散孢子。如果继续培养，斜面菌丝衰老、自溶，表现为斜面变色，变暗或呈现黄色，菌层下陷，有时出现白色斑点或发黑。

（2）孢子的冷藏时间　斜面孢子的冷藏时间，对孢子质量也有影响，其影响随菌种不同而异，总的原则是冷藏时间宜短不宜长。据报道，在链霉素生产中，斜面孢子在6℃冷藏2个月后的发酵单位比冷藏1个月的低18%，冷藏3个月后则降低35%。

除了以上几个因素需加以控制之外，要获得高质量的孢子，还需要对菌种质量加以控制。用各种方法保存的菌种每过1年都应进行1次自然分离，从中选出形态、生产性能好的单菌落接种孢子培养基。制备好的斜面孢子，要经过摇瓶发酵试验，合格后才能用于发酵生产。

（二）影响液体菌种质量的因素及其控制

种子的质量是发酵能否正常进行的重要因素之一。种子制备不仅是要提供一定数量的菌体，更为重要的是要为发酵生产提供适合发酵、具有一定生理状态的菌体。种子质量的控制，将以此为出发点。液体菌种质量主要受孢子质量、培养基、培养条件、种龄和接种量等因素的影响。摇瓶种子的质量主要以外观颜色、效价、菌丝浓度或黏度以及糖氮代谢、pH变化等为指标，符合要求方可进罐。

1. 培养基

一般来讲，种子罐是培养菌体的，培养基的糖分要少，而对微生物生长起主导作用的氮源要多，而且其中无机氮源所占的比例要大一些。种子罐和发酵罐的培养基成分要尽可能地和发酵培养基接近，以适合发酵的需要，这样的种子一旦移入发酵罐后也能比较容易适应发酵罐的培养条件。种子培养基以略稀薄为宜，pH 比较稳定，以适合菌的生长和发育。

2. 培养条件

需氧菌和兼性厌氧菌的生长与酶的合成都需要氧的供给。培养过程中通气搅拌的控制很重要，各级种子罐或者同级种子罐各个不同时期的需氧量不同，应区别控制，一般前期需氧量较少，后期需氧量较多，应适当增大供氧量。剧烈搅拌有负面影响，如起泡、酶氧化、破坏菌种细胞、易染杂菌。

在其最适温度范围内，微生物生长速度随温度的升高而增加；另一方面，不同生长阶段的微生物对温度的反应不同。迟滞期菌种对温度敏感，最适温度下可缩短迟滞期；对数生长期菌种温度对菌种的影响较弱。

对青霉素生产的小罐种子，可采用补料工艺来提高种子质量，即在种子罐培养一定时间后，补入一定量的种子培养基。种子液体积增加，种子质量也有所提高，菌丝团明显减少，菌丝内积蓄物增多，菌丝粗壮，发酵单位增高。

3. 种龄

在种子罐内，菌体量随着培养时间延长逐渐增加。但是当菌体繁殖到一定程度后，由于营养物质消耗和代谢产物积累，菌体量不再继续增加，而是逐渐趋于老化。接种种龄的控制非常重要。在工业发酵生产中，一般都选择在生命力极为旺盛的对数生长期、菌体量尚未达到最高峰时移种。此时的种子能很快适应环境，生长繁殖快，可大大缩短在发酵罐中的迟滞期（调整期），缩短在发酵罐中的非产物合成时间，提高发酵罐的利用率，节省动力消耗。

（三）种子异常的分析

在生产过程中，种子质量受各种因素的影响，种子异常的情况时有发生，会给发酵带来很大的困难。种子异常往往表现为菌种生长发育缓慢或过快、菌丝结团、菌丝黏壁三个方面。

1. 菌种生长发育缓慢或过快

菌种在种子罐中生长发育缓慢或过快与孢子质量和种子罐的培养条件有关。生产中，通入种子罐的无菌空气的温度较低或者培养基的灭菌质量较差是种子生长、代谢缓慢的主要原因。培养基灭菌后需取样测定其 pH，以判断培养基的灭菌质量。

2. 菌丝结团

在液体培养条件下，繁殖的菌丝并不分散，舒展而聚成团状，称为菌丝团。这时从外观观察就能看见白色的小颗粒。菌丝聚集成团会影响菌的呼吸和对营养物质的吸收。如果种子液中的菌丝团较少，进入发酵罐后，在良好的条件下，可以逐渐消失，不会对发酵产生显著影响。但如果菌丝团较多，种子液移入发酵罐后往往形成更多的菌丝团，影响发酵的正常进行。菌丝结团和搅拌效果差、接种量小有关，一个菌丝团可由一个孢子生长发育而来，也可由多个菌丝体聚集在一起逐渐形成。

3. 菌丝黏壁

菌丝黏壁是指在种子培养过程中，由于搅拌效果不好、泡沫过多以及种子罐装料系数过小等原因，使菌丝逐步黏在罐壁上。其结果是使培养液中菌丝浓度减少，最后就可能形成菌丝团。以真菌为生产菌的种子培养过程中，发生菌丝黏壁的机会较多。

四、种子的扩大培养

将保存在砂土管、冷冻干燥管中处于休眠状态的生产菌种接入试管斜面活化后，再经摇瓶及种子罐逐级扩大培养而获得一定数量和质量的纯种菌株的过程，称为种子的扩大培养。

工业生产规模越大，每次发酵所需的种子就越多。要使小小的微生物在几十个小时的较短时间内，完成如此巨大的发酵转化任务，就必须具备数量巨大的微生物细胞。菌种扩大培养的目的就是要为每次发酵罐的投料提供相当数量的代谢旺盛的种子。因为发酵时间的长短和接种量的大小有关，接种量大，发酵时间则短，将较多数量的成熟菌体接入发酵罐中，就有利于缩短发酵时间，提高发酵罐的利用率，并且也有利于减少染菌的机会。因此，种子扩大培养的任务，不但要得到纯而壮的菌体，而且还要获得活力旺盛的、接种数量足够的菌体。

对于不同产品的发酵过程来说，必须根据菌种生长繁殖速度的快慢决定种子扩大培养的级数。抗生素生产中，放线菌的细胞生长繁殖较慢，常常采用三级种子扩大培养。一般50t发酵罐多采用三级发酵，有的甚至采用四级发酵，如链霉素生产。有些酶制剂发酵生产也采用三级发酵。而谷氨酸及其他氨基酸的发酵所采用的菌种是细菌，生长繁殖速度很快，一般采用二级发酵。

第五章　微生物代谢与发酵控制

　　发酵工程以微生物积累的代谢产物为产品。由于微生物种类、遗传特性和环境条件的多样性，代谢产物的种类很多，如乙醇、丙酮、乳酸、氨基酸、酶制剂、抗生素等。在自然状态下，微生物通过体内复杂的代谢调控体系控制其代谢活动，经济合理地利用和合成所需要的各种物质和能量，防止中间产物和终产物的过量积累，使细胞处于平衡生长状态。但在实际发酵生产中，尤其是以微生物代谢的中间产物为产品的发酵生产中，往往需要微生物高浓度的过量积累某一种代谢产物，为此，必须解除微生物原有的代谢调控机制，通过化学的、物理的或生物的方法人为建立新的代谢方式，使之能够过量合成、积累和分泌特定的产物，这也就是发酵工程中所讲的"代谢控制发酵"。为实现这一目的，不仅要严格控制发酵的外部环境，还必须系统地研究微生物内在的发酵机制，即微生物合成代谢产物的途径和代谢调节机制，从而掌握控制和改变微生物代谢方向的措施。发酵机制研究成果的应用在发酵工程领域中已经取得了令人瞩目的成绩和效益，根据微生物发酵机制进行代谢控制发酵是未来微生物发酵工业的发展方向。

第一节　微生物代谢

　　微生物在其生长繁殖过程中，不断地从外界环境中吸收营养物质，在体内经过一系列变化，转变为细胞本身有用的物质；与此同时，微生物也不断地向体外排泄对本身无用的物质，以维持细胞的正常生长和繁殖。这些变化实际上是各种物质在微生物细胞内进行化学反应的过程。在生物学上，将发生在细胞中的所有生物化学过程的总和称为新陈代谢，简称代谢。代谢是生命活动的基本特征之一，代谢作用的正常进行保证了微生物的生长与繁殖，代谢作用一旦停止，微生物的生命活动也随之告终。因此，微生物代谢与细胞生命的存在和发酵产物的形成密切相关。

　　微生物代谢包括能量代谢和物质代谢两个方面，前者包括产能代谢和耗能代谢，而后者又可分为分解代谢与合成代谢。分解代谢也称异化作用，是指微生物在生命活动中将结构复杂的大分子转变成简单的小分子物质的过程。合成代谢也称同化作用，是指微生物利用小分子或大分子的基本结构单位合成大分子细胞组分的过程。物质在细胞内进行化学变化的过程，必然伴随有能量转移的过程。分解代谢是产生能量的反应，所产生的能量可供合成代谢以及其他生命活动的需要，而合成代谢使物质的大小及结构的复杂性增加，是一个耗能过程。在微生物体内，合成代谢与分解代谢都是由一系列连续的酶促反应构成的，二者偶联进行，既对立又统一，共同决定着生命的存在与发展。分解代谢为合成代谢提供能量和原料，为合成代谢的进行提供了必要的条件，而合成代谢又是分解代谢的物质基础。图 5-1 总结了微生物代谢的概貌。一切生物的新陈代谢在本质上具有高度的同一性，但不同生物间又存在着明显的特殊性。与其他生物代谢相比，微生物代谢最显著的特点：代谢旺盛；代谢途径和代谢产物极为多样化；代谢方式随环境变化灵活，易于人工控制。

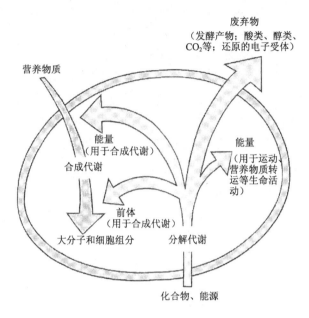

图 5-1　微生物的新陈代谢

一、微生物的能量代谢

一切生命活动都需要能量，微生物新陈代谢的核心问题是能量代谢。自然界中的能量以多种形式存在，但微生物只能利用光能或化学能。能量代谢的主要任务就是将外界环境中各种形式的最初能源转换成一切生命活动都能利用的通用能源，从而被生物体所利用。在生物体内，能够提供能量的物质有多种，其中最主要最直接的通用能源载体是三磷酸腺苷（adenosine triphosphate，ATP），主要由二磷酸腺苷（adenosine diphosphate，ADP）磷酸化生成。ATP 的生成和利用是微生物能量代谢的核心，研究微生物的能量代谢实际上是追踪光能或化学能如何在微生物体内一步步转化，并释放出 ATP 以支持微生物生命活动的过程。

（一）异养微生物的产能代谢

对于异养微生物来说，能量来源于有机物的氧化分解。根据氧化还原反应最终电子受体的不同，异养微生物的产能方式又可分为发酵作用和呼吸作用两种。

1. 发酵作用

在生物氧化过程中，发酵仅指在无氧条件下，底物脱氢后所产生的还原力不经过电子传递链传递而直接交给某一内源性氧化中间代谢产物，放出的能量经底物水平磷酸化产生 ATP 的生物学过程。在底物水平磷酸化反应中，底物分子中的能量直接以高能磷酸键的形式转移给 ADP 生成 ATP，这是少数专性厌氧化能异养菌和某些兼性厌氧化能异养菌在厌氧生长时合成 ATP 的唯一方式。微生物的发酵作用不需要外源电子受体的氧化，有机物作为反应底物只是部分碳原子被氧化，所形成的某些中间产物又作为还原力的受体接受氢而形成新的产物。由于发酵过程中底物氧化不彻底，产生的能量较少，大部分能量仍贮存在有机物中。例如，1 分子葡萄糖在有氧条件下完全氧化成 CO_2 和 H_2O 时约释放 2875.8 kJ 自由能；而酿酒酵母（*Saccharomyces cerevisiae*）利用葡萄糖进行酒精发酵时，1 分子葡萄糖仅释放出 225.7 kJ 的能量，其中约有 62.7 kJ 贮存在 ATP 中，其余能量（225.7 − 62.7 = 163 kJ）以热散失，而大部分能量仍贮存在产物酒精中。

微生物有多种发酵类型，可发酵的底物有糖类、有机酸、氨基酸等。发酵作用最常见于糖类的厌氧降解过程，特别是葡萄糖的代谢。因微生物种类和培养条件的不同，葡萄糖可经不同发酵途径分解，其发酵产物和产能水平存在很大的差异。例如：酿酒酵母在酸性（pH 3.5 ~ 4.5）、厌氧条件下，可将葡萄糖经己糖二磷酸途径（EMP 途径）分解为丙酮酸，丙酮酸进一步反应生成乙醇和 CO_2，在此过程中，1 分子葡萄糖发酵可形成 2 分子 ATP；但在微碱性（pH 7.6）、厌氧条件下，葡萄糖经 EMP 途径分解为丙酮酸后，丙酮酸将反应生成甘油、乙醇、乙酸和 CO_2，该过程最终无 ATP 产生。运动发酵单胞菌（*Zymomonas mobilis*）则利用 Entner – Doudoroff 途径（ED 途径）将葡萄糖分解为丙酮酸，最后生成乙醇和 CO_2，1 分子葡萄糖在此过程中仅生成 1 分子 ATP。

2. 呼吸作用

在异养微生物代谢过程中，有机物降解放出的电子交给烟酰胺腺嘌呤二核苷酸（NAD^+）、烟酰胺腺嘌呤二核苷酸磷酸（$NADP^+$）、黄素腺嘌呤二核苷酸（FAD）或黄素单核苷酸（FMN）等电子载体，然后经电子传递链（又称呼吸链）传给外源电子受体氧或其他氧化型化合物，从而生成水或其他还原型产物并放出能量，这一生物学过程被称为呼吸作用。其中，以分子氧为最终电子受体的氧化作用称作有氧呼吸，以氧化型化合物（如 NO_3^-、NO_2^-、SO_4^{2-}、S、CO_2、延胡索酸等）为最终电子受体的氧化作用称作无氧呼吸。呼吸作用与发酵作用的不同之处在于：在呼吸作用中，有机物降解放出的电子不是直接交给内源性中间代谢产物，而是交给电子传递链，经逐步释放出能量后再交给最终电子受体，有机物可以被彻底氧化，因而呼吸作用的产能效率更高。在呼吸作用中，通过电子传递链释放的自由能可驱动 ADP 磷酸化形成 ATP，这被称为氧化磷酸化或电子传递水平磷酸化。

在有氧条件下，好氧微生物或兼性厌氧微生物可以通过有氧呼吸将有机物彻底氧化并释放出贮存在有机物中的大量能量。其中一部分能量转移到 ATP 中，另一部分则以热的形式散出。例如，1 分子葡萄糖在有氧条件下完全氧化成 CO_2 和 H_2O 时约释放 2875.8 kJ 自由能，其中约有 1254 kJ 贮存在 ATP 中，其余以热的形式散出。有氧呼吸的特点是必须有氧气参加，底物氧化彻底，产生能量大。有些厌氧微生物可通过无氧呼吸的方式氧化有机物获得能量。与有氧呼吸相同的是，无氧呼吸过程中底物也可被彻底氧化，产生的电子也经过电子传递链传递，并伴随有磷酸化作用产生 ATP。但与有氧呼吸相比，无氧呼吸产生的一部分能量要随电子传递转移给最终电子受体，所以生成的能量不如有氧呼吸多。例如，1 分子葡萄糖以 NO_3^- 作为最终电子受体进行无氧呼吸时仅释放 1793.2 kJ 自由能，其余能量则转移到所生成的 NO_2^- 中。在无氧呼吸中，微生物利用除氧以外的氧化型化合物作最终电子受体，充分体现了微生物代谢类型的多样性。

在异养微生物的产能方式中，有氧呼吸产能量最高，无氧呼吸次之，发酵作用产能量最低。葡萄糖在微生物有氧呼吸中产生的能量远高于发酵作用。若在兼性厌氧微生物厌氧发酵时通入氧气，微生物会终止发酵而转向有氧呼吸，这种呼吸抑制发酵的现象称为巴斯德效应。

（二）自养微生物的产能代谢

自养微生物根据最初能源的不同，分为化能自养微生物和光能自养微生物。化能自养微生物的产能代谢利用无机物的生物氧化进行，NH_4^+、NO_2^-、H_2S、S、H_2、Fe^{2+} 等无机物被氧化后，产生的电子通过电子传递链传递给最终电子受体，在电子传递过程中偶联氧化磷酸化作用产生 ATP。绝大多数专性化能自养菌电子传递链的最终电子受体是分子氧，因而专性化能自养菌一般都是好氧菌。与异养微生物相比，化能自养微生物的能量代谢具有产能效率低、无机物氧化与电子传递链直接偶联、电子传递链组成更为多样化等特点。硝化细菌是典型的化能自养微生物，依赖将亚硝酸氧化为硝酸获取能量。在 NO_2^- 生物氧化过程中脱下的电子由电子传递链传递到 O_2，最后生成水；电子传递过程中偶联氧化磷酸化作用，每 1 分子 NO_2^- 氧化为 NO_3^- 仅产生 1 分子 ATP。而在合成代谢中，硝化细菌需要消耗大量 ATP 来合成还原力，因此这类细菌生长缓慢，平均代时在 10h 以上。

光能自养微生物利用光合作用获取能量，由此将光能转变为化学能，并以稳定形式贮藏。细菌叶绿素是光能转化的关键物质。当一个叶绿素分子吸收光量子时，叶绿素被激活，叶绿素分子释放出一个电子而被氧化，释放出的电子在电子传递系统中逐步释放能量，并与氧化磷酸化作用相偶联生成 ATP。这种由光能引起的电子传递与磷酸化作用相偶联生成 ATP 的过程称为光合磷酸化。

异养微生物和自养微生物在最初能源上尽管存在着巨大的差异，但它们生物氧化的本质却是相同的，即都包括脱氢、递氢和受氢三个阶段，其间经过与磷酸化反应相偶联，就可以产生生命活动所需要的通用能源 ATP。但从具体类型看，自养微生物中的生物氧化与产能的类型很多，途径复杂，有些化能自养菌的生物氧化与产能过程至今还了解很少。

（三）微生物的能量消耗途径

微生物获得的能量全部用于满足生理活动的需要，能量消耗的主要途径包括：

（1）用于合成代谢 微生物合成的 ATP 主要用于蛋白质、核酸、脂类和多糖等各种细胞物质和各种贮藏物质的合成，使微生物得以生长和繁殖。

（2）用于基本的生命活动 除了合成代谢以外，微生物在营养物质的主动吸收、维持细胞渗透压、鞭毛运动、原生质流动以及细胞核分裂过程中染色体的分离等基本生命活动中都需要消耗能量。

（3）生物发光消耗能量 到目前为止，在细菌、真菌和藻类中都发现有可发光的菌种存在。生物发光现象实质上是将化学能转变为光能的过程。该过程在物质上必须具备发光素和发光素酶。

（4）ATP 以热的形式散失　在需要 ATP 的合成反应中，ATP 水解时释放出的能量并非完全被利用，有些是以热的形式散失了。例如在进行微生物培养时，常表现出培养物自升温现象。因此，在发酵工业中常需降温设备来解决这个问题。

二、微生物的物质代谢

微生物的物质代谢包括分解代谢与合成代谢，二者相互联系，促进了生物体的生长繁殖和种族的繁荣发展。

（一）微生物的分解代谢

微生物通过分解代谢，能够将外源的或内源的有机营养物转变为较小的、较简单的物质，并释放能量。该过程主要包括三个阶段：第一阶段是将大分子营养物质分解为较小分子营养物质的过程，如将蛋白质、多糖、脂类等分解成氨基酸、单糖和脂肪酸等小分子化合物，这个阶段并不产生 ATP；第二个阶段是将各种小分子物质进一步转变成少数几种共同的中间代谢产物，即将氨基酸、单糖和脂肪酸等小分子化合物进一步降解成丙酮酸、乙酰辅酶 A 等中间代谢产物，并同时产生少量的 ATP 和还原力；第三阶段是将小分子的中间代谢产物进一步降解，同时产生大量的 ATP 和还原力。由于不同微生物的酶系组成和对氧气需求的不同，第三阶段的代谢途径和代谢产物具有极大的多样性，例如：需氧菌可将丙酮酸氧化脱羧后进入三羧酸循环，产生大量的能量和中间代谢产物，为合成代谢提供必要的前体，最终可将丙酮酸彻底氧化为 CO_2 和 H_2O；厌氧菌则发酵丙酮酸，产生各种酸类、酮类、醛类、醇类等代谢产物。在发酵工程中，正是利用了微生物的代谢多样性，形成了许多工业发酵产品。

在众多的微生物分解代谢途径中，EMP、HMP、ED 和 TCA 是重要的中心途径，绝大多数碳源和氮源物质通过外周途径分解后，都会进入中心途径进一步分解。

1. EMP 途径

EMP 途径（Embden – Meyerhof – Parnas pathway）又称糖酵解途径或己糖二磷酸途径，是大多数微生物共有的一条基本代谢途径，该途径以葡萄糖为起始底物，丙酮酸为其终产物（图 5 – 2）。

EMP 途径分为两个阶段。第一阶段为耗能阶段，在这一阶段中，当葡萄糖被磷酸化和 6 – 磷酸果糖被磷酸化时分别消耗了 1 分子 ATP；而后，在醛缩酶催化下，1，6 – 二磷酸果糖裂解形成 2 个三碳中间产物：3 – 磷酸甘油醛和磷酸二羟丙酮。在细胞中，磷酸二羟丙酮为不稳定的中间代谢产物，通常很快转变为 3 – 磷酸甘油醛而进入下步反应。EMP 途径的第二阶段为产能阶段。在第二阶段中，当 1，3 – 二磷酸甘油酸转变成 3 – 磷酸甘油酸及随后发生的磷酸烯醇式丙酮酸转变成丙酮酸的 2 个反应中，发生能量释放与转化，各生成 1 分子 ATP。综上所述，EMP 途径以 1 分子葡萄糖为起始底物，历经 10 步反应，生成 2 分子丙酮酸，净产生 2 分子 ATP，总反应式为：

$$葡萄糖 + 2ADP + 2Pi + 2NAD^+ \longrightarrow 2\,丙酮酸 + 2ATP + 2NADH + 2H^+ + 2H_2O$$

2. HMP 途径

HMP 途径（hexose monophosphate pathway）又称磷酸戊糖途径或单磷酸己糖支路，是

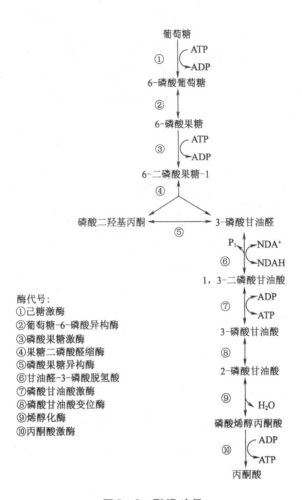

图 5 -2 EMP 途径

一条葡萄糖不经 EMP 途径和 TCA 循环而得到彻底氧化，并能产生大量 NADPH 形式的还原力和多种中间代谢产物的代谢途径（图 5 -3）。

HMP 途径可概括成三个阶段。第一阶段是葡萄糖分子通过几步氧化反应产生 5 - 磷酸核酮糖和 CO_2；第二阶段是 5 - 磷酸核酮糖发生同分异构化、表异构化而分别产生 5 - 磷酸核糖和 5 - 磷酸木酮糖；第三阶段是上述各种磷酸戊糖在没有氧参与的条件下发生碳架重排，产生了 6 - 磷酸果糖和 3 - 磷酸甘油醛。然后磷酸丙糖可通过以下两种方式进一步代谢：一种方式为通过 EMP 途径转化成丙酮酸再进入 TCA 循环进行彻底氧化；另一种方式为通过果糖二磷酸醛缩酶和果糖二磷酸酶的作用而转化为 6 - 磷酸果糖。

大多数好氧和兼性厌氧微生物中都有 HMP 途径，而且在同一微生物中往往同时存在 EMP 和 HMP 途径。HMP 途径在微生物生命活动中有着极其重要的意义，它为核苷酸、核酸、芳香族氨基酸、多糖等细胞成分的生物合成提供了碳骨架，并且产生了大量的还原力。利用 HMP 途径可生产许多种重要的发酵产物，如核苷酸、若干氨基酸、辅酶和乳酸（异型乳酸发酵）等。

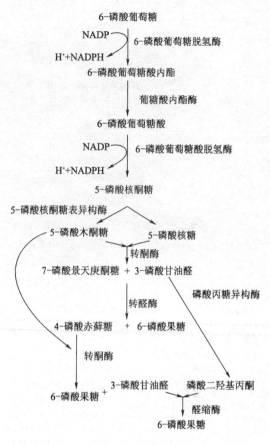

图 5 – 3　HMP 途径

3. ED 途径

ED 途径（Entner – Doudoroff pathway）又称 2 – 酮 – 3 – 脱氧 – 6 – 磷酸葡萄糖酸（KD-PG）裂解途径，简称 KDPG 途径（图 5 – 4）。ED 途径的特点是葡萄糖只经过 4 步反应即可快速产生由 EMP 途径需经 10 步反应才能获得的丙酮酸，但是，类似于 HMP 途径，氧化发生在分子分解之前，能量的净产量为每摩尔葡萄糖产生 1mol ATP。ED 途径在革兰阴性菌中分布较广，是少数 EMP 途径不完整的细菌（如一些假单胞菌和一些发酵单胞菌等）所特有的利用葡萄糖的替代途径。

4. TCA 循环

TCA 循环（tricarboxylic acid cycle）又称 Krebs 循环或柠檬酸循环（图 5 – 5），该循环在绝大多数异养微生物的呼吸代谢中起着关键性的作用。在有氧条件下，好氧微生物或兼性厌氧微生物可通过 TCA 循环将 EMP 途径的产物丙酮酸彻底氧化为 CO_2 和 H_2O。在进入 TCA 循环之前，丙酮酸要脱羧、脱氢生成乙酰 CoA，乙酰 CoA 和草酰乙酸缩合成柠檬酸再进入三羧酸循环。每分子葡萄糖经 EMP 途径、三羧酸循环和氧化磷酸化三个阶段共产生 36 ~ 38 个 ATP 分子。除了糖类降解产物丙酮酸以外，大多数脂肪酸及氨基酸的降解产物最后都将转化成为乙酰 CoA 进入 TCA 循环。因此，TCA 循环是糖、脂肪、蛋白质三大类物质代谢的中心枢纽。

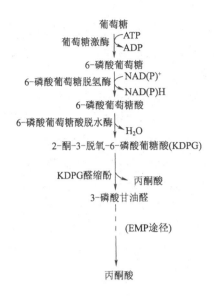

图 5-4 ED 途径

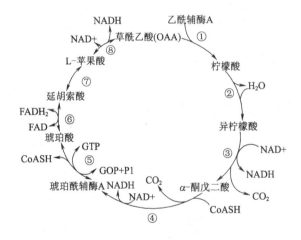

图 5-5 TCA 循环

①—柠檬酸合酶 ②—乌头酸酶（两步反应：脱水反应—水合反应） ③—异柠檬酸脱氢酶
④—α-酮戊二酸脱氢酶 ⑤—琥珀酸硫激酶 ⑥—琥珀酸脱氢酶 ⑦—延胡索酸酶 ⑧—苹果酸脱氢酶

TCA 循环的重要功能不仅是产能，而且为很多物质的合成代谢提供了各种碳架前体物。例如，草酰乙酸和 α-酮戊二酸是天冬氨酸与谷氨酸合成的前体，乙酰 CoA 是脂肪酸合成的前体，琥珀酸是合成细胞色素和叶绿素的前体。从微生物的物质代谢中可以看出 TCA 循环处于枢纽的地位，发酵工业中生产的柠檬酸、苹果酸、延胡索酸和琥珀酸等，都可在这个循环中看到，TCA 循环是人类利用微生物发酵生产所需产品的重要代谢途径。

（二）微生物的合成代谢

微生物的细胞物质主要是由碳水化合物、蛋白质、核酸和脂类等组成。合成这些大分子有机化合物需要大量能量和原料。能量来自营养物质的分解；原料可以是微生物从外界吸收的小分子化合物，但更多的是从营养物质分解中获得。微生物种类很多，合成途径也比较复杂和多样化。微生物所特有的和有代表性的合成途径有自养微生物的 CO_2 固定、生物固氮、肽聚糖的合成和次级代谢产物的合成。

1. 自养微生物的 CO_2 固定

自养微生物将生物氧化过程中取得的能量主要用于 CO_2 的固定，然后再进一步合成糖、脂质和蛋白质等细胞组分。Calvin 循环、厌氧乙酰 CoA 途径、还原性 TCA 循环和羟基丙酮酸途径是目前已了解的 4 条 CO_2 固定途径。其中，Calvin 循环是自养微生物固定 CO_2 的主要途径，包括羧化反应、还原反应和 CO_2 受体的再生三个阶段（图 5 - 6）。Calvin 循环需要消耗很多能量，在胞内受到极为精细的调控。Calvin 循环也是藻类和植物固定 CO_2 的途径。绿菌属（*Chlorobium*）的一些绿色硫细菌和嗜热产氢杆菌（*Hydrogenobacter thermophilus*）可以利用还原性 TCA 循环固定 CO_2；厌氧自养型产甲烷菌、产乙酸菌和多数硫酸盐还原菌则利用乙酰 CoA 途径固定 CO_2，即通过线性反应途径将 CO_2 和 H_2 合成乙酰 CoA。

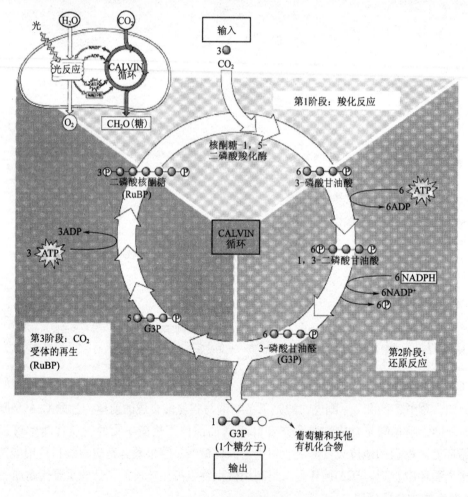

图 5 - 6 Calvin 循环

2. 生物固氮

生物固氮是将分子 N_2 通过固氮微生物作用形成 NH_3 的过程，为原核微生物所特有

（图 5 – 7）。固氮作用是地球上仅次于光合作用的第二个重要的生物合成反应。固氮微生物可以分为 3 种类群：自生固氮菌、共生固氮菌和联合固氮菌。固氮所需的能量是以 ATP 形式供应的。固定 1mol/L 分子氮需耗费 18～24mol/L 的 ATP。还原力以还原型吡啶核苷酸［NAD（P）H₂］或铁氧还蛋白（Fd·2H）的形式提供。能量与还原力由有氧呼吸、无氧呼吸、发酵或光合作用提供。将分子氮还原成氨的作用由双组分固氮酶复合体催化。组分 I 为固氮酶，组分 II 为固氮酶还原酶。组分 I 和组分 II 都含有铁，但组分 I 还含有钼，所以组分 I 为铁钼蛋白，组分 II 为铁蛋白。固氮酶对氧极其敏感，所以固氮需要有严格厌氧的微环境。固氮时还需要有 Mg^{2+} 的存在。

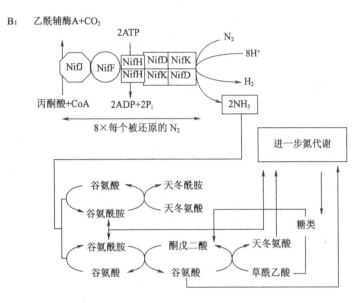

A: $N_2 + 8H^+ + 8e^- + 16ATP \longrightarrow 2NH_3 + H_2 + 16ADP + 16P_i$

B: 乙酰辅酶 A + CO₂

图 5 – 7 生物固氮过程的反应式和生化途径
A. 生物固氮过程的反应式　B. 固氮酶复合物反应示意图及随后的氮代谢路径

还原型铁氧还蛋白（或黄素氧还蛋白）通过铁蛋白将电子传递给钼铁蛋白。每固定 1mol 氮气需要由铁蛋白（NifH）蛋白水解 16 mol ATP，所固定的 NH_3 被用于合成谷氨酰胺或谷氨酸，进而参与氮代谢。固氮酶由铁蛋白和钼铁蛋白两部分构成，其中铁蛋白由 *nifH* 基因编码，钼铁蛋白的 α 亚基 和 β 亚基分别由 *nifD* 和 *nifK* 基因编码。*nif* 源于 nitrogen fixation，指固氮基因簇，*nifJ* 和 *nifF* 编码产物参与电子传递，*nifK* 和 *nifD* 为固氮酶组分 I 的亚基编码，*nifH* 为组分 II 的亚基编码。NifJ：丙酮酸黄素氧还蛋白氧化还原酶；NifF：黄素氧还蛋白；NifD：钼铁蛋白 α 亚基；NifK：钼铁蛋白 β 亚基。

3. 肽聚糖的合成

肽聚糖是细菌细胞壁所特有的一种结构大分子物质。肽聚糖的生物合成过程复杂，步骤多，而且合成部位几经转移，因此将其合成分为 3 个阶段，分别在细胞质、细胞膜和细胞膜外完成（图 5 – 8）。第一阶段：在细胞质中，葡糖胺被酶催化转化成 N – 乙酰胞壁酸（ N – acetylmuramic acid，MurNAc），并被三磷酸尿苷（uridine triphosphate，UTP）激活产生二磷酸尿苷 – N – 乙酰胞壁酸（uridine diphosphate – N – acetylmuramic acid，UDP – MurNAc），

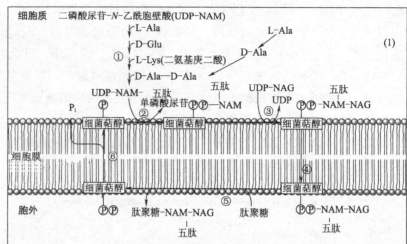

1.胞内：可溶性底部被激活，肽聚糖亚单位合成

2.细胞膜上：活性亚单位与细胞膜上的载体结合并进行装配

3.细胞膜外：肽聚糖亚单位结合并交联形成肽聚糖分子

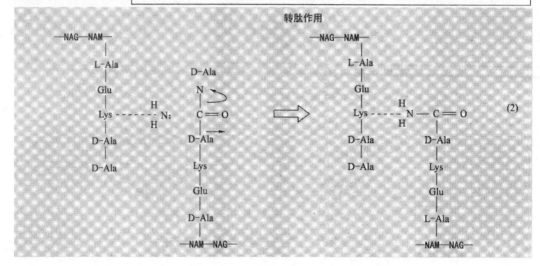

图5-8　肽聚糖的合成

NAM—N-乙酰胞壁酸　NAG—N-乙酰葡萄糖胺

①—装配 UDP-NAM-五肽前体物　②—UDP-NAM-五肽释放出 UMP，通过焦磷酸键结合到转运载体细菌萜醇上

③—UDP-NAG 将 NAG 加到 NAM-五肽上，形成肽聚糖单体——双糖肽亚单位　④—细菌萜醇载体将已合成的双糖肽亚单位运到细胞膜外　⑤—在细胞壁生长点中交联形成肽聚糖　⑥—细菌萜醇载体回到细胞膜内侧

（1）肽聚糖合成的3个阶段：Ⅰ. 在细胞质内合成 UDP-N-乙酰胞壁酸五肽；Ⅱ. 在细胞膜上，UDP-N-乙酰胞壁酸五肽在细菌萜醇载体上与 N-乙酰葡糖胺聚合成肽聚糖单体——双糖肽亚单位；Ⅲ. 细菌萜醇载体将已合成的双糖肽亚单位运到细胞膜外，在细胞壁生长点中交联形成肽聚糖。

（2）转肽作用：双糖肽亚单位在细胞膜外通过转肽作用进行交联。胞内形成的肽键与胞外的肽键进行交换并释放出 1 个 D-丙氨酸。催化该反应的酶是 D-丙氨酸转肽酶和羧肽酶，它们是 β 内酰胺类抗生素的作用靶点，也被称为青霉素结合蛋白。

紧接着，通过一系列酶催化反应装配成 UDP-N-乙酰胞壁酸五肽前体物。第二阶段：在细胞膜上，UDP-N-乙酰胞壁酸五肽释放出单磷酸尿苷（uridine monophosphate，UMP），通过焦磷酸键结合到转运载体细菌萜醇上，在那里与 N – 乙酰葡糖胺（GlcNAc）结合，形成肽聚糖单体——双糖肽亚单位。有的细菌（如金黄色葡萄球菌）还会在双糖肽肽链第 3 位的 1 – 氨基氨基酸上连接 1 个甘氨酸五肽（Gly）$_5$。第三阶段：细菌萜醇将双糖肽亚单位转运到细胞膜外，在细胞壁生长点上双糖肽插入作为引物的肽聚糖骨架（至少含 6 ~ 8 个肽聚糖单体的分子）中，通过转糖基作用使多糖链延伸一个双糖单位，然后通过转肽酶的转肽作用（transpeptidation）使相邻多糖链交联。转肽通常发生在 N – 乙酰胞壁酸五肽第 3 位氨基酸（不同微生物所结合的氨基酸不同，在金黄色葡萄球菌中该位点为赖氨酸，而在大肠杆菌中是二氨基庚二酸）或者所连接的甘氨酸五肽的末端氨基酸与其他肽链上第 4 位的 D – 丙氨酸之间，使 D – 丙氨酰 – D – 丙氨酸间的肽链断裂，释放出一个 D – 丙氨酰残基，然后倒数第 2 个 D – 丙氨酸的游离羧基与相邻链的游离氨基间形成肽键而实现交联。

肽聚糖不断地被合成和降解，但细菌处于饥饿状态时不合成肽聚糖，这会使肽聚糖层变得薄弱，从而影响革兰染色的可靠性。肽聚糖合成是细菌所特有的生物反应，特异性干扰肽聚糖合成的抗生素既能抑菌又对人体没有或仅有相当低的副作用，因而，对肽聚糖合成途径的认识对于新药开发有重要的意义。

4. 次级代谢产物的合成

在研究微生物代谢时，一般把具有明确的生理功能、对维持生命活动不可缺少的代谢过程称为初级代谢（primary metabolism），其代谢产物被称为初级代谢产物（primary metabolite），如氨基酸、核苷酸、糖和脂肪酸等。而把一些对微生物维持生命活动非必需的代谢过程称为次级代谢（secondary metabolism），其代谢产物被称为次级代谢产物（secondary metabolite），如色素、激素、生物碱、毒素、维生素和抗生素等。次级代谢产物通常在菌体生长后期（稳定期）合成，虽然次级代谢产物并不是微生物生长所必需的，但可能对产生菌的生存有一定意义。

次级代谢产物种类繁多，合成途径复杂多样，总的合成模式可用图 5 – 9 进行概括。次级代谢产物的合成是以初级代谢产物为前体，进入次级代谢产物合成途径后，大约要经过前体聚合、结构修饰和不同组分的装配三个步骤，合成次级代谢产物。对次级代谢产物的生理功能不如对初级代谢产物研究得清楚，但大量的次级代谢产物对人类非常有用，成为主要的工业微生物产品（表 5 – 1）。

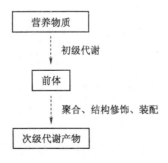

图 5 – 9　次级代谢产物的合成过程

表 5 – 1　　　　　　　　工业上重要的次级代谢产物及其产生微生物

应用领域	次级代谢产物	产生微生物
植物激素	赤霉素（Gibberellin）	弗基克罗（氏）赤霉（*Gibberella fujikuroi*）
镇痛剂	麦角碱（Elymoclavine）	麦角菌（*Claviceps purpurea*）
抗生素（抗细菌药物）	头孢菌素（Cephalosporin）	顶头孢霉（*Cephalosporium acremonium*）
		产黄头孢霉（*Acremonium chrysogenum*）
	红霉素（Erythromycin）	红色糖多孢菌（*Saccharapolyopora erythraea*）
	青霉素（Penicillin）	产黄青霉（*Penicillium chrysogenum*）
	链霉素（Streptomycin）	灰色链霉菌（*Streptomyces griseus*）
	氯霉素（Chloramphenicol）	委内瑞拉链霉菌（*Streptomyces venezuelae*）
	四环素（Tetracycline）	金霉素链霉菌（*Streptomyces aureofaciens*）
	壮观霉素（Spectinomycin）	壮观链霉菌（*Streptomyces spectablis*）
	卡那霉素（Kanamycin）	卡那链霉菌（*Streptomyces kanamyceticus*）
抗生素（抗真菌药物）	灰黄霉素（Griseofulvin）	灰黄青霉（*Penicillium griseofulvum*）
	两性霉素（Amphotericin）	结节链霉菌（*Streptomyces nodosus*）
	曲霉酸（Aspergillic acid）	黄曲霉（*Aspergillus flavus*）
	产金色菌素（Aureofacin）	金霉素链霉菌（*Streptomyces aureofaciens*）
	制霉菌素（Nystatin）	诺尔斯氏链霉菌（*Streptomyces noursei*）
		金色链霉菌（*Streptomyces aureus*）
	杀假丝菌素（Candicidin）	灰色链霉菌（*Streptomyces griseus*）
	寡霉素（Oligomycin）	淀粉酶产色链霉菌（*Streptomyces diastachromogenes*）
降胆固醇药	洛伐他汀（Lovastatin）	土曲霉（*Aspergillus terreus*）
	莫那可林（Monacolin）	红色红曲霉（*Monascus ruber*）
	普伐他汀（Pravastatin）	桔青霉（*Penicillium citrinum*）
		嗜碳链霉菌（*Streptomyces carbophilus*）
抗肿瘤药	博莱霉素（Bleomycin）	轮枝链霉菌（*Streptomyces verticillus*）
	放线菌素 D（Actinomycin D）	抗生链霉菌（*Streptomyces antibioticus*）
		微小链霉菌（*Streptomyces parvulus*）
	阿霉素（Doxorubicin）	波赛链霉菌（*Streptomyces peuceticus*）
	丝裂霉素 C（Mitomycin C）	薰衣草链霉菌（*Streptomyces Lavendulae*）
	紫杉醇（Taxol）	安德氏紫杉霉（*Taxomyces andreanae*）
幻觉剂	麦角酸（Lysergic acid）	雀稗麦角（*Claviceps paspali*）
免疫抑制剂	环孢霉素 A（Cyclosporine A）	多孔木霉（*Tolypocladium inflatum*）
	纳巴霉素（Rapamycin）	吸水链霉菌（*Streptomyces hygroscopicus*）
	他克莫司（Tacrolimus FK – 506）	筑波链霉菌（*Streptomyces tsukubaensis*）

续表

应用领域	次级代谢产物	产生微生物
色素	类胡萝卜素（Carotenoid）	三孢布拉霉（*Blakeslea trispora*）
	虾青素（Astaxanthin）	法夫酵母（*Phaffia rhodozyma*）
	红曲素（Monascin）	紫红曲霉（*Monascus purpureus*）
		红色红曲霉（*Monascus ruber*）
除草剂	双丙氨磷（Bialaphos）	吸水链霉菌（*Streptomyces hygroscopicus*）
毒素	白喉毒素（Diphtherin）	白喉棒杆菌（*Corynebacterium diphtheriae*）
	破伤风毒素（Spasmotoxin）	破伤风梭菌（*Clostridium tetani*）
	黄曲霉毒素（Aflatoxin）	黄曲霉（*Aspergillus flavus*）
胃溃疡治疗	胃酶抑素（Pepstatin）	链霉菌（*Streptomyces testaceus*）

（三）两用代谢途径和代谢物回补途径

在新陈代谢中，有些代谢环节可以被分解代谢和合成代谢共同利用，具有分解和合成双重功能，被称为两用代谢途径或兼用代谢途径（amphibolic pathway）。例如，TCA循环是典型的两用代谢途径，该途径中的 α - 酮戊二酸可以转换成谷氨酸，用于合成蛋白质或作为其他氨基酸或核苷酸生物合成的前体；琥珀酰 CoA 可以与甘氨酸缩合生成卟啉；草酰乙酸可以作为糖合成的前体，也可以与天冬氨酸相互转换，而天冬氨酸可用于尿素、蛋白质以及嘧啶核苷酸的合成。EMP 和 HMP 也是重要的两用代谢途径。在两用代谢途径中，合成途径并非分解途径的完全逆转，催化两个方向中的同一反应并不总是用同一种酶来进行的。在分解与合成代谢途径的相应代谢步骤中，往往还包含了完全不同的中间代谢物。

当分解代谢途径中的中间代谢物被用于其他生物分子的合成时，势必减少它在分解代谢中的浓度，影响分解代谢的正常进行，因此要通过代谢物回补途径（anaplerotic pathway）来补充减少的中间代谢物。其意义在于，当重要产能途径中的关键中间代谢物必须被大量用作生物合成的原料时，仍可保证能量代谢的正常进行。微生物特有的乙醛酸循环（图 5 - 10）是一条非常重要的代谢物回补途径，可以使丙酮酸和乙酸等化合物转化为琥珀酸，该途径对于以乙酸为唯一碳源的微生物 [醋杆菌（*Acetobacter*）、固氮菌（*Azotobacter*）等] 来说，有非常重要的意义。

第二节　微生物代谢调节

代谢调节是指微生物的代谢速度和方向按照微生物的需要而改变的一种作用，是微生物对自身代谢的自然调节。微生物通过对其代谢的调节，经济地利用有限的养料、能量进行着它所需要的酶促反应，从而使它们的生命活动得以正常进行。在正常情况下，微生物是绝不会浪费能量和原料去进行它不需要的代谢反应的。微生物正是依靠其严格又灵活的

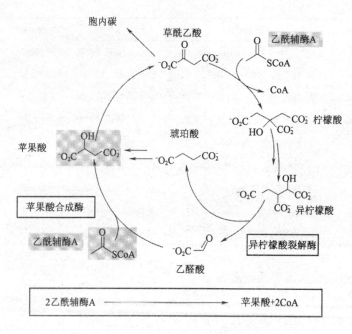

图 5 - 10 乙醛酸循环

代谢调节系统才能有高效、经济地进行新陈代谢，从而在复杂多变的环境条件下生存和发展。在自然环境中，只有当条件改变时才会造成微生物积累某些代谢产物，如在厌氧条件下酒精、乳酸和醋酸的大量形成。大多数的发酵工业产品并不是微生物代谢的末端产物，而是微生物代谢的中间物质，要合成、积累这些物质，必须解除它们的代谢调控机制。因此，微生物的代谢调节是发酵工程要研究的主要内容之一。

微生物能够利用细胞膜的渗透性，选择性吸收营养物质和分泌代谢产物，影响细胞内代谢的变化。微生物还可以通过代谢途径区域化，将某一代谢途径相关的酶系集中在某一区域，保证该途径顺利反应而避免其他途径的干扰，从而实现代谢调控。但从根本上看，微生物的新陈代谢是由酶来驱动的，酶除了催化各种代谢反应外，还能够调节和控制代谢的速度、方向和途径。因此，微生物代谢调节的核心和关键是酶量和酶活性的调节。调节酶的合成量，即调节酶的合成，是一种比较粗略的调节；而酶活性的调节，是调节已有的酶的活性，是一种比较精细的调节。

一、酶合成的调节

通过酶合成的调节，微生物能够控制代谢中酶的种类和数量，从而调节代谢的进行。通过调节酶的合成量进而调节代谢速率的调节机制，是基因水平上的调节，属于粗放的调节，间接而缓慢。酶合成的调节方式包括酶合成的诱导和酶合成的阻遏两种。

（一）酶合成的诱导

根据酶合成的方式，微生物胞内的酶可分为组成酶（constitutive enzyme）和诱导酶（induced enzyme）两类。组成酶是细胞内一直存在的酶，由相应的基因控制合成，与环境中的营养物质无关，其表达不会被诱导或阻遏。组成酶有时也被称为"看家酶"（house-keeping enzyme），如 EMP 途径中的有关酶类。诱导酶是细胞在外来底物或底物类似物诱导下合成的，如大肠杆菌分解乳糖的 β – 半乳糖苷酶，该酶可被底物乳糖或底物类似物异丙基 – β – D – 硫代半乳糖苷（IPTG）诱导合成。诱导酶比较普遍地存在于微生物界，大多数分解代谢酶类是诱导合成的。从基因表达的层面上看，组成酶的基因表达不需要诱导剂，而诱导酶的基因表达依赖诱导剂的作用。

酶合成的诱导又可分为协同诱导（coordinated induction）与顺序诱导（sequential induction）两种。诱导物同时或几乎同时诱导几种酶的合成称为协同诱导，如乳糖诱导大肠杆菌同时合成 β – 半乳糖苷透性酶、β – 半乳糖苷酶和半乳糖苷转乙酰酶等与分解乳糖有关的酶。协同诱导有助于细胞迅速、彻底地分解底物。顺序诱导是先合成能分解底物的酶，再合成分解各中间代谢的酶，以达到对较复杂代谢途径的分段调节。如荧光假单胞菌（*Pseudomonas fluorescens*）降解芳香族化合物的酶系，就是顺序诱导的。顺序诱导涉及多个诱导物。

诱导酶在微生物需要时合成，不需要时就停止合成，其意义在于为微生物提供了一种只是在需要时才合成酶以避免浪费能量与原料的调控手段，增强了微生物对环境的适应能力。

（二）酶合成的阻遏

某些酶在微生物生长时可以正常的合成，但是当相关代谢途径的终产物浓度增加时或向培养基人为添加这种终产物时，酶的合成就被阻遏。通常认为，低分子质量的终产物与胞内由调节基因编码的阻遏蛋白结合，进而产生一种阻遏物，该阻遏物"关闭"酶的编码基因（结构基因）的表达，阻止酶的合成。酶合成的阻遏可分为终产物阻遏和分解代谢物阻遏两种方式。

1. 终产物阻遏

由于代谢终产物的过量积累而导致的生物合成途径中酶合成的阻遏称为终产物阻遏。催化某一特异产物合成的酶，在培养基中有该产物存在的情况下常常是不合成的，即受阻遏的。这种阻遏现象常常发生在合成代谢途径上，如氨基酸、嘌呤和嘧啶等重要结构元件的生物合成。在正常情况下，当微生物细胞中的氨基酸、嘌呤和嘧啶过量时，与这些物质合成有关的许多酶就停止合成。例如，过量的精氨酸阻遏了精氨酸合成途径相关酶的合成。对直线式反应途径来说，末端产物阻遏的情况较为简单，即产物作用于代谢途径中的各种酶，使之合成受阻遏，例如，精氨酸的生物合成途径。而对分支代谢途径来说，情况较为复杂，通常每种末端产物仅专一地阻遏合成它的那条分支途径的酶。

终产物阻遏在代谢调节中的意义是显而易见的。它有效地保证了微生物细胞内氨基酸等重要物质维持在适当浓度，不会把有限的能量和养料用于合成那些暂时不需要的酶。微生物通过终产物阻遏与后面将要讨论的一种酶活力的调节方式——反馈抑制的完美配合有效地调节着氨基酸等重要物质的生物合成。

2. 分解代谢物阻遏

分解代谢物阻遏是指细胞内同时有两种可分解底物存在时，利用快的那种底物会阻遏利用慢的底物的有关酶合成的现象。分解代谢物阻遏现象是在研究微生物对混合碳源利用所表现的二次生长现象的过程中被发现的（图 5 - 11）。大肠杆菌在含有能分解的两种底物（如葡萄糖和乳糖）的培养基中生长时，首先分解利用其中的一种底物（葡萄糖），而不分解另一种底物（乳糖）。这是因为葡萄糖的分解代谢物阻遏了分解利用乳糖的有关酶合成的结果。生长在含葡萄糖和山梨醇或葡萄糖和乙酸的培养基中也有类似的情况。由于葡萄糖常对分解利用其他底物的有关酶的合成有阻遏作用，所以分解代谢物阻遏最初也被称为葡萄糖效应，但现在已经发现，除葡萄糖以外很多其他的碳源也能引起分解代谢物阻遏。由葡萄糖引起的分解代谢物阻遏通常导致所谓"二次生长"现象，即先是利用葡萄糖生长，待葡萄糖耗尽后，再利用另一种底物生长，两次生长中间隔着一个短暂的停滞期。这是因为葡萄糖耗尽后，它的分解代谢物阻遏作用解除，经过一个短暂的适应期，分解利用另一种碳源的酶被诱导合成，这时细菌便利用后者进行第二次生长。葡萄糖对氨基酸的分解利用也有类似的阻遏作用。

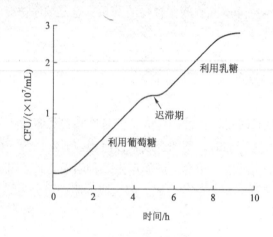

图 5 - 11　大肠杆菌在葡萄糖和乳糖混合碳源上的二次生长曲线

（三）酶合成调节的机制

　　酶合成的诱导和阻遏都可以用 F. Jacob 和 J. Monod 提出的操纵子理论来解释。本节以最典型和研究得最清楚的乳糖操纵子和色氨酸操纵子来阐明。与操纵子理论相关的几个重要术语如下。

　　操纵子：是指由启动基因（或称启动子）、操纵基因和结构基因组成的一个完整的基因表达单位，其功能能是转录 mRNA。启动基因是 RNA 聚合酶识别、结合并起始 mRNA 转录的一段 DNA 碱基序列。操纵基因是位于启动基因和结构基因之间的碱基序列，能与阻遏蛋白（一种调节蛋白，repressor）相结合。如操纵基因上结合有阻遏蛋白，转录就受阻；如操纵基因上没有阻遏蛋白结合，转录便顺利进行，所以操纵基因就像一个"开关"操纵着 mRNA 的转录。结构基因是操纵子中编码酶蛋白的碱基序列。

　　诱导物：能够结合阻遏蛋白，阻止阻遏蛋白与操纵基因结合，从而使操纵子开放表达的物质，如乳糖可以诱导乳糖操纵子的表达。

　　辅阻遏物：能够与阻遏蛋白结合，使之具有活性的物质。如色氨酸作为辅阻遏物阻止色氨酸操纵子的表达。诱导物和辅阻遏物常被总称为效应物。

调节蛋白：调节蛋白是由调节基因编码产生的一种变构蛋白，有两个结合位点，一个与操纵基因结合，另一个与效应物结合。调节蛋白与诱导物结合后因变构而失去活性，但是与辅阻遏物结合变构后却变得有活性。调节蛋白可分为 2 种，其一称为阻遏蛋白，它能在没有诱导物时与操纵基因相结合；另一种称为阻遏蛋白原，它只能在辅阻遏物存在时才能与操纵基因相结合。

1. 乳糖操纵子的调节机制

大肠杆菌乳糖操纵子由 *lac* 启动基因、*lac* 操纵基因和 3 个结构基因所组成（*lacZ*、*lacY* 和 *lacA*）（图 5 – 12）。乳糖操纵子的乳糖诱导机制是典型的负调节。在缺乏乳糖等诱导物时，其调节蛋白（即 *lac* 阻遏蛋白）一直结合在操纵基因上，抑制结构基因的转录 ［图 5 – 12（1）］。当有诱导物乳糖存在时，乳糖与 *lac* 阻遏蛋白相结合，后者发生构象变化，结果降低了 *lac* 阻遏蛋白与操纵基因间的亲和力，使它不能继续结合在操纵子上 ［图 5 – 12（2）］。*lac* 操纵子开放表达，结构基因进行转录。当诱导物耗尽后，*lac* 阻遏蛋白再次与操纵基因相结合，这时操纵子被关闭，酶就无法合成，同时，细胞内已转录好的 mRNA 也迅速地被核酸内切酶所水解，所以细胞内酶的量急剧下降。如果通过诱变方法使之发生 *lac* 阻遏蛋白缺陷突变，就可获得解除调节，即在无诱导物时也能合成 β – 半乳糖苷诱导酶的突变株。

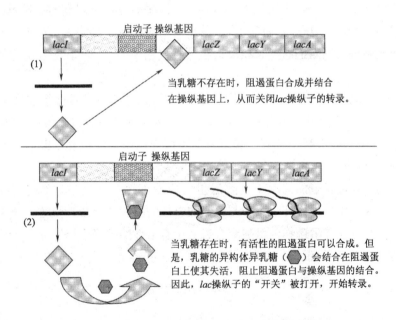

图 5 – 12　大肠杆菌乳糖操纵子（乳糖诱导机制）

lac 操纵子还受到调节蛋白 CRP（cAMP 受体蛋白）正调节的控制。当 CRP 直接与启动基因结合时，RNA 多聚酶才能连接到 *lac* 操纵子上开始转录（图 5 – 13）。CRP 与 cAMP 的相互作用，会提高 CRP 与启动基因的亲和性。葡萄糖会抑制 cAMP 的形成，从而阻遏 *lac* 操纵子的转录。因此，*lac* 操纵子启动的条件有两个：乳糖的诱导和葡萄糖的缺失。

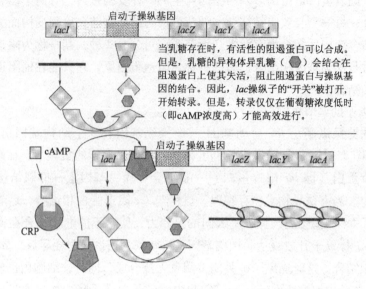

当乳糖存在时，有活性的阻遏蛋白可以合成。但是，乳糖的异构体异乳糖（⬡）会结合在阻遏蛋白上使其失活，阻止阻遏蛋白与操纵基因的结合。因此，lac操纵子的"开关"被打开，开始转录。但是，转录仅仅在葡萄糖浓度低时（即cAMP浓度高）才能高效进行。

图 5－13　大肠杆菌乳糖操纵子（CRP 正调节机制）

2. 色氨酸操纵子的调节机制

色氨酸操纵子的末端产物阻遏调控是对合成代谢酶类进行正调节的经典范例。在合成代谢中，催化氨基酸等小分子末端产物合成的酶应随时存在于细胞内，因而，在细胞内这些酶的合成应经常处于消阻遏状态；相反，在分解代谢中的 β－半乳糖苷酶等则经常处于阻遏状态。

大肠杆菌色氨酸操纵子也是由启动基因、操纵基因和结构基因 3 部分组成的（图 5－14）。启动基因位于操纵子的开始处。结构基因有 5 个，分别编码色氨酸合成途径中的邻氨基苯甲酸合酶、邻氨基苯甲酸磷酸核糖转移酶、邻氨基苯甲酸异构酶、吲哚甘油磷酸合酶和色氨酸合酶。调节基因（trpR）远离操纵基因，编码阻遏蛋白原。

在没有末端产物色氨酸的情况下，阻遏蛋白原处于无活性状态，不能与操纵基因结合，这时结构基因可正常进行转录，参与色氨酸合成的酶大量合成；反之，当有色氨酸存在时，阻遏蛋白原可与辅阻遏物色氨酸结合成一个有活性的阻遏蛋白，它与操纵基因相结合，使转录的"开关"关闭，从而无法进行结构基因的转录。

二、酶活力的调节

酶活力调节是指一定数量的酶通过分子构象或分子结构的改变来调节催化反应的速率。影响酶活力的因素有：底物和产物的性质和浓度、环境因子（如压力、pH、离子强度和辅助因子等）、其他酶的存在等。酶活力的调节包括激活和抑制两个方面，与酶合成的调节相比，其特点是快速、直接和精细。

（一）酶活力的激活

酶活力的激活是指在激活剂的作用下，使原来无活力的酶变成有活力，或使原来活力低的酶提高了活力的现象。若代谢途径中催化后面反应的酶活力被前面的中间代谢产物

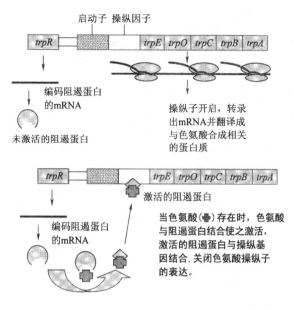

图 5-14 色氨酸操纵子

（分解代谢途径）或前体物（合成代谢途径）所促进，就被称为前体激活或前馈激活。如粪肠球菌（*Enterococcus faecalis*）的乳酸脱氢酶活力被前体 1，6-二磷酸果糖所促进，粗糙脉孢菌（*Neurospora crassa*）的异柠檬酸脱氢酶活力为柠檬酸所促进。而当代谢中间产物对该代谢途径中前面的酶起激活作用，则被称为代谢中间产物的反馈激活。这种激活方式比较罕见，典型的例子是 EMP 途径中 1，6-二磷酸果糖是丙酮酸激酶的激活剂。

（二）酶活力的抑制

酶活力的抑制是指由于某些物质的存在，酶活力降低的现象。有些抑制是不可逆的，将造成代谢作用的停止；而有的抑制是可逆的，当抑制剂除去后，酶活力又得到恢复。在代谢调节过程中所发生的抑制现象主要是可逆的。

酶活力主要受到产物的抑制，发生在酶促反应的产物积累的时候。酶与所催化的底物结合在一起发生酶促反应，并释放反应产物。酶促反应通常都是平衡反应，如果有反应产物积累，那么催化该反应的酶活力就受到抑制。这种代谢终产物对催化其形成的代谢途径中的酶活力的抑制作用，被称为反馈抑制。通常，生物合成途径的第一个反应是限速步骤，因此，终产物一般会抑制催化该反应的酶活力。例如，在从苏氨酸合成异亮氨酸的途径中，异亮氨酸过量积累会抑制该合成途径第一个酶——苏氨酸脱氨酶（图 5-15），使整个合成过程减慢或停止，从而避免了不必要的能量和原料浪费。反馈抑制是酶活力调节的一种主要方式，它具有调节精细、快速以及需要这些终产物时可消除抑制再重新合成等优点。

异亮氨酸对苏氨酸脱氨酶的反馈抑制是典型的直线式合成途径中的反馈抑制，是一种最简单的反馈抑制方式。很多生化合成过程往往是分支的，比较错综复杂，有 2 种或更多种末端终产物。在分支的合成代谢途径中，为避免一条支路的终产物过量而影响其他支路的终产物合成，针对各种特定情况有不同的反馈抑制方式。

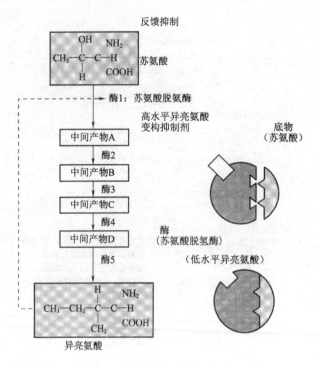

图 5 – 15　苏氨酸合成异亮氨酸生化反应途径的反馈抑制

1. 同工酶调节

同工酶是指能催化同一生化反应而分子结构不同的一组酶。细胞可以合成几个同工酶来催化代谢途径中的第一个反应，而每个同工酶被后面不同分支代谢途径的产物所抑制。一种代谢产物过量只能抑制其相应的同工酶的活力，其他同工酶仍然可以有效地催化代谢途径中间产物的合成来满足细胞对其他分支代谢途径的需求；只有当几条分支代谢途径的产物同时过量时才能完全阻止反应的进行（图 5 – 16）。同工酶调节在合成代谢和分解代谢调控中的实例有很多。例如：大肠杆菌以天冬氨酸为前体合成苏氨酸（Thr）、甲硫氨酸（Met）和赖氨酸（Lys）的代谢途径中有三种天冬氨酸激酶的同工酶 AK I、AK II 和 AK III（图 5 – 17）。其中，AK I 受到苏氨酸的反馈抑制和阻遏，AK II 受甲硫氨酸的反馈抑制和阻遏，AK III 受赖氨酸的反馈抑制和阻遏。类似的例子还有产气杆菌（*Aerobacter aerogenes*）中有两个乙酰乳酸合成酶分别受到缬氨酸合成和低 pH 条件下丙酮酸发酵途径的终产物调控，某些假单胞菌中有两个鸟氨酸转氨甲酰酶分别与精氨酸合成和精氨酸降解途径的调控相关等。

2. 顺序反馈抑制

顺序反馈抑制是 Nester 和 Jensen 在研究枯草芽孢杆菌芳香族氨基酸合成代谢调控时发现的。分支代谢途径的终产物，不能直接抑制总代谢途径的第一个酶，而是分别抑制分支点以后的第一个酶，引起分支点上中间产物的积累，而这个高浓度的中间产物再反馈抑制总的代谢途径的第一个酶（图 5 – 18）。球红假单胞菌（*Rhodopseudomonas spheroides*）中苏氨酸和异亮氨酸的合成也是典型的顺序反馈抑制。苏氨酸累积时抑制高丝氨酸脱氢酶活力，导致天冬氨酸半醛积累，天冬氨酸半醛的积累进而抑制该途径第一个酶天冬氨酸激酶的活力。

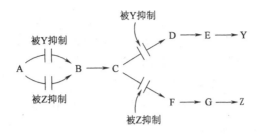

图 5-16　同工酶调节

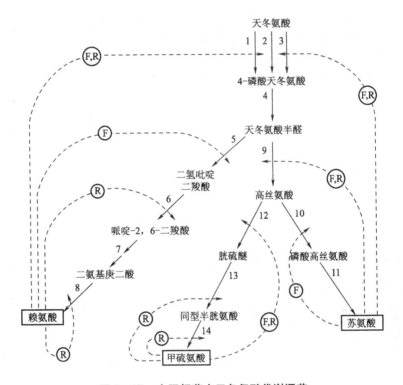

图 5-17　大肠杆菌中天冬氨酸代谢调节

F - 反馈抑制　　R - 阻遏

1—赖氨酸调控的天冬氨酸激酶（AKⅢ）　2—甲硫氨酸调控的天冬氨酸激酶（AKⅡ）

3—苏氨酸调控的天冬氨酸激酶（AKⅠ）　4—天冬氨酸半醛脱氢酶　5—二氢吡啶甲酸合酶

6—哌啶 - 2，6 - 二羧酸脱氢酶　7—二氨基庚二酸合成酶系　8—二氨基庚二酸脱羧酶

9—高丝氨酸脱氢酶　10—高丝氨酸激酶　11—苏氨酸合酶　12—胱硫醚合酶

13—β - 胱硫醚酶　14—甲基转移酶

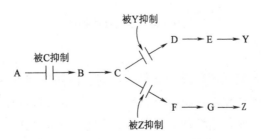

图 5-18　顺序反馈抑制

3. 累积反馈抑制

分支代谢途径中各种末端产物单独过量时，仅对总的代谢途径中催化第一个反应的酶产生较小的抑制作用。一种末端产物单独过量并不影响其他末端产物的形成，只有当几种末端产物同时过量时，才对途径中的第一个酶产生较大的抑制。如图 5 – 19 所示，两种不同的末端产物 Y 和 Z 可以分别抑制第一个酶活力的 30% 和 40%，二者同时过量时，可以抑制酶活力的 58%（30% ＋70% ×40% 或 40% ＋60% ×30%）。累积反馈抑制最早是在研究大肠杆菌谷氨酰胺合酶（glutamine synthetase，GS）的调节过程中发现的。谷氨酰胺合酶是催化氨转变为有机含氮物的主要酶，其活力受到机体对含氮物需求状况的灵活控制，8 种含氮产物（葡萄糖胺 –6 –磷酸、色氨酸、丙氨酸、甘氨酸、组氨酸、CTP、AMP 和氨甲酰磷酸）以不同程度对该酶发生反馈抑制效应。其机制在于每一种含氮产物都有自己与酶的结合部位，8 种终产物同时过量时，酶活力完全被抑制。

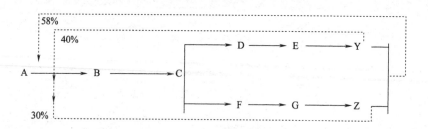

图 5 –19　累积反馈抑制

4. 协同反馈抑制

协同反馈抑制可以被看作累积反馈抑制的一种特例。在分支代谢系统中，几种终产物同时过量，才会对途径中的第一个酶具有抑制作用，如果终产物单独过量则对途径中的第一个酶无抑制作用（图 5 –20）。

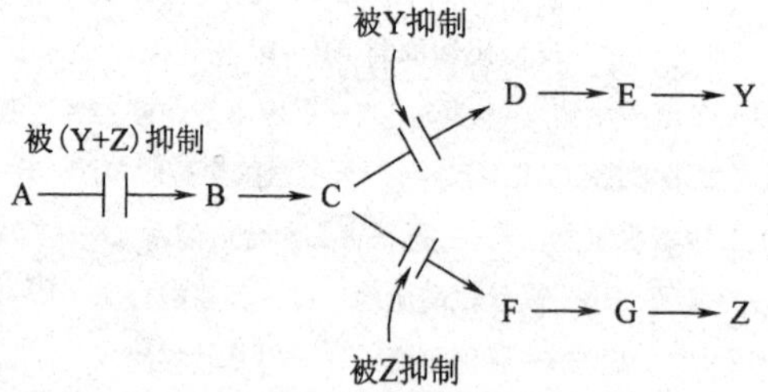

图 5 –20　协同反馈抑制

5. 超相加反馈抑制

超相加反馈抑制既不同于累积反馈抑制又不同于协同反馈抑制。在分支代谢途径中，几种末端产物单独过量时，仅对共同途径的第一个酶有部分抑制作用。但是当几种末端产物都过量时，其抑制作用则超过各种末端产物单独过量时抑制作用的总和。如图 5 –21 所示，两种不同的末端产物 Y 和 Z 可以分别抑制第一个酶活力的 15% 和 20%，但 Y 和 Z 同时过量时，可以抑制酶活力的90%。大肠杆菌中催化嘌呤核苷酸合成的第一个酶——谷氨酰胺－PRPP 酰胺转移酶受到腺嘌呤核苷酸和鸟嘌呤核苷酸的超相加反馈抑制；地衣芽孢杆菌（*B. lichiniformis*）中谷氨酰胺合酶的活力受到终产物 AMP、组氨酸和谷氨酰胺的超相加反馈抑制。

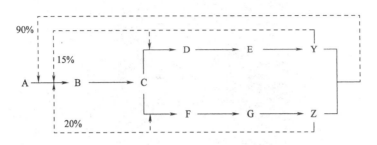

图 5-21　超相加反馈抑制

（三）酶活力调节的机制

　　酶活力的调节机制没有像酶合成的调节机制那样了解得清楚。但由于绝大多数受到活力调节的酶是变构酶，所以目前一般都用变构理论来解释。变构酶在生物合成途径中普遍存在。它有两个重要的结合部位，一个是与底物结合的活力部位或催化中心，另一个是与氨基酸或核苷酸等小分子效应物（调节物）结合并变构的变构部位或调节中心。当变构部位上有效应物结合时，酶分子构象便发生改变，使酶活力中心对底物的结合催化作用受到影响，从而调节酶促反应的速度。这种现象被称为变构效应（或别构效应）。在反馈抑制过程中，只有当终产物浓度下降，平衡有利于效应物从变构部位上解离而使酶的活力部位又回复到它催化的构象时，反馈抑制被解除，酶活力恢复，终产物重新合成。

　　以丝氨酸合成为例（图 5-22）。丝氨酸合成路径的关键反应是 3-磷酸甘油酸脱氢酶催化的 3-磷酸甘油酸氧化。3-磷酸甘油酸脱氢酶受到终产物丝氨酸的反馈抑制。大肠杆菌的 3-磷酸甘油酸脱氢酶由 4 个相同的亚基组成，每个亚基上有 1 个催化中心和 1 个丝氨酸结合调控区。每 2 个亚基的调控区结合可构成 1 个二聚体的丝氨酸结合调控单元，因此，3-磷酸甘油酸脱氢酶含有 2 个丝氨酸结合调控单元，每个调控单元可以结合 2 个丝氨酸分子（图 5-23）。丝氨酸与 3-磷酸甘油酸脱氢酶上的调控位点结合可降低该酶的最大酶促反应速度，当 4 个丝氨酸与 3-磷酸甘油酸脱氢酶结合后酶活力被完全抑制。当细胞中有丝氨酸积累时，3-磷酸甘油酸脱氢酶被抑制，从而防止了胞内 3-磷酸甘油酸的浪费，使之被其他途径利用。

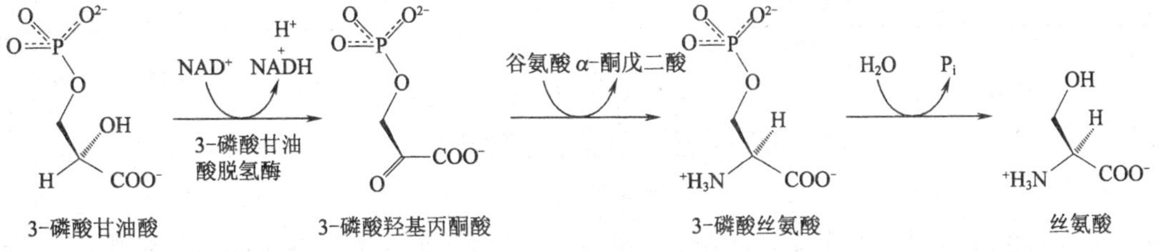

| 3-磷酸甘油酸 | 3-磷酸羟基丙酮酸 | 3-磷酸丝氨酸 | 丝氨酸 |

图 5-22　丝氨酸合成路径

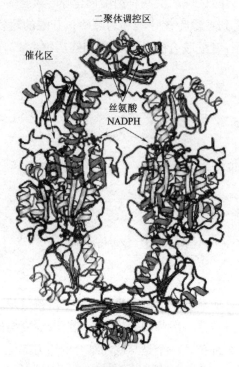

图 5 – 23　3 – 磷酸甘油酸脱氢酶的结构

被两种终产物协同反馈抑制的酶有 2 个变构调节位点，分别可以与这两种终产物结合。仅仅一种终产物与酶的调节位点结合并不能完全抑制酶的活力，只有两种终产物都与该酶结合才能影响酶的活力。受累积反馈抑制调控的酶含有与末端终产物对应的多个调节位点，因而每种终产物仅对酶活力有很小的一部分影响。

酶合成和酶活力的调节是微生物代谢调控的核心，表 5 – 2 总结了这两种调节方式的异同点。

表 5 – 2　　　　　　　　微生物酶合成和酶活力两种调节方式的异同点

调节方式	相同点	不同点		
		调节对象	调节效果	调节机制
酶合成的调节	细胞内两种方式同时存在，密切配合，高效、准确控制代谢的正常进行	通过酶量的变化控制代谢速率	相对缓慢、粗放	基因水平调节，控制酶合成
酶活力的调节		控制已有酶的活力，不涉及酶量变化	快速、精细	代谢调节，调节酶活力

第三节　代谢控制发酵

大多数的工业产品并不是微生物代谢的末端产物，而是微生物代谢途径的中间产物，要合成、积累这些物质，必须解除它们的代谢调控机制。通过改变培养条件和遗传特性，使微生物的代谢途径改变或代谢调节失控而获得某一发酵产物的过量产生，是现代发酵工业要研究的主要内容。从这个意义上看，现代工业微生物发酵过程是一个典型的代谢控制发酵。在发酵工业中，调节微生物代谢的方法很多，可以通过生理水平、代谢水平和基因水平上的各种调节实现代谢控制发酵。根据代谢调节理论，通过改变发酵工艺条件和菌种遗传特性，可以达到改变菌体内代谢平衡、过量产生所需产物的目的。

一、通过发酵条件控制实现代谢控制发酵

当菌株确定后，环境条件合适与否是发酵成败的重要因素，环境条件既影响微生物的生长，又影响代谢的速度、方向以及产物的形成和积累。主要的环境条件有温度、pH、氧气含量、离子浓度等多种因素，所对应的发酵控制环节分别是温度、pH、搅拌和通气、培养基组成等。在发酵过程中，常用的条件控制方法主要有以下几种。

（一）控制培养基组成和 pH

同一种微生物在不同的发酵条件下，可以合成不同的发酵产物。培养基中各营养物质之间的浓度配比直接影响微生物的生长繁殖和代谢产物的形成与积累，其中碳氮比的影响较大。碳氮比指培养基中碳元素与氮元素的摩尔数比值，有时也指培养基中还原糖与粗蛋白之比。例如，谷氨酸棒状杆菌（*C. glutamicum*）发酵生产谷氨酸的过程中，培养基碳氮比为 4 时，菌体大量繁殖，谷氨酸积累少；当培养基碳氮比为 3 时，菌体繁殖受到抑制，谷氨酸产量却大量增加。而在抗生素发酵生产过程中，可以通过控制培养基中速效氮源与迟效氮源之间的比例来控制菌体生长与抗生素的合成。pH 对微生物生长和代谢产物生成的影响也很大。例如，酿酒酵母在酸性条件下，可以发酵葡萄糖产生乙醇和二氧化碳；在培养基中加入亚硫酸钠的情况下，主要产物是甘油；而培养基是碱性条件下，发酵产物为乙醇和乙酸。

（二）添加诱导剂

许多与糖类和蛋白质等大分子降解有关的水解酶都属于诱导酶，因此向培养基中加入诱导物就会增加诱导酶的产量，从而增加相关代谢产物的积累。例如，在木霉发酵过程中添加槐糖可诱导纤维素酶的生成，而添加木糖可诱导半纤维素酶和葡萄糖异构酶的生成。但诱导物纯品的价格往往比较贵，在发酵中使用并不经济。发酵工业中通常的策略是添加廉价的含有诱导物的原料，如槐豆荚等某些种籽皮（其中含有槐糖）、玉米芯（富含木聚糖），培养过程中可陆续被水解产生槐糖、木糖，进而诱导相关酶类的合成。有时候，当诱导物的浓度过高或被迅速利用时，也会发生酶合成的阻遏，该现象在纤维二糖诱导纤维素酶产生和木二糖诱导半纤维素酶产生的研究中都已发现，这是使用诱导物时应予以注意的。因此，在发酵中使用的诱导物最好不是酶的底物，而是底物的类似物。在抗生素生产中，通常在发酵培养基中添加一些对次级代谢产物的产生有诱导作用的物质，如加甲硫氨酸或硫脲可使顶头孢霉（*Acremonium chrysogenum*）增产头孢霉素 C，加入巴比妥可提高利福霉素产量等。

（三） 添加酶的竞争性抑制剂

能够占据底物与酶的结合位点，从而干扰酶与底物的结合，使酶的催化活力降低的物质称为竞争性抑制剂。竞争性抑制剂往往是酶的底物类似物或反应产物。抑制剂浓度越大，则抑制作用越强，增加底物浓度可以降低抑制程度。在柠檬酸生产中，葡萄糖代谢形成的乙酰辅酶 A 在柠檬酸合成酶催化下把乙酰基转移至草酰乙酸生成柠檬酸，柠檬酸因乌头酸酶的存在会与其异构体顺乌头酸和异柠檬酸呈浓度平衡的状态。为了提高柠檬酸产量，可以向培养基中添加单氟乙酸。这是因为单氟乙酸在微生物细胞内可转变为竞争性抑制剂单氟柠檬酸，该酸能够竞争性结合乌头酸酶，抑制柠檬酸转变为异柠檬酸。

（四） 添加前体或前体类似物

该策略通常用于次级代谢产物的发酵调控。在合成途径已基本清楚的条件下，向发酵培养基中补加前体或前体类似物是增加次级产物的有效方法。例如，在青霉素 G 的生产中，苯乙酰 – CoA 的合成是限速步骤，补加苯乙酰 – CoA 合成的前体物苯乙酸或其衍生物都能增加青霉素 G 的产量。在许多维生素的生产中，也都能通过前体添加来控制合成。但是，次级代谢产物的合成并不都是以前体物为限制性因子，通过前体添加提高产量的效果更取决于总体代谢的调节以及前体物本身是否易于得到等，这在生产中应予以综合考虑。

（五） 发酵工艺控制

高分子的多糖、蛋白质等化合物的分解代谢产物（如能被迅速利用的单糖、氨基酸、脂肪酸、磷酸盐等）都会阻遏分解途径中水解酶类的生成。用限量流加或分批补加这类高分子化合物，以及改用微溶性底物的方法，可以减少阻遏作用的发生，从而获得较高的酶产量。在次级代谢产物生产过程中，提高产物产量的发酵工艺因发酵目的和发酵菌株的不同而不同，最常见的策略有如下两种。

1. 防止碳分解代谢物阻遏的发生

葡萄糖作为碳源能有效地促进微生物的生长，但是在抗生素生产中，葡萄糖会通过分解代谢物阻遏干扰抗生素的合成。青霉素发酵中限量流加葡萄糖（或糖蜜）以减少碳分解代谢物阻遏的发生是一项很有效的提高产量的方法。使用寡糖、多糖等缓慢利用的碳源，或者使用葡萄糖与缓慢利用碳源（如麦芽糖、蔗糖、淀粉等）的混合物作为混合碳源进行发酵，也都能减少碳分解代谢物阻遏的发生。类似的，在金霉素发酵中加入影响 TCA 循环的硫氰酸苄酯可抑制生金链霉菌（*Streptomyces aureofaciens*）葡萄糖的代谢速率，增加金霉素的产量。

2. 防止氮、磷分解代谢物阻遏的发生

避免使用高浓度的氨或铵盐作氮源以防止氮分解代谢物阻遏的发生，是抗生素发酵工业生产中比较成熟的经验。若在抗生素产生期补加氮源，会造成发酵逆转，返回生长期，抗生素的产量会大为减少。在抗生素生产中，许多生产菌需要消耗掉培养基中的磷源才能开始抗生素的积累。使用对菌体生长亚适量的无机磷酸盐，是抗生素发酵工业中遵循的原则之一。在抗生素产生期补加磷源也会导致发酵逆转回生长期，降低抗生素产量。

为防止碳、氮、磷分解代谢物阻遏的发生，应选用黄豆饼粉、蛋白胨类、淀粉类物质为主要原料，而尽量少用易被迅速利用的小分子营养物（如葡萄糖、铵盐、磷酸盐等）。

上述策略并未改变产生菌的遗传特性，只是暂时地改变了酶的合成速率，结果往往不稳定，更有效的方法是筛选抗分解代谢物阻遏的突变株。

二、通过对微生物的遗传改造实现代谢控制发酵

对微生物进行遗传改造能够突破微生物原有的自我代谢调节机制，使代谢产物积累。这种改造既包括结构基因的变化，也包括调节基因的变化，可以通过诱变或基因重组的方法来实现。

（一）诱变育种

发酵工业中，通过诱变育种获得突变株以实现代谢控制发酵的主要策略有以下几种。

1. 选育组成型突变株

在发酵工业中，要选择到一种廉价、高效的诱导物是不容易的，分批限量加入诱导物在工艺上也不易实现，更为有效的方法是改变菌株的遗传特性，除去对诱导物的依赖，即选育组成型突变株。通过诱变处理，使调节基因发生突变，不产生有活性的阻遏蛋白，或者操纵基因发生突变不再能与阻遏物相结合，都可达到此目的。

选育组成型突变株的方法很多，其主要原则是创造一种利于组成型菌株生长而不利于诱导型菌株生长的培养条件，造成对组成型的选择优势以及适当的分辨两类菌落的方法，从而把组成型突变株筛选出来。例如，把大肠杆菌半乳糖苷酶的诱导型菌株经诱变处理后，在以乳糖为唯一碳源的培养基中培养，由于组成型突变株半乳糖苷酶的合成不需诱导即能产生，因此比诱导型的原始菌株的迟滞期短，在一定时期内生物量增加较快，如继续培养，由于诱导酶形成后，原始菌株的生长速率亦逐渐增加，生长速率上的差别就会减少。可以连续在乳糖为唯一碳源的培养基上进行接种和培养，反复几次后，生长速率较低的诱导型菌株就会被淘汰掉。通过菌落形态识别组成型突变株的原理是：在无诱导物存在时进行培养，组成型突变株能产生酶，加入酶的相应底物即可加以识别。通常会使用酶解后有颜色变化的底物来进行识别。例如，在以甘油为唯一碳源的平板上培养大肠杆菌时，组成型菌株可产生半乳糖苷酶，而诱导型菌株不能。菌落长出后在平板上添加邻硝基苯 - β - D - 半乳糖苷（ONPG），组成型菌株的菌落由于半乳糖苷酶能水解 ONPG 而呈现硝基苯的黄色，诱导型则无颜色变化。在纤维素酶组成型生产菌的选育中，可以利用羧甲基纤维素被内切纤维素酶水解后暴露出更多的还原性末端而能被刚果红染色的原理进行菌落筛选。

2. 筛选抗反馈抑制突变株

反馈抑制调节在生物代谢中广泛存在，降低末端产物的浓度能解除反馈抑制促进产物的合成与积累，但是在发酵体系中去除或降低某种物质在实施上比较困难，更为有效的方法是选育抗反馈抑制突变株。突变株不受终产物反馈抑制，从而产生过量产物。可以用终产物结构类似物来筛选对终产物积累不敏感的突变株。例如，天冬氨酸激酶是赖氨酸生物合成途径中的调节酶，用赖氨酸的类似物 2 - 氨基半胱氨酸筛选得到一株黄色短杆菌突变株，它对天冬氨酸激酶的反馈抑制不敏感，赖氨酸的产量可达到 57 mg/mL。这种突变株产生的原因可能是酶结构或酶系统发生了改变。通常是代谢途径中关键酶调节亚基的结构

基因发生突变，使末端产物或其类似物不能与别构中心结合，从而解除反馈抑制。

选育营养缺陷型突变株也是解除反馈抑制的常用方法。这些营养缺陷型突变株丧失了合成途径中的某种酶，必须供给某一代谢产物才能生长。限量供给此代谢产物能降低或解除末端产物的反馈抑制，而获得目标产物的过量产生。营养缺陷型菌株的选育常用于氨基酸或维生素的发酵生产，在较简单的直线式合成途径中已获得不少成功的实例。

谷氨酸经过乙酰谷氨酸、鸟氨酸、瓜氨酸而合成精氨酸（图 5 – 24），乙酰谷氨酸激酶的活力受到精氨酸的反馈抑制。经诱变处理后得到的瓜氨酸营养缺陷型失去了鸟氨酸氨基甲酰转移酶（催化鸟氨酸合成瓜氨酸）的合成能力，但瓜氨酸和精氨酸对菌株生长是必需的，应在培养基中添加瓜氨酸或精氨酸，此菌株才能生长。当限量供给的精氨酸或瓜氨酸不致引起反馈抑制，这时就能使鸟氨酸大量产生。若选育丧失精氨琥珀酸合成酶的缺陷型，就能实现瓜氨酸的过量生产。

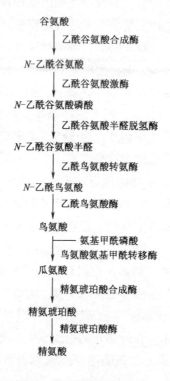

图 5 – 24 精氨酸的合成

上述直线式合成途径中，用营养缺陷型方法只能使中间代谢产物积累而不能使末端产物积累。分支代谢途径的情况要复杂得多。在分支代谢途径中可利用营养缺陷型克服协同或累加反馈抑制积累末端产物，也可利用双重缺陷来积累中间产物。谷氨酸棒状杆菌的苏氨酸、异亮氨酸、甲硫氨酸和赖氨酸的合成是一个典型的分支代谢途径（图 5 – 25）。通过遗传育种，使该菌株催化天冬氨酸半醛合成高丝氨酸的高丝氨酸脱氢酶的合成受阻，从而中断了此步合成反应，筛选获得了高丝氨酸缺陷型菌株。由于该菌株不能合成高丝氨酸，也就不能产生苏氨酸和甲硫氨酸，细胞的正常生长繁殖不能进行，因此需要在培养基中补给适量（不构成反馈抑制的浓度）的高丝氨酸或苏氨酸和甲硫氨酸。当限量供给苏氨酸时，就能解除苏氨酸和赖氨酸的协同反馈抑制，而获得赖氨酸的过量生产。这是因为仅有赖氨酸或苏氨酸存在时，天冬氨酸激酶不被抑制，只有两者的协同效应才能造成抑制。在限量供给苏氨酸的情况下，即使赖氨酸过量，抑制作用也很难发生。基于相同的原理，筛选苏氨酸和甲硫氨酸双重缺陷菌株，也能获得赖氨酸的过量生产。

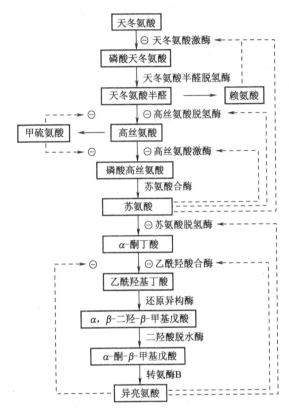

图 5-25　谷氨酸棒状杆菌中赖氨酸、苏氨酸、甲硫氨酸和异亮氨酸的合成与代谢调节

3. 筛选抗阻遏突变株

根据操纵子理论，如果调节基因发生突变，使产生的阻遏蛋白失活，则不能与末端分解代谢产物结合，或操纵基因发生突变使阻遏蛋白不能与其结合，都能获得抗分解代谢阻遏的突变株，解除末端产物对酶合成的阻遏。

可以直接用末端代谢产物筛选抗阻遏突变株，如以葡萄糖或甘油为碳源筛选纤维素酶抗阻遏突变株。但实际应用中更多的是利用阻遏物的结构类似物进行筛选。其依据是，结构类似物在分子结构上与分解代谢的末端产物相类似，也能与阻遏蛋白相结合，如果调节基因发生突变则阻遏蛋白不能与结构类似物结合，即出现抗阻遏突变株。由于结构类似物与正常代谢产物结构上的差异，它与阻遏蛋白的结合往往是不可逆的；而结构类似物也不能被细胞用以合成具有正常功能的物质，它在胞内会达到较高的浓度。因此，以结构类似物为底物筛选抗阻遏菌株比用正常的分解代谢末端产物进行筛选更为有效。

如前所述，如果结构类似物与调节酶相结合，所获得的是抗反馈抑制菌株。筛选抗阻遏和抗反馈抑制的双重突变更易获得高产菌株。对末端产物的生成途径了解得清楚，就能定向选育多重突变株，而得到过量生产。表 5 - 3 总结了菌种选育中常用的结构类似物。由于有的结构类似物的作用机制尚不完全清楚，或者存在菌种的差异性，表 5 - 3 中的类似物并未区分其在作用机制上是抗阻遏还是抗反馈抑制。

表 5 - 3　　　　　　　　　　　结构类似物及代谢末端产物

末端产物	结构类似物	可过量生产的产物
精氨酸	D - 豆氨酸，D - 精氨酸	精氨酸
苯丙氨酸	对氟苯丙氨酸，噻吩丙氨酸	苯丙氨酸
酪氨酸	对氟苯丙氨酸，D - 酪氨酸	酪氨酸
色氨酸	5 - 甲基色氨酸，β - 甲基色氨酸	色氨酸
甲硫氨酸	乙硫氨酸，N - 乙酰亮氨酸	甲硫氨酸
脯氨酸	3，4 - 二氢脯氨酸，磺胺胍	脯氨酸
缬氨酸	α - 氨基丁酸	缬氨酸
对氨基苯甲酸	磺胺	对氨基苯甲酸
腺苷酸	2 - 氟腺嘌呤	腺苷酸
葡萄糖	2 - 脱氧葡萄糖	β - 葡萄糖苷酶
蔗糖、麦芽糖	2 - 脱氧棉子糖	蔗糖酶
纤维二糖、葡萄糖	甘油	纤维素酶

4. 筛选抗生素抗性突变株

抗生素种类繁多，其抑制微生物代谢的机制各不相同。许多抗生素对其生产菌株也具有抑制性。一株抗生素高产菌株，应具备对自身所分泌的抗生素的抗性。因此，筛选抗生素抗性菌株是抗生素发酵生产中进行菌种选育的常用方法。通过选育抗生素突变株成倍提高金霉素、链霉素等抗生素产量的研究已有不少报道。

此外，由于一些主要抗生素的作用机制已比较清楚，可以通过筛选抗生素抗性突变株来改变生产菌株的代谢调节，从而获得发酵产品的过量生产。例如：衣霉素可以抑制细菌细胞壁糖蛋白的生成。通过筛选枯草芽孢杆菌（B. subtilis）衣霉素抗性突变株，获得细胞表面特性发生改变的突变株，其 α - 淀粉酶的产量较亲本株提高了 5 倍。而抗利福平的蜡状芽孢杆菌（B. cereus）无芽孢突变株的 β - 淀粉酶产量较亲本株提高了 7 倍，原因在于抗利福平的突变株往往失去了形成芽孢的能力，而芽孢形成的受阻有利于 β - 淀粉酶的形成。筛选对金属离子有抗性或对有丝分裂抑制剂有抗性的突变株，也被用于筛选细胞代谢调节发生改变利于代谢物高产的菌株。例如，重金属离子、羟胺类物质对 β - 内酰胺类抗生素生产菌有毒，但与抗生素相结合可解毒。选择此类毒性物质进行培养，使其恰好能抑制 β - 内酰胺类抗生素生产菌的生长，那么，在此条件下能生长的菌株，即为 β - 内酰胺类抗生素过量产生的突变株。有研究报道从重金属离子的抗性突变株中选育到头孢霉素

C 的高产菌株。

5. 选育条件突变株

在正常条件下能表现野生型菌株的特性，而在某些条件下功能异常，表现出突变型表型的突变被称为条件突变，多数为条件致死突变。其中最常见的是温度敏感型突变，常被用于提高代谢产物的产量。温度敏感型突变株是指在许可的温度下（例如 35°C）能够生长，而在限制性温度下（例如 39°C）不能生长或者表现出突变型表型的条件突变株。这是由于突变后某一酶蛋白的结构发生改变，在高温条件下活力丧失。如果此酶为氨基酸、核苷酸合成途径上的酶，则此突变株在高温条件下的表型就是营养缺陷型。

诱变处理乳糖发酵短杆菌（*Brevibacterium Lactofermentum*）得到的温度敏感突变株，在 30°C 生长良好，在 32°C 生长微弱。但突变株在 32°C 时能在富含生物素的培养基中积累谷氨酸，而野生型菌株谷氨酸合成却受生物素的反馈抑制。在富含生物素的天然培养基中进行发酵时，可先在 30°C 进行培养以得到大量菌体，适当时间后提高温度，就能获得谷氨酸的过量生产。

6. 筛选营养缺陷型的回复突变株

营养缺陷型的回复突变株亦可用来提高代谢产物的过量产生。例如，对蜡状芽孢杆菌的营养缺陷型进行诱变处理，从回复突变株中筛选到蛋白酶高产的菌株；从生绿链霉菌（*Streptomyces viridifaciens*）的营养缺陷型回复突变株中得到金霉素高产菌株等。目前对相关机制尚缺少深入研究。

7. 防止回复突变的产生

经诱变产生的高产菌株在生产过程中易发生回复突变，使生产不稳定。为了防止回复突变的产生，在发酵调控和菌株选育时常采取的策略有：利用双重营养缺陷型发生回复突变的几率较小的特点，选育遗传性较稳定的双重营养缺陷型菌株；如筛选得到的是抗结构类似物的高产菌株，可在培养液中加入适量的结构类似物，以防止回复突变株的增殖；或者利用高产菌株和回复突变株对抗生素敏感性的不同，加适量抗生素防止回复株增殖等。

（二）基因工程菌的构建

随着分子生物学的快速发展，人们已经可以直接利用基因重组技术，对发酵生产菌株进行人为改造，从而改变代谢途径中的物质流向，或者扩展代谢途径，甚至转移或者构建新的代谢途径，大大提高了发酵产品的产率。

用基因工程技术提高目标产物产量的方法很多，在实际应用中也有很多成功的范例。一般来讲，在处于正常生理状态下的细胞内，对于某一特定代谢产物的生物合成途径而言，其代谢流变化规律是恒定的。要增加目的产物的积累，可以从以下几个方面入手。

1. 增加代谢途径中限速酶编码基因的拷贝数

通过基因扩增的方法增加限速酶编码基因的拷贝数，在宿主中表达以实现目的产物产率的提高。首先，必须确定代谢途径中的限速反应及其关键酶。然后，通过酶切或 PCR 等手段获得限速酶的编码基因片段，并克隆在高拷贝数的载体上，再导入宿主中表达。这一策略并没有改变代谢途径的组成和流向，只是增加了关键酶基因的拷贝数，通过提高胞内酶分子的浓度来提高限速步骤的生化反应速率，进而导致终产物产量的增加。但是，有些时候增加限速酶表达量并不能有效提高终产物产量。因为代谢途径位于代谢网络中，限速反应流量的改变也许会对整个代谢网络造成影响，而不能特异性地提高目的产物的产量，甚至可能使得目的代谢产物的产量降低。因而，通过控制整个代谢途径中酶活力于一定水平来增加所需要的代谢流量，而保持代谢网络中其他代谢流量不变，往往更加有效。

2. 强化启动子引导的关键基因的表达

在关键酶编码基因拷贝数不变的情况下，可以通过使用强启动子来提高关键基因的表达效率，进而实现目的产物产率的上升。在此情况下，重组质粒在受体细胞中的拷贝数并未增加，强启动子只是高效率地促进结构基因的转录，以合成更多的 mRNA，并翻译出更多的关键酶分子。例如在混旋肉碱的生物转化过程中，将来自大肠杆菌的 *caiDE* 基因克隆到 pSP72 质粒 T7 启动子的下游，构建出的工程菌株可合成超过野生型菌株数百倍的转化酶，从而大大加快了 D－肉碱转化为 L－肉碱的速度。

3. 提高目标途径激活因子的合成速率

激活因子是生物体内基因表达的开关，它的存在和参与往往能触发相关基因的转录，因此，通过代谢工程方法提高目标途径激活因子的合成速率，从理论上讲能促进目标途径关键酶基因的表达。例如：在产多诺红霉素的波赛链霉菌（*Streptomyces peucetius*）中，过量表达抗生素合成激活因子——*dnrI* 基因产物，有利于多诺红霉素的大量积累；在灰色链霉菌（*Streptomyces griseus*）中，基因表达顺式元件激活因子 StrR 的存在，可以大幅度提高链霉素生物合成途径中链霉胍合成关键酶 StrBr 的表达。

4. 解除目标途径抑制因子的作用

通过阻断代谢途径中具有反馈抑制或反馈阻遏作用的某些因子的表达，或者对它们所作用的 DNA 靶位点（如操纵序列）进行改造，可以解除其对代谢途径的反馈抑制或反馈阻遏作用，提高目标途径的代谢流。

5. 阻断与目标途径相竞争的代谢途径

细胞内各相关途径的偶联是代谢网络的存在形式，任何目标途径必定会与多个相关途径共享同一种底物分子和能量物。因此，在不影响细胞基本状态的前提下，通过阻断或者降低竞争途径的代谢流，使更多的底物和能量进入目标途径，对目标产物的提高非常有益。但是这种操作容易导致代谢网络综合平衡的破坏，在实际应用中要加以注意。

6. 改变分支代谢途径流向

提高代谢分支点某一分支代谢途径的酶活力，使其在与另外的分支代谢途径的竞争中占据优势，就可以提高目的代谢产物产量。赖氨酸工程菌的构建是改变分支代谢途径流向的一个典型例子。高丝氨酸脱氢酶缺陷突变株（Hom⁻）由于缺乏催化天冬氨酸半醛转化为高丝氨酸的高丝氨酸脱氢酶，因此丧失了合成高丝氨酸的能力（图 5－25），从而使分支代谢流流向赖氨酸分支，通过过表达赖氨酸支路上的相关酶基因（如二氢吡啶－2，6－二羧酸合成酶基因），所得工程菌可以积累大量赖氨酸。相反，如果过表达高丝氨酸脱氢酶的编码基因，则代谢流将明显转向甲硫氨酸和苏氨酸的合成支路。

7. 构建代谢旁路

高密度培养技术是发酵工程的研究热点之一。为实现大肠杆菌工程菌的高密度培养，必须阻断或降低对细胞生长有抑制作用的有毒物质的产生。当大肠杆菌糖代谢末端产物乙酸达到一定浓度后，便会明显造成细胞生长受到抑制。应用代谢工程的方法，将枯草芽孢杆菌的乙酰乳酸合成酶基因克隆到大肠杆菌中，构建新的代谢支路，结果可明显改变细胞糖代谢流，使乙酸处于较低水平，从而实现大肠杆菌工程菌的高密度培养。

8. 改变能量代谢途径

改变能量代谢途径或电子传递系统也可以有效改变代谢流。例如，将血红蛋白基因导入大肠杆菌或链霉菌中，在限氧条件下不仅可以提高宿主细胞的生长速率，还可以促进蛋白质和抗生素合成。在这个策略中，血红蛋白并不直接作用于生物合成途径，而是在限氧条件下提高了 ATP 的产生效率。将血红蛋白基因克隆到酿酒酵母中，血红蛋白的存在活跃了酵母细胞的呼吸链，间接影响到线粒体的乙醛歧化途径。由于该途径产生的乙醇占总量的三分之一，所以可明显提高乙醇产量。

三、控制细胞膜的渗透性

除了直接对代谢途径进行调控以外，还可以通过控制细胞膜的渗透性实现代谢控制发酵。通过控制细胞膜的渗透性，可以使胞内的代谢产物迅速渗漏而被除去，从而解除末端产物的反馈抑制。

（一）生理学手段

利用生物化学的方法，直接抑制膜的合成或使膜受损。如在谷氨酸发酵过程中，添加生物素能够引起膜透性下降，若把生物素的浓度控制在亚适量（不引起反馈抑制）就可以大量分泌谷氨酸。

（二）细胞膜组分缺失突变株

通过诱变或者基因工程的方法，获得细胞膜组分缺失突变株，也可以实现改变细胞膜渗透性的目的。如在发酵生产中使用甘油缺陷型、生物素缺陷型或油酸缺陷型的生产菌株，通过控制甘油、生物素或油酸的浓度就可以控制细胞膜的合成，从而控制细胞膜的渗透性，使胞内代谢产物外漏，缓解反馈抑制或阻遏作用。

第六章　发酵工程动力学

发酵工程动力学是生化反应工程的基础内容之一，以研究发酵过程的反应速率和环境因素对速率的影响为主要内容。通过发酵动力学的研究，可进一步了解微生物的生理特征、菌体生长和产物形成的合适条件，以及各种发酵参数之间的关系，为发酵过程的工艺控制、发酵罐的设计放大和用计算机对发酵过程进行控制创造条件。

在发酵中同时存在着菌体生长和产物形成两个过程，它们都需要消耗培养基中的基质，因此有各自的动力学表达式，但它们之间是有相互联系的，都是以微生物生长动力学为基础。所谓微生物生长动力学是以研究菌体浓度、限制性基质（培养基中含量最少的基质，其他组分都是过量的）浓度、抑制剂浓度、温度和 pH 等对菌体生长速率的影响为内容的。而发酵动力学则研究微生物生长、产物合成和底物消耗之间的动态定量关系，定量描述微生物生长和产物形成的过程，除了微生物生长动力学以外还包括产物生成动力学和基质消耗动力学。其研究的重要方法是使用数学模型定量地描述发酵过程中关键因素的变化，从而为发酵过程的工艺设计和管理控制提供理论基础。

因为迄今对发酵的认识还很不完全，发酵动力学的研究具有复杂性和不完全性。为使研究具有一定的可行性和实用性，对发酵过程通常要进行以下简化处理：

（1）反应器内完全混合，即任何区域的温度、pH、物质浓度等变量完全一致。

（2）温度、pH 等环境条件能够稳定控制，从而使动力学参数也保持相对稳定。

（3）细胞固有的化学组成不随发酵时间和某些发酵条件的变化而发生明显变化。

（4）各种描述发酵动态的变量对发酵条件变化的反应无明显滞后。

实验证明，上述假设与实际过程的偏差造成的影响并不十分严重，从而使发酵动力学的研究具有一定的可信度。

发酵动力学主要采用宏观处理法和质量平衡法进行研究。所谓宏观处理法，是把细胞看成一个均匀分布的物体，不管微观反应机制，只考虑各个宏观变量之间的关系，这样得出的动力学模型称为非结构模型。而质量平衡法是根据物质平衡，对微生物反应过程进行计量。

研究发酵动力学的通常步骤：

（1）获得发酵过程中能够反映发酵过程变化的多种理化参数。

（2）寻求发酵过程变化的多种理化参数与微生物发酵代谢规律之间的相互关系。

（3）建立多种数学模型，描述多种理化参数随时间变化的关系。

（4）利用计算机的程序控制，反复验证多种数学模型的可行性和适用范围。

微生物发酵动力学的研究与发酵的种类、方式密切相关。根据微生物对氧的需求不同，可分为好氧发酵、厌氧发酵、兼性好氧发酵。好氧发酵法又可以分为液体表面培养发酵、在多孔或颗粒状固体培养基表面发酵和通氧式液体深层发酵。厌氧发酵采用不通氧的深层发酵。液体深层培养是在有一定径高比的圆柱形发酵罐内完成的，根据其操作方法可分为分批发酵、分批补料发酵和连续发酵等。本章主要介绍这几种发酵方式的动力学研究内容及应用。

第一节 分批发酵动力学

一、分批发酵的不同阶段

分批发酵是指在一个密闭系统内投入有限数量的营养物质后，接入少量的微生物菌种进行培养，使微生物生长繁殖，在特定的条件下只完成一个生长周期的微生物培养方法。该法在发酵开始时，将微生物菌种接入已灭菌的培养基中，在微生物最适宜的培养条件下进行培养，在整个培养过程中，除氧气的供给、发酵尾气的排出、消泡剂的添加和控制pH需加入酸或碱外，整个培养系统与外界没有其他物质的交换。分批培养过程中随着培养基中营养物质的不断减少，微生物生长的环境条件也随之不断变化，因此，微生物分批发酵是一种非稳态的培养方法。

在分批发酵过程中，随着微生物生长和繁殖，细胞量、底物、代谢产物的浓度等均不断发生变化。微生物的生长可分为迟滞期、对数期、稳定期和衰亡期四个阶段，图6-1所示为典型的细菌生长曲线。微生物细胞生长的迟滞期、对数期、稳定期和衰亡期的时间长短取决于微生物的种类和所用的培养基。表6-1所示为细菌细胞在分批发酵过程中各个生长阶段的细胞特征。处于不同生长阶段的细胞成分也有很大的差异，图6-2所示为不同生长阶段细胞成分的变化曲线。

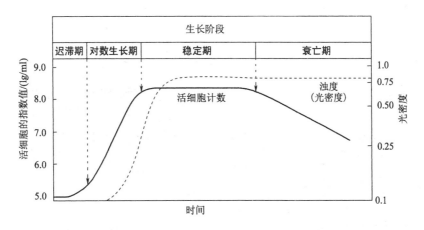

图6-1 分批发酵过程中典型的细菌生长曲线

1. 迟滞期

迟滞期是微生物细胞适应新环境的过程。此时，微生物细胞从一个培养基被转移至另外一个培养基中，细胞需要有一个适应过程，在该过程中，系统的微生物细胞数量并没有增加，处于一个相对的停止生长的状态。但细胞内却在诱导产生新的营养物质运输系统，

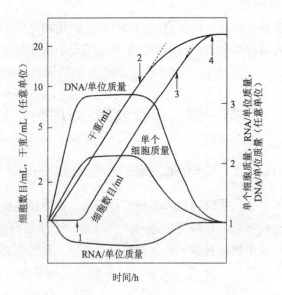

图6-2 不同生长阶段细胞成分的变化曲线

1—迟滞期 2—对数生长期 3—稳定期 4—衰亡期

表6-1 细菌在分批发酵过程中的各个生长阶段的细胞特征

生长阶段	细 胞 特 征
迟滞期	微生物适应新环境，代谢加速，细胞个体增大，合成新的酶，积累必要的中间产物。细胞数目很少增加。在迟滞期，微生物对外界不良环境敏感。如果接种的是老龄或饥饿的菌种，或者是新鲜培养基营养不丰富或与原有环境相比培养基成分有较大改变时，迟滞期会延长
对数生长期	细胞代谢旺盛，比生长速率常数最大，细胞数目呈指数级增加。此时期的菌种比较健壮
稳定期	随着营养物质的消耗和产物的积累，微生物的生长速率下降并等于死亡速率，发酵体系中活菌的数目达到最高值并基本稳定
衰亡期	因菌体本身产生的酶及代谢产物的作用，菌体发生死亡、自溶等

可能有一些基本的辅助因子会扩散到细胞外，同时参与初级代谢的酶类再调节状态以适应新的环境。

实际上，接种物的生理状态和浓度是迟滞期长短的关键。如果接种物处于对数期，那么就很有可能不存在迟滞期，微生物细胞立即开始生长。反过来，如果接种物本身已经停止生长，那么微生物细胞就需要有更长的迟滞期，以适应新的环境。

2. 对数期

处于对数期的微生物细胞的生长速率大大加快，单位时间内细胞的数目或质量的增加维持恒定，并达到最大值。如在半对数纸上用细胞数目或质量的对数值对培养时间作图，将可得到一条直线，该直线的斜率就等于比生长速率 μ。

$$\mu = \frac{1}{X} \cdot \frac{\mathrm{d}X}{\mathrm{d}t} = \frac{\mathrm{d}\ln X}{\mathrm{d}t} \qquad (6-1)$$

式中 X——菌体浓度，g/L

$\dfrac{\mathrm{d}X}{\mathrm{d}t}$ ——单位时间菌体浓度的变化量，g/（L·h）

如果当 $t=0$ 时，细胞的浓度为 X_0，上式积分后就为：

$$\ln\frac{X}{X_0}=\mu t \qquad\qquad (6-2)$$

微生物的生长有时也可用"倍增时间"（t_d）表示，定义为微生物细胞浓度增加一倍所需要的时间，即

$$t_d=\frac{\ln 2}{\mu}=\frac{0.693}{\mu} \qquad\qquad (6-3)$$

微生物细胞比生长速率和倍增时间因受遗传特性及生长条件的控制，有很大的差异。表6-2 所示为几种不同的微生物受培养基和碳源综合影响时的比生长速率和倍增时间。应该指出的是，并不是所有微生物的生长速率都符合上述方程。如当用碳氢化合物作为微生物的营养物质时，营养物质从油滴表面扩散的速度会引起对生长的限制，使生长速率不符合对数规律。某些丝状微生物的生长方式是顶端生长，营养物质在细胞内的扩散限制也使其生长曲线偏离上述规律。

表6-2　　　　　　　　　　微生物的比生长速率和倍增时间

微生物	碳　　源	比生长速率/h^{-1}	倍增时间/min
大肠杆菌	复合物	1.2	35
（Escherichia coli）	葡萄糖 + 无机盐	2.82	15
	醋酸 + 无机盐	3.52	12
	琥珀酸 + 无机盐	0.14	300
中型假丝酵母	葡萄糖 + 维生素 + 无机盐	0.35	120
（Candida intermedia）	葡萄糖 + 无机盐	1.23	34
	C_6H_{14} + 维生素 + 无机盐	0.13	320
地衣芽孢杆菌	葡萄糖 + 水解酪蛋白	1.2	35
（Bacillus Licheniformis）	葡萄糖 + 无机盐	0.69	60
	谷氨酸 + 无机盐	0.35	120

3. 稳定期

在微生物的培养过程中，随着培养基中营养物质的消耗和代谢产物的积累或释放，微生物的生长速率也随之下降，直至停止生长。当所有微生物细胞分裂或细胞增加的速率与死亡的速率相当时，微生物的数量就达到平衡，微生物的生长也就进入了稳定期。在微生物生长的稳定期，总的细胞质量基本维持稳定，但活细胞的数量可能下降。

由于细胞的自溶作用，一些新的营养物质，诸如细胞内的一些糖类、蛋白质等被释放出来，又作为细胞的营养物质，从而使存活的细胞继续缓慢地生长，出现通常所称的二次或隐性生长。

4. 衰亡期

当发酵过程处于衰亡期时，微生物细胞内所储存的能量已经基本耗尽，细胞开始在自

身所含的酶的作用下自溶死亡。衰亡期比其他各时期时间长，它的长短也与菌种和环境条件有关。

二、微生物分批发酵的生长动力学方程

分批发酵过程中，虽然培养基中的营养物质随时间的变化而变化，但通常在特定条件下，其比生长速率往往是恒定的。

1. 微生物生长动力学

微生物生长动力学研究微生物生长过程的速率及其影响速率的各种因素，从而获得相关信息。微生物生长动力学可反映细胞适应环境变化的能力。微生物的比生长速率是研究微生物生长动力学的重要参数。

单位质量的细胞在单位时间内所增加的细胞质量被称为比生长速率，用 μ 表示。比生长速率可以表示为菌体繁殖速率与培养基中菌体浓度之比，它与微生物的生命活动相关。比生长速率 μ 的定义式为：

$$\mu = \frac{1}{X} \cdot \frac{\mathrm{d}X}{\mathrm{d}t} \tag{6-4}$$

式中　X——菌体浓度，g/L

$\dfrac{\mathrm{d}X}{\mathrm{d}t}$ ——单位时间菌体浓度的变化量，g／（L·h）

在对数生长期，$\mu t = \ln \dfrac{X}{X_0}$，$\mu$ 是一个常数。

自 20 世纪 40 年代至今，微生物生理学者和生物化学工程学者提出了许多关于微生物生长的动力学模型。这些生长模型根据 Tsuchiya 理论可分为：

（1）确定论的非结构模型　是一种理想状况，不考虑细胞内部结构，每个细胞之间无差别。

（2）确定论的结构模型　每个细胞之间无差别，细胞内部有多个组分存在。

（3）概率论的非结构模型　不考虑细胞内部结构，每个细胞之间有差别。

（4）概率论的结构模型　考虑细胞内部结构，每个细胞之间有差别。

从工程角度看，理想的微生物生长模型应具备下列四个条件：

（1）要明确建立模型的目的。

（2）明确地给出建立模型的假定条件，这样才能明确模型的适用范围。

（3）希望所含有的参数能够通过实验逐个确定。

（4）模型应尽可能简单。

微生物生长动力学可由很多模型来进行描述，其中 Monod 及 Logistic 方程最为简单和常用。Monod 方程主要用来描述非抑制性单一底物限制情形下的细胞生长。事实上，在间歇发酵过程中，随着培养的进行，菌体浓度的增加对其自身生长也会产生抑制作用，此时细胞的生长可以用 Logistic 方程较好地进行描述。确定论的非结构模型——Monod 方程是研究分批发酵过程中微生物生长动力学最常用和最基础的方法。Monod 方程是 1942 年由

J. Monod 提出的有关生长动力学的一个经验表达式，其基本假设如下：

（1）细胞的生长为均衡式生长，因此描述细胞生长的唯一变量是细胞的浓度；

（2）在微生物的生长中，培养基中只有一种物质的浓度会影响其生长速率。这种物质被称为限制性基质，而其他组分不影响细胞的生长；

（3）细胞的生长视为简单的单一反应，细胞得率为一常数。

Monod 方程的定义式为：

$$\mu = \frac{\mu_{\max} S}{K_S + S} \tag{6-5}$$

式中　μ——某一微生物的比生长速率，h^{-1}

　　　$\mu_{\max}$——最大比生长速率，h^{-1}；是限制性营养物质浓度过量时的比生长速度

　　　S——培养基中限制性基质的浓度，g/L

　　　K_S——称作饱和常数的系统常数，g/L；其值为此系统可达到的最大比生长速率值的半数（即 $\frac{1}{2}\mu_{\max}$ 值）。

K_S 的大小表示了微生物对营养物质的吸收亲和力大小。K_S 越大，表示微生物对营养物质的吸收亲和力越小；反之就越大。对于许多微生物来说，K_S 值是很小的，一般为 0.1～120mg/L 或 0.01～3.0mmol/L，这表示微生物对营养物质有较高的吸收亲和力。微生物生长的最大比生长速率 $\mu_{\max}$ 在工业生产上有很大的意义，$\mu_{\max}$ 随微生物的种类和培养条件的不同而不同，通常为 0.09～0.65 h^{-1}。一般来说，细菌的 $\mu_{\max}$ 大于真菌。而就同一细菌而言，培养温度升高，$\mu_{\max}$ 增大；营养物质的改变，$\mu_{\max}$ 也要发生变化。通常容易被微生物利用的营养物质，其 $\mu_{\max}$ 较大；随着营养物质碳链的逐渐加长，$\mu_{\max}$ 则逐渐变小。

Monod 方程可反映某一微生物在限制性基质浓度变化时的比生长速率的变化规律。根据 Monod 方程，微生物比生长速率和限制性基质浓度的关系如图 6-3 所示。

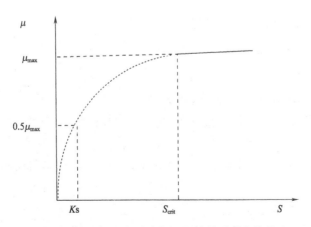

图 6-3　细胞比生长速率和限制性基质浓度的关系

（临界基质浓度是指达到 $\mu_{\max}$ 的最低基质浓度 S_{crit}）

Monod 方程虽然表述简单，但它不足以完整地说明复杂的生化反应过程，并且已发现它在某些情况下与实验结果不符，因此人们又提出了另外一些方程加以说明，如 1942 年

提出的 Tessier 方程式，1959 年提出的 Contois 方程式，1958 年提出的 Moser 方程式，以及 Pewell 方程式、Blackman 方程式、Dabes 方程式和 Kono 方程式等。

2. 产物生成动力学

发酵产物是非常多样的，其动力学远比菌体生长动力学复杂，不可能得到一个统一的像 Monod 模型那样的产物生成动力学。

Gaden 根据产物生成速率与菌体生成速率之间的关系，将其分成三种类型（图 6-4）。

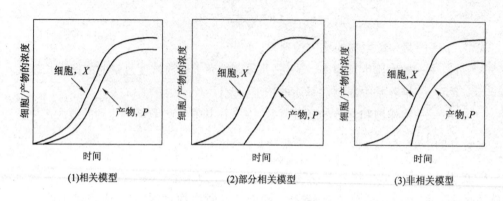

图 6-4　细胞生长速率和产物形成的关系

X—菌体浓度　P—产物浓度

（1）相关模型（Growth associated product formation）［图 6-4（1）］　或称为"伴随生长的产物形成模型"，此模型中产物生成与菌体生长呈相关的过程，即：

$$\frac{dP}{dt} = \beta \frac{dX}{dt} \quad 或: \ \pi = \beta\mu \tag{6-6}$$

式中　$\dfrac{dP}{dt}$——单位时间产物浓度的变化量，g/（L·h）

$\dfrac{dX}{dt}$——单位时间菌体浓度的变化量，g/（L·h）

β——产物形成系数

π——产物比生成速率，h^{-1}

μ——微生物比生长速率，h^{-1}

此模型中，产物的生成直接与基质（糖类）的消耗有关，这是一种产物合成与基质利用有化学计量关系的发酵（如：酒精发酵 $C_6H_{12}O_6 \rightarrow 2C_2H_5OH + 2CO_2$），糖提供了生长所需的能量。糖耗速度与产物合成速度的变化是平行的，如利用酵母菌的酒精发酵和酵母菌的好气生长。在厌氧条件下，酵母菌生长和产物合成是平行的过程；在通气条件下培养酵母时，底物消耗的速度和菌体细胞合成的速度是平行的。这种形式也称做有生长联系的培养。这类模型的产物大多是基质分解代谢产物，如乙醇、乳酸等。

（2）部分相关模型（Mixed mode product formation）［图 6-4（2）］　或称为"不完全伴随生长的产物形成模型"，此模型中产物生成与菌体生长仅有间接的关系，即：

$$\frac{dP}{dt} = \alpha X + \beta \frac{dX}{dt} \quad 或: \ \pi = \alpha + \beta\mu \tag{6-7}$$

式中　$\dfrac{dP}{dt}$——单位时间产物浓度的变化量，g／（L·h）

　　　$\dfrac{dX}{dt}$——单位时间菌体浓度的变化量，g／（L·h）

　　　α——非生长相关系数

　　　X——菌体浓度，g/L

　　　β——产物形成系数

　　　π——产物比生成速率，h^{-1}

　　　μ——微生物比生长速率，h^{-1}

此模型中，产物的生成间接与基质（糖类）的消耗有关，例如柠檬酸、谷氨酸发酵等。即微生物生长和产物合成是分开的，糖既满足细胞生长所需能量，又作为产物合成的碳源。但在发酵过程中有两个时期对糖的利用最为迅速，一个是最高生长时期，另一个是产物合成最高的时期。例如，在用黑曲霉生产柠檬酸的过程中，发酵早期糖被用于满足菌体生长，直到其他营养成分耗尽为止，然后代谢进入使柠檬酸积累的阶段，产物积累的数量与利用糖的数量有关，这一过程仅得到少量的能量。

（3）非相关模型（Non - growth associated product formation）［图6 - 4（3）］　　或称为"不伴随生长的产物形成模型"，此模型中产物生成速率与菌体生长无关，即：

$$\frac{dP}{dt} = \alpha X \quad 或：\pi = \alpha \tag{6-8}$$

式中　$\dfrac{dP}{dt}$——单位时间产物浓度的变化量，g／（L·h）

　　　α——非生长相关系数

　　　X——菌体浓度，g/L

　　　π——产物比生成速率，h^{-1}

属于这类模型的大多为次级代谢产物，如青霉素、谷氨酸等。产物的生成显然与基质（糖类）的消耗无关，其特征是产物合成与利用碳源无准量关系，产物合成在菌体生长停止时才开始。

以上三种型式可统一表示为：$\dfrac{dP}{dt} = \alpha X + \beta \dfrac{dX}{dt}$或$\pi = \alpha + \beta\mu$。$\alpha = 0$，$\beta \neq 0$ 为相关模型；$\alpha \neq 0$，$\beta = 0$ 为非相关模型；$\alpha \neq 0$ 且 $\beta \neq 0$ 为部分相关模型。

3. 基质消耗动力学

在细胞反应过程中，基质主要有三个作用：合成新的细胞物质、合成胞外物质和提供能量。根据碳源衡算，有

$$-\frac{dS}{dt} = mX + \frac{1}{Y_G} \cdot \frac{dX}{dt} + \frac{1}{Y_P} \frac{dP}{dt} \tag{6-9}$$

式中　$-\dfrac{dS}{dt}$——单位时间基质浓度的变化量

　　　m——维持系数，即单位菌体、单位时间内用于菌体维持生命活动的基质量

　　　X——菌体浓度

$\dfrac{1}{Y_{\mathrm{G}}}$——单纯用于合成单位菌体所消耗的基质量

$\dfrac{\mathrm{d}X}{\mathrm{d}t}$——单位时间菌体浓度的变化量

$\dfrac{1}{Y_{P}}$——单纯用于合成单位产物所消耗的基质量

$\dfrac{\mathrm{d}P}{\mathrm{d}t}$——单位时间产物浓度的变化量

或：
$$\gamma = m + \frac{\mu}{Y_{\mathrm{G}}} + \frac{\pi}{Y_{P}} \tag{6-10}$$

式中　γ——基质比消耗速率，h^{-1}

　　　μ——微生物比生长速率，h^{-1}

　　　π——产物比生成速率，h^{-1}

上式反映了基质消耗与菌体生长及产物生成之间的关系。因此，当生长动力学模型和产物生成动力学模型确定后，基质消耗动力学模型即可确定。

第二节　补料分批发酵动力学

Yoshida 等（1973 年）首先发展了补料分批培养，即在分批培养过程中间歇或连续地补加新鲜培养基，而不从发酵体系中排出发酵液，使发酵液的体积随着发酵时间逐渐增加。补料分批培养又称半连续培养或半连续发酵，是介于分批培养过程与连续培养过程之间的一种过渡培养方式。目前，补料分批发酵已在发酵工业上普遍用于氨基酸、抗生素、维生素、酶制剂、单细胞蛋白、有机酸以及有机溶剂等的生产过程。

一、补料分批发酵的类型

由于目前补料分批发酵的类型很多，分类比较混乱，还没有统一的分类方法。就补料的方式而言，有连续补料、不连续补料和多次周期性补料；每次补料又可分为快速补料、恒速补料、指数速度补料和变速补料；按生物反应器中发酵体积区分，又有变体积和恒体积之分；从生物反应器数目分类又有单级和多级之分；从补加的培养基成分来区分，又可分为单一组分补料和多组分补料。发酵过程中不同的补料方法对细胞密度、生长速率及生产率均有影响，情况如表 6-3 所示。

表6-3　　　　　　　　　　补料方法对细胞密度、生长速率及生产率的影响

微生物	培养基	搅拌通气	补料方式	细胞浓度 /（g/L）	比生长速率 /h⁻¹	生产率 /［g/（L·h）］
大肠杆菌	完全培养基	O_2	补加葡萄糖，提高最低溶氧浓度	26	0.46	2.3
大肠杆菌	完全培养基	O_2	改变加入蔗糖的量，控制最低溶氧浓度	42	0.36	4.7
大肠杆菌	完全培养基	O_2	按比例加入葡萄糖和铵盐，控制 pH	35	0.23	3.9

续表

微生物	培养基	搅拌通气	补　料	细胞浓度 /（g/L）	比生长速率 /h⁻¹	生产率 /［g/（L·h）］
大肠杆菌	完全培养基	O₂	按比例加入葡萄糖和铵盐，控制 pH，低温维持最低溶氧浓度大于10%	47	0.58	3.6
大肠杆菌	完全培养基	O₂	补加碳源，维持恒定的浓度，以适当比例加入盐和铵盐，控制 pH	138	0.55	5.8
大肠杆菌	完全培养基	空气	以恒定的速率（不导致 O₂ 的供应受到限制）补加碳源	43	0.38	0.8
大肠杆菌	完全培养基	空气	补加碳源，限制细胞生长，避免乙酸产生	65	0.10 ~ 0.14	1.3
大肠杆菌	完全培养基	空气	补加碳源，控制细胞生长	80	0.2 ~ 1.3	6.2

二、补料分批发酵的动力学

设系统内的培养液体积 V、微生物浓度 X 以及营养物浓度 S 等均随时间变化，稀释率 D 也将按下式减少：

$$D = \frac{F}{V_0 + Ft} \tag{6-11}$$

式中　V_0——原有发酵液体积，L

F——营养物补入速率，L/h

t——补料时间，h

所以，分批补料操作是一个不稳定的过程。分批补料操作的另一个特点是——营养物的补入速率不一定是恒速。分批补料操作的优点是能够人为地控制流加底物在培养液中的浓度。分批操作中一次加入的底物在分批补料操作中逐渐流加，因而可根据流加底物的流量及其被微生物的利用率来确定流加量。

如果建立物料衡算式，微生物菌体浓度变化可表示为：

$$\frac{dV_S}{dt} = FX_0 + r_X V \tag{6-12}$$

而营养物浓度的变化可表述为：

$$\frac{dV_S}{dt} = FS_0 - r_S V \tag{6-13}$$

式中

$$r_X = \mu X, \ r_S = \frac{r_X}{Y_{X/S}} \tag{6-14}$$

总物料浓度的变化可表述为：

$$\frac{dV}{dt} = F \tag{6-15}$$

这里的 F 可以是时间的函数 $F(t)$。

在 $X_0 = 0$ 的情况下，式（6-12）可写成：

$$\frac{d(V_X)}{dt} = \frac{dV}{dt}X + \frac{dX}{dt}V = \mu_X V \tag{6-16}$$

合并式（6-15）和式（6-16），可得：

$$\frac{dX}{dt} = -\frac{F}{V}X + \frac{\mu_{max}S}{k_S + S}X \tag{6-17}$$

同样，营养物质的衡算式可简化为：

$$\frac{dS}{dt} = (S_0 - S)\frac{F}{V} - \frac{\mu_{max}S}{k_S + S} \cdot \frac{X}{Y_{X/S}} \tag{6-18}$$

式（6-16）、式（6-17）和式（6-18）均是分批补料操作时的数学模型，如果操作条件下各种动力学参数给定，经解上述微分方程，便可获得罐内 X、S、V、D 等随时间 t 的变化规律。

三、补料分批发酵的优点

补料分批发酵是介于分批发酵和连续发酵之间的一种微生物细胞的培养方式，它兼有两种培养方式的优点，并在某种程度上克服了它们所存在的缺点。表6-4所示为补料分批发酵的一些优点。

表6-4　　　　　　　　　　　**补料分批发酵的一些优点**

与分批培养方式比较	与连续培养方式比较
1. 可以解除培养过程中的底物抑制、产物的反馈抑制和葡萄糖的分解阻遏效应	1. 不需要严格的无菌条件
2. 对于耗氧过程，可以避免在分批培养过程中因一次性投糖过多造成的细胞大量生长、耗氧过多以至通风搅拌设备不能匹配的状况；在某种程度上可减少微生物细胞的生成量，提高目的产物的转化率	2. 不会产生微生物菌种的老化和变异
3. 微生物细胞可以被控制在一系列连续的过滤态阶段，可用来控制细胞的质量；并可重复某个时期细胞培养的过滤态，可用于理论研究	3. 最终产物浓度较高，有利于产物的分离
	4. 使用范围广

第三节　连续发酵动力学

连续发酵是指以一定的速度向培养系统内添加新鲜的培养基，同时以相同的速度流出培养液，从而使培养系统内培养液的量维持恒定，使微生物细胞能在近似恒定状态下生长的微生物发酵培养方式。连续培养又称连续发酵，它与封闭系统中的分批培养方式相反，是在开放的系统中进行的培养方式。连续发酵大大提高了发酵的生产效率和设备利用率，可达到稳定、高速培养微生物细胞或产生大量代谢产物的目的。连续发酵过程通常又分为单级和多级连续发酵。本节以单级连续发酵为例介绍连续发酵动力学的计量方法。

一、微生物生成动力学

为了描述恒定状态下恒化器的特性，必须求出细胞和限制性营养物浓度与培养基流速之间关系的方程。利用物料平衡，很容易建立有关的方程。对微生物细胞的衡算，可按下式进行：

流入的细胞 − 流出的细胞 + 生长的细胞 − 死去的细胞 = 积累的细胞

如果流出的细胞不回流，则流入细胞项为 0。由于连续培养过程可控制细胞不进入死亡期，死亡细胞可忽略不计，故可用式（6 − 19）来描述。

$$\frac{\mathrm{d}X}{\mathrm{d}t} = \mu X - DX \qquad (6-19)$$

当连续发酵达到稳态时，细胞浓度是个常数，即此时 $\frac{\mathrm{d}X}{\mathrm{d}t} = 0$，根据式（6 − 19），

$$\mu X = DX, \ \mu = D$$

这说明，当连续发酵达到稳态时，比生长速率等于稀释率，即比生长速率受到稀释率的控制。

二、限制性营养物消耗动力学

与微生物生成过程中的物料衡算类似，经过一段时间的培养后，生长限制性底物残留浓度的变化可描述为：

底物残留浓度的变化 = 流入的底物量 − 排出的底物量 − 细胞消耗的底物量

用公式可描述如下：

$$\frac{\mathrm{d}S}{\mathrm{d}t} = DS_{\mathrm{in}} - DS_{\mathrm{out}} - \frac{1}{Y_{\mathrm{X/S}}} \times \frac{\mathrm{d}X}{\mathrm{d}t} \qquad (6-20)$$

式中　S——底物浓度

　　　S_{in}——流入底物的量

　　　S_{out}——排出底物的量

　　　$Y_{\mathrm{X/S}}$——底物转化为细胞的得率

因为 $\frac{\mathrm{d}X}{\mathrm{d}t} = \mu X$，所以式（6 − 20）可变为：

$$\frac{\mathrm{d}S}{\mathrm{d}t} = DS_{\mathrm{in}} - DS_{\mathrm{out}} - \frac{\mu X}{Y_{\mathrm{X/S}}} \qquad (6-21)$$

当连续发酵达到稳态时，即恒化培养，$\frac{\mathrm{d}S}{\mathrm{d}t} = 0$，那么（6 − 21）可变为：

$$DS_{\mathrm{in}} - DS_{\mathrm{out}} = \frac{\mu X}{Y_{\mathrm{X/S}}} \qquad (6-22)$$

又因为此时 $\mu = D$，所以，式（6 − 22）可变为：

$$DS_{\mathrm{in}} - DS_{\mathrm{out}} = \frac{DX}{Y_{\mathrm{X/S}}},$$

简化为

$$X = Y_{\mathrm{X/S}} \ (S_{\mathrm{in}} - S_{\mathrm{out}}) \qquad (6-23)$$

可以看出，稀释率 D 可以控制比生长速率 μ。细胞的生长可导致底物的消耗，直至底物的浓度足以支持比生长速率与稀释率相等时为止。如果底物被消耗到低于支持适当的比生长速率的浓度，细胞洗出量大于所能产生的新细胞量时，则底物由于菌体消耗浓度减少而增加，并使比生长速率上升而恢复平衡，这是系统的自身平衡。

连续发酵和分批发酵比较，具有以下优点：①可以维持稳定的操作条件，从而使产率和产品质量也相应保持稳定；②能够更有效地实现机械化和自动化，降低劳动强度；③减少设备清洗、准备和灭菌等非生产占用时间，提高设备利用率，节省劳动力和工时；④由于灭菌次数减少，使测量仪器探头的寿命得以延长；⑤容易对过程进行优化，有效地提高发酵产率。

连续发酵的缺点：①对设备、仪器及控制元件的技术要求较高，从而增加投资成本；②由于是开放系统，加上发酵周期长，容易造成杂菌污染；③在长周期连续发酵中，微生物容易发生变异，生长慢的高产菌株很可能逐渐被生产快的低产变异株取代，从而使产率下降；④黏性丝状菌菌体容易附着在容器壁上生长及在发酵液中结团，给连续发酵操作带来困难。

第七章 发酵工艺控制

微生物发酵过程是以微生物细胞为催化剂的生化反应过程。微生物的代谢会受到各种环境条件的影响，如温度和溶氧浓度，因此，为了最大限度地提高目的产物的发酵水平，需要根据微生物细胞的代谢特点控制发酵条件。好氧微生物在发酵罐中进行繁殖和发酵时都需要大量的氧气。以化学计量学来表示微生物呼吸时，最有代表性的就是葡萄糖的完全氧化：$C_6H_{12}O_6 + 6O_2 \rightarrow 6H_2O + 6CO_2$。也就是说，完全氧化180g的葡萄糖需192g的氧气，但在液体中氧气的溶解度只有葡萄糖的1/6000。因此，好氧发酵中氧的供应是影响发酵生产效率的重要因素，而改善发酵罐的传氧能力和提高发酵过程氧的利用效率就成为生化工程和发酵工程研究人员的研究重点。目前大多数的工业发酵过程都是单一菌种发酵，即纯种培养，在发酵过程中不允许其他微生物存在、生长和繁殖。但是由于生物反应系统中通常含有丰富的营养物质，很容易受杂菌污染，造成生产能力下降、收率降低等，所以发酵过程的无菌操作技术对工业发酵过程至关重要。

第一节 灭菌的方法及其操作控制

在发酵工业中，绝大多数是利用好氧微生物进行纯种培养，要求发酵全过程只能有生产菌，不允许有"杂菌"污染。但是由于培养基中通常都含有营养比较丰富的物质，并且整个环境中存在着大量的各种微生物，因此发酵过程很容易受到杂菌的污染，进而产生各种不良的后果，具体包括：

（1）由于杂菌的污染，使生物反应中的基质和产物损失，造成生产能力的下降。例如，在核苷或核苷酸发酵过程中，由于所用的生产菌种是多种营养缺陷型微生物，其生长能力差，极易受到杂菌的污染。当污染杂菌后，培养基中的营养成分迅速被消耗，严重抑制了生产菌的生长和代谢产物的生成。

（2）由于杂菌会产生一些代谢产物，或在染菌后改变了培养基的某些化学性质，使产物的提取和分离变得困难，造成产品收率降低或质量下降。

（3）由于杂菌的大量繁殖会改变培养基的 pH，从而使生物反应发生异常变化。

（4）杂菌可能会分解产物，使发酵过程失败。例如，在青霉素发酵过程中，由于许多杂菌都能产生青霉素酶，当发酵液污染杂菌后，不管染菌是发生在发酵前期、中期或后期，都会使青霉素迅速分解破坏，使目的产物得率降低。

（5）发生噬菌体污染，微生物细胞被裂解，导致发酵过程失败。

因此，为了保证纯种发酵，在生产菌种接种之前必须要对培养基、空气系统、流加料、发酵罐、管道系统以及所有会与纯培养物接触到的材料和表面进行灭菌处理，同时还要对环境进行消毒，防止杂菌和噬菌体的大量繁殖。

一、灭菌的基本方法和原理

灭菌是指用化学或物理学的方法杀灭或除掉物料及设备中所有有生命的有机体的技术或工艺过程。工业生产中常用的灭菌方法有很多，有过滤除菌、离心分离、静电吸附等机械方法，也有物理法、化学法。其中，物理法有超声波法、紫外线法、X 射线法、热灭菌（包括干热灭菌和湿热灭菌）等；化学法包括杀菌剂添加法等。下面对几种在工业生产中经常使用的灭菌方法做简要介绍。

（1）化学物质灭菌法　许多化学物质，如甲醛、苯酚、高锰酸钾、洁而灭等能够与微生物发生反应而具有杀菌作用，包括使蛋白质变性、酶类失活、破坏细胞膜通透性等。由于这些化学物质也会与培养基中的一些成分发生反应，且加入培养基后易残留在培养基内，因此，化学物质不能用于培养基的灭菌，一般应用于发酵工厂环境的消毒。

（2）辐射灭菌　辐射灭菌是利用紫外线、高能电磁波或放射性物质产生的高能粒子进行灭菌的方法。其中，紫外线最常用，其杀菌机制是因为导致 DNA 胸腺嘧啶间形成胸腺嘧啶二聚体和胞嘧啶水合物，抑制 DNA 正常复制。此外，空气在紫外线辐射下产生的臭氧有一定的杀菌作用，但细菌芽孢和霉菌孢子对紫外线的抵抗能力较强，且紫外线的穿透力差，物料灭菌不彻底，只能用于物体表面、超净台以及培养室等环境的灭菌。

（3）过滤除菌法　过滤除菌法是利用适当的过滤材料（滤材）对液体或气体进行过滤，除去污染的微生物以达到灭菌的要求。此法仅适用于不耐高温的液体培养基组分（如氨水、丙醇等）和空气的过滤除菌。工业上常用过滤法大量制备无菌空气，供好氧微生物的液体深层发酵使用。

（4）火焰灭菌法　利用火焰直接杀死微生物的灭菌方法称为火焰灭菌法。此方法简单，灭菌彻底，但适用范围有限，仅适用于金属小用品，如接种针、接种环、小刀、镊子等以及玻璃三角瓶口等器具的灭菌。

（5）干热灭菌法　最简单的干热灭菌是利用电热或红外线在加热设备内将待灭菌的物品加热到一定程度杀死微生物。由于微生物对干热的耐受力比湿热强得多，干热灭菌所需要的温度高、时间也长，常用的干热灭菌条件为 160～170℃下保温 1～2 h。干热灭菌多用于要求保持干燥的试验器具和材料的灭菌。

（6）湿热灭菌法　湿热灭菌是利用饱和蒸汽直接作用于要被灭菌的物品上，当蒸汽冷凝时，释放大量潜热，并具有强大的穿透能力，在高温和水同时存在时，微生物细胞中的蛋白质、酶以及核酸分子内部的化学键，特别是氢键受到破坏，引起不可逆的变性，造成微生物的死亡。由于湿热灭菌具有操作费用低、本身无毒以及快速等优点，被广泛地应用于工业生产，适用于培养基、发酵罐体、附属设备、管道以及耐高温物品的灭菌。

二、发酵培养基的灭菌

培养基灭菌最基本的要求是杀死培养基中各种微生物，再接入纯培养的菌种以达到纯培养的目的。在发酵工业中，对于大量培养基和发酵设备的灭菌，最有效、最常用的方法是湿热灭菌法。在培养基灭菌过程中，虽然高温能杀死培养基中的杂菌，但同时也会破坏培养基中的营养成分，甚至会产生不利于菌体生长的物质。因此，在工业发酵过程中，既要尽可能地杀死培养基中的杂菌，又要尽可能地减少培养基中营养成分的损失。为此，就必须了解在灭菌过程中温度、时间对微生物死亡和营养成分破坏的关系。

1. 湿热灭菌的基本原理

每一种微生物都有一定的最适生长温度范围。当微生物处于最低温度以下时，代谢作用几乎停止而处于休眠状态。当温度超过最高限度时，微生物细胞中的原生质胶体和酶会发生不可逆的凝固变性，使微生物在很短时间内死亡，加热灭菌即是根据微生物这一特性而进行的。杀死微生物的极限温度称为致死温度。在致死温度下，杀死全部微生物所需的时间称为致死时间；在致死温度以上，温度愈高，致死时间愈短。由于微生物的营养体、芽孢和孢子的结构不同，对热的抵抗能力也不同。一般无芽孢的营养体在60℃下保温10min即可全部杀死，而芽孢在100℃下保温数十分钟乃至数小时才能被杀死。某些嗜热细菌在120℃下，可忍耐20～30min。微生物对热的抵抗能力常用热阻来表示。微生物的热阻是指微生物在某一特定条件（主要是温度和加热方式）下的致死时间。相对热阻是指某一微生物在某条件下的致死时间与另一微生物在相同条件下的致死时间的比值。表7－1列出的是某些微生物的相对热阻。

表7－1　　　　　　　　各种微生物对湿热的相对热阻（与大肠杆菌相比较）

微生物	相对热阻
细菌和酵母的营养体细胞	1.0
细菌芽孢	3×10^6
霉菌孢子	2～10
病毒和噬菌体	1～5

资料来源：引自曹卫军等，2002。

在灭菌过程中，微生物由于受到不利环境条件的作用，随时间而逐渐死亡，其减少的速率（$\mathrm{d}N/\mathrm{d}t$）与任何瞬间残留的菌体数成正比，这就是"对数残留定律"。其数学表达式为：

$$-\frac{\mathrm{d}N}{\mathrm{d}t} = kN \tag{7-1}$$

式中　N——任一时刻残存的活细菌数量，个

　　　t——受热时间，s

　　　k——比热死灭速率常数，s^{-1}；k 也称灭菌速率常数，此常数大小与微生物的种类及灭菌温度有关

　　　$\mathrm{d}N/\mathrm{d}t$——活菌数瞬时变化速率，即死亡速率

若开始灭菌（$t=0$）时，培养基中活的微生物数为 N_0，若将上式积分后可得到：

$$\ln = \frac{N_t}{N_0} = -kt \tag{7-2}$$

$$t = \frac{1}{k}\ln\frac{N_0}{N_t} = \frac{2.303}{k}\ln\frac{N_0}{N_t} \qquad (7-3)$$

式中　N_0——开始灭菌时原有的活菌数，个

　　　N_t——经过 t 时间灭菌后的残留菌数，个

上式是计算灭菌的基本公式，将存活率 N_0/N_t 对时间 t 在半对数坐标上作图，会得到一条直线，其斜率的绝对值即为比热死灭速率常数 k。图 7－1 为大肠杆菌在不同温度下的残留曲线。比热死灭速率常数 k 是判断生物体受热死亡难易程度的基本依据。各种微生物在同样的温度下 k 值是不同的，k 值越小，则微生物越耐热。例如，在 121℃ 时，枯草芽孢杆菌 FS5230 的 k 值为 0.047 ~ 0.063 s^{-1}，梭状芽孢杆菌 PA3679 的 k 值为 0.03 s^{-1}，嗜热脂肪芽孢杆菌（*B. stearothermophilus*）FS1518 和 FS617 的 k 值分别为 0.013s^{-1} 和 0.048 s^{-1}。

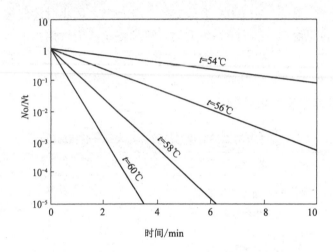

图 7－1　大肠杆菌在不同温度下的残留曲线（引自俞俊棠等，1997 年）

即使对于同一微生物，也受微生物生理状态、生长条件及灭菌方法等多种因素的影响，其营养细胞和芽孢的比死亡速率也有极大的差别。就微生物的热阻来说，细胞芽孢是比较耐热的，孢子的热阻要比生长期细胞大得多。

由式（7-3）可见，灭菌时间取决于污染程度（N_0）、灭菌程度（残留菌数 N_t）和 k 值。在培养基中有各种各样的微生物，不可能逐一加以考虑。如果将全部微生物作为耐热细菌芽孢来计算灭菌的时间和温度，就得延长加热时间和提高温度。因此，一般只考虑将细菌的芽孢数之和作为计算依据。另一个问题就是灭菌程度，即残留菌数，如果要求完全彻底灭菌，即 $N_t = 0$，则 $t = \infty$，事实上这是不可能的。工业上一般 $N = 0.001$，即 1000 次灭菌中有一次失败。

2. 培养基灭菌温度的选择

在培养基灭菌过程中，除微生物被杀死外，还伴随着培养基成分因受热而部分被破坏——在高压加热的情况下氨基酸和维生素极易遭到破坏。例如，121℃仅20min，就有59%的赖氨酸和精氨酸及其他碱性氨基酸被破坏，也有相当数量蛋氨酸和色氨酸被破坏。因此，

在工业生产中必须选择既能达到灭菌目的，又能使培养基成分破坏减至最少的条件。

微生物的热致死动力学接近一级反应动力学，它的比热死灭速率常数 k 与灭菌温度 T 的关系可用阿累尼乌斯方程表征：

$$k = A\exp\left(-\frac{\Delta E}{RT}\right) \qquad (7-4)$$

式中　A——频率常数，s^{-1}；也称阿累尼乌斯常数，视不同菌株而异

　　　ΔE——活化能，J/mol；视不同菌株而异

　　　R——通用气体常数，8.314J/（mol·K）

　　　T——绝对温度，K

大部分培养基的破坏也可认为是一级分解反应，其反应动力学方程为：

$$\frac{dC}{dt} = -k'C \qquad (7-5)$$

式中　C——对热不稳定物质的浓度，mol/L

　　　k'——分解速率常数，s^{-1}；随反应物质种类和温度而不同

　　　t——分解反应时间，s

在一级分解反应中，其他条件不变，则培养基成分分解速率和温度的关系可用阿累尼乌斯方程表征：

$$k' = A'\exp\left(-\frac{\Delta E'}{RT}\right) \qquad (7-6)$$

式中　A'——分解反应的频率常数，s^{-1}

　　　$\Delta E'$——分解反应所需的活化能，J/mol

　　　R——通用气体常数，8.314J/（mol·K）

　　　T——热力学温度，K

当培养基受热温度从 T_1 上升至 T_2 时，微生物的比死亡速率常数 k 和培养基成分分解破坏的速率常数 k' 的变化情况为：

①对微生物的死亡情况而言：

$$k_1 = A_{\exp}\left(-\frac{\Delta E}{RT_1}\right) \qquad (7-7)$$

$$k_2 = A_{\exp}\left(-\frac{\Delta E}{RT_2}\right) \qquad (7-8)$$

将上述两式相除并取对数后可得：

$$\ln\frac{k_2}{k_1} = \frac{\Delta E}{R}\left(\frac{1}{T_2} - \frac{1}{T_1}\right) \qquad (7-9)$$

②培养基成分的破坏，同样也可得到类似的关系：

$$\ln\frac{k'_2}{k'_1} = \frac{\Delta E'}{R}\left(\frac{1}{T_2} - \frac{1}{T_1}\right) \qquad (7-10)$$

将式（7-9）和式（7-10）相除，可得到：

$$\frac{\ln\left(\dfrac{k_2}{k_1}\right)}{\ln\left(\dfrac{k'_2}{k'_1}\right)} = \frac{\Delta E}{\Delta E'} \qquad (7-11)$$

由于灭菌时杀死微生物的活化能 ΔE 大于培养基成分破坏的活化能 $\Delta E'$，如表 7 - 2 所示，因此，随着温度的上升，微生物比死亡速率常数增加倍数要大于培养基成分破坏分解速率常数的增加倍数。也就是说，当灭菌温度升高时，微生物死亡速率大于培养基成分破坏的速率。根据这一理论，培养基灭菌一般选择高温快速灭菌法，换言之，为达到相同的灭菌效果，提高灭菌温度可以明显缩短灭菌时间，并可减少培养基因受热时间长而遭到破坏的程度。

表 7 - 2　　　　　　　　　　某些营养物质分解反应和一些微生物致死的活化能

受热物质	$\Delta E/$（J/mol）
叶酸	70.3
泛酸	87.9
维生素 B_{12}	96.7
维生素 B_1 盐酸盐	92.1
嗜热脂肪芽孢杆菌（*Bacillus stearothermophilus*）	283
肉毒梭菌（*Clostridium botulinum*）	343
枯草芽孢杆菌（*B. subtilis*）	318

资料来源：引自曹军卫等，2003。

表 7 - 3 列出的是达到完全灭菌的温度和时间对营养成分（以维生素 B_1 为准）破坏量的比较，可以清楚地说明这个问题。

表 7 - 3　　　　　　　　　灭菌温度和完全灭菌时间对维生素 B_1 破坏量的比较

灭菌温度/℃	达到灭菌程度的时间/min	维生素 B_1 的损失/%
100	400	99.3
110	36	67
115	15	50
120	4	27
130	0.5	8
145	0.08	2
150	0.01	<1

资料来源：引自曹军卫等，2003。

3. 影响培养基灭菌的其他因素

灭菌是一个复杂的过程，它包括热量传递以及微生物细胞内的一系列生理和生化的变化，这个过程除了与所污染杂菌的种类、数量、灭菌温度和时间有关外，还与培养基成分、pH、培养基中颗粒、泡沫等因素有关。

（1）培养基成分　培养基中脂肪、糖类和蛋白质的含量越高，微生物的热死亡速率越低，这是因为在热致死温度下，高浓度的脂肪、糖类和蛋白质会在微生物细胞外形成一层薄膜，影响热的传入从而增加微生物的耐热性。例如，大肠杆菌在水中加热到 60~65℃ 时便死亡，而在 10% 的糖液中，需 70℃、4~6min，在 30% 糖液中需 70℃、30min。低浓度

（10～20g/L）的 NaCl 溶液对微生物有保护作用，随着浓度的增加，保护作用减弱；当浓度达到 100g/L 以上时则减弱微生物的耐热性。

（2）pH pH 对微生物的耐热性影响很大，pH 为 6.0～8.0，微生物最耐热；pH < 6.0，氢离子易渗入微生物细胞内，从而改变细胞生理反应促使其死亡。所以，培养基 pH 越低，灭菌所需的时间越短（表 7－4）。

表 7－4 培养基的 pH 与灭菌时间的关系

温度/℃	孢子数/（个/mL）	灭菌时间/min				
		pH 6.1	pH 5.5	pH 5.0	pH 4.7	pH 4.5
120	10000	8	7	5	3	3
115	10000	25	25	12	13	13
110	10000	70	65	35	30	24
100	10000	740	720	180	150	150

资料来源：引自陈坚等，2003。

（3）培养基的物理状态 试验证明，培养基的物理状态对灭菌效果有很大的影响。固体培养基的灭菌时间要比液体培养基的灭菌时间长，如 100℃时固体培养基的灭菌时间是液体培养基的 2～3 倍。这是因为液体培养基灭菌时，热的传递除了传导作用还有对流作用，而固体培养基只有传导作用而没有对流作用。另外，由于液体培养基中水的传热系数要比有机固体物质大得多，因此，培养基中颗粒的大小也会影响灭菌效果。一般来说，含有 1mm 的颗粒对培养基灭菌效果影响不大，但颗粒大时，会影响灭菌效果。适当提高灭菌温度，或采用粗过滤的方法去除大颗粒，可以防止培养基结块造成灭菌不彻底。例如，对淀粉质培养基进行灭菌时，一般在升温前先通过搅拌混合均匀，并加入一定量的淀粉酶进行液化，如有大颗粒存在时应先经过筛除去，再行灭菌；对于麸皮、黄豆饼等固形物含量较多的培养基，采用罐外预先配料，再转至发酵罐内进行实罐灭菌较为有效。

（4）泡沫 当培养基中含有较多量的黄豆饼粉、花生粉或蛋白胨等成分时，在灭菌时，这种培养基就容易产生泡沫（形成泡沫的温度为 90℃左右）。培养基形成泡沫对灭菌极为不利，因为泡沫中的空气形成隔热层，使传热困难，热难穿透过去杀灭空气中的微生物。一旦泡沫破裂，这些菌就被释出造成污染。对于易产生泡沫的培养基，在灭菌时可加入少量消泡剂。对有泡沫的培养基进行连续灭菌时更应注意。

（5）搅拌和通气 在整个灭菌过程中，必须保持培养基在罐内始终均匀地充分翻动，以避免因翻动不均匀而造成的局部过热，从而过多地破坏营养物质或造成局部温度过低而杀菌不彻底等。要保持培养基的良好翻动，除了搅拌外，还必须正确地控制进汽和排汽阀门。为了加快加热时间，凡能进蒸汽的管路在灭菌时可同时进汽，但各管路的阻力不同，大量蒸汽会从阻力小的进汽管冲入罐内，而从阻力大的进汽管进入的蒸汽量就相对较少，这将导致物料受热不匀，即部分培养液过热而部分培养液又可能灭菌不透。罐底的空气分布管是主要的进汽口，由于液柱压力较大，其阻力比其他进汽口大。所以在灭菌操作时应将空气分布管的进口阀门开得比其他进气口的阀门大一些，以保证有足够的蒸汽从空气分布管进入，促使培养液激烈翻动，从而起到搅拌混合的作用。

另外，在蒸汽灭菌过程中，饱和蒸汽中所含有的冷凝水应越少越好。冷凝水较多，热量的穿透力就差。因此，在冷凝水较多或蒸汽管道较长的情况下，蒸汽进车间后的总管上要装设汽水分离装置，以将冷凝水分离后再使用。对于与发酵罐相连的管道，必须掌握"不进则出"的原则，即其在灭菌时或者是进入蒸汽或者是排出蒸汽，而不能存在既不进汽又不排汽的死角。总之，利用蒸汽灭菌时，蒸汽使用得当与否是灭菌成败的关键，操作人员应当根据实际情况灵活地控制，以保证灭菌时蒸汽压力的平稳。

（6）排除空气的情况　在蒸汽灭菌过程中，温度的控制是通过控制罐内的蒸汽压力来实现的。压力表显示的压力应与罐内蒸汽压力相对应，压力表的压力所对应的温度是罐内的实际温度。但是如果罐内的空气排除得不完全，即压力表所显示的压力不单是罐内蒸汽压力，还包括了空气的分压，那么罐内的实际温度就会低于压力表显示所对应的温度，以致造成灭菌温度不够高而灭菌不彻底，特别是一些耐热的细菌芽孢就难以完全杀死。表7-5显示的是蒸汽压力与温度的关系。因此，在灭菌升温时，要打开排气阀门，使蒸汽能通过并驱除罐内冷空气，一般可避免"假压"造成染菌。

表7-5　　　　　　　　　　　　　蒸汽压力与温度的关系

蒸汽压力/×（1.01×10⁵ Pa）	相应温度/℃	排除空气情况	罐内实际温度/℃
0.3	107.7	完全排除	121.6
0.7	115.5	排除2/3	115.0
1.0	121.6	排除1/2	112.0
1.3	126.6	排除1/3	109.0
1.5	130.5	全未排除	100.0

资料来源：引自陈坚等，2003年。

三、分批灭菌及其操作

分批灭菌是将配制好的培养基放入发酵罐，用蒸汽直接加热，达到灭菌要求的温度和压力后维持一定时间，再冷却至发酵要求的温度，这一工艺过程又称为实罐灭菌。这种灭菌方法不需要其他的附属设备，操作简单。分批灭菌对蒸汽的要求较低，一般在（3~4）×10⁵ Pa就可以，是中小型发酵罐常用的一种灭菌方法。其缺点是蒸汽用量变化较大，造成锅炉负荷波动大，加热和冷却时间较长，营养成分有一定的损失，罐的利用率低。

分批灭菌过程包括升温、保温和冷却三个阶段，图7-2所示为分批灭菌过程中温度的变化情况。

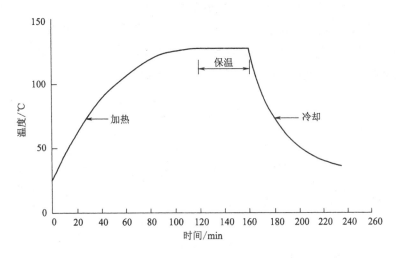

图 7-2 培养基分批灭菌过程中温度变化情况（引自王岁楼等，2002 年）

分批灭菌的操作过程如下：开始灭菌时，应该放尽夹套或蛇管中的冷水，开启排气管阀，夹套内通入蒸汽。当发酵罐的温度升至 70℃ 时，开始由空气过滤器、取样管和放料管通入蒸汽，当发酵罐内温度达到 120℃、压力达到 0.1MPa（表压）时，打开接种、补料、消泡剂、酸、碱等管道阀门进行排汽，并调节好各进汽和排汽阀门的排气量，使罐压和温度保持在一定水平上，灭菌进入保温阶段。在保温阶段，凡液面以下各管道都应通入蒸汽，液面以上其余各管道则应排蒸汽，不留死角，维持压力，以保证灭菌彻底。保温结束后，依次关闭各排气、进气阀门，待罐内压力低于无菌空气压力后，通过空气过滤器迅速向罐内通入无菌空气，维持发酵罐降温过程中的正压，且在夹套或蛇管中通入冷却水，使培养基的温度降低到所需的发酵温度。

四、连续灭菌及其操作

连续灭菌就是将配制好的培养基向发酵罐等培养装置输送的同时进行加热、保温和冷却等灭菌操作工艺。连续灭菌时，培养基可在较短的时间内被加热到保温温度，并且能够很快地被冷却，因此可在比分批灭菌更高的温度下进行灭菌。由于灭菌温度很高，保温时间可以相应缩短，有利于减少培养基中营养物质的破坏。图 7-3 为连续灭菌过程温度的变化情况。采用连续灭菌时，发酵罐非生产占用时间较短，体积利用率提高，热能利用合理，适合实现自动化控制。但连续灭菌对蒸汽的要求较高，需要平稳地供给蒸汽。连续灭菌不适合用于黏度大或固形物含量高的培养基灭菌，由于所需的设备较多并且操作较为复杂，增加了染菌的几率。

根据所采用的灭菌设备和工艺条件，连续灭菌可分为三种形式。

1. 喷淋冷却连续灭菌

喷淋冷却连续灭菌是常用的灭菌流程（图 7-4）。培养基由调浆缸放出，通过蒸汽预加热后（以避免连续灭菌时由于料液和蒸汽温度相差过大而产生水汽撞击声），用连消泵送入连消塔底部，使高温蒸汽与料液迅速接触混合，料液被加热到灭菌温度（110～130℃）后由顶部流出，进入维持罐。维持罐的作用是使料液在灭菌温度下保持5～7min，以达到灭菌的目的。灭菌后的料液从维持罐上部侧面管道流出，最后的培养液由底部排尽，从维持罐出来的料液经喷淋冷却器冷却到发酵温度后送入发酵罐。

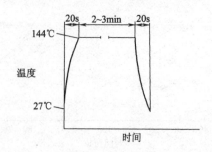

图7-3 培养基连续灭菌过程中温度的变化情况资料来源：引自王岁楼等，2002年。

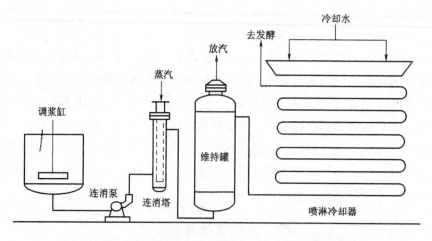

图7-4 喷淋冷却连续灭菌的流程图（引自熊宗贵等，2001年）

2. 喷射加热连续灭菌

喷射加热连续灭菌的流程和温度变化情况如图7-5所示。灭菌中采用了蒸汽喷射器，使高温蒸汽直接与培养基接触，培养基在很短时间内升高到预定的灭菌温度。在此温度下保温一段时间，其时间的长短由维持段管道的长度来保证。灭菌后，培养基通过膨胀阀进入真空冷却器，迅速冷却。该流程由于受热时间短，故温度可升至140℃而不会引起培养基的严重破坏。同时，该流程能保证培养基的先进先出，避免了过热或灭菌不彻底的现象。

3. 薄板换热器连续灭菌

薄板换热器连续灭菌是较为节能的灭菌流程（图7-6）。该流程采用了薄板换热器作为培养基的加热器和冷却器，蒸汽在薄板换热器的加热段使培养基的温度升高，在维持段保持一段时间后，在薄板换热器的冷却段进行冷却。因此，整个灭菌流程，包括培养基的预热、灭菌和冷却过程可在同一设备内完成。与间歇灭菌流程相比，薄板换热器连续灭菌的周期大大缩短，但与喷射式连续灭菌相比时间稍长。由于将灭好菌的培养基的冷却与将要灭菌的培养基的预热联系起来，节约了蒸汽和冷却水的用量。

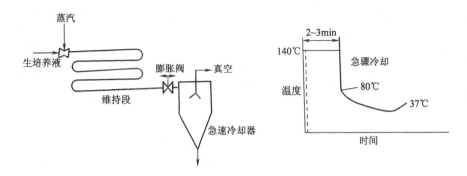

图 7 -5　喷射加热连续灭菌的流程以及灭菌过程中温度的变化情况
（引自熊宗贵等，2001 年；王岁楼等，2002 年）

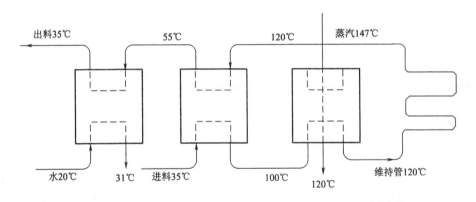

图 7 -6　薄板换热器连续灭菌流程（引自熊宗贵等，2001 年）

　　培养基采用连续灭菌时，加热器、维持罐、冷却器、发酵罐以及各种管道都应先进行灭菌，然后才能进行培养基的灭菌。当培养基中含有一些不耐热物质时，可将其在不同温度下单独灭菌，以减少这些物质的受热破坏程度。也可将碳源和氮源分开灭菌，以免醛基与氨基发生反应，防止有害物质的生成。在发酵过程中，往往要向发酵罐中补入各种不同的料液，这些料液都必须经过灭菌。灭菌的方法则视料液的性质、体积和补料速率而定。如果补料量较大，且具有连续性时，则采用连续灭菌较为合适，也可利用过滤法对补料液进行除菌。补料液的分批灭菌，通常是向盛有物料的容器中直接通入蒸汽。

　　表 7 -6 所示为间歇灭菌和连续灭菌对发酵产物收率的影响。可以看出，无论在技术上还是实践上，与间歇灭菌相比，连续灭菌的优点是十分明显的，因此连续灭菌技术越来越多地被应用于发酵工业的培养基灭菌。

表 7 - 6   间歇灭菌和连续灭菌对发酵产物收率的影响

葡萄糖	玉米浆	动物浸膏	类型	灭菌温度和时间			产物收率
/%	/%	/%		/℃	/min	pH	维生素 B_{12}/（$\mu g/mL$）
2.0	1.9	0.8	间歇	121	45	6.5	5.0
2.1	1.9	1.0	间歇	121	25	4.4	88
2.0	1.9	0.9	连续	135	5	6.5	360
2.0	1.9	1.0	连续	135	5	4.4	656

资料来源：引自罗大珍等，2006 年。

五、发酵设备的灭菌

发酵罐应在加入灭菌的培养基前先行单独灭菌。通常是将蒸汽直接通入发酵罐，同时还可将蒸汽通入发酵罐的夹套或蛇管进行加热。当蒸汽充满整个容器后，开启排汽管缓慢排汽进行保温（0.1 MPa，120℃），保温时间一般为 20~30min。保温结束后，应及时通入无菌空气，使发酵罐保持正压，以防止形成真空而吸入带菌的空气。

发酵罐的附属设备包括空气过滤器、补料系统、消泡系统。空气过滤器在发酵罐灭菌之前要进行灭菌，灭菌后用空气吹干备用。补料罐的灭菌温度视物料性质而定，如为糖溶液，灭菌时蒸汽压力为 0.1 MPa（120℃），保温 30min。消泡剂罐灭菌时，其蒸汽压力一般控制在 0.15~0.18 MPa（120℃），保温 40min。补料管路、消泡剂管路可与补料罐、消泡剂罐同时进行灭菌，但保温时间较长（1h）。移种管路灭菌一般要求蒸汽压力为 0.3~0.45 MPa，保温 1h。上述各种管路在灭菌之前，要进行严格的检查，以防泄漏和"死角"的存在。对于中小型发酵罐，一般经空罐灭菌（0.15 MPa，15min）后再将培养基放入罐内进行实罐灭菌。有些工厂为了节约蒸汽，直接进行实罐灭菌而不进行空罐灭菌，他们只有在检修后或在节日停工后以及春夏季节发酵罐空置了 24h 以上时才进行空罐灭菌。这种方法如果操作上注意是完全可行的，也是一种节约燃料的有效措施。

大型发酵罐大多采用连续灭菌，这时空罐需要先进行灭菌。但也有在发酵完毕后，将空罐保压不灭菌就加入连续灭菌好的培养基，这要根据各厂生产菌株的特性和生产设备等具体情况而定。对于发酵周期短、对环境变化不敏感的菌株，采用保压不进行空罐灭菌的办法是可行的，但经一定发酵批数后仍需定期进行空罐灭菌，否则较难避免杂菌污染与遗传突变的影响。

六、染菌原因的分析

避免在发酵生产中污染杂菌应以预防为主。"防重于治"，事前防止胜于事后挽救。如果一旦发生染菌现象就要尽快找出原因及时纠正，并从中吸取经验教训，避免以后有类似情况发生，保证生产的正常进行。表 7 - 7 和表 7 - 8 所示为国内外两家抗生素生产厂家在多年生产中对导致染菌现象的各种原因所做的分析和统计（以百分比计）。

表7-7 国外某抗生素发酵工厂发酵染菌原因的分析

染菌原因	百分率/%	染菌原因	百分率/%
种子带菌	9.64	蛇管穿孔	5.89
接种时罐压跌零	0.19	接种管穿孔	0.39
培养基灭菌不透	0.79	阀门泄漏	1.45
空气系统带菌	19.96	罐盖漏	1.54
搅拌轴密封泄漏	2.09	其他设备漏	10.13
泡沫冒顶	0.48	操作问题	10.15
夹套穿孔	12.36	原因不明	24.91

表7-8 国内某制药厂发酵染菌原因的分析

染菌原因	百分率/%
外界带入杂菌（取样、补料带入）	8.20
设备穿孔	7.60
空气系统带菌	26.00
停电罐压跌零	1.60
接种	11.00
蒸汽压力不够或蒸汽量不足	0.60
管理问题	7.09
操作违反规程	1.60
种子带菌	0.60
原因不明	35.00

如表7-7和表7-8所示，引起发酵工厂染菌的原因主要是以设备渗漏和空气系统的染菌为主，其他则次之。染菌原因可从以下几方面加以分析。

1. 从染菌的规模分析

（1）大批发酵罐染菌 整个工厂中各个产品的发酵罐都出现染菌现象而且染的是同一种菌，一般来说，这种情况是由使用的统一空气系统中空气过滤器失效或效率下降使带菌的空气进入发酵罐而造成的。大批发酵罐染菌的现象较少但危害极大。所以，对于空气系统必须定期经常检查。

（2）分发酵罐（或罐组）染菌 生产同一产品的几个发酵罐都发生染菌，这种染菌如果出现在发酵前期可能是种子液带菌，如果发生在中后期则可能是中间补料系统发生问题所致。通常同一产品的几个发酵罐其补料系统往往是共用的，倘若补料灭菌不彻底或管路渗漏，就有可能造成这些罐同时发生染菌现象。另外，采用培养基连续灭菌系统时，那些用连续灭菌进料的发酵罐都出现染菌，可能是连消系统灭菌不彻底造成的。

（3）个别发酵罐连续染菌和偶然染菌 个别发酵罐连续染菌大多是由设备问题造成的，如阀门的渗漏或罐体腐蚀磨损，如冷却管穿孔，这种现象是不易觉察的。设备的腐蚀磨损所引起的染菌会出现每批发酵的染菌时间向前推移的现象，即第二批的染菌时间比第一批提早，第三批又比第二批提早。至于个别发酵罐的偶然染菌其原因比较复杂，因为各种染菌途径都有可能引起。

2. 从染菌的时间来分析

如果是发酵早期染菌，一般认为除了种子带菌外，还有培养液灭菌或设备灭菌不彻底所致；而中、后期染菌则与这些原因的关系较少，而与中间补料、设备渗漏以及操作不合理等有关。

3. 从染菌的类型来分析

所染杂菌的类型也是判断染菌原因的重要依据之一。一般认为，污染耐热性芽孢杆菌多数是由于设备存在死角或培养液灭菌不彻底所致。污染球菌、酵母等可能是从蒸汽的冷凝水或空气中带来的。在检查时如平板上出现的是浅绿色菌落（革兰阴性杆菌），由于这种菌主要生活在水中，所以发酵罐的冷却管或夹套渗漏所引起的可能性较大。污染霉菌大多是灭菌不彻底或无菌操作不严格所致。

综上所述，引起染菌的原因很多，不能机械地认为某种染菌现象必然是由某一途径引起的，应该把染菌的位置、时间和杂菌的类型等各种现象加以综合分析，才能正确判断从而采取相应的对策和措施。

七、染菌后的挽救措施

在发酵过程中，如果发现发酵液已经染菌，为了减少损失，可以采取一些措施对发酵液进行处理，具体措施要根据具体的情况而定。

1. 种子培养期染菌的处理

（1）一旦发现种子受到杂菌污染，该种子不能再接入发酵罐中进行发酵，应经灭菌后弃之，并对种子罐、管道等进行仔细检查和彻底灭菌。

（2）在实际工业生产中，为了防止种子染菌带来的损失，可采用备用种子的方法，即选择无染菌的种子接入发酵罐，继续进行发酵生产。如没有备用种子，则可选择一个适当菌龄的发酵罐内的发酵液作为种子，进行"倒种"处理，接入新鲜的培养基中进行发酵，从而保证发酵生产的正常进行。

（3）为了防止种子带菌导致发酵失败，可以将种子罐中的种子培养好后，进行冷冻保压（0.15 MPa，10℃左右），经平板检查证明无杂菌后，再接入发酵罐发酵。这一措施在一些谷氨酸发酵生产工厂取得很好效果。

2. 发酵前期染菌的处理

（1）当发酵前期发生染菌后，如培养基中的碳、氮源含量还比较高时，终止发酵，将培养基加热至规定温度，重新进行灭菌处理后，再接入种子进行发酵。

（2）如果此时染菌已造成较大的危害，培养基中的碳、氮源的消耗量已比较多，则可放掉部分料液，补充新鲜的培养基，重新进行灭菌处理后，再接种进行发酵。

（3）还可以采用加大接种量的办法，使生产菌在较短的时间内占据绝对优势，从而压制杂菌的繁殖。

3、发酵中、后期染菌处理

（1）当发酵中、后期染菌时，可以适当地加入杀菌剂或抗生素以及正常的发酵液，以抑制杂菌的生长速度。但是，添加的抑菌剂要事先经过试验，证实该抑菌剂不会抑制生产菌的生长和发酵才能使用，因而不是所有发酵都能使用抑菌剂。也可采取降低培养温度、降低通风量、停止搅拌、少量补糖等其他措施进行处理。

（2）如果发酵过程的产物的合成已达到一定水平，当明确杂菌的生长将会影响产物的提取时，应尽早放罐进行提取以减少损失。但有些发酵染菌后发酵液中的碳、氮源还较多，如果提早放罐，这些物质会影响后处理提取，此时应先设法使碳、氮源消耗尽，再放罐进行提取。对于没有提取价值的发酵液，废弃前应加热至120℃以上、保持30min后才能排放。

有时发酵罐偶尔染菌，原因一时又找不出，一般可以采取以下措施：向连续灭菌系统前的料液贮罐加入0.2%甲醛，加热至80℃处理4h，以减少带入培养液中的杂菌数；染菌后的发酵罐在重新使用前，必须在放罐后进行彻底清洗，空罐加热灭菌至120℃以上、保持30min后才能使用，也可用甲醛熏蒸或甲醛溶液浸泡12h以上的方法进行处理。甲醛用量为每立方米罐的体积0.12～0.17L。

第二节　发酵生产过程中的空气净化

在绝大多数的深层培养过程中，必须不断地将无菌空气通入发酵罐内，以满足微生物生理代谢对氧的需求。空气是气态物质的混合物，包括氧气、氮气、氢气、二氧化碳、惰性气体、水分等，同时空气中还含有各种各样的微生物，因此，空气在引进发酵罐之前必须经过严格处理，除去其中含有的微生物以及其他有害成分。空气净化的方法很多，但各种方法的除菌效果、设备条件和经济指标各不相同。实际生产中所需的除菌程度根据发酵工艺要求而定，既要避免染菌，又要尽量简化除菌流程，以减少设备投资和正常运转的动力消耗。

一、发酵对空气无菌程度的要求

发酵工业应用的"无菌空气"是指通过除菌处理使空气中含菌量降低至一个极低的百分数，从而能控制发酵污染至极小机会，此种空气称为"无菌空气"。各种不同的发酵过程，由于所用菌种的生长能力、生长速度、产物性质、发酵周期、基质成分及pH的差异，对空气无菌程度的要求也不同。如酵母培养过程，其培养基以糖源为主，能利用无机氮，要求的pH较低，一般细菌较难繁殖。而且，酵母的繁殖速度又较快，能抵抗少量的杂菌影响，因此对无菌空气的要求不如氨基酸、抗生素发酵那样严格。而氨基酸与抗生素发酵因周期长短不同，对无菌空气的要求也不同。总的来说，影响因素是比较复杂的，需要根据具体情况而订出具体的工艺要求。一般地，无菌空气按染菌几率为10^{-3}来计算，即1000次发酵周期所用的无菌空气只允许1～2次染菌。虽然一般悬浮在空气中的微生物，大多是能耐恶劣环境的孢子或芽孢，繁殖时需要较长的调整期。但是，在阴雨天气或环境污染比较严重时，空气中也会悬浮大量的活力较强的微生物，当它进入培养物的良好环境后，只要很短的调整期，即可进入对数生长期而大量繁殖。一般细菌繁殖一代仅需20～

30min，如果进入一个细菌，则繁殖 15 h 后，可达 10^9 个。如此大量的杂菌必然使发酵过程受到严重干扰甚至失败，所以计算是以进入 1~2 个杂菌即失败作为依据的。

二、空气的除菌方法

通常微生物在固体或液体培养基中繁殖后，很多细小而轻的菌体、芽孢或孢子会随水分的蒸发、物料的转移被气流带入空气中或黏附于灰尘上随风飘浮，所以空气中的含菌量随环境不同而有很大差异。一般干燥寒冷的北方空气中的含菌量较少，而潮湿温暖的南方则含菌量较多；人口稠密的城市比人口少的农村含菌量多；地面又比高空的空气含菌量多。因此，研究空气中的含菌情况，选择良好的采风位置和提高空气系统的除菌效率是保证正常生产的重要内容。各地空气中所悬浮的微生物种类及比例各不相同，数量也随条件的变化而异，一般设计时以含量为 $10^3 \sim 10^4$ 个/m^3 进行计算。

不同的发酵类型对空气的要求也是不同的。厚层固体曲需要的空气量大，压力不高，无菌度不严格，一般选用离心式通风并经适当的空调处理就可以了。酵母培养消耗空气量大，无菌度也不十分严格，但需要一定压力以克服发酵罐的液柱阻力，所以一般采用罗茨鼓风机或高压离心式鼓风机通风。而对于密闭式深层好气发酵则需要严格的无菌度，必须经过除菌措施，由于空气中含有水分和油雾杂质，必须经过冷却、脱水、脱油等步骤，因此，无菌空气的制备须经过一个复杂的空气处理过程。同时，为了克服设备和管道的阻力并维持一定的罐压，需采用空气压缩机。生产上使用的无菌空气量大，要求处理的空气设备简单，运行可靠，操作方便，现就各种除菌方法进行简述。

1. 辐射灭菌

α 射线、X 射线、β 射线、γ 射线、紫外线、超声波等从理论上讲都能破坏蛋白质，破坏生物活性物质，从而起到杀菌作用。但应用较广泛的还是紫外线，它在波长为 226.5~328.7nm 时杀菌效力最强，通常用于无菌室和医院手术室。然而其杀菌效率较低，杀菌时间较长，一般要结合甲醛蒸汽等来保证无菌室的无菌程度。

2. 加热灭菌

虽然空气中的细菌芽孢是耐热的，但温度足够高也能将它破坏。例如，悬浮在空气中的细菌芽孢在218°C 下 24 s 就被杀死。但是，如果采用蒸汽或电热来加热大量的空气以达到灭菌目的，这样太不经济。利用空气压缩时产生的热进行灭菌对于无菌要求不高的发酵来说则是一个经济合理的方法。

利用压缩热进行空气灭菌的流程如图 7 - 7（1）所示。空气进口温度为 21°C，出口温度为 187~198°C，压力为 0.7 MPa。压缩后的空气用管道或贮气罐保温一定时间以增加空气的受热时间，促使有机体死亡。为防止空气在贮罐中加热时间变短，最好在罐内加装导筒。这种灭菌方法已成功地运用于丙酮丁醇、淀粉酶等发酵生产上。图 7 - 7（2）所示为一个用于石油发酵的无菌空气系统，采用涡轮式空压机，空气进机前利用压缩后的空气进行预热，以提高进气温度并相应提高排气温度，压缩后的空气用保温罐维持一定时间。

采用加热灭菌法时，要根据具体情况适当增加一些辅助措施以确保安全。因为空气的导热系数低，受热不很均匀，同时在压缩机与发酵罐间的管道难免会有泄漏，这些因素很难排除，因此一般在进发酵罐前装设一台空气过滤器。

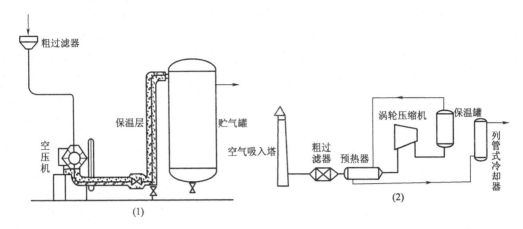

图7-7 利用空压机所产生的热来进行灭菌（引自陈坚等，2003年）

3. 静电除菌

近年来，一些工厂已使用静电除尘器除去空气中的水雾、油雾和尘埃，同时也除去了空气中的微生物，对 $1\mu m$ 的微粒去除率可达99%。

静电除菌是利用静电引力来吸附带电粒子而达到除尘、除菌的目的。悬浮于空气中的微生物，其孢子大多带有不同的电荷，没有带电荷的微粒进入高压静电场时会被电离变成带电微粒而被吸附。但对于一些直径很小的微粒，它所带的电荷很小，当产生的引力等于或小于气流对微粒的拖带力或微粒布朗扩散运动的动量时，则微粒就不能被吸附而沉降，所以静电除尘对很小的微粒效率较低。静电除菌灭菌器示意图如图7-8所示。

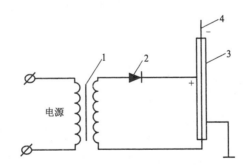

图7-8 静电除菌灭菌器示意图（引自陈坚等，2003年）

1—升压变压器 2—整流器 3—沉淀电极 4—电晕电极

静电除尘器的能量消耗较小，每处理 $1000m^3$ 的空气每小时只耗电 $0.4 \sim 0.8kW$，空气压力损失小，设备也不大，但对设备维护和安全技术措施要求较高。对发酵工业来说，其捕集率并不高，需要采取其他措施。

以上空气除菌、灭菌方法中，加热灭菌可以杀灭难以用过滤杀菌除去的噬菌体，但用蒸汽或电加热费用昂贵，无法用于处理大量空气。静电除菌，由于除菌效率达不到无菌的要求，一般只能作为初步除菌。至今，工业上的空气除菌几乎都是采用介质过滤除菌。

4. 介质过滤

介质过滤除菌法是让含有杂菌的空气通过定期灭菌的干燥介质以阻截空气中所含的微生物，从而制得无菌空气。常用的过滤介质有棉花、活性炭或玻璃纤维、有机合成纤维、有机和无机烧结材料等。由于被过滤的气溶胶中微生物的粒子很小，一般只有 $0.5 \sim 2\mu m$，而过滤介质的材料一般孔径都大于微粒直径的几倍到几十倍，因此过滤机制比较复杂。微粒随气流通过滤层时，滤层纤维所形成的网格阻碍了气流的前进，使气流无数次改变运动速度和运动方向，绕过纤维前进。这些改变引起微粒对滤层纤维产生惯性冲击、阻拦、重力沉降、布朗扩散和静电吸引等作用，将微粒拦截下来，下面对这些拦截原理进行介绍。

（1）惯性冲击截留作用　过滤器中的滤层上交错着无数的纤维，形成层层的网格，随着充填密度的增大，所形成的网格越紧密，纤维间的间隙就越小。当带有微生物的空气通过滤层时，无论顺纤维方向或是垂直于纤维方向流动，仅能从纤维的间隙通过。由于纤维纵横交错，迫使空气要不断改变运动方向和速度才能通过滤层。图 7-9 表示的是一条纤维对气流的影响。图中所示为直径为 d_f 的纤维断面，当微粒随气流以一定速度垂直向纤维方向运动时，因障碍物（介质）的出现，空气流线由直线变成曲线，即当气流突然改变方向时，沿空气流线运动的微粒由于惯性作用仍然继续以直线前进。惯性使它离开主导气流，走的是图中虚线的轨迹。气流宽度 b 以内的粒子，与介质碰撞而被捕集。这种捕集由于微粒直冲到纤维表面，因摩擦黏附，微粒就滞留在纤维表面上，这称为惯性冲击滞留作用。

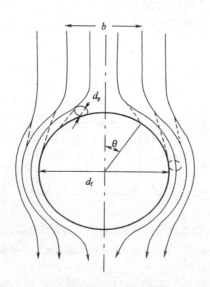

图 7-9　纤维介质截获微粒的基质（引自高孔荣，1991 年）
b—气流宽度　d_f—纤维断面直径　d_p—颗粒直径　θ—颗粒改变路径的角度

惯性捕集是空气过滤器除菌的重要作用，其大小取决于颗粒的动能和纤维的阻力，也就是取决于气流的流速。惯性力与气流流速成正比，当流速过低时，惯性捕集作用很小，甚至接近于零；当空气流速增至足够大时，惯性捕集则起主导作用。

空气流速 v_0 是影响捕集效率的重要参数。在一定条件下（微生物微粒直径、纤维直径、空气温度），改变气流的流速就是改变微粒的运动惯性力；当气流速度下降时，微粒的运动速度随之下降，微粒的动量减少，惯性力减弱，微粒脱离主导气流的可能性也减少，相应纤维滞留微粒的宽度 b 减小，即捕集效率下降。气流速度下降到微粒的惯性力不足以使其脱离主导气流对纤维产生碰撞，即在气流的任一处，微粒也随气流改变运动方向绕过纤维前进，即 $b=0$ 时，惯性力无因次准数 $\varphi=1/16$，纤维的碰撞滞留效率等于零，这时的气流速度称为惯性碰撞的临界速度（v_c）。v_c 是空气在纤维网格间隙的真实速度，它与容器空截面时空气速度 v_s 的关系受填充密度 α 的影响。

$$v_c = \frac{v_s}{1-\alpha} \tag{7-12}$$

图 7-10 所示为几种不同直径的微粒对不同直径纤维的临界速度。可以看出，临界速度 v_c 的值随纤维直径和微粒直径而变化。

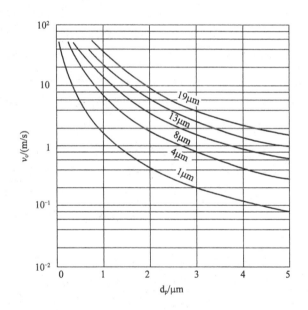

图 7-10 空气的临界速度 v_c（引自高孔荣，1991 年）

（2）拦截捕集作用 气流速度降低到惯性捕集作用接近于零时，此时的气流速度为临界速度。气流速度在临界速度以下时，微粒不能因惯性滞留于纤维上，捕集效率显著下降。但实践证明，随着气流速度的继续下降，纤维对微粒的捕集效率又回升，说明有另一种机制在起作用，这就是拦截捕集作用。微生物微粒直径很小，质量很轻，它随低速气流流动慢慢靠近纤维时，微粒所在的主导气流流线受纤维所阻，从而改变流动方向，绕过纤维前进，而在纤维的周边形成一层边界滞流区。滞流区的气流速度更慢，进到滞流区的微粒慢慢靠近和接触纤维而被黏附滞留，称为拦截捕集作用。拦截捕集作用对微粒的捕集效率与气流的雷诺准数和微粒与纤维直径比的关系，可以总结成下面的经验公式：

$$\eta_2 = \frac{1}{2 \ (2.00 - \ln Re)} \left[2 \ (1 + R) \ \ln \ (1 + R) \ - \ (1 + R) \ + \frac{1}{1 + R} \right] \qquad (7 - 13)$$

式中　　R——微粒和纤维的直径比，$R = d_v / d_f$

　　　　d_v——微粒直径，m

　　　　d_f——纤维直径，m

　　　　Re——气流的雷诺准数，$Re = d_f v \rho / \mu$

此公式虽然不能完善地反映各参数变化过程中纤维截留微粒的规律，但对气流速度等于或小于临界速度时计算得到的单纤维截留效率还是比较接近实际的。

（3）扩散捕集作用　直径很小（<1μm）的微粒在很慢的气流中能产生一种不规则的运动，称为布朗扩散。扩散运动的距离很短，在较大的气流速度和较大纤维间隙中是不起作用的，但在很慢的气流速度和较小的纤维间隙中，扩散作用大大增加了微粒与纤维的接触机会，随之或发生重力沉降或被介质所捕集。

（4）重力沉降作用　无论多么小的微粒都具有重力。当微粒所受的重力超过空气作用于其上的浮力时，即发生一种沉降加速度。当微粒所受的重力大于气流对它的拖带力时，微粒就会发生沉降现象。就单一重力沉降而言，大颗粒比小颗粒作用显著，一般50μm以上的颗粒沉降作用才显著。对于小颗粒只有气流速度很慢时才起作用。重力沉降作用一般是与拦截作用相配合，即在纤维的边界滞留区内，微粒的沉降作用提高了拦截捕集作用。

（5）静电吸附作用　干空气对非导体的物质做相对运动摩擦时，会产生静电现象，对于纤维和树脂处理过的纤维，尤其是一些合成纤维更为显著。悬浮在空气中的微生物大多带有不同的电荷。有人测定微生物孢子带电情况时发现，约有75%的孢子具有1～60负电荷单位，15%的孢子带有5～14正电荷单位，其余10%则为中性，这些带电荷的微粒会被带相反电荷的介质所吸附。

上述机制中，有时很难分辨是哪一种单独起作用。图7-11所示为单纤维除菌总效率η_s（包括惯性、扩散、拦截等作用）与气流速度的关系。总的来说，当气流速度较大时

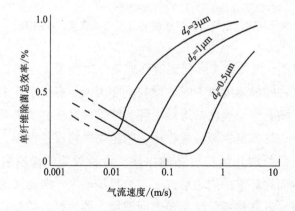

图7-11　单纤维除菌总效率和气流速度的关系

（约大于 0.1 m/s），惯性捕集是主要的；而流速较小时，扩散作用占优势。前者的除菌效率随气流速度增加而增加，后者则相反。而在两者之间，在 η_s 极小值附近，可能是拦截作用占优势。以上几种作用机制在整个过程中，随着参数变化有着复杂的关系，目前还未能做准确的理论计算。

三、空气过滤除菌的流程

1. 对空气过滤除菌流程的要求

空气过滤除菌的流程要根据生产对无菌空气的具体要求（如无菌程度、空气压力、温度等），并结合环境的空气条件和所用除菌设备的特性而制订。

供给发酵用的无菌空气，需要克服空气在预处理、过滤除菌以及有关设备、管道、阀门、过滤介质等的压力损失以及在培养过程中维持一定的罐压，因此过滤除菌的流程中必须有供气设备——空气压缩机，对空气供给足够的能量。另一方面，空气在进入空气过滤器前，还要经过除尘、除油、除水等操作，以防止过滤介质（如棉花等）污染和受潮，失去过滤性能。因此，空气过滤时需要注意以下几个问题：①首先要将进入空压机的空气粗滤，滤去灰尘、沙土等固体颗粒，这样还有利于空压机的正常运转，提高空压机的寿命；②将压缩后的热空气冷却，并将析出的油、水尽可能地除掉，常采用油水分离器与去雾器相结合的装置；③为防止往复压缩机产生脉动，和一般的空气供给一样，流程中需设置一个或数个贮气罐；④空气过滤器一般采用两台总过滤器（交叉使用）和每个发酵罐单独配备分过滤器相结合的方法，以达到无菌的要求。

2. 过滤除菌的一般流程

空气过滤除菌一般是把吸气口吸入的空气先进行压缩前过滤，然后进入空气压缩机。从空气压缩机出来的空气（一般压力在 0.2 MPa 以上，温度 120~160℃），先冷却至适当温度（20~25℃）除去油和水，再加热至 30~35℃，最后通过总空气过滤器和分过滤器（有的不用分过滤器）除菌，从而获得洁净度、压力、温度和流量都符合工艺要求的灭菌空气。空气净化的一般流程如图 7-12 所示。

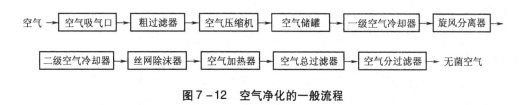

图 7-12　空气净化的一般流程

流程的制定要根据具体所在地的地理、气候环境和设备条件来考虑。如在环境污染比较严重的地方要改变吸风的条件（如采用高空吸风），以降低过滤器的负荷，提高空气的无菌程度；在温暖潮湿的地方要加强除水设施以确保和发挥过滤器的最大除菌效率。下面介绍几种典型的流程。

（1）两级冷却、加热除菌流程　图 7-13 所示为两级冷却、加热除菌流程图，它是一个比较完善的空气除菌流程图，可适合各种气候条件，能充分地分离油水，使空气达到较低的相对湿度进入过滤器，以提高过滤效率。该流程的特点是两次冷却、两次分离、适当加热。两次冷却、两次分离油水的好处是能提高传热系数，节约冷却用水，油水分离比较完全。经第一级冷却器冷却后，大部分的水和油都已结成较大的雾粒，且雾粒的浓度较大，很适宜用旋风分离器分离。第二级冷却器使空气进一步冷却后析出一部分较小的雾粒，宜采用丝网分离器分离，这样可以发挥丝网能够分离较小直径的雾粒和分离效果好的作用。通常，第一级冷却到 30~35℃，第二级冷却除水后，空气的相对湿度仍为 100%，须用丝网分离器后的加热器加热，将空气中的相对湿度降低至 50%~60%，以保证过滤器正常运行。

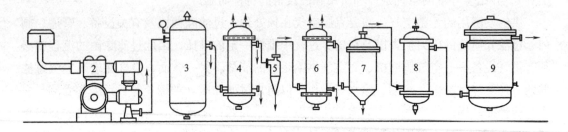

图 7-13　两级冷却、加热除菌流程（引自陈坚等，2003 年）
1—粗过滤器　2—压缩机　3—贮罐　4，6—冷却器
5—旋风分离器　7—丝网分离器　8—加热器　9—过滤器

两级冷却、加热除菌流程尤其适合潮湿地区，其他地区可根据当地的情况，对流程中的设备做适当的增减。

（2）高效前置过滤空气除菌流程　图 7-14 所示为高效前置过滤空气除菌流程图，它采用了高效率的前置过滤设备，利用压缩机的抽吸作用，使空气先经中、高效过滤后，再进入空气压缩机，这样就降低了主过滤器的负荷。经过高效前置过滤后，空气的无菌程度已经相当高，再经冷却、分离，进入主过滤器过滤，就可以获得无菌程度很高的空气，供发酵所用。此流程的特点是采用了高效的前置过滤设备，使空气经过多次过滤，所得的空气无菌程度比较高。

（3）冷热空气直接混合式空气除菌流程　图 7-15 所示为冷热空气直接混合式空气除菌流程，可以看出，压缩空气从贮罐出来后分为两部分，一部分直接进入冷却器，冷却到较低的温度，经分离器分离水和油雾后与另一部分未处理过的高温压缩蒸汽混合，此时混合空气已达到温度 30~35℃、相对湿度 50%~60% 的要求，再进入过滤器过滤。该流程的特点是可省去第二次冷却后的分离设备和空气再加热设备，流程比较简单，利用压缩空气来加热析水后的空气，冷却水量较少。该流程适用于中等湿度地区，但不适合空气含湿量高的地区。

3. 空气过滤除菌的目的

在以上工艺过程中，各种设备主要是围绕两个目的来进行的：一是提高压缩前空气的质量（洁净度）；二是去除压缩空气中所带的油和水。

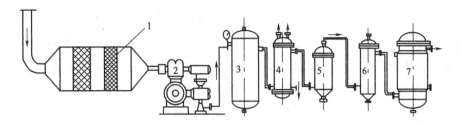

图 7 -14 高效前置过滤空气除菌流程（引自梁世忠，2003 年）

1—高效前置过滤器 2—压缩机 3—贮罐 4—冷却器

5—丝网分离器 6—加热器 7—过滤器

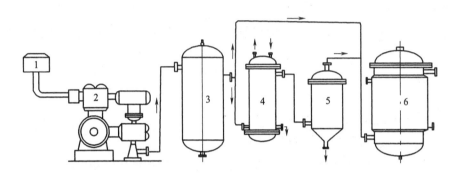

图 7 -15 冷热空气直接混合式空气除菌流程（引自陈坚等，2003 年）

1—粗过滤器 2—压缩机 3—贮罐 4—冷却器

5—丝网分离器 6—过滤器

（1）提高压缩前空气的质量 提高压缩前空气的质量的主要措施是提高空气吸气口的位置和加强吸入空气的压缩前过滤。提高空气吸气口的高度可以减少吸入空气的微生物含量。据报道，吸气口每提高 3.05 m，微生物数量减少一个数量级。为了保护空气压缩机，常在吸气口处设置防止颗粒及杂物吸入的筛网（也可以装在粗过滤器上），以滤去空气中较大的尘埃，减少进入空气压缩机的灰尘和微生物含量，并减轻主过滤器的负荷，提高除菌空气的质量。

（2）除去压缩空气中所带的油和水 空气中的雾滴不仅带有微生物，还会使空气过滤器中的过滤介质受潮而降低除菌效率，以及使空气过滤器的阻力增加。为此，必须设法使进入过滤器的空气保持相对湿度在 50% ~60%。从空气压缩机出来的空气，温度为 120°C（往复式压缩机）或 150°C（涡轮式压缩机），其相对湿度大大降低，如果在此高温下就进入空气过滤器过滤，可以减少压缩空气中夹带的水分，使过滤介质不致受潮。但是，一般的过滤介质耐受不了这样高的温度。因此，压缩空气一般先通过冷却，降低温度，提高空气的相对湿度，使其达到饱和状态并处于露点以下，使其中的水分凝结为水滴或雾沫，从而将它们分离除去。空气通过往复式压缩机的气缸后带来的油雾滴，同样会黏附微生物，降低过滤器的除菌效率及使过滤阻力增大，但通过冷却后可以和水一起分离除去。

（3）空气的加热和贮存气罐　当压缩空气冷却到一定温度，分去油水后，空气的相对湿度仍然为100%，若不加热升温，只要温度稍有降低，水分便会再度析出，使过滤介质受潮而降低或丧失过滤功能。因此，必须将冷却除去水分后的压缩空气加热到一定温度，使其相对湿度降低后才能进入过滤器。一般来说，降温后的温度与升温后的温度相差在10～15℃，即可以保证相对湿度降低至一定水平，满足进入过滤器的要求。为了保证供气的稳定性，需要在过滤器前安装一个空气贮罐。贮气罐的作用除了稳定压力外，还可以使部分液滴在罐内沉降。

除空气预处理外，影响空气除菌效率的重要因素还有空气过滤器的过滤介质及操作。

四、深层过滤效率和对数穿透定律

1. 深层过滤效率

过滤效率就是滤层所滤去的微粒数与原来微粒数的比值，它是衡量过滤器过滤能力的指标：

$$\eta = \frac{N_1 - N_2}{N_1} \qquad (7-14)$$

式中　N_1——过滤前空气中的微粒含量

N_2——过滤后空气中的微粒含量

N_2/N_1——过滤前后空气中的微粒含量比值，即穿透滤层的微粒数与原有微粒数的比值，称为穿透率

实践证明，空气过滤器的过滤效率主要与微粒的大小、过滤介质的种类和规格（纤维直径）、介质的填充密度、介质层厚度以及气流速度等因素有关。

2. 对数穿透定律

研究过滤器的过滤规律时，先排除一些复杂的因素，假定：

（1）过滤器中过滤介质每一纤维的空气流态并不因其他邻近纤维的存在而受影响；

（2）空气中的微粒与纤维表面接触后即被吸附，不再被气流带走；

（3）过滤器的过滤效率与空气中微粒的浓度无关；

（4）空气中的微粒在滤层中均匀递减，即每一纤维薄层除去同样百分率的菌体。这样，空气通过单位滤层后，微粒浓度下降量与进入此介质的空气中的微粒浓度成正比，即：

$$-\frac{dN}{dL} = kN_1 \qquad (7-15)$$

式中　dN/dL——单位滤层所除去的微粒数，个/cm

N_1——进入滤层时空气中的微粒浓度，个/m^3

k——过滤常数（决定于过滤介质的性质和操作情况），cm^{-1}

将式（7-15）整理，积分得：

$$-\frac{dN}{N_1} = kdL \qquad (7-16)$$

$$- \int_{N_1}^{N_2} \frac{\mathrm{d}N}{N_1} = k \int_0^1 \mathrm{d}L \qquad (7-17)$$

$$\ln \frac{N_2}{N_1} = -kL \qquad (7-18)$$

或

$$\log \frac{N_2}{N_1} = -k'L \qquad (7-19)$$

式中　N_2——过滤后空气中的微粒浓度，个/m^3

上式称为对数穿透定律，它表示进入滤层的微粒数与穿透滤层的微粒数之比的对数是滤层厚度的函数。N_2/N_1 称为微粒通过介质的穿透率，以 P 表示，则介质层过滤效率 η 用 $1-P$ 表示。所以，式（7-18）也可写成：

$$\ln P = -kL \qquad (7-20)$$

$$\eta = 1 - P = 1 - 1/e^{kL} \qquad (7-21)$$

式（7-18）中的 k 与很多因素有关，如纤维介质的性质、直径、填充率、气流速度以及菌体大小等，k 值可以从式（7-22）求得：

$$k = \frac{4\eta_s (1+4.5\alpha) \alpha}{\pi d_f (1-\alpha)} \qquad (7-22)$$

式中　η_s——单纤维过滤效率

　　　　α——介质填充率，等于介质层的视密度 γ_b（即单位体积填充层中介质的质量）/介质的真密度 γ_e

　　　　d_f——介质纤维的直径，m

单纤维除菌效率 η_s 受不同气流速度的影响，是各种捕集作用（包括惯性冲击截留、拦截捕集、扩散捕集、重力沉降以及静电吸附）的综合效果：

$$\eta_s = \eta_1 + \eta_2 + \eta_3 + \eta_4 + \eta_5 \qquad (7-23)$$

但实际上，这几个捕集效率中有些还没有可行的理论计算（如静电吸附的捕集效率），具体应用时计算比较困难，因此一般选择特定的条件，从实验求得 k（或 k'）值。

当棉花纤维 $d_f = 16\mu m$、填充系数为 8% 时，测得 k' 值如表 7-9 所示。

表 7-9	棉花纤维的 k' 值					
空气流速/V_0（m/s）	0.05	0.10	0.50	1.0	2.0	3.0
k'/（cm^{-1}）	0.193	0.135	0.1	0.195	1.32	2.55

资料来源：引自高孔荣，1991 年。

采用 $d_f = 14\mu m$、经糠醛树脂处理过的玻璃纤维，以枯草芽孢杆菌做实验，测得 k 值如表 7-10 所示。

表 7-10	14μm 玻璃纤维的 k' 值					
空气流速 V_0/（m/s）	0.03	0.15	0.3	0.92	1.52	3.15
k'/（cm^{-1}）	0.567	0.252	0.193	0.394	1.50	6.05

资料来源：引自高孔荣，1991 年。

对数穿透定律是以四点假定为前提推导出来的。实践证明，对于较薄的滤层是符合实际的，但随着滤层的增加，产生的偏差就大。空气在过滤时，微粒含量沿滤层而均匀递减，故 k' 值为常数。但实际上，当滤层较厚时，递减就不均匀，即 k' 值发生变化，滤层越厚，k' 值变化越大。这说明对数穿透定律不够完善，需要校正。

3. 介质层厚度的计算

根据对数定律式（7 - 17）得：

$$L = \frac{1}{k} \ln \frac{N_1}{N_2} \tag{7 - 24}$$

或

$$L = \frac{1}{k'} \log \frac{N_1}{N_2} \tag{7 - 25}$$

式中的 N_1 可根据进口空气的菌体浓度、空气流量及持续使用时间算出。如空气中的原始菌浓度为 10000 个/m^3，空气流量为 200m^3/min，持续使用 2000h，则 N_1 为 2.4×10^{11} 个菌，N_2 一般可假定为 10^{-3} 个菌，即在规定使用时间内透过一个菌的几率为千分之一，于是 $N_1/N_2 = 2.4 \times 10^{14}$。在设计空气过滤器时，一般常把 $N_1/N_2 = 10^{15}$ 作为设计指标。

4. 过滤压力降

空气通过过滤层需要克服与介质的摩擦而引起的压力降，ΔP 是一种能量损失，损失随滤层的厚度、空气的流速、过滤介质的性质、填充情况而变化，可用式（7 - 26）计算：

$$\Delta P = cL \frac{2\rho V^2 \alpha^m}{\pi d_f} \tag{7 - 26}$$

式中　　L——过滤层厚度，m

　　　　ρ——空气密度，kg/m^3

　　　　α—— 介质填充系数

　　　　V——空气实际在介质间隙中的流速，m/s，$V = V_s/(1 - \alpha)$

　　　　V_s——过滤器空罐空气的流速，m/s

　　　　d_f——介质纤维的直径，m

　　　　m——实验指数，棉花介质 $m = 1.45$，19μm 玻璃纤维介质 $m = 1.35$，8μm 玻璃纤维介质 $m = 1.55$

　　　　c——阻力系数（是 Re 准数的函数）。通过实验得出，当以棉花作过滤介质时，$c \approx 100/Re$，当以玻璃纤维作过滤介质时，$c \approx 52/Re$

由式（7 - 28）可见，过滤常数或过滤效率随介质的填充率及单纤维过滤效率的增加而增加，随纤维直径的增加而下降。然而单纤维过滤效率还会随着气体流速的增加而增加，随纤维直径的增加而减少（式 7 - 21）。由此可见，要用一定高度的介质过滤器取得较大的除菌效率，应选用纤维较细而填充率较大的介质，并采用较大的气流速度。但随着填充率及气流速度的增大及纤维直径的减小，通过介质层的阻力（即压力降）将增加，使空压机的出口压力受到影响。阻力过大，还容易导致介质层被吹翻。而气流速度过大，摩擦过激，则会引起某些介质（如活性炭、棉花等）的焚化。

五、空气过滤除菌常用的过滤介质

过滤介质是过滤除菌的关键，它的好坏不但影响介质的消耗量、动力消耗（压力降）、劳动强度、维护管理等，而且决定设备的结构、尺寸，还关系到运转过程的可靠性。空气过滤介质不仅要求除菌效率高，还要求能用高温灭菌、不易受油水沾污而降低除菌效率以及阻力小、成本低、来源充足、经久耐用及便于调换操作。迄今用得比较多的纤维过滤器是用棉花或玻璃纤维结合活性炭作为过滤介质的过滤器。但这种过滤器存在不少缺点，如设备庞大、介质耗量大、阻力大、更换拆装不方便以及劳动强度大等。近年来很多研究者按不同的作用机制寻求新的过滤介质，并测试其过滤性能，如超细玻璃纤维、其他合成纤维、微孔烧结材料和超滤微孔薄膜等。这些介质正在逐渐取代原有的棉花－活性炭过滤介质而得到应用。下面简要介绍各种过滤介质。

1. 纤维状或颗粒状过滤介质

（1）棉花　棉花是最早使用的过滤介质。棉花随品种的不同，过滤性能有较大的差别，一般宜选用细长纤维且疏松的新棉花或脱脂棉作为过滤介质。棉花纤维的直径一般为 $16 \sim 21 \mu m$。装填时要分层均匀铺放，最后压紧，填充密度一般以 $130 \sim 200 kg/m^3$ 为宜，填充率为 $8.5\% \sim 10\%$。装填均匀是最重要的一点，否则将会丧失过滤效果。

（2）玻璃纤维　玻璃纤维也是一种常用的过滤介质，纤维直径为 $5 \sim 19 \mu m$。一般来说，直径越小，过滤效果越好，但也不能过细，纤维过细，容易折断。填充密度一般为 $130 \sim 280 kg/m^3$，填充率为 $5\% \sim 11\%$。玻璃纤维的阻力损失要比棉花小。其最大的缺点是更换过滤介质时碎末易飞扬，影响操作人员的身体健康。

（3）活性炭　活性炭有非常大的表面积，通过表面物理吸附作用而吸附微生物。活性炭要求质地坚硬，不易压碎，颗粒均匀，装填前应将粉末和细粒筛去。常用小圆柱体的颗粒活性炭，大小为 ϕ（3×10）$\sim$（3×15）mm，密度 $1140 kg/m^3$，填充密度为 $470 \sim 530 kg/m^3$。因其粒子间空隙很大，故阻力很小，仅为棉花的 $1/12$，但它的过滤效率很低，因此常与棉花联合使用，即在两层棉花之间夹一层活性炭，以降低滤层阻力。

纤维状或颗粒状过滤介质的缺点主要是体积大，占用空间大，操作困难，装填介质时费时费力，介质装填的松紧程度不易掌握，空气压降大，介质灭菌和吹干耗用大量蒸汽和空气。

2. 纸类过滤介质

（1）超细玻璃纤维纸　它是利用质量较好的无碱玻璃采用喷吹法制成直径很小的纤维（$\Phi 1 \sim 1.5 \mu m$），由于纤维特别细小，故不宜散装填充，而采用造纸的方法制作成 $0.25 \sim 1 mm$ 厚的纤维纸。应用时一般需将 $3 \sim 6$ 张滤纸叠在一起使用。玻璃纤维纸很薄，纤维间的孔隙为 $0.5 \sim 5 \mu m$，是棉花的 $1/15 \sim 1/10$，厚度为 $0.25 \sim 0.4 mm$，堆积密度为 $384 kg/m^3$，填充率为 14.8%。超细玻璃纤维纸的过滤效率高，对于 $> 0.3 \mu m$ 的颗粒的去除率为 99.99% 以上，同时阻力比较小，压降较小。超细玻璃纤维过滤纸属于高速过滤介质，气流速度提高，有利于过滤，故在生产上采用的气速超过临界气速，以获得较高的过滤效率。

超细玻璃纤维纸的一个最大缺点就是抗湿性能差，一旦滤纸受潮，其强度和过滤效率就会明显下降。目前研制成的 JU 型除菌滤纸，是在制纸过程中加入适量的疏水剂，起到抗油、抗水和蒸汽的作用。另外这种滤纸还具有不怕折叠以及过滤阻力低等优点。

（2）微孔滤膜类过滤介质　微孔滤膜类过滤介质的空隙小于 $0.5\mu m$，甚至小于 $0.1\mu m$，能将空气中细菌真正滤去，即绝对过滤。绝对过滤易于控制过滤后的空气质量，节约能量和时间，操作简便。这一类介质包括纤维素酯微孔滤膜、聚四氟乙烯微孔滤膜等。

（3）石棉滤板　它是采用 20% 纤维小而直的蓝石棉和 8% 的纸浆纤维混合打浆制成。由于纤维直径比较粗，纤维间隙较大，虽然滤板较厚（3～5mm），但过滤效率还是比较低，只适宜用于分过滤器。其特点是湿强度较大，受潮时不易穿孔或折断，能承受蒸汽反复杀菌，使用时间较长。

（4）烧结材料过滤介质　烧结材料过滤介质的种类繁多，有烧结金属（蒙乃尔合金、青铜等）、烧结陶瓷、烧结塑料等。制造时将这些材料的粉末加压成型，然后使其在熔点温度下黏结固定。因此只是粉末表面熔融黏结而保持粒子的空间和间隙，形成了微孔通道，具有微孔过滤的作用。

3. 新型过滤介质

随着科学技术的不断发展以及对发酵生产无菌的要求越来越严格，目前已研制成功了一些新型的过滤介质。超滤膜便是其中之一。超滤膜的微孔直径只有 $0.1～0.45\mu m$，因此能有效地除去一般的菌体微粒，但还不能阻截病毒、噬菌体等更小的微生物。使用超滤膜时必须同时使用粗过滤器，目的是先把空气中的大颗粒固体除去，减轻超滤膜的负荷，防止大颗粒堵塞滤孔。当然，这种过滤膜对空气的阻力也是相当大的，同时这种膜的生产也比较困难，目前仅处于研究试验阶段。

总之，各种过滤介质的性能很少尽善尽美，这还有待于进一步研究和改善，创造出各种更多更新的高效率过滤介质。在以上介绍的各种空气过滤介质中，棉花和活性炭一般用于总过滤器和分过滤器，活性炭还可作为一级过滤介质，超细玻璃纤维纸和石棉滤板一般用于分过滤器。

4. 提高过滤除菌效率的措施

由于目前所采用的过滤介质均需要在干燥的条件下才能进行除菌，因此需要围绕介质来提高除菌效率。提高除菌效率的措施主要有：

（1）设计合理的空气预处理设备，选择合适的空气净化流程，以达到除油、水和杂质的目的。

（2）设计和安装合理的空气过滤器，选用除菌效率高的过滤介质，如采用绝对过滤介质。

（3）保证进口空气清洁度，减少进口空气的含菌数。具体方法包括：加强生产场地的卫生管理，减少生产环境空气中的含菌数；正确选择进风口，压缩空气站应设上风口；提高进口空气的采气位置，减少菌数和尘埃数；加强空气压缩前的预处理。

（4）降低进入空气过滤器的空气的相对湿度，保证过滤介质能在干燥状态下工作。具体方法包括：使用无润滑油的空气压缩机；加强空气冷却和去油去水；提高进入过滤器的空气的温度，降低其相对湿度。

第三节　发酵过程中氧的需求与供给

目前，大多数的工业发酵属于好氧发酵，在发酵过程中需要不断地向发酵罐中供给足够的氧气，以满足微生物生长代谢的需求。在实验室，可以通过摇床的摇动，使空气中的氧气通过气液界面进入摇瓶发酵液中，而中试规模和生产规模的发酵过程则需要向发酵罐中通入无菌空气，并同时进行搅拌，为微生物提供生长代谢所需的溶解氧。在各种产品的发酵生产过程中，随着生产能力的不断提高，微生物的需氧量也不断增加，对发酵设备供氧能力的要求也愈来愈高。溶解氧浓度已成为发酵工业中提高生产能力的限制因素。所以，处理好发酵过程中供氧和需氧之间的关系，是研究最佳发酵工艺条件的关键因素之一。

一、发酵过程中氧的需求

（一）微生物对氧的需求

氧是构成微生物细胞本身及其代谢产物的组分之一。微生物细胞必须利用分子态的氧作为呼吸链电子传递系统末端的电子受体，最后与氢离子结合生成水。同时，氧在呼吸链的电子传递过程中可释放大量的能量，供细胞生长和代谢使用。在好氧发酵中，微生物对氧的浓度有一个最低要求，满足微生物呼吸的最低氧浓度称作临界溶氧浓度（critical value of dissolved oxygen concentration），用 $c_{临界}$ 表示。表 7 - 11 所示为几种微生物的临界氧浓度值。

表 7 - 11　　几种微生物的临界氧浓度

微生物名称	温度/℃	$c_{临界}$/（mol/L）
固氮菌	30	0.018 ~ 0.019
大肠杆菌	37.8	0.0082
	15	0.0031
黏性沙雷氏菌	31	0.015
	30	0.009
酵母	34.8	0.0046
	20	0.0037
橄榄型青霉菌	24	0.022
	30	0.009
米曲霉	30	0.02

在 $c_{临界}$ 以下，微生物的呼吸速率随溶解氧浓度降低而显著下降。一般好氧微生物 $c_{临界}$ 很低，为 0.003 ~ 0.05mmol/L，需氧量一般为 25 ~ 100mmol/（L·h）。其 $c_{临界}$ 大约是氧饱和溶解度的 1% ~ 25%。当不存在其他限制性基质时，溶氧高于 $c_{临界}$，细胞的比耗氧速率保持恒定；如果溶氧低于 $c_{临界}$，细胞的比耗氧速率就会大大下降，细胞处于半厌氧状态，代谢活动受到阻碍。培养液中维持微生物呼吸和代谢所需的氧，保持供氧与耗氧的平衡，

才能满足微生物对氧的利用。液体中的微生物只能利用溶解氧，气液界面处的微生物还能利用气相中的氧，故强化气液界面也将有利于供氧。

微生物的好氧量常用呼吸强度和好氧速率两种方法表示：

（1）呼吸强度（Q_{o_2}）　呼吸强度即单位质量的菌体每小时消耗氧的量，单位 mmol（O_2）／［g（干菌体）·h］。

（2）耗氧速率（γ）　耗氧速率即单位体积培养液每小时消耗氧的量，单位 mmol（O_2）／（L·h）。

呼吸强度可以表示微生物的相对吸氧量，但是，当培养液中有固体成分存在时，测定起来有困难，这时可用耗氧速率来表示。微生物在发酵过程中的耗氧速率取决于微生物的呼吸强度和单位体积菌体浓度。

呼吸强度和好氧速率之间的关系如下：

$$\gamma = Q_{o_2} X \qquad\qquad\qquad (7-27)$$

式中　X——菌体浓度，kg 干重/m^3

从式（7-27）可知，微生物在发酵过程中的耗氧速率取决于微生物的呼吸强度和单位发酵液的菌体浓度，而菌体呼吸强度又受到菌龄、菌种性能、培养基及培养条件等诸多因素的影响。

（二）影响微生物耗氧的因素

分批培养过程中细胞好氧的规律如图7-16所示。在培养初期，呼吸强度 Q_{o_2} 逐渐增加，此时菌体浓度很低。在对数生长期初期呼吸强度达到最大，但此时菌体浓度还较低，摄氧率并不高。随着菌体浓度的增加，培养液的摄氧数量迅速增高，在对数生长期达到最大值。在对数生长期末期，由于培养基中营养物质的消耗以及培养装置氧传递能力的限制，呼吸强度下降，虽然此时细胞浓度仍在增加，但其活力已经下降。培养后期，因基质耗尽，细胞自溶，呼吸强度进一步下降，摄氧率也随之迅速降低。

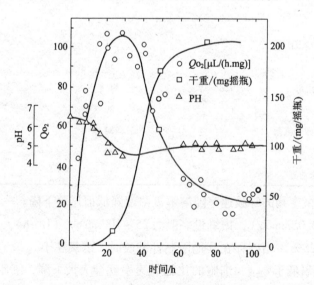

图7-16　疣孢漆斑菌（*Myrothecium verrucaria*）在分批培养过程中呼吸强度的变化

（引自虞龙江，2006 年）

以上适合呼吸强度的一般规律，这一规律受到以下因素的影响和限制：

1. 微生物本身遗传特性的影响

不同种类的微生物的耗氧量不同，一般为 $25 \sim 100$ mmol（O_2）/（L·h），但也有少数微生物很高。同一微生物的耗氧量，随着菌龄和培养条件不同而异，一般幼龄菌生长旺盛，其呼吸强度也大。但是种子培养阶段由于菌体浓度较低，总的耗氧率也低。菌龄较大的呼吸强度弱，但是在发酵阶段，由于菌体浓度较高，耗氧量大。

2. 培养基的组成

培养基的成分和组成显著地影响着微生物的摄氧速率，特别是碳源成分，好氧速率由大到小依次为油脂 > 葡萄糖 > 蔗糖 > 乳糖。一般来说，需氧量随着碳源浓度的增加而增加。在发酵过程中如果进行补料或加糖，会使微生物的摄氧速率增加。例如，在链霉素发酵 70 h 后补加糖、氮前，摄氧速率为 34.3×10^{-3} mol/（$m^3 \cdot s$），补料后 78 h 测得的摄氧速率为 40.9×10^{-3} mol/（$m^3 \cdot s$），92h 后下降到（$15 \sim 20$）$\times 10^{-3}$ mol/（$m^3 \cdot s$）。表 7 - 12 所示为不同碳源对青霉素摄氧率的影响。

表 7 - 12　　　　　　　　　不同碳源对青霉素摄氧率的影响[1]

有机物	摄氧率增加/%	有机物	摄氧率增加/%
葡萄糖	130	蔗糖	45
麦芽糖	115	甘油	40
半乳糖	115	果糖	40
纤维糖	110	乳糖	30
半乳糖	80	木糖	30
糊精	60	鼠李糖	30
乳酸钙	55	阿拉伯糖	20

注：①表中数值为与内源呼吸比较增加的百分数，内源呼吸为 100% 。

资料来源：引自曹军卫等，2002 年。

3. 发酵条件

pH、温度通过影响酶活性而影响菌体细胞的好氧，而且温度还影响发酵液中的溶氧浓度，温度增高溶氧浓度下降。一般来说，温度越高，营养成分越丰富，其呼吸强度的临界值也相应增加。当 pH 为最适 pH 时，微生物的需氧量也最大。

4. 代谢类型

若产物是通过三羧酸循环获取的，则呼吸强度高，耗氧量大，如谷氨酸、天冬氨酸的生产。若产物是通过糖酵解途径获取的，则呼吸强度低，耗氧量小，如苯丙氨酸、缬氨酸、亮氨酸的生产。

二、发酵过程中氧的供给

好氧微生物生长和代谢均需要氧气，因此供氧必须满足微生物在不同阶段的需要。由于各种好氧微生物所含的氧化酶系（如过氧化氢酶、细胞色素氧化酶、黄素脱氢酶、多酚氧化酶等）的种类和数量不同，在不同的环境条件下，各种不同微生物的吸氧量或呼吸强度是不同的。因此，在发酵生产中，供氧的多少应根据不同的菌种、发酵条件和发酵阶段等具体情况决定。需要指出的是，发酵过程中不需要使溶氧浓度达到或接近其饱和值，只要将溶氧水平控制在临界氧浓度以上，就可避免细胞因供氧不足发生代谢异常，也可避免过度的供氧引起的能量消耗和对细胞可能的伤害。

另一方面，由于微生物在细胞生长阶段和产物合成阶段对氧的需求是不同的，因此需要适时和适量地给细胞提供氧气，如采用分阶段控制溶氧的策略，以获得高生物量和高产物合成水平的统一。例如，谷氨酸发酵的菌体生长期，希望糖的消耗最大限度地用于合成菌体，而在谷氨酸生产期，则希望糖的消耗最大限度地用于合成谷氨酸。因此，在菌体生长期，供氧必须满足菌体呼吸的需氧量以获得较高的生物量。但是，供氧并非越大越好，当供氧满足菌体需要，菌体的生长速率达最大值，如果再提高供氧，不但不能促进菌体生长，造成能源浪费，而且高氧水平会抑制菌体生长。

由于空气中的氧在发酵液中的溶解度很低，所以发酵工业中给发酵液通气时，空气中氧的利用率很低。例如，在抗生素发酵过程中，被微生物利用的氧不超过空气中含氧量的2%；在谷氨酸发酵过程中，氧的利用率有10%~30%。所以，大量经过净化的无菌空气因无法溶解而被浪费掉。所以，必须设法提高传氧效率，降低空气的消耗量、设备费用以及动力消耗，同时减少泡沫形成和染菌的机会，增加设备的利用率。

（一）氧在溶液中的传递

1. 氧传递的阻力

在需氧发酵过程中，气态氧必须先溶解于培养液中，然后才可能传至细胞表面，再经过简单的扩散作用进入细胞内，参与菌体内的氧化等生物化学反应。氧的这一系列传递过程需要克服供氧和需氧方面的各种阻力才能完成，这些阻力主要有以下几种（图 7-17）：

①气膜传递阻力（$1/K_g$）：气体主流及气液界面间的气膜传递阻力，与通气情况有关；

②气液界面传递阻力（$1/K_I$）：只有具备高能量的氧分子才能透到液相中去，而其余的则返回气相；

③液膜传递阻力（$1/K_L$）：从气液界面至液体主流间的液膜阻力，与发酵液的成分和浓度有关；

④液相传递阻力（$1/K_{LB}$）：液相传递阻力也与发酵液的成分和浓度有关，它通常不作为一项重要的阻力；

⑤细胞或细胞团表面的液膜阻力（$1/K_{LC}$）：与发酵液的成分和浓度有关；

⑥固液界面传递阻力（$1/K_{IS}$）：与发酵液的特性及微生物的生理特性有关；

⑦细胞团内的传递阻力（$1/K_A$）：该阻力与微生物的种类、生理特性状态有关，单细胞的细菌和酵母不存在这种阻力，对于菌丝这种阻力最为突出；

⑧细胞膜和细胞壁阻力（$1/K_W$）：与微生物的生理特性有关；

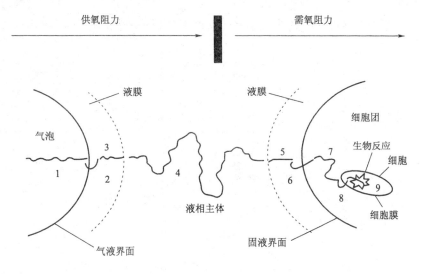

图7-17 氧传递过程中各种阻力示意图（引自俞俊棠等，1997年）

⑨细胞内反应阻力（$1/K_R$）：是指氧分子与细胞内呼吸酶系反应时的阻力，与微生物的种类和生理特性有关。

在这些阻力中，①~④项是供氧方面的氧传递阻力，⑤~⑨项是需氧方面的阻力。各种阻力的相对大小取决于流体力学特性、温度、细胞的活性和浓度、液体的组成、界面特性等因素。当细胞以游离状态存在于液体中时，阻力⑦消失；当细胞吸附在气液界面上时，阻力④、⑤、⑥、⑦消失。

氧从空气泡到达细胞的总传递阻力（$1/Kt$）为上述各个阻力之和，即：

$$1/K_t = 1/K_g + 1/K_I + 1/K_L + 1/K_{LB} + 1/K_{LC} + 1/K_{IS} + 1/K_A + 1/K_W + 1/K_R \qquad (7-28)$$

氧在传递过程中，需要损失推动力以克服上述阻力。传递过程的总推动力就是气相与细胞内的氧分压差和浓度差。当氧的传递达到稳定状态时，总的传递速率与串联的各步传递速率相等，这时通过单位面积的传递速率为：

$$n_{O_2} = \frac{推动力}{阻力} = \frac{\Delta p_i}{1/K_i} \qquad (7-29)$$

式中　nO_2——氧的传递通量，$mol/(m^3 \cdot s)$

　　　Δp——各阶段的推动力（氧分压），Pa

　　　$1/K_i$——各阶段的传递阻力，$N \cdot s/mol$

由于氧是难溶于水的气体，所以在供氧方面液膜是一个可控制过程，即$1/K_L$是比较显著的。液相主体和细胞壁上氧的浓度相差很小，也就是说氧通过细胞周围液膜的阻力是很小的，但此液膜阻力是随细胞外径的增加而增大的。在有搅拌的情况下，菌丝体结团的现象很少，液体和菌丝间的相对运动增加，减少了膜厚，因此也减少了阻力。通常，需氧方面的阻力主要来自菌丝细胞团和细胞壁的阻力，即$1/K_A$和$1/K_W$。搅拌可以减少逆向扩散的梯度，因此也可以降低这方面的阻力。

综上所述，氧传递过程中的主要阻力存在于气膜和液膜中，气液界面附近的氧分压或溶解氧浓度变化情况如图 7 – 18 所示。因此，工业上通常将通入培养液的空气分散成细小的泡沫，尽可能增大气液两相的接触面和接触时间，以促进氧的溶解。

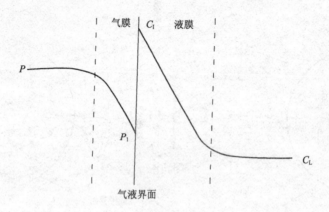

图 7 – 18　气液界面附近的氧分压或溶解氧浓度的变化（引自俞俊棠等，1997 年）

p—气相中氧的分压　p_1—气膜中氧的分压　C_L—液膜中的溶氧浓度　C_L—溶液主流中的溶氧浓度

2. 氧传递方程

微生物发酵过程中，通入发酵罐内的氧不断溶解于培养液中，以供菌体细胞代谢之用。这种由气态氧转变成溶解态氧的过程与液体吸收气体的过程相同，所以可用描述气体溶解于液体的双膜理论的传质公式表示：

$$N = K_L a \cdot (C^* - C_L) \tag{7 – 30}$$

或

$$N = K_G a \cdot (p - p^*) \tag{7 – 31}$$

式中　N——氧的传递速率，mol/（m^3·s）

C^*——溶液中溶氧饱和浓度，mol/m^3

C_L—— 溶液主流中的溶氧浓度，mol/m^3

p——气相中氧的分压，Pa

p^*——与液相中氧浓度 c 平衡时的氧分压，Pa

K_L——以浓度差为推动力的氧传质系数，m/s

a—— 比表面积（单位体积溶液中所含有的气液接触面积，m^2/m^3；因为很难测定，所以将 $K_L a$ 当成一项，称为液相体积氧传递系数，s^{-1}

$K_G a$——以分压差为推动力的体积溶氧系数，mol/（m^3·s·Pa）

（二）影响供氧的因素

在氧的传递过程中，主要阻力在于气液间的传递过程。根据气液传递速率方程（7 – 32）：

$$N = K_L a \cdot (C^* - C_L) \tag{7 – 32}$$

可知，凡影响推动力 $C^* - C_L$、比表面积和传递系数（或统称 $K_L a$）的因素都会影响氧传递速率，从而影响到供氧。

1. 影响氧传递推动力的因素

（1）提高 C^*　由于氧在溶液中的饱和浓度受到温度、培养基组成以及氧分压的影响，

因此要想提高 C^* 就得降低培养温度或培养基中营养物质的含量，或提高发酵罐内的氧分压（即提高罐压），但这几种方法的实施均有较大的局限性。因为培养基的组成和温度是依据生产菌株的生理特性和生物合成代谢产物的需要确定的，不可任意改变。采用提高分压的方法，一是提高发酵罐压力，二是向发酵罐中通入纯氧。提高罐压会减小气泡体积，减少气液接触面积，影响氧的传递速率。但是增加罐压虽然提高了氧分压，但其他气体成分，如二氧化碳的分压也将同时增加，由于二氧化碳的溶解度比氧大得多，因此，增加罐压不利于液相中溶解的二氧化碳排出，所以增加罐压有一定的限度。通入纯氧能显著提高发酵液中的溶氧浓度，但此种方法既不经济也不安全，同时易出现微生物氧中毒的现象。

（2）降低发酵液中的 C_L　可采取减少通气量或降低搅拌转速等方式来降低 $K_L a$，使发酵液中的 C_L 降低。但发酵液中的 C_L 不能低于 $C_{临界}$，否则就会影响微生物的呼吸。

2. 影响 $K_L a$ 的因素

研究表明，影响发酵设备 $K_L a$ 的因素有搅拌效率、空气流速、发酵液的物理化学性质、泡沫状态、空气分布器和发酵罐结构等。各种关系可用式（7-33）表示：

$$K_L a = K \left[(P/V)^\alpha \cdot (v_s)^\beta \cdot (\eta_{app}) - \omega \right] \tag{7-33}$$

式中　P/V——单位体积发酵液实际消耗的功率（指通气情况下），kW/m^3

　　　　v_s—— 罐体垂直方向的空气线速度，m/h^3

　　　　η_{app}——发酵液表观黏度，$Pa \cdot s$

　α，β，ω——指数，与搅拌器和空气分布器的形式有关，一般通过试验测定

　　　　K——经验常数

（1）搅拌对 $K_L a$ 的影响　好氧发酵罐中搅拌的作用是把引入发酵液的空气分散成小气泡，增加气液接触面积，强化流体的湍流程度，使空气与发酵液充分混合，气、液、固三相更好地接触，一方面增加溶氧速率，另一方面使微生物悬浮液混合一致，促进代谢产物的传质速率。采用机械搅拌是提高溶氧系数的行之有效的方法，它能从以下几个方面改善溶氧速率：①搅拌能把大的空气泡打碎成为微小气泡，增加了氧与液体的接触面积，而且小气泡的上升速度要比大气泡慢，相应地，氧与液体的接触时间也就延长；②搅拌使液体做涡旋运动，使气泡不是直线上升而是螺旋运动上升，延长了气泡的运动路线，增加了气液的接触时间；③搅拌使发酵液呈湍流运动，从而减少气泡周围液膜的厚度，减少液膜阻力，因而增大了 $K_L a$ 值；④搅拌使菌体分散，避免结团，有利于固液传递中接触面积的增加，使推动力均一，同时也减少了菌体表面液膜的厚度，有利于氧的传递。

当流体处于湍流状态时，单位体积发酵液实际消耗的搅拌功率才能作为搅拌程度的可靠指标。试验测得式（7-33）中 α 值为 $0.75 \sim 1.0$。

在搅拌的情况下，当发酵液达到完全湍流（即雷诺准数 $Re > 10^5$ 时），此时的搅拌功率 P 为：

$$P = K \cdot d^5 \cdot n^3 \cdot \rho \tag{7-34}$$

式中　d—— 搅拌器直径，m

　　　　n——搅拌器转速，r/min

ρ——发酵液密度，kg/m^3

P——搅拌功率，kW

K——经验常数，随搅拌器形式而改变，一般由试验测定

式（7-34）是在不通气和具有全挡板条件下的搅拌功率计算公式，当发酵液中通入空气后，由于气泡的作用而降低了发酵液的密度和表观黏度，所以通气情况下的搅拌功率仅为不通气时所消耗搅拌功率的 30% ~ 60%。

表7-13列出某些微生物发酵时不同搅拌转速对 K_La、摄氧率和饱和溶氧浓度 C^* 的影响。由表中可知搅拌转速对 K_La 和摄氧率均有一定的影响，但对 C^* 的影响不大。

表7-13　几种微生物在不同搅拌转速下发酵时的 K_La、摄氧率和饱和溶氧浓度 C^*（罐压一定）

发酵微生物	搅拌器转速 / (r/min)	通气量 / [L/ (L·min)]	K_La / (1/h)	摄氧率 / [mg/ (L·h)]	C^* / (mg/h)
卵状假单胞菌	300	1.0	95	288	5.9
(*P. ovalis*) 1486	500	1.0	153	360	5.9
	700	1.0	216	432	5.9
啤酒酵母 3132	300	1.0	90	576	6.7
	500	1.0	169	720	6.7
	700	1.0	216	864	6.7
黑曲霉 A588NCIM	300	1.0	90	288	5.0
	500	1.0	126	360	5.0
	700	1.0	206	576	5.0

（2）空气流速　由式（7-33）看出，K_La 随着空气流速的增加而增加，随搅拌形式的不同，指数 β 为 0.4 ~ 0.72。当增加通风量时，空气流速增加，从而增大了溶氧；但另一方面，增加风量，在转速不变的情况下，功率会降低，又会使溶氧系数降低。同时，流速过大时，会发生"过载"现象，此时桨叶不能打散空气，气流形成大气泡在轴的周围逸出，使搅拌效率和溶氧速率都大大降低。因而，单纯增大通风量来提高溶氧系数并不一定得到好的效果。

（3）发酵液性质　由式（7-33）可知，K_La 与发酵液的表观黏度 η_{app} 成反比，说明发酵液的流变学性质能够显著影响 K_La。在发酵过程中，由于微生物的生长繁殖和代谢活动，必然会引起发酵液物理化学性质发生改变，特别是黏度、pH、极性、表面张力、离子浓度等，从而影响气泡的大小、稳定性和氧的传递效率。此外，发酵液黏度的改变还会通过影响液体的湍动性以及界面和液膜阻力来影响溶氧传递效率。

例如，发酵液中菌体浓度的增加会使 K_La 变小，图7-19所示为黑曲霉菌丝浓度与 K_La 的关系。其原因是丝状菌的菌体浓度增加会使发酵液黏度增加，致使 K_La 值降低，进而导致菌体的氧吸收速率下降。

由于消泡用的油脂是具有亲水端和疏水端的表面活性剂，加入发酵液后分布在气液界

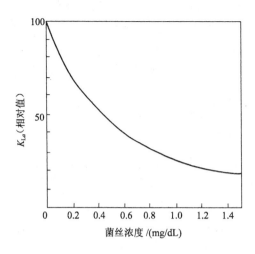

图 7-19　黑曲霉菌丝浓度与 K_La 的关系（引自俞俊棠等，1997）

面，会增大传质阻力，使 K_La 下降。另外，有些有机物质如蛋白胨也能降低 K_La 值，如在水中加入 10g/L 的蛋白胨时会将 K_La 值减少到原来的 40% 左右，同时气泡直径减少 15% 左右。但某些少量的醇、酮和酯反而会使 K_La 值提高，如将 0.02g/L 的这些物质加入水中，能使 K_La 值增加 50% ~ 100%。其原因是气泡直径减小导致气液接触面积 a 增加，虽然 K_L 值有所降低，但总的 K_La 值仍然是增大的。

　　另外，发酵液的离子强度也会影响 K_La 值。在电解质溶液中生成的气泡比在水中小得多，因而有较大的比表面积。同一气液接触反应器中，相同的操作条件下，电解质溶液的 K_La 值比水大，而且随电解质浓度的增加，K_La 也有较大的增加。从图 7-20 可以看出，当盐浓度达到 5g/L 时，电解质溶液的 K_La 就开始表现出比水大的趋势。盐浓度在 50g/L 以上时，K_La 迅速增加。一些有机溶剂如丙酮、乙醇、甲醇等也有类似的现象。

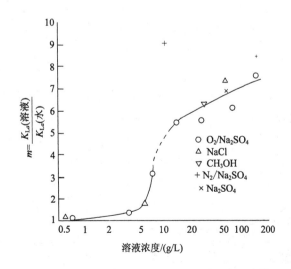

图 7-20　电解质溶液浓度对 K_La 值的影响（引自俞俊棠等，1997 年）

（4）空气分布器形式和发酵罐结构的影响　在需氧发酵中，除用搅拌将空气分散成小气泡外，还可用鼓泡来分散空气，提高通气效率。研究指出，环状鼓泡器的直径应小于搅拌器的直径，这是因为当环状鼓泡器的直径大于搅拌器直径时，大量的空气未经搅拌器的分散而沿罐壁逸出液面，导致空气分散效果很差。一般来说，体积较大的发酵罐氧利用率较高，这是因为当增加发酵罐的高度时，能够增加气液接触时间，提高了氧的溶解度。在几何形状相似的条件下，较大发酵罐的氧利用率可达 7% ~ 10%，而体积较小的发酵罐氧利用率只能达到 3% ~ 5%。

三、发酵过程中溶氧的控制

发酵液的溶氧浓度是由供氧和需氧两方面所决定的。也就是说，当发酵的供氧量大于需氧量，溶氧就上升，直到饱和；反之就下降。因此，要控制好发酵液中的溶氧，需要从这两方面着手。

在供氧方面，主要是设法提高氧传递的推动力和液相体积氧传递系数 $K_L a$ 值。结合生产实际，在可能的条件下，采取适当的措施来提高溶氧，如调节搅拌转速或通气速率来控制供氧。

发酵液的需氧量受菌体浓度、基质的种类和浓度以及培养条件等因素的影响，其中以菌体浓度的影响最为明显。发酵液的摄氧速率（OUR）是随菌体浓度增加而按比例增加，但传氧速率（OTR）是随菌体浓度以对数关系减少，因此可以控制菌的比生长速率比临界比生长速率（菌株维持具有较高产物合成酶活性的"壮年"细胞占优势都必须满足一个最低比生长速率，低于它，老龄细胞将逐渐占优势，致使产物合成能力下降。这一最低比生长速率就称临界比生长速率，以 $\mu_{临}$ 表示）略高一点的水平，达到最适菌体浓度，菌体的生产率最高。这是控制最适溶氧浓度的重要方法。最适菌体浓度既能保证产物的比生产速率维持在最大值，又不会使需氧大于供氧。控制最适的菌体浓度可以通过控制基质的浓度来实现，例如青霉素发酵，就是通过控制补加葡萄糖的速率达到最适菌体浓度。现已利用敏感型的溶氧电极传感器来控制青霉素发酵，利用溶氧的变化来自动控制补糖速率，间接控制供氧速率和 pH，实现菌体生长、溶氧和 pH 三位一体的控制体系。

除控制补料速度外，在工业上，还可采用调节温度（降低培养温度可提高溶氧浓度）、液化培养基、中间补水、添加表面活性剂等工艺措施来改善溶氧水平。表 7 – 14 所示为几种控制溶氧方法的比较。

表 7 – 14		几种主要控制溶氧方法的比较				
方法	作用于	投资	运转成本	效果	对生产的作用	备注
气体成分	C^*	中到低	高	高	好	高氧浓度易爆，不安全
搅拌转数	$K_L a$	高	低	高	好	在一定范围内
挡板	$K_L a$	中	低	高	好	引进设备
通气速率	$K_L a$	低	低	低	—	可能引起泡沫

续表

方法	作用于	投资	运转成本	效果	对生产的作用	备注
罐压	C^*	中到高	低	中	好	对罐体强度要求高
基质浓度需求		中	低	高	不一定	影响慢
温度要求	C^*	低	低	变化	不一定	不常用
表面活性剂	$K_L a$	低	低	变化	不一定	需试验测定

　　在发酵过程中，有时出现溶氧明显降低或明显升高的异常变化，常见的是溶氧下降。造成异常变化的原因有两方面：耗氧或供氧出现了异常因素或发生了障碍。据已有资料报道，引起溶氧异常下降，可能有下列几种原因：① 污染好气性杂菌，大量的溶氧被消耗掉，可能使溶氧在较短时间内下降到零附近，如果杂菌本身耗氧能力不强，溶氧变化就可能不明显；② 菌体代谢发生异常现象，需氧要求增加，使溶氧下降；③ 某些设备或工艺控制发生故障或变化，也可能引起溶氧下降，如搅拌功率消耗变小或搅拌速度变慢，影响供氧能力，使溶氧降低。又如消泡剂因自动加油器失灵或人为加量太多，也会引起溶氧迅速下降。其他影响供氧的工艺操作，如停止搅拌、闷罐（罐排气阀封闭）等，都会使溶氧发生异常变化。

　　由上可知，从发酵液中的溶氧变化就可以了解微生物生长代谢是否正常、工艺控制是否合理、设备供氧能力是否充足等问题，帮助我们查找发酵不正常的原因和控制好发酵生产。

第八章 发酵生产的设备

发酵设备是发酵工厂中最基本的设备，也是生物技术产品能否实现产业化的关键装置。目前对发酵罐的定义是能够提供可控的环境，以满足细胞正常生长和生物合成的装置。由于微生物的生长和代谢需要一定的条件，如适宜的温度、pH 和溶氧浓度，因此，发酵设备必须具备微生物生长和代谢的基本条件，如需要维持合适的培养温度，有良好的热交换性能以适应灭菌操作，以及高效的混合和搅拌装置。同时，为了操作简单、获得纯种培养和高产量，发酵罐还必须具有严密的结构、良好的液体混合性能、高的传质和传热速率，并且结构应尽可能简单，便于灭菌和清洗。另外，还应包括可靠、节能的灭菌装置以及检测和控制仪表。

由于微生物代谢分厌氧和好氧两大类，故发酵设备可分为厌氧发酵设备和好氧发酵设备。厌氧发酵需要与空气隔绝，在密闭不通气的条件下进行，设备简单，种类少，酒精、啤酒和丙酮等属于厌氧发酵产品；好氧发酵需要空气，在发酵过程中需不断通入无菌空气，设备种类较多，谷氨酸、柠檬酸、抗生素和酶制剂等属于好氧发酵产品。

自 20 世纪 40 年代中期青霉素实现工业化生产（液体深层发酵）以来，工业发酵进入了崭新的时期。发酵罐的生产已由越来越多的专业公司将其系列化、规范化，其体积范围较大，实验室规模大多为 5 ~ 100L，中试规模大多为 50 ~ 1000L，生产工厂一般在 5000L以上。目前，发酵生产存在的问题主要是发酵产率低、能耗高、自动化控制水平低。前两者除发酵控制因素外，都与目前生产使用的传统发酵装置有关。因此，发酵罐的优化设计、合理造型、放大和最佳控制条件的确定是发酵工程开发的关键环节。近年来，随着生化工程和化学工程的迅速发展，国内外出现了许多新型发酵设备，包括传统机械搅拌罐的改进以及一些全新构造的发酵装置的出现。

微生物发酵体系是一个非常复杂的多相共存的动态系统，为了了解菌种在发酵过程中所表现出来的生理和生化特性，就需要对发酵过程参数进行检测和控制，以有效地提高发酵水平。利用计算机技术来实现发酵系统的在线检测和自动控制已成为目前发酵工程控制的发展方向，并已成功应用于某些发酵产品的工业生产。

第一节 厌氧发酵设备

厌氧发酵也称静止培养，因其不需供氧，所以设备和工艺都较好氧发酵简单。严格的厌氧液体深层发酵的主要特点是排除发酵罐中的氧。罐内的发酵液应尽量装满，以便减少上层气相的影响，有时还需充入非氧气体。发酵罐的排气口要安装水封装置，培养基应预先还原。此外，厌氧发酵需使用大剂量接种（一般接种量为总操作体积的 10% ~ 20%），使菌体迅速生长，减少其对外部氧渗入的敏感性。酒精、丙酮、丁醇、乳酸、葡萄酒和啤酒等都是采用液体厌氧发酵工艺生产。本节主要以具有代表性的厌氧发酵设备——酒精发酵罐和葡萄酒发酵罐为例对厌氧发酵设备的结构和工艺要求进行介绍。

一、酒精发酵罐

酵母将糖发酵生成酒精，欲获得较高的转化率，除满足酵母生长和代谢的必要工艺条件外，还需要及时清除发酵过程中产生的热量，这是因为在生化反应过程中将释放出一定数量的生物热，若该热量不能被及时移走，必将直接影响酵母的生长和代谢产物的转化率。因此，酒精发酵罐的结构必须首先满足上述工艺条件。同时，为了提高生产效率，从结构上还应考虑有利于发酵液的排出，设备的清洗、维修以及设备制造安装方便等问题。

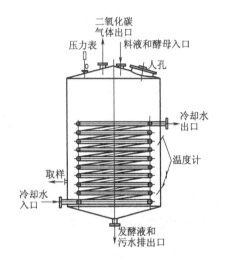

图 8 - 1　酒精发酵罐
（引自高孔荣等，2001）

在酒精发酵过程中，为了回收二氧化碳气体及其所带出的部分酒精，发酵罐一般为密闭的圆柱形立式金属筒体，如图 8 - 1 所示。底盖和顶盖均为碟形或锥形。罐顶装有废气回收管、进料管、接种管、压力表、各种测量仪表接口管及供观察清洗和检修罐体内部的人孔等。罐底装有排料口和排污口。对于大型发酵罐，为了便于维修和清洗，往往在接近罐底处也装有人孔。罐身上下部装有取样口和温度计接口。其高径比（H/D）一般为 1 ~ 1.5，装料系数为 0.8 ~ 0.9。

发酵罐的冷却装置，对于中小型发酵罐，多采用罐顶喷水淋于罐外壁表面进行膜状冷却；对于大型发酵罐，由于罐外壁冷却面积不能满足冷却要求，所以，罐内装有冷却蛇管或采用罐内蛇管和罐外壁喷洒联合冷却的方法，也有采用罐外列管式喷淋冷却和循环冷却的方法，此法具有冷却发酵液均匀、冷却效率高等优点。为了回收冷却水，常在罐体底部沿罐外四周装有集水槽。

酒精发酵罐的洗涤，过去均由人工冲刷，如今已逐步采用高压强的水力喷射洗涤装置，如图 8 - 2 所示。它是一根直立的喷水管，沿轴向安装于罐的中央，在垂直喷水管上均匀地钻有直径为 4 ~ 6mm 的小孔，孔与水平呈 20°角，上端和供水总管、下端和垂直分配管相连接。水流在 0.6 ~ 0.8 MPa 的压力下，由水平喷水管出口喷出，以极大的速度喷射到罐壁中央，而垂直的喷水管也以同样的速度喷射到罐体四壁和罐底。采用这种洗涤设备，大大缩短了洗涤时间，约 5min 就可完成洗涤作业。若采用废热水作为洗涤水，还可提高洗涤效率。

目前，酒精发酵罐主要向着大型化和自动化发展，现行的酒精发酵罐其体积已达 1500m³ 或更大。大型发酵罐虽然工作效率较高，但也存在着一些问题。首先是醪液中心

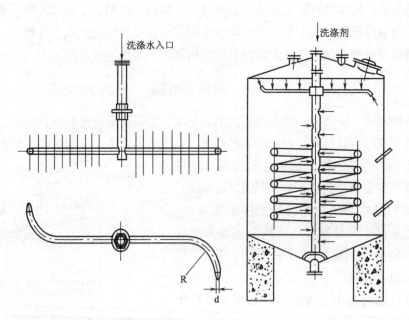

洗涤水入口

洗涤剂

R

d

图8-2　酒精发酵罐洗涤装置的结构示意图（引自高孔荣等，2001）

的降温很困难（夏季尚需人工制冷降温）；二是斜底发酵罐存在滞留问题。为此出现了一些新型的酒精发酵罐，如斜底自循环冷却酒精发酵罐（图8-3）。

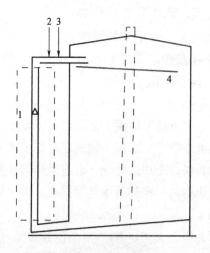

2 3

1

4

图8-3　斜底自循环冷却酒精发酵罐示意图（引自李盛贤等，2001）

1—醪液泵位置　2—酵母和醪液入口　3—无菌空气进口　4—醪液分布板　－－－降温水柱

　　该发酵罐实际是锥形发酵罐的简单变形。为了改善醪液的混合，采用了循环泵进行醪液的循环，由于发酵罐中心的温度最高，在罐的中心设置了冷却管。该罐的体积可达1500m³和2000m³，中心冷却管直径应在1.0～1.5 m，即要去掉12～26m³体积，但对降温效果非常明显。中心冷却的方式彻底改变了蛇形管管线长、结构复杂、不易冲洗且易染菌的不足；醪液循环泵位置设在连通醪液循环管上部1/3～1/4处，循环时比泵设在底部降低了能耗；分布板可以保证消除滞留醪液，斜底角设计成 4° 可以加速底部醪液流动。该发酵罐可以考虑独立使用或 2 ~ 3 个罐组合使用，发酵周期可能达到 30 ~ 35 h，发酵强度明显增加。

二、葡萄酒发酵罐

在葡萄酒生产中使用的葡萄酒发酵罐有多种结构形式，各种结构有其自身的特点。不论哪种结构、形式的发酵罐在不同程度上满足酿酒工艺的要求，主要表现在发酵罐材料的耐腐蚀性、良好的传热性能，发酵过程温度的检测和控制，利于色素、单宁等物质的扩散和传质，机械自动除渣、降低劳动强度等。

葡萄酒发酵罐的材料一般要满足以下三个要求：耐酸性介质腐蚀，符合卫生条件和具有优良的传热性能。葡萄浆果中含有苹果酸、柠檬酸等有机酸，在生产过程中为了避免氧化及杀死细菌，需要加入适量 SO_2，这些都对发酵罐有腐蚀作用。这就要求制造发酵罐的材料应具有良好的耐腐蚀性。另外，发酵罐应具有机械自动除渣设备。在葡萄酒发酵过程中，浸渍结束后排出的皮渣约占发酵体积的 11.5% ~ 15.5%。人工除渣劳动强度大，不适合规模化生产需要，且不卫生、不安全，这是因为发酵罐的人孔、进料口难以在很短的时间内排净发酵产生的大量 CO_2 气体。利用机械自动除渣设备不仅降低了劳动强度，而且也是安全生产、提高生产率的基本措施。

根据葡萄酒酿造工艺的不同，葡萄酒发酵罐分为白葡萄酒和红葡萄酒发酵罐，两者具有一些相同的要求，包括液位显示（液位计或液位传感器）、取样阀、人孔、进出料口、浊酒出口、清酒出口、自流酒出口等。

红葡萄酒发酵罐的结构形式较多，下面主要介绍锥底发酵罐和自动循环发酵罐。

1. 锥底发酵罐

锥底发酵罐由筒体、锥底、封头、换热器、排渣螺旋、循环泵等组成，如图 8 - 4 所示。循环泵开启后，通过喷淋器将发酵液喷淋在葡萄皮渣表面，通过喷淋改变色素、单宁等物质的浓度分布，有利于浸渍，避免了采用机械搅拌可能出现的将劣质单宁浸出的情况；同时在喷淋过程中，液体与空气接触带入一定量空气，提供酵母所需的氧；还可通过循环的葡萄汁散发部分发酵热。在罐的下部锥底内设有排渣螺旋，可以实现机械出渣。

2. 自动循环发酵罐

自动循环发酵罐为立式结构，由罐体、筛形压板、排气管、循环装置、换热器等组成，如图 8 - 5 所示。在发酵罐罐体偏上部位设置带孔压板。发酵过程中产生的 CO_2 气体引起发酵液体积膨胀，压板能将浮起的葡萄皮压在下面，发酵液从压板筛孔中上溢，液面高度超过压板位置。皮渣在发酵过程中浸没于发酵液中，因此能够充分浸渍果皮中色素和优质单宁，同时避免了由于葡萄皮与空气接触、顶部果皮处于非浸没状态而导致被细菌感染的情况发生。

在葡萄酒发酵过程中，酵母需要适量的氧气，为此需要进行定期循环。在罐底及灌顶各设一个循环口，两个循环口之间用泵和管连接构成循环装置。发酵结束后，葡萄汁从罐底循环口放出。另外，在罐中心还设置排气管，用来排出发酵过程中产生的 CO_2 气体，保证发酵的正常进行。

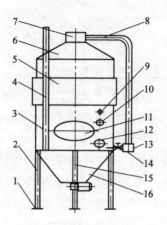

图 8-4　锥底发酵罐（引自高畅等，2005）

1—底板　2—支腿　3—罐体　4—液位计　5—冷却夹套

6—封头　7—进料口　8—循环管道　9—取样口

10—清汁口　11—人孔　12—浊汁口　13—泵

14—阀门　15—搅拌器　16—锥底

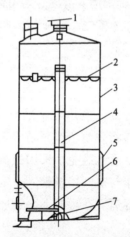

图 8-5　自动循环发酵罐（引自高畅等，2005）

1—循环口　2—筛板　3—罐体　4—排气管　5—冷却筒

6—循环口　7—排污口

第二节　通风发酵设备

通风发酵设备是微生物发酵工业中最常用的一类反应器，在发酵过程中需要将无菌空气不断通入发酵罐，以提供微生物代谢所消耗的氧。通风发酵罐的类型多种多样，可以适应不同发酵工艺类型的要求，通常可分为机械搅拌式、气升式、鼓泡式和自吸式等，可用于生产氨基酸、柠檬酸、抗生素、维生素和酶制剂等多种生物产品。由于机械搅拌发酵罐的灵活性、操作方式的多样性，特别是涉及高黏度非牛顿型发酵液，更具有独特的优点，通常只有在机械搅拌式发酵罐的传递性能或剪切力不能满足生物过程时才会考虑用其他类型的生物反应器，因此机械搅拌发酵罐是当前世界各国大多数发酵工厂所采用的通风发酵的主要设备。本节主要以机械搅拌式发酵罐为主介绍通风发酵设备的结构和工艺操作。

一、机械搅拌式发酵罐

机械搅拌式发酵罐又称标准和通用式发酵罐（已形成标准化产品系列），它是利用机械搅拌器的作用，使空气和发酵液充分混合，提高发酵液的溶解氧，供给微生物生长和代谢过程中所需的氧气。机械搅拌式发酵罐的结构基本相同，主要由罐体、机械搅拌装置、换热装置、通气装置、中间轴承、传动装置和机械密封等组成。图 8-6 和图 8-7 所示为小型和大型搅拌式发酵罐结构图。

1. 发酵罐的罐体

机械搅拌式发酵罐的罐体由圆柱体及椭圆形或碟形封头焊接而成，其体积从 20L 到 $200m^3$，有的可达 $500m^3$。发酵罐的高径比（H/D）要根据工艺条件确定，一般高径比为 $1:(2~3)$，但高位罐的高径比可达 10 以上（图 8-8）。

为了满足工艺要求，罐体需要承受一定的压力，通常灭菌的压力为 0.25MPa（绝对大气压）。罐体的材质为碳钢或不锈钢，大型发酵罐采用不锈钢或复合不锈钢制成，罐壁的厚度决定于罐径和罐压的大小。在罐的顶部装有视镜、灯镜、进料管、补料管、排气管、接种管和压力表接管（图 8-9）。在罐身上装有冷却水进出管、进空气管、温度计管和检测仪器表接口。取样管可设在罐身或罐顶，视罐结构和操作方便而定。罐体上的管路越少越好，进料口、补料口和接种口一般可结合为一个管路。放料可以利用通风管压出。

2. 搅拌装置

好氧发酵是一个复杂的气、液、固三相传质和传热过程，良好的供氧条件和培养基的混合是保证发酵过程传热和传质的必要条件。通过搅拌，能够打碎气泡，增加气液接触面积；产生涡流，延长气泡在液体中的停留时间；造成湍流，减小气泡外滞流膜的厚度；动量传递，有利于混合及固体物料保持悬浮状态。搅拌器可以使发酵液产生轴向和径向流动，通常希望同时兼顾径向流和轴向翻动，因此可以采用组合的形式，根据发酵罐一般是下部通气的特点，下层搅拌器选择径向流搅拌器，上层搅拌器采用轴向流搅拌器。

搅拌器的形式多样，一般搅拌式发酵罐大多采用涡轮式搅拌器，且以圆盘涡轮搅拌器为主，这样可以避免气泡在阻力较小的搅拌器中心部位沿着搅拌轴周边快速上升逸出。涡轮式搅拌器的叶片有平叶式、弯叶式、箭叶式三种（图 8-10）。从搅拌的程度来看，平叶式涡轮最为激烈，功率消耗也最大，弯叶式较小，箭叶式又次之。搅拌器的叶片至少为三个，一般为六个，最多为八个。

　　搅拌器的层数 n 可根据高径比的要求确定，通常为 $3 \sim 4$ 层，其中底层搅拌最重要，占轴功率的 40% 以上。为了拆装方便，大型的搅拌器可制作成两半型，用螺栓联成整体。搅拌器一般用不锈钢板制成。

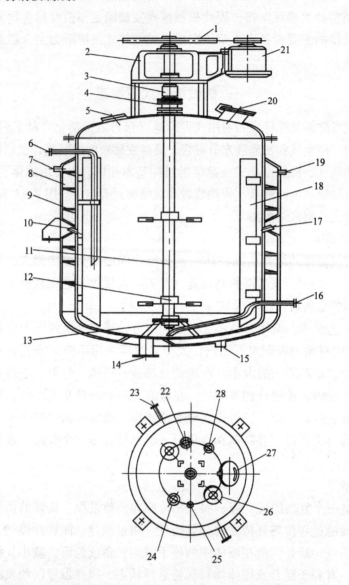

图 8－6　小型机械搅拌式发酵罐结构图（引自高孔荣等，2001）

1—三角皮带转轴　2—轴承支柱　3—联轴节　4—轴封　5—窥镜　6—取样口　7—冷却水出口

8—夹套　9—螺旋片　10—温度计接口　11—轴　12—搅拌器　13—底轴承　14—放料口

15—冷水进口　16—通风管　17—热电偶接口　18—挡板　19—接压力表　20—手孔

21—电动机　22—排气口　23—取样口　24—进料口

25—压力表接口　26—窥镜　27—手孔　28—补料口

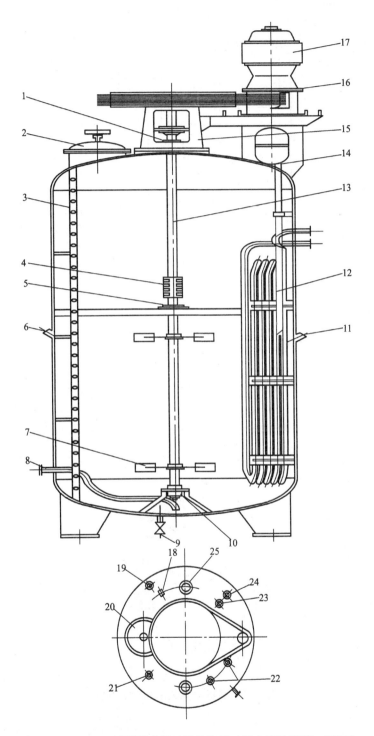

图 8－7　大型机械搅拌式发酵罐结构图（引自高孔荣等，2001）

1—轴封　2—人孔　3—梯子　4—联轴节　5—中间轴承　6—热电偶接口　7—搅拌器　8—通风管

9—放料口　10—底轴承　11—温度计　12—冷却管　13—轴　14—取样口　15—轴承柱

16—三角皮带转动　17—电动机　18—压力表　19—取样口　20—人孔　21—进料口

22—补料口　23—排气口　24—回流口　25—窥镜

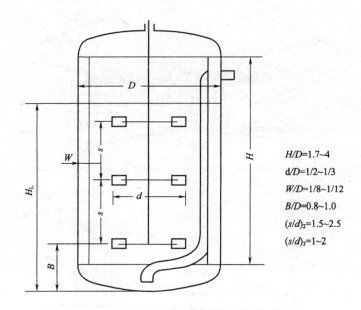

$H/D=1.7\sim4$
$d/D=1/2\sim1/3$
$W/D=1/8\sim1/12$
$B/D=0.8\sim1.0$
$(s/d)_2=1.5\sim2.5$
$(s/d)_3=1\sim2$

图 8 - 8　机械搅拌发酵罐的几何尺寸比例

H—筒身高度　D—罐径　W—挡板宽度　H_L—液位高度

d—搅拌器直径　s—两搅拌器间距　B—下搅拌器距底间距

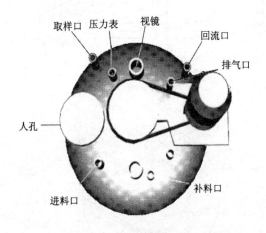

图 8 - 9　机械搅拌发酵罐顶部视图

3. 挡板

为了防止在液面中央产生漩涡以及增加传质和混合效果,发酵罐中都装有挡板。挡板的宽度为(0.1~0.12)D(D 为发酵罐直径),一般装设 4~6 块挡板可满足全挡板条件(图 8 - 11)。所谓全挡板条件是指在一定转数下,在发酵罐中再增加挡板或其他附件时,轴功率仍保持不变。要达到全挡板条件一般要满足下式的要求:

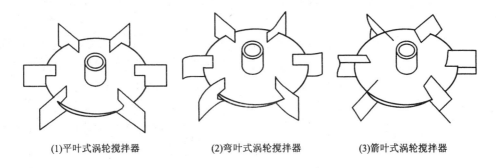

(1)平叶式涡轮搅拌器   (2)弯叶式涡轮搅拌器   (3)箭叶式涡轮搅拌器

图8-10 机械搅拌发酵罐搅拌器类型

$$\frac{W}{D}Z = 0.4 \sim 0.5 \qquad (8-1)$$

式中　W——挡板宽度

　　　D——罐直径

　　　Z——挡板的数量

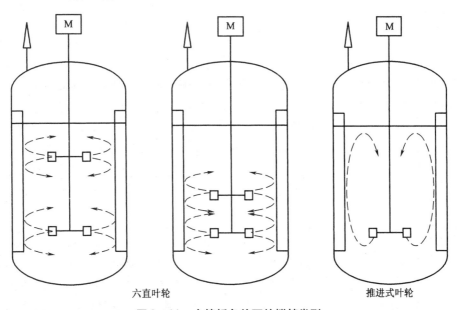

六直叶轮   推进式叶轮

图8-11 全挡板条件下的搅拌类型

发酵罐中竖立的冷却蛇形管、列管、排管也可以起到挡板的作用，挡板的长度自液面起至罐底为止，挡板与罐壁之间的距离一般为（0.12~0.2）D。

4. 换热装置

发酵过程中微生物的生化反应要产生大量热量，这些热量必须及时被带出罐体，否则培养基温度会迅速升高，引起微生物发酵活性降低甚至发酵中断。另外培养基经实消和连消后温度较高，需要将其冷却至培养温度，这就需要发酵罐具有足够的传热面积和合适的冷却介质，将热量及时带出罐体。

发酵罐的换热装置主要有夹套式换热装置、蛇管换热装置、列管（排管）换热装置，冷却和加热介质一般采用低温水和蒸汽（热水）。

夹套式换热装置多用于体积较小的发酵罐（5m³以下），夹套的高度比静止的液面稍高。这种装置的优点是结构简单，加工容易，罐内死角少，容易进行清洗灭菌操作。其缺点是传热壁较厚，冷却水流速低，降温效果差。在大型发酵罐中（5m³以上），一般采用蛇管或列管换热装置。蛇管式换热装置是将水平或垂直的蛇管分组安装在发酵罐内，根据发酵罐的直径和高度大小有四组、六组或八组不等。这种换热装置的优点是冷却水在管内的流速大，传热系数高，热量交换快；但它占据了发酵罐体积，据计算罐内立式蛇管体积约占发酵罐的1.5%，同时易形成罐内死角，罐内的蛇管一旦发生泄漏，将造成整个罐批的发酵液染菌，此外罐内蛇管也给罐体清洗带来了不便。列管（排管）换热装置是以列管的形式分组对称安装于发酵罐内。这种装置的优点是加工方便，适用于气温较高、水源充足的地区，但用水量较大。从热交换速度看，蛇管换热装置最有效，列管（排管）换热装置次之，夹套式换热装置最低。

新型发酵罐将冷却面移至罐外，采用半圆形外蛇管，该蛇管传热系数高，且罐体容易清洗，增强了罐体强度，因而可大大降低罐体壁厚，使整个发酵罐造价降低，且提高了发酵罐的体积，增大了放罐体积。

5. 空气分布器

好氧发酵需要通入充沛的空气，以满足微生物需氧要求。但是，空气中的氧是通过培养基传递给微生物，传递速率很大程度上取决于气液相的传质面积，也就是说取决于气泡的大小和气泡的停留时间，气泡越小、越分散就使微生物可以越充分获得氧气。因此常在罐内安装通气管，为了提高通气效率，要在通气管末端安装空气分布器，它一般装在最低一挡搅拌器的下面。空气分布器有两种，一种是生产规模的发酵罐，常采用单孔管，开口朝下，以防止固体物料在管口堆积形成堵塞，管口距罐底40mm左右。另一种是采用带小孔的环形空气分布器，但此种分布器容易被物料堵塞，因此只适用于细度极小且溶于水的发酵原料。

6. 消泡器

发酵液中通入空气以后，气体会在培养基中迅速上升形成气泡，这些气泡分散在发酵液表面即形成泡沫。微生物在代谢过程中，会分泌一些蛋白质和多糖等大分子物质，这些物质在通风搅拌的情况下很容易形成泡沫，如不及时除去会充满整个发酵罐，形成"溢罐"，影响通风效果并造成染菌。消泡器的作用是破碎气泡，改善供氧和防止杂菌污染。发酵罐中常用的消泡器有耙式和孔板式。耙式消泡器装于搅拌轴上，当少量泡沫上升时可将泡沫打碎，但当泡沫过多时由于搅拌轴转速太低而效果不佳。在下伸轴发酵罐中，可在罐顶装备（半）封闭涡轮消泡器，利用单独的电机驱动（图8-12）。消泡器的直径一般为罐径的70%~80%，以不妨碍旋转为原则。在工业生产中，单独使用消泡器往往不能获得很好的消泡效果，因此常常需要添加一定的消泡剂。目前一些小型发酵罐中装有超声波发生器，利用超声波进行消泡。

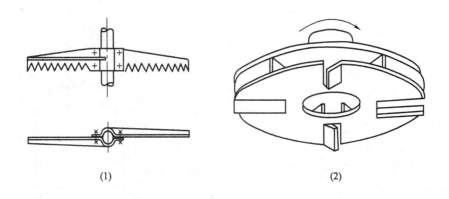

(1)

(2)

图 8-12 耙式消泡浆（1）和半封闭涡轮消泡器（2）

7. 联轴器及轴承

大型发酵罐搅拌轴较长，常分为二至三段，用联轴器使上下搅拌轴成牢固的刚性连接。常用的联轴器有鼓形和夹壳形两种。小型的发酵罐可采用法兰将搅拌轴连接，轴的连接应垂直，中心线对正。为了减少震动，中型发酵罐一般在罐内装有底轴承，而大型发酵罐装有中间轴承，底轴承和中间轴承的水平位置应能适当调节。罐内轴承不能加润滑油，应采用液体润滑的塑料轴瓦（如聚四氟乙烯等），轴瓦与轴之间的间隙常取轴径的0.4%～0.7%。为了防止轴颈磨损，可以在与轴承接触处的轴上增加一个轴套。

8. 轴封

轴封的作用是使罐顶或罐底与轴之间的缝隙加以密封，防止泄漏和污染杂菌。常用的轴封有填料函和端面轴封两种（图 8-13）。填料函式轴封是由填料箱体、填料底衬套、填料压板和压紧螺栓等零件构成，使旋转轴达到密封的效果。填料函式轴封的优点是结构简单；主要缺点是死角多，很难彻底灭菌，容易渗漏及染菌，轴的磨损情况较严重。端面式轴封又称机械轴封，密封作用是靠弹性元件（弹簧、波纹管等）的压力使垂直于轴线的动环和静环光滑表面紧密地相互贴合，并做相对转动而达到密封。其优点是密封可靠，无死角，可以防止杂菌污染，使用寿命长，但它的结构比填料密封复杂，装拆不便。

除了以上结构，发酵罐还附带有补料罐、酸碱罐等附属设备。

二、气升式发酵罐

气升式发酵罐属于高径比较大的高塔型设备，根据上升管和下降管的位置分为内循环和外循环两种，如图 8-14 所示。气升式发酵罐的主要结构包括罐体、上升管、空气喷嘴。

气升式发酵罐的工作原理：上升管两端与罐底及罐的上部相连接，构成了一个循环系统，而在其下部装有空气分布器，无菌空气以 $250～300m/s$ 的高速度喷入上升管，由于喷射作用，气泡很快分散在发酵液中。上升管内的发酵液相对密度变小，加上压缩空气的动能使液体上升，而罐内的发酵液由于菌体代谢消耗了溶解氧，导致其相对密度增大流向罐

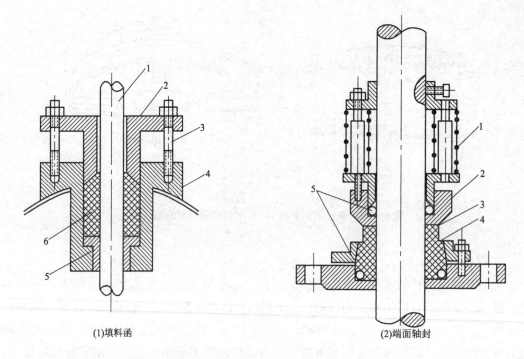

(1)填料函   (2)端面轴封

图 8-13 填料函和端面轴封（引自高孔荣等，2001）

1—转轴   2—填料压板   3—压紧螺栓   1—弹簧   2—动环   3—堆焊硬质合金

4—填料箱体   5—铜环   6—填料   4—静环   5—O 形圈

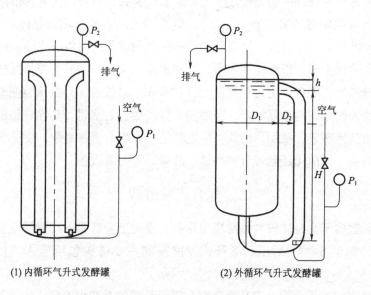

(1) 内循环气升式发酵罐   (2) 外循环气升式发酵罐

图 8-14 气升式发酵罐（引自高孔荣等，2001）

底，发酵罐导流管上方的发酵液连续进入导管，这就形成了"整体循环"，通过这种"整体循环"实现了发酵液的混合、传质和传热过程。气升式发酵罐的特点是结构简单，冷却面积小，无需搅拌传动装置，节约动力约50%，装料系数可达80%~90%，杂菌污染少，不需要加消泡剂，维修、操作及清洗简便。由于气升式发酵罐无机械搅拌对菌体的剪切损伤，故可使菌体生长正常，有利于产物的合成和后提取，提高了产品收率。但气升式发酵罐还不能代替好气量较小的发酵罐，对于黏度较大的发酵液溶氧系数较低。

气升式发酵罐是以引入的压缩空气作为运行能量的发酵设备，引入的空气一方面提供循环混合的动力，另一方面提供生化反应过程所需的氧气。因此，提高氧的传递速率是改善气升式发酵罐性能的关键因素，为此可从以下几个方面进行改善：选用开小孔的鼓泡型空气分布器，使空气在出分布器时就成为细泡；在发酵罐内设置导流管，加大液体循环量，延长气泡停留时间；可增加发酵罐的高度，气升式发酵罐的高径比可达1:7，但发酵罐太高对厂房影响较大，且要提高空气压力，因此高径比一般为1:4。

三、自吸式发酵罐

自吸式发酵罐是一种不需要空气压缩机，而在搅拌过程中自行吸入空气的发酵罐，其组成包括罐体、搅拌器、传动部件、传热部件和控制部件，如图8-15所示。

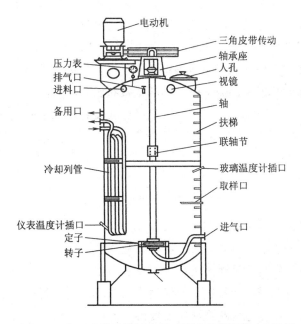

图8-15　自吸式发酵罐示意图（引自黄儒强等，2001）

自吸式发酵罐的关键部件是自吸搅拌器，简称为转子或定子。转子由箱底向上升入的主轴带动，当转子转动时，空气由导气管吸入。转子的形式有九叶轮、六叶轮、三叶轮、十字形叶轮等，叶轮均为空心形（图8-16）。当转子以一定速度旋转时叶片不断排开周围的液体使叶轮周围高动能的液体压力低于叶轮中心低动能的液体压力，形成空位状态，通过与搅拌器空心涡轮连接的导管吸入外界气体，由空心涡轮的背侧开口不断排出，在涡轮叶片的末端附近以最大的周边速度被液流粉碎，分散成细小的气泡并与料液充分混合，径向流动至器壁附近，再经挡板折流涌向液面，在发酵罐内形成均匀的气液混合体系。

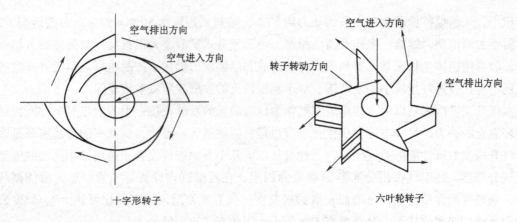

十字形转子　　　　　　　　　　　六叶轮转子

图 8 - 16　自吸式发酵罐搅拌器（引自高孔荣等，2001）

自吸式搅拌器吸气能力的大小主要取决于结构型式、安装方式、搅拌转速和料液性质等多种因素。如搅拌器叶轮与发酵罐直径比越大，搅拌转速越高，料液的相对密度越大，则吸气量越大。

自吸式发酵罐的主要优点包括：节省空气净化系统中的空气压缩机、冷却器等辅助设备，节省厂房占地面积（节省设备投资 30% 左右）；设备便于自动化和连续化操作，降低了劳动强度；由于气液接触的时间较长，接触均匀，气泡分散较细，因而溶氧系数较高。其缺点是由于搅拌转数较高（大型发酵罐搅拌充气叶轮的线速度可达 30 m/s 左右），增加了菌丝被搅拌器切断的几率，影响了微生物的正常生长和产物的合成，所以在抗生素的发酵中很少使用。由于进罐空气处于负压，因此罐压较低，增加了染菌的机会，这就要求在生产中要使用低阻力、高除菌效率的空气净化系统；另外，发酵罐的装料系数也较低（40% 左右）。

四、高位塔式发酵罐

高位塔式发酵罐是一种类似塔式反应器的发酵罐（图 8 - 17），其高径比约为 7，罐内装有若干块筛板。压缩空气由罐底导入，经过筛板逐渐上升，气泡在上升过程中带动发酵液同时上升，上升后的发酵液又通过筛板上带有液封作用的降液管下降而形成循环。这种发酵罐的特点是省去了机械搅拌装置，如果培养基浓度适宜，而且操作得当的话，在不增加空气流量的情况下，基本上可达到通用式发酵罐的发酵水平。

在抗生素的生产中，有 40m³ 的高位塔式发酵罐，该罐直径 2m，总高为 14m，共装有 6 块筛板，筛板间距为 1.5m，最下面的一块筛板有 10mm 直径的小孔 2000 个，上面 5 块筛板各有 10mm 的小孔 6300 个，每块筛板上都有直径为 450mm 的降液管，在降液管下端的水平面与筛板之间的空间则是气 - 液充分混合区。由于筛板对气泡的阻挡作用，使空气在罐内停留较长的时间，同时在筛板上大气泡被重新分散，进而提高了氧的利用率。

五、伍式发酵罐

伍式发酵罐的主要部件是套筒、搅拌器，结构如图 8 - 18 所示。

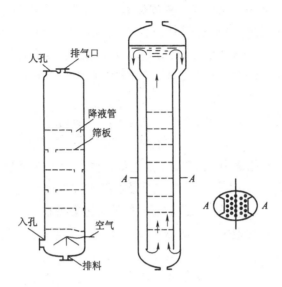

图 8 - 17　高位塔式发酵罐示意图（引自曹卫军等，2002）

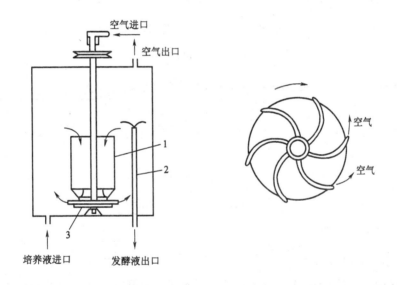

图 8 - 18　伍式发酵罐示意图（引自高孔荣等，2001）

1—套筒　2—溢流管　3—搅拌器

　　搅拌时液体沿着套筒外向上升至液面，然后由套筒内返回罐底。搅拌器是用六根弯曲的空气管焊于圆盘上，兼作空气分配器。空气由空心轴导入，经过搅拌器的空心管吹出，与被搅拌器甩出的液体相混合。发酵液在套筒外侧上升，由套筒内部下降，形成循环。设备的缺点是结构复杂，清洗套筒较困难，消耗功率较高。

六、动物细胞反应器

　　根据培养对象的不同，除微生物反应器外，生物反应器还包括动物细胞反应器和植物细胞反应器。下面对动物细胞反应器主要的类型和结构进行简要的介绍。

动物细胞培养是指动物细胞在体外条件下进行培养繁殖，此时细胞虽然生长与增多，但不再形成组织。通过动物细胞的培养，可以生产许多重要的、原先难以生产或无法生产的生物产品，如各种重要的疫苗、诊断试剂、单克隆抗体、生物碱、甾体化合物等。

动物细胞培养与微生物细胞培养有很大的区别，由于动物细胞没有细胞壁，因此细胞对搅拌产生的液体剪切力十分敏感，大多数哺乳动物细胞需要附着在固体和半固体表面才能生长；另外动物细胞对培养基的要求十分苛刻，要求含有多种氨基酸、维生素、无机盐、血清等，并且对温度、pH 和溶氧浓度的要求都比微生物要严格。由于动物细胞生长比微生物慢得多，培养时间较长，因此需要严格的防污染措施。

作为一个理想的动物细胞生物反应器，应该能够很好地满足动物细胞高密度增殖的需要，同时也要保证动物细胞高效分泌目标产品。动物细胞生物反应器主要有以下几种形式：转瓶培养器、塑料袋增殖器、填充床反应器、螺旋膜反应器、管式螺旋反应器、多层板反应器、流化床反应器、陶质矩形通道蜂窝状反应器、中空纤维及其他膜式反应器、搅拌式反应器、气升式反应器等。按照培养细胞的方式，这些反应器可分为悬浮培养用反应器、贴壁培养用反应器和包埋培养用反应器，详见表 8-1 所示。下面对几种常用的反应器加以介绍。

表 8-1   动物细胞反应器类型

悬浮培养用反应器	贴壁培养用反应器	包埋培养用反应器
搅拌式反应器	搅拌式反应器（微载体培养）	流化床反应器
气升式反应器	玻璃珠床反应器	固定床反应器
中空纤维反应器	中空纤维反应器	
陶质矩形通道蜂窝状反应器	陶质矩形通道蜂窝状反应器	

资料来源：引自陈坚等，2003。

1. 笼式通气搅拌反应器

按照动物细胞的生长要求，具备低的剪切效应、较好的传递效果和流体力学性质是这类反应器设计或改进所必须遵循的原则。笼式通气搅拌反应器基本能满足上述的要求（图 8-19）。在该反应器内装有一笼式通气搅拌器，该搅拌器为上下装有通气腔和消泡腔的一个旋转圆筒，在圆筒上装有 3~5 个中空的导向搅拌桨片。气液交换在由 200 目不锈钢丝网制成的通气腔内实现；而在鼓泡通气过程中所产生的泡沫经管道进入液面上部由 200 目不锈钢丝网制成的笼式消泡腔内，泡沫经钢丝网破碎分成气、液两部分，达到深层通气而不产生泡沫的目的。在细胞生长期中，搅拌器转速一般保持在 30~60r/min。当 3 个导流筒随搅拌同步转动时，由于离心力的作用，搅拌器中心管内产生负压，迫使搅拌器外培养基流入中心管，沿管螺旋上升，再从三导流筒口排出，绕搅拌器外缘螺旋下降，培养基和细胞反复循环，反应器内流体混合相当好，并且流体所受到的剪切力很小。

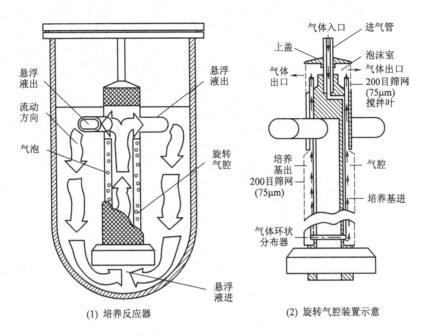

图 8 – 19　笼式通气搅拌反应器（引自戚以政等，1999）

笼式通气搅拌反应器的缺点：①氧传递系数小，不能满足培养高密度细胞时的耗氧要求；②气路系统不能就地灭菌，因此就难以应用于更大型的生物反应器。针对以上缺点，华东理工大学生化工程研究所在放大设计生物反应器时，将单层箱式通气搅拌器改为双层笼式通气搅拌器，以扩大丝网交换面积，提高氧传递系数。经过改进的 20L 双层笼式通气搅拌器生物反应器，与控制系统、管路系统和蒸汽灭菌系统一起组成完整的动物细胞培养装置 CellCul – 20。该反应器系统用于悬浮培养杂交瘤细胞生产单克隆抗体和微载体培养Vero 细胞、乙脑病毒，都取得了较好的结果。

2. 鼓泡式生物反应器

鼓泡式生物反应器（Sparged bioreactor）与气升式反应器相类似，是利用气体鼓泡进行供氧及混合的，其设计原理也与气升式反应器相同。鼓泡柱（Bubble column）是鼓泡式生物反应器中最简单的一种，其结构如图 8 – 20 所示。

鼓泡式生物反应器由一个具有巨大高径比的圆柱体构成，在圆筒底部有一个空气分布器。气泡大小对细胞死亡速率具有两种作用，一是影响气泡表面积的生成速率，二是影响细胞在气泡表面的吸附程度。气泡的最佳直径为 5mm 左右。一般鼓泡式反应器用于低黏度体系和对剪切敏感的反应器体系。鼓泡式生物反应器最大的缺点是流体循环强度不够，为此，人们开发出气升式反应器。

3. 气升式反应器

气升式细胞培养反应器不仅在微生物细胞培养中应用广泛，而且在动物细胞培养中也取得了很大的成功。与搅拌式反应器相比，气升式反应器中产生的湍动温和而均匀，剪切力相当小；同时反应器内无机械运动部件，因而细胞损伤率比较低；反应器通过直接喷射

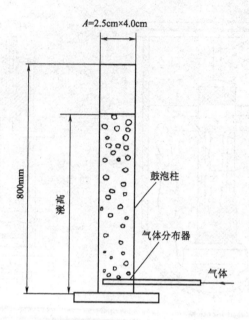

图 8 -20 鼓泡式生物反应器（引自陈坚等，2003）

空气供氧，氧传递速率高；反应器内液体循环量大，细胞和营养成分能均匀分布于培养基中。用于动物细胞培养的气升式反应器有三种形式，即内循环式、外循环式及内外循环式（图 8 -21）。内循环式和外循环式反应器结构与微生物气升式反应器相似，而内外循环式反应器既有内导流管也有外导流管，即它综合了内循环式和外循环式反应器的特点。

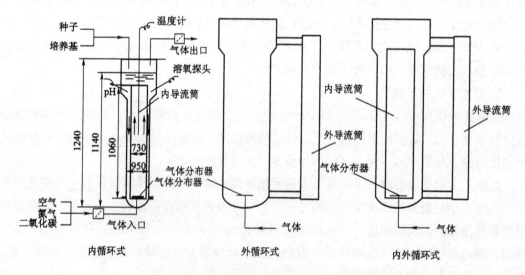

图 8 -21 气升式生物反应器的结构及示意图（引自陈坚等，2003）

动物细胞大规模培养一般采用内循环式，但也有采用外循环式。设计气升式反应器除考虑反应器的几何结构外，另外一个非常关键的问题是空气分布器的结构，提高气体鼓泡速率和减小气泡直径虽然能提高体积氧传递系数 K_La，但同时也会导致细胞死亡速率增加。因此，空气分布器的设计应在满足细胞传质要求的基础上，尽可能降低气体鼓泡速率和增大气泡直径。一般采用环形管作为气体喷射器，孔的设计应保证在控制气速范围内产生的气泡直径在 $1 \sim 20\text{mm}$。空气流速一般控制在 $0.01 \sim 0.06\text{L/min}$，反应器高径比一般为 $(3 \sim 12):1$。

4. 中空纤维反应器

中空纤维反应器是开发较早和正在不断改进的一类生物反应器，由于其具有无剪切、培养环境温和以及高传质的优点，培养细胞的密度（$10^7 \sim 10^8$ 个细胞/mL）和产物都可达到较高的水平。中空纤维反应器用途十分广泛，既可以培养悬浮细胞也可以培养锚地依赖性细胞。如果能控制系统不受污染，则能长期运转，具有很高的工业应用价值。

中空纤维反应器是个特制的圆筒，圆筒里封装着数千根中空纤维（图 8 – 22）。

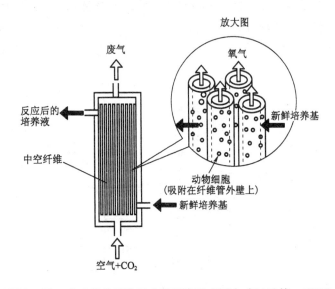

图 8 –22 中空纤维细胞反应器示意图（引自戚以政等，1999）

中空纤维是一种微细的管状结构，其构造类似于动物组织内的毛细血管。每根中空纤维管的外径一般为 $100 \sim 500\mu m$，壁厚为 $50 \sim 70\mu m$。管壁是极薄的多孔膜，类似海绵，能截留住分子质量分别为 10ku、50ku 和 100ku 的三类物质，因此 O_2 和 CO_2 等小分子可以自由透过膜扩散。由于中空纤维管内部是空的，纤维之间有空隙，所以在反应器中就形成了 2 个空间：每根纤维的管内成"内室"，可灌流无血清培养液供细胞生长；管与管之间的间隙成为"外室"，接种的细胞就贴附"外室"的管壁上，并吸取从"内室"渗透出来的养分，迅速生长繁殖。培养液中的血清也输入到"外室"，由于血清和细胞分泌产物（如单克隆抗体）的分子质量大而无法穿透到"内室"去，只能留在"外室"并且不断被浓缩。当需要收集这些产物时，只要把管与管之间的"外室"总出口打开，产物就能流出来。至于细胞生长繁殖过程中的代谢废物，因为都属于小分子物质，可以从管壁渗进"内室"，最后从"内室"总出口排出，不会对"外室"细胞产生毒害作用。一般细胞在接种 $1 \sim 3$ 周后，就可以完全充满管壁的空隙。细胞厚度最终可达 10 层之多。细胞停止增殖后，仍可以维持其高水平代谢和分泌功能，长达几个星期甚至几个月。

中空纤维的材质可以是纤维素、改性纤维素、醋酸纤维、聚丙烯、聚砜、铜氨人造纤维、聚甲基丙烯酸甲酯及其他聚合物。纤维膜的孔径大小会影响细胞、营养成分及产物的渗出。因此，利用中空纤维生物反应器进行动物细胞培养时应非常注意选择合适的纤维。

中空纤维生物反应器的总体发展趋势是让细胞在管束外空间生长，以达到更高的培养细胞密度。目前中空纤维生物反应器已进入工业化生产，主要用于培养杂交瘤细胞生产单克隆抗体。

5. 流化床反应器

流化床反应器的基本原理是使支持细胞生长的微粒呈流化状态。这种微粒的直径约为 $50\mu m$，具有像海绵一样的多孔性，可由胶原制备，再用非毒性物质增加其相对密度（$1.6g/m^3$ 以上），以便使它在高速向上流动的培养液中呈流态化。细胞接种后，通过垂直向上循环流动的培养基的搅拌使其成为流化床，并不断提供细胞必需的营养成分。同时，新鲜培养基不断加入，而产物不断流出。图 8-23 所示为流化床反应器示意图。

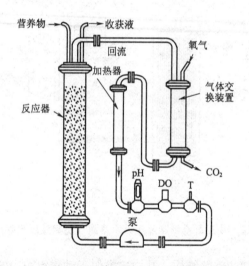

图 8-23　流化床动物细胞培养反应器（引自戚以政等，1999）

该反应器同时采用膜式气体交换器，能够快速提供高密度细胞代谢所需要的氧气，并及时排出 CO_2。流化床反应器在培养高密度细胞方面具有很大的优势，它可以用于培养贴壁和非贴壁依赖性细胞。

七、植物细胞反应器

用于植物细胞培养的生物反应器是从培养微生物细胞反应器改进、发展而来的，具有独特的特点。

（1）剪切力　生物反应器用于植物组织培养首要解决的就是剪切力问题。植物细胞个体大，细胞壁僵硬，具有大的液泡，因此对剪切力非常敏感。搅拌式反应器搅拌浆所产生的剪切力能够加剧对细胞的损伤，影响细胞生长和次级代谢产物的合成，甚至使合成能力丧失；而适当的搅拌有利于细胞团的分散，尤其在生长后期，多糖分泌量增加，黏度增大，对细胞生长有利，因此为细胞培养寻找一个合适的剪切力环境是反应器设计要考虑的一个重要问题。

（2）细胞的聚集　植物细胞容易聚集成团，聚集体的中心环境与周围环境的差异以及培养过程中聚集体的增多都将影响营养物质和氧气的传递。因此，采取必要的手段控制反应器中细胞的成团，提高培养液的传质性能对于植物细胞的大规模培养是十分必要的。

（3）供氧能力　对大多数植物来说，氧既影响生长，同时又影响次级代谢产物的合成。与微生物相比，植物细胞对氧的需求较低，但在高密度的培养下，氧的传输将会成为阻力。搅拌速度、通气量、培养基的溶氧度通常将影响溶氧量。高的通气量将提高溶氧量，但同时剪切力也相应增加，并且过度通气将带走二氧化碳和乙烯等有益气体成分。因此，必须使反应器内供氧保持在一定水平，以促进植物组织生长和次级代谢。

因此，利用植物细胞培养生产的物质，一般仅限于那些难于化学合成，无法利用微生物合成和附加值很高的物质。用于植物细胞培养的反应器有通气式、鼓泡式、气升式、填充床、流化床和膜反应器等。以下对气升式反应器和固定化反应器进行简要的介绍。

1. 气升式反应器

为了降低剪切力对细胞损伤和次级代谢产物合成的影响，研究者们转向利用气升式生物反应器进行植物组织培养，结构如图 8-24 所示。与搅拌式反应器相比，气升式反应器的优点在于其结构简单、剪切力小、传质效果好、运行成本和造价低，另外，由于其没有

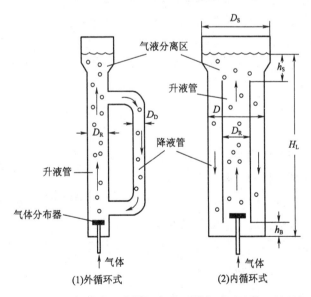

图 8-24　气升式反应器示意图（引自戚以政等，1999）

搅拌装置，容易长期保持无菌操作，为很多研究者所青睐。但起泡问题在这一类反应器中经常被提到，这主要是由初始培养基中高浓度的糖和培养后期细胞自溶所产生释放的蛋白质所致。近年来，将气升式反应器与慢速搅拌结合起来，产生的可加强混合性能和有利于氧传递的新型植物组织培养反应器显示出潜在的工业化应用前景。

2. 固定化反应器

植物细胞固定化一般采取凝胶包埋、膜固定、网格和泡沫固定以及表面吸附等。固定化植物细胞培养,减少了剪切力对细胞的损伤,有利于次级代谢产物的合成和分泌代谢产物的分离。用于植物细胞培养的固定化系统主要有流化床、膜反应器和填充反应器 3 种。流化床反应器采用小颗粒,混合效果良好,但颗粒之间的碰撞易造成细胞的损伤。固定床虽然容量大,但其混合能力差的缺点限制了它的发展。用中空纤维膜作为固定化载体具备很多优点,如膜的可重复利用性,但其低的传质能力使其难以大规模推广。

目前,用于生产次级代谢物的植物器官主要包括体细胞胚、毛状根、不定芽、幼苗等,针对植物器官培养过程中不耐剪切力、长期浸泡易玻璃化和易于在反应器中沉积等难点,出现了多层超声内环流雾化生物反应器、转鼓式反应器、多层塔板径向流反应器和周期性浸没反应器等多种新型植物组织培养系统,并在青蒿毛状根和不定芽、唐菖蒲原球茎、马铃薯幼苗和微型薯等体系中成功应用。

第三节　发酵反应器的设计和自动控制

一、发酵罐设计的基本原则和要求

发酵罐需要在无杂菌污染的条件下长期运行,因此必须保证微生物在发酵罐中能正常的生长代谢,并且能最大限度地合成目的产物,所以发酵罐设计的基本原则是能够为微生物提供生长、代谢和形成目的产物的适宜环境,并使自身的结构与操作满足具体生物工程技术所要求的工艺条件。因此,在设计发酵罐时首先要考虑发酵罐的传递性能,包括传质效率、传热效率和混合效果;其次要考虑发酵罐能否适合生产工艺的放大要求,能否获得最大的生产效率。

不同类型的发酵罐由于发酵工艺不同,结构也会有所不同,但一个理想的发酵罐应满足下列要求:

（1）结构简单、严密、耐蚀性好,经得起蒸汽的灭菌消毒;

（2）有良好的气液接触和液固混合性能;

（3）在保证正常发酵的前提下,尽量减少搅拌和通气所消耗的动力;

（4）有良好的热交换性能,以适应灭菌操作和使发酵在最适宜的温度下进行;

（5）尽量减少泡沫的产生,以提高装料系数,增加放罐体积;

（6）具有必要可靠的检测和控制仪表。

二、发酵罐设计的内容和步骤

发酵罐的设计包括工艺设计和机械设计两部分。工艺设计是根据生产工艺要求和工艺提供的原始数据,通过工艺计算确定发酵罐的主要尺寸,如发酵罐总体积、罐体的直径与高度;传动方式和热交换面积及排布形式;搅拌器类型、搅拌转速及搅拌功率等。机械设计是根据工艺尺寸设计发酵罐的整体结构与零部件结构;再根据料液有无腐蚀性选择合适的材料和结构；进行强度、刚度、稳定性等机械设计计算，还要考虑经济性、节约材料以及便于制造、安装和维修。

下面以机械搅拌式发酵罐为例介绍发酵罐设计的内容和一般步骤。

（一）发酵罐本体的设计

1. 罐体的设计

（1）罐体的设计和计算，包括总体积的确定、高径比；

（2）封头的设计和计算，根据罐体的直径确定封头的类型、体积以及高度等；

（3）罐体压力试验时应力校核和体积验算，包括罐体受内压和外压机械强度计算。

2. 附件的选取

（1）接管尺寸的选择；

（2）法兰的选取；

（3）开孔及开孔补强；

（4）人孔及其他，包括大小、方位和尺寸；

（5）传热部件的计算，包括传动方式、热交换面积及排布形式；

（6）挡板、中间支撑以及扶梯的选取。

3. 搅拌装置的设计

（1）搅拌器的设计，包括搅拌器的型式、直径、转速、搅拌功率以及搅拌器的层数和层间距等；

（2）传动装置的设计；

（3）搅拌轴和联轴器的设计与选取，包括搅拌轴临界速度的计算；

（4）轴承的选取及其寿命的核算；

（5）密封装置的选取。

（二）发酵罐主要设计参数的确定

这部分内容包括设备质量载荷的计算，偏心载荷的计算，塔体强度及稳定性试验，裙座的强度计算及校核。以下以 $100m^3$ 的谷氨酸发酵罐为例介绍机械搅拌式发酵罐的一般设计步骤和计算方法（王天利，1990）。

1. 主要几何尺寸的确定

按高径比 $H/D = 3$ 设计，则罐径：

$$D = \sqrt[3]{\frac{V}{\frac{\pi}{4}\left(\frac{H}{D}\right) + \frac{\pi}{12}}} = \sqrt[3]{\frac{100}{0.785 \times 3 + 0.262}} = 3.37 \text{ （m）}$$

取 $D = 3.4m$，直筒高 $H = 3D = 3 \times 3.4 = 10.2m$，取 $H = 10m$，则实际高径比 $H/D = 2.94$。

当直径 $D = 3.4m$ 时，标准椭圆形封头的体积 $V_b = 5.6m^3$，直边高度 $h_1 = 0.05m$，曲面高度 $h_b = D/4 = 0.85m$，则实际全体积为：

$$V = \pi/4 \times D^2 \times H + 2V_b = \pi/4 \times 3.4^2 \times 10 + 2 \times 5.6 = 102 \text{ （m}^3\text{）}$$

2. 搅拌功率的计算

（1）搅拌器的选型　　选用六弯叶圆盘涡轮式搅拌器。通常 $d/D = 1/3 \sim 1/4$，现按 $d/D = 1/3.5$ 计，则搅拌器的直径：

$$d = D/3.5 = 3.4/3.5 = 0.97 \text{（m）}$$

取 $d = 0.95\text{m}$，则实际 $d/D = 0.95/3.4 = 1/3.58$。

（2）搅拌转速的确定　　一般按搅拌器叶端圆周线速度 $v = 3 \sim 8\text{m/s}$ 设计涡轮式搅拌器，现按 $v = 7.5\text{m/s}$ 计，则搅拌转速：

$$n = \frac{v}{\pi d} = \frac{7.5}{\pi \times 0.95} = 2.5 \text{（r/s）} = 150 \text{（r/min）}$$

（3）单层搅拌功率的计算　　设发酵液密度 $\rho = 1080\text{kg/m}^3$，黏度 $\mu = 2\text{cP} = 2 \times 10^{-3}\text{Pa} \cdot \text{s}$，则搅拌过程中的雷诺准数：

$$Re = \frac{d^2 n \rho}{\mu} = \frac{0.95^2 \times 2.5 \times 1080}{2 \times 10^{-3}} = 1.22 \times 10^6$$

因 $Re > 10^4$，属湍流状态，当 $D/d = 2 \sim 7$、$H_L/d = 2 \sim 4$ 时六弯叶涡轮搅拌器的功率准数 $N_P = 4.8$，则单层搅拌功率：

$$N_1 = N_p \rho n^3 d^5 = 4.8 \times 1080 \times 2.5^2 \times 0.95^5 = 6.27 \times 10^4 \text{ W} = 62.7 \text{（kW）}$$

（4）单层搅拌功率的校正　　因实际装料量 $V_L = 75\text{m}^3$，则实际液面的高度为：

$$H_L = \frac{V_L - V_b}{\frac{\pi}{4} D^2} + (h_b + h_1) = \frac{75 - 5.6}{0.785 \times 3.4^2} + (0.85 + 0.05) = 8.54 \text{（m）}$$

则实际尺寸比例：

$$(D/d)^* = 3.4/0.95 = 3.58$$
$$(H_L/d)^* = 8.54/0.95 = 8.99$$

按规定尺寸比例 $D/d = 6$，$H_L/d = 3$ 计

则单层搅拌功率为：

$$N'_1 = N_1 \sqrt{\frac{(D/d)^* \ (H_L/d)^*}{(D/d) \ (H_L/d)}} = 6.27 \times 10^4 \times \sqrt{\frac{3.58 \times 8.99}{6 \times 3}} = 8.38 \times 10^4 \text{（W）} = 83.8 \text{（kW）}$$

（5）多层搅拌功率的计算　　因搅拌器层数：$m = H_L \rho \times 10^{-3}/D = 8.54 \times 1080 \times 10^{-3}/3.4 = 2.6$

故选用 3 层搅拌器，即 $m = 3$。

搅拌器层间距取：$S = 3d = 3 \times 0.95 = 2.85 \text{（m）}$。

则三层搅拌功率：

$$N_3 = N'_1 \times 3^{0.86} \left[\left(1 + \frac{S}{d}\right) \times \left(1 - \frac{S}{H_L - 0.9d} \times \frac{\lg 4.5}{\lg 3.0}\right) \right]^{0.3} =$$

$$8.38 \times 10^4 \times 3^{0.86} \left[(1 + 3) \times \left(1 - \frac{2.85}{8.54 - 0.9 \times 0.95} \times \frac{\lg 4.5}{\lg 3.0}\right) \right]^{0.3} = 2.64 \times 10^6 \text{W} = 264 \text{（kW）}$$

（6）通气搅拌功率的计算　　按通气量 $Q_g = 0.2 V_L = 15\text{m}^3/\text{min} = 0.25\text{m}^3/\text{s}$ 计，则通气准数为：

$$N_a = \frac{Q_g}{nd^3}$$

$$H_L = 8.54 \ (m)$$

$$P = 2.43 \ (atm) = 0.243 \ (MPa)$$

$$N_a = \frac{0.25/2.43}{2.5 \times 0.95^3} = 0.048 > 0.035$$

则通气搅拌功率为：

$$N_g = N_3 \ (0.62 - 1.85N_a) = 2.64 \times 10^6 \times \ (0.62 - 1.85 \times 0.048)$$

$$= 1.40 \times 10^6 \ (W) = 140 \ (kW)$$

另按下式计算：

$$N'_g = 0.157 \ (\frac{N_3^2 nd^3}{Q_g^{0.56}})^{0.46} = 0.157 \times \ [\frac{(264)^2 \times \ (150) \ \times \ (0.95)^3}{(\frac{15}{2.43})^{0.56}}]^{0.46} = 140 \ (kW)$$

可见两种方法计算结果相同。

（7）电机功率的确定　发酵罐中采用列管代替挡板，因此乘以系数 0.71。按 $N_D = 1.2N_g$ 计，则电机功率为：

$$N_D = 1.2 \times 140 \times 0.71 = 119.3 \ (kW)$$

故选用 130kW 电机。

3. 传热面积的计算

（1）热负荷的计算　按谷氨酸发酵热 $q = 7500 \ kcal/h \cdot m^3 \approx 8700 \ W/m^3$ 计，则总热负荷：

$$Q = q \times V_L = 8700 \times 75 = 6.53 \times 10^5 \ (W)$$

（2）传热温差的计算　按发酵温度 $T = 32℃$，冷却水进口温度 $t_1 = 20℃$，出口温度 $t_2 = 23℃$，则对数平均温差为：

$$\Delta t_m = N_a = \frac{t_2 - t_1}{\ln \frac{T - t_1}{T - t_2}} = \frac{23 - 20}{\ln \frac{32 - 20}{32 - 23}} = 10.4 \ (℃)$$

（3）传热面积的计算　设总传热系数 $K = 550W/ \ (m^2 \cdot K)$，则所需传热面积为（按表面积计）：

$$F = \frac{Q}{K \Delta t_m} = \frac{6.53 \times 10^5}{550 \times 10.4} = 114 \ (m^2)$$

可选择 6 组 $\varphi 76mm \times 4mm$ 不锈钢蛇管。

经计算，确定此发酵罐主要的技术参数和性能：

全体积：$V = 102m^3$；

罐径：$D = 3.4m$；

筒高：$H = 10m$；

高径比（直筒式）：$H/D = 2.94$；

搅拌器型式：六弯叶圆盘涡轮式；

搅拌器直径：$d = 0.95m$；

搅拌转速：$n = 150 \ r/min$；

搅拌器层数：$m = 3$ 层；

搅拌器层间距：$S = 2.85\text{m}$；

传热面积：$F = 114\text{m}^2$；

电机功率：$N_D = 130\text{kW}$。

表 8-2 所示为不同规格谷氨酸发酵罐性能的比较情况。

表 8-2　　　　　　　　　　不同规格谷氨酸发酵罐性能的比较表

规格（体积）/m³ 性能参数	30	40	75	100
罐径（D）/m	2.6	2.8	3.2	3.4
罐高（H）/m	5.5	5.7	8.85	10
高径比（H/D）	2.12	2.04	2.77	2.94
装料系数（η）/%	73.3	70	74.7	75
搅拌器型式	六弯叶圆盘涡轮	六弯叶圆盘涡轮	六弯叶圆盘涡轮	六弯叶圆盘涡轮
搅拌器直径（d）/m	0.86	0.84	0.84	0.95
搅拌转速（n）/r/min	50~250	50~250	50~150	50~150
传热面积/（F）/m²	40	45	73	114
搅拌器层数（m）/层	2	3	3	3
搅拌器层间距（S）/m	2.1	1.7	2.85	2.85
电机功率（N_D）/kW	40	55	75	130
比功率（N_D/V）/（kW/m³）	1.33	1.38	1.00	1.30

对于机械搅拌发酵罐，除满足一般发酵罐的要求外，还应具备以下特点：

（1）发酵罐的搅拌通气装置要能使气泡破碎并分散良好，气液混合充分；

（2）发酵罐应始终保持正压以防止泄漏，所有阀门应易于清洗、维修和灭菌；

（3）发酵罐内壁应抛光到一定精度，所有焊接点必须切实磨光，尽量减少死角和裂缝，罐内已灭菌部分与未灭菌部位之间不应直接相通；

（4）与发酵罐相通的任何连接都应蒸汽灭菌，如采样口的阀门在不使用时，其出口应有流动蒸汽通过；

（5）尽量减少法兰连接，因为设备震动和热膨胀，会引起法兰连接处移位，导致污染，搅拌器的轴封应严密，避免泄漏；

（6）具有机械消泡装置。

（三）通用发酵罐的改进设计

随着生物工程技术的不断发展，发酵设备正逐步向大型化发展，为了进一步提高发酵罐的生产能力，降低能耗，通过现代机械和工程的技术成果改进发酵罐的结构设计是今后发酵设备发展的趋势。在发酵生产中，改善发酵罐的传质、传热和混合效果是提高发酵罐的生产率和降低能耗的关键，因此对通用发酵罐结构的改进也主要从这些方面进行考虑。

1. 搅拌器的改进

近年来，随着对搅拌器流体力学及对混合过程的理解深入，一些更加适合特定发酵过程的新型搅拌器相继出现。加拿大 Rrochem 公司研制的 Maxflo 轴流桨（图 8 – 25）在 800L 罐曲霉的培养中应用，使用该轴流桨比传统圆盘涡轮桨传质系数提高了 40%，功耗降低了 50%。美国 Rochester 混合设备公司研制的 Lightin A315 桨（图 8 – 25），其最大特点是泛点（flooding point）高，特别适合气 – 液传质过程。在直径大于 1m 的实验罐中，同样的输入功率条件下，A315 桨的持气量比圆盘涡轮桨高 80%，气体分散量提高 4 倍，功耗降低 45%，同时产量提高 10% ~ 50%，而产生的剪切力仅为 Rushton 涡轮桨的 25%，非常适合用于对剪切敏感的微生物的发酵。德国的 Ekato 公司研制的 Intermig 桨（图 8 – 25），它的搅拌器叶径均比传统涡轮桨略大，为罐内径的 47% ~ 60%，而剪切作用约为 Rushton 桨的 1/4，对微生物发酵有利。国内的学者开发出一种高效节能的翼型轴流搅拌器（图 8 – 25），此搅拌器是基于近代流体力学的理论借助于边界层分离、机翼理论及船用螺旋桨理论等而设计的。它的叶片采用机翼断面，叶型参数如拱度比、沿直径方向的螺距、弦长、厚度等是变化的，叶片一般为 4 ~ 6 片，且较宽。实验结果表明，该翼型搅拌器具有剪切性能温和、能耗低、混合好、输送效率高及可提高发酵指数等优点。

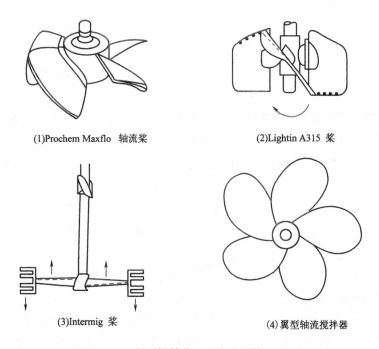

(1)Prochem Maxflo　轴流桨　　　　　　(2)Lightin A315 桨

(3)Intermig 桨　　　　　　　　　　(4)翼型轴流搅拌器

图 8 – 25　新型搅拌桨（引自裘晖等，2003）

2. 传热结构的改进

现有的 5m³ 以下发酵罐一般采用整体式夹套，因为容量小，此形式基本能满足要求；10 ~ 100m³ 的一般采用竖式内蛇管装置来严格控制罐温。尽管这种结构传热效果好，但是罐内结构复杂，死角较多，同时材料成本高，因而可将罐内蛇管装置改为碳钢螺旋蜂窝夹套和罐内板式换热器相结合的新结构。螺旋蜂窝夹套与通常使用的槽钢式或冷却夹套相比，在满足强度和刚度要求的情况下，筒体和夹套壁厚明显减薄，传热系数明显提高。另一方面，板式换热器既起换热作用，又起挡板作用。这种内外传热结合的结构，可节约大量不锈钢管，降低了制造成本，减少了罐内染菌机会。

随着生物高新技术的发展，菌种（包括基因工程菌）不断改进，对发酵罐提出了更高的要求，因而对通用发酵罐各部分结构进行改进，使发酵罐结构更为简单、合理，维修方便，使用寿命长，能耗低，产量高，经济效益好，结构改进后的发酵罐可广泛应用于食品、制药、轻化工等行业。

尽管目前已对通用发酵罐很多结构进行了改进，但由于发酵罐操作方式的灵活性及发酵产品的多样性，还需不断改进，满足发酵工艺的实际要求，以求取得最佳的经济效益。

三、发酵反应器的自动控制

传统的酿造工业和近代发酵工业多为劳动密集型产业，自动化程度较低。近年来，随着现代生物分离技术、生物反应器技术和生物传感器技术等现代生物技术的快速发展，发酵工业逐步由劳动密集型向技术密集型产业转变，而影响这一进程的关键因素之一就是发酵过程的自动控制技术，特别是发酵过程连续在线监测控制技术。

（一）发酵过程自动控制

发酵过程是一个非线性、多变量和随机性的动态过程，在发酵过程中，温度、溶氧、pH、培养基成分、细胞形态、细胞浓度、产物组成及含量都在发生着变化，如果不及时对这些参数进行调节和控制，就会使发酵生产所需的工艺条件遭到破坏。因此，只有严格控制这些基本的工艺参数，才能保证发酵过程的正常进行，从而获得最大的产率。所谓发酵过程控制，顾名思义就是把发酵过程的某些状态变量控制在某一期望的恒定水平上或者时间轨道上。控制和最优化是两个不同的概念，但是彼此之间又是紧密关联的。很多情况下，过程的最优化就是通过把某些状态变量定值控制在某一水平或者把程序控制在某一时间轨道上才得以实现。

对于一种特定的菌种，发酵条件的适合程度决定了其发酵生产的水平。因此，了解生产菌株的特性及其与环境条件的相互作用、产物合成规律及其调控机制，就可为发酵过程的控制提供理论依据；进而研究发酵动力学，建立能够定量描述发酵过程的数学模型，并借助现代控制理论和手段，为发酵生产的优化控制提供技术支持。因此，发酵过程的自动控制就是根据对发酵过程参数的有效检测及对过程变化规律的认识，借助自动化仪表和计算机组成的控制系统对一些关键参数进行控制，从而使发酵过程正常、高效地进行。发酵过程的自动控制包括三个方面的内容：① 与发酵过程的未来状况相联系的控制目标，如需要控制的温度、pH、生物量和浓度等；② 一些可供选择的控制动作，如阀门的开或关，泵的开启或停止等；③ 能够预测控制动作对过程状态影响的模型，如利用加入基质的浓度或速率控制细胞生长速率时，需要能表达它们之间相互关系的数学表达式。

这三者是相互联系、相互制约的，共同组成特定自动控制功能系统。一般情况下，一种发酵过程的优化控制可以通过以下五步完成：

（1）确定能反映过程变化的各种理化参数；

（2）建立适宜的发酵参数检测方法，若目标状态参数不能在线检测，可通过在线检测的参数推算出目标参数的数值；

（3）研究这些参数的变化对目的产物合成的影响及其机制，进而获得最佳的范围和水平；

（4）建立数学模型定量描述各种参数随时间变化的量化关系，明晰各参数之间的关系，为发酵过程的优化控制提供理论依据；

（5）通过计算机实施在线自动检测和控制，实现发酵过程的最优控制。

（二）发酵过程的在线测控技术

要实施发酵过程的自动化控制，关键是要及时、准确地测定发酵过程中的各个工艺参数。实现发酵过程的优化和自动控制主要是通过在线测控系统。它可以连续、准确、迅速地实现取样、检测、信号处理、反馈控制等过程。对于微生物反应，需要测定的参数非常多，主要分为物理参数和化学参数，如表 8 – 3 所示。

表 8 – 3　　　　　　　　　　　需要测定的微生物反应工程参数

种类	参　数
物理参数	温度、罐压、搅拌转速、动力消耗、通气量、补料速率[①]、料液体积与质量、发酵液黏度、流动特性、放热量、添加物质的累计量[②]等
化学参数	氧化还原电位、溶氧速率、溶解 CO_2 浓度、排气中的氧分压和 CO_2 分压、摄氧速率、CO_2 释放速率、菌体浓度、细胞内物质组成[③]、碳源[④]、氮源[⑤]、金属离子[⑥]、诱导物质、目的产物、酶的比活力、基质消耗速率、各种比速率[⑦]、呼吸商（RQ）等

注：①包括底物、前体物质、诱导物的流加速度。

②包括酸、碱、消泡剂等。

③包括蛋白质、DNA、RNA、ATP 系列物质、NAD 系列物质。

④包括葡萄糖、蔗糖、淀粉、甲醇等。

⑤包括 NH_4、NO_3^- 等。

⑥包括 K^+、Na^+、Mg^{2+}、Ca^{2+}、Fe^{3+}、SO_4^{2-}、PO_4^{3-}。

⑦包括比生长速率、比底物消耗速率、比产物合成速率、比氧消耗速率等。

资料来源：引自陈坚等，2003。

在诸多物理参数中，温度、压力、流量、转速、补料速率和液位是发酵过程中需要随时检测和控制的参数，目前已经可以直接在线准确测量和控制。化学参数中，pH、溶氧和尾气组成可以在线检测。而对于一些化学和生物学参数，如菌体量、基质浓度和产物浓度，仍然很难实现直接在线检测，一般采用离线检测的方法，但检测时间较长，所以数据无法用于实时控制。为此，电极法和生物传感器成为研究和开发的重点。目前用于葡萄糖、酒精和青霉素等物质的在线检测传感器已研制成功，并在离线的条件下获得广泛应用。另外，在发酵过程中还有一些间接参数是由以上参数经过计算获得。例如，对发酵尾气进行分析可以得到耗氧速率、CO_2 释放速率和呼吸商，进而可计算出菌体浓度和基质消耗速率等参数。这些参数的检测结果反映了发酵过程中环境变化和细胞代谢的生理变化情况，从而为发酵过程的研究和控制提供了重要依据。

发酵过程在线测控技术一般分为三个部分：分析检测装置（传感器），将检测装置与发酵介质相结合的取样过滤装置，以及实现控制理论的反馈和控制装置，即信号传输装置和计算机。其中，传感器是在线测控系统的关键设备。传感器是指能够将非电量转换为电量的器件，它实质上是一种功能块。在由传感器、放大器和各种仪器组成的测量、控制系统中，传感器的作用是感受被测量对象的变化，并直接从被测量对象中提取检测信息，即将来自外界的各种信号转换为电信号。发酵罐传感器可将生理和化学效应转换为电信号，这种电信号可以被放大、显示和记录，并可用作某一单元的输入信号，从而提供发酵过程的状态信息。在有效的过程控制中，从直接与反应器相连的传感器中快速获取信息是很重要的。除了常规要求以外，用于发酵过程的传感器还应具有良好的可靠性、准确性、精确性、分辨率、灵敏度、测量范围、特异性和可维修性，还应该能够进行高温灭菌、处于与外界大气隔绝的无菌状态、防止培养基和细胞在其表面的黏附作用。另外，生物传感器还应具有较短的响应时间，当工艺条件改变时，要求传感器能够快速地作出响应，这是非常重要的。因为仪表的检测滞后会导致测量值与反应器的真实值之间产生一个时间差，从而产生一种动态误差，即测量值滞后于工艺的状态。响应速度通常用传感器输出信号达到终值90%所用的时间表示，它遵循阶跃变化规律。

目前正在应用和研究的在线测控装置主要有以下三种：

（1）直插式传感器系统　即传感器安装在发酵罐内，直接与发酵液接触，通过连续发出响应信号实现在线监控。直插式传感器可用于罐内物化参数的测定，如温度、溶氧、pH、罐压、黏度、浊度及流量等。此类传感器的性能比较稳定，能够承受高温高压环境，因此应用也较为普遍，在氨基酸发酵、啤酒发酵等生产中均有应用，实现了部分参数的在线控制。常用的有热电偶传感器、转速传感器、测力传感器及溶氧传感器等。

（2）流动注射检测系统（Flow Injection Analysis，简称 FIA）　许多生物传感器不能承受高压高温环境或者不适合微生物发酵环境，因此不能作为直插式传感器直接在发酵罐内使用，流动注射检测系统可较好地解决这一问题。FIA 系统由取样装置、样品预处理装置、注射选择阀、传感器、信号转移和数据处理计算机等组成。生物传感器安装在反应器外，样品被处理后送至反应器外与生物传感器接触反应产生信号，实现发酵过程的在线测控。常用于 FIA 系统的传感器有电流式电极、pH 电极、光学生物传感器等。

（3）映像在线控制系统　随着光学技术的不断发展，直接将光学显微镜安装在反应器或发酵罐内，在线监测发酵过程中细胞的形态和生理状态，并可以对细胞浓度、大小进行计算统计；荧光显微镜还可以监测细胞的代谢过程。将映像在线控制系统与流动注射检测系统结合，可成为更有效的监测系统。

由于许多在线监控仪器的测量线性范围比较小，并且价格昂贵，因此现实中能够用于大规模工业生产并且较为成熟的可测量参数一般只有温度、pH、溶氧浓度、发酵罐进出口处的气体分压等为数不多的几个。能够真实反映发酵过程内在状况和本质的基质浓度、产物浓度、细胞浓度等的在线检测仪器价格昂贵，基本上还停留在实验室水平。因此，开发具有操作维护简单、性能稳定、价格低廉等特点的在线传感器仍然是工业发酵生产自动控制中有待解决的重大课题之一。

表8－4和表8－5所示为目前可以检测的物理和化学参数以及相应的各种仪器（传感器）。

表8－4　　　　　　　　　　发酵过程中物理参数的测定

参数名称	单位	测试方法	测定意义
温度	℃	传感器	维持生长、产物合成
罐压	Pa	压力表	维持罐的正压、增加溶氧
空气流量	L／（L·min）	传感器	供氧、排泄废气、提高 $K_L a$
搅拌转速	r/min	传感器	物料混合、提高 $K_L a$
搅拌功率	kW	传感器	反映搅拌情况、$K_L a$
黏度	Pa·s	黏度计	反映菌体生长情况、$K_L a$
浊度	透光度	传感器	反映菌体生长情况
泡沫		传感器	反映发酵进程及菌体代谢情况
体积氧传递系数 $K_L a$	h^{-1}	间接计算	反映供氧效率及菌体代谢情况
加消泡剂速率	kg/h	传感器	反映泡沫情况
加中间体或前体速率	kg/h	传感器	反映前体和基质利用情况

表8－5　　　　　　　　　　发酵过程中化学参数的测定

参数名称	单位	测试方法	测定意义
pH	g/mL	传感器	了解生长和产物合成
基质浓度	mg/L	取样	了解生长和产物合成
溶解氧浓度	mV	传感器	反映氧供需情况
氧化还原电位	g/mL	传感器	反映菌的代谢情况
产物浓度	Pa	取样	产物合成情况
尾气氧浓度	%	传感器	了解耗氧情况
尾气 CO_2 浓度	G（DCW）/mL	传感器	了解菌的呼吸情况
菌体浓度	Mg（DCW）/g	取样	了解生长情况
RNA、DNA 含量	Mg（DCW）/g	取样	了解生长情况
ATP、ADP、AMP	Mg（DCW）/g	取样	了解能量代谢活力
NADH 含量	gO_2／（L·h）	取样	了解菌的合成能力
摄氧率	gO_2／（g菌·h）	间接计算	了解耗氧速率
呼吸强度	h^{-1}	间接计算	了解比耗氧速率
呼吸商		间接计算	了解菌的代谢途径
比生长速率		间接计算	了解菌体生长情况
细胞形态		取样	了解菌体生长情况

（三）发酵过程基本的自动控制系统

发酵过程采用的基本自控系统主要有后馈控制、前馈控制和自适应控制。

1. 反馈控制

反馈控制系统如图8－26所示，被控过程的输出量 $x（t）$ 被传感器检测，以检测量

y（t）反馈到被控系统，控制器将其与预定值 r（t）（设定点）进行比较，得出偏差值 e，然后采用某种控制算法根据偏差 e 确定控制动作 u（t）。根据算法的不同，可分为开关控制、PID 控制、串联反馈控制、前馈/反馈控制。

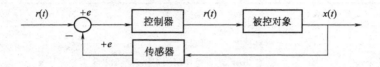

图 8 –26　反馈控制系统（引自熊宗贵等，2001）

开关控制是最简单的反馈控制系统。例如，发酵温度的开关控制系统是通过温度传感器探知发酵罐内的温度，如果温度低于设定点，冷水阀关闭，蒸汽或热水阀打开；如果温度高于设定点，蒸汽或热水阀关闭，冷水阀打开。控制阀的工作是全开或全关，所以称为开关控制。

当负荷不稳定时，可采用比例（P）、积分（I）、微分（D）控制算法，即 PID 控制。PID 控制器的控制信号分别正比于被控过程的输出量与设定点的偏差，偏差相对于时间的积分和偏差变化的速率。PI 和 PID 控制器广泛用于发酵过程的控制。

串联反馈控制是由两个以上的控制器对一种变量实施联合控制的方法。例如，溶解氧在发酵罐中的检测，作为一级控制器的溶氧控制器根据检测结果，由 PID 算法计算出控制输出 u_1（t），但不用它来直接实施控制动作，而是由作为二级控制器的搅拌转速来实施。空气流量和压力控制器作为设定点来接收，二级控制器再通过另一个 PID 算法计算出第二个控制输出，用于输出控制动作，以满足一级控制器设定的溶氧浓度。当有多个控制器时，可以同时或顺序控制。如图 8 – 27 所示，先改变搅拌转速，当达到某一设定的最大值时，再改变空气流量，最后调节压力。

2. 前馈控制

如果被控对象动态反应慢，并且干扰频繁，则可通过对一种动态反应快的变量（称为干扰量）的测量来预测被控对象的变化，在被控对象尚未发生变化时，提前实施控制，这种控制方法称作前馈控制。前馈控制通常与反馈控制结合使用（图 8 – 28），例如在对发酵罐温度进行控制时，一般采用反馈控制，即先测量罐体的温度，再操纵冷却水系统的阀门。对冷却水系统的压力进行测量，但不控制。当这一压力改变时冷却水的流量也随之改变。由于传热是一个缓慢的过程，冷却水这种流量的变化不会立刻引起反应器温度的变化。只有当温度发生改变时，简单的反馈温度控制器才会将阀门的状态值调节到所需的新值，因此会使过程产生波动。但如果冷却水流量发生变化，系统立刻就能检测到，并据此对阀门状态值进行及时调节，则温度就不会发生波动。过程扰乱是一种前馈，可以不等反馈控制器探测到温度偏差即可执行控制操作。前馈控制的控制精度取决于干扰量的测量精度，以及预报干扰量对控制变量影响的数学模型的准确性。

3. 自适应控制

除了经典的反馈控制和前馈控制系统以外，近年来出现了许多新的控制方法，自适应

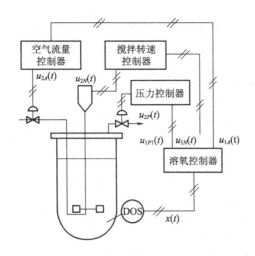

图 8 - 27 溶氧浓度的串联反馈控制（引自熊宗贵等，2001）

DOS—溶解氧传感器 $x(t)$ —检测量 $\mu_1(t)$ ——级控制输出

$\mu_2(t)$ —二级控制输出 P_0—压力 N—搅拌转速 A—空气流量

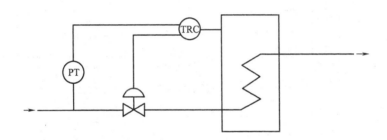

图 8 - 28 发酵罐温度的前馈控制和反馈控制（引自陈坚等，2003）

TRC—时间比率控制 PT—时间比率

控制就是其中的一种。发酵过程是复杂和不确定的过程，而上述自控系统的数学模型结构和参数都是确定的，过程的输入信号均为时间的函数，过程的输出响应也是确定的，所以对发酵过程动态特性无法确定数学模型，过程的输入信号也含有许多不可测的随机因素。对于这种过程的控制，需要提取相关的输入和输出信息，对模型和参数不断进行辨识，使模型逐渐完善，同时自动修改控制器的控制动作，使之适应实际过程，这样的控制系统称之为自适应控制系统。自适应控制系统多用于过程的静态或动作性能随时间发生变化的系统中。自适应控制器利用在线测量数据或理论模型，或者将二者结合使用，可以预测过程的静态和动态性能的变化。由于预测过程变化的方法有多种，因而很难对自适应控制进行一般性说明。自调节控制器和自适应 pH 控制均可应用自适应控制。

　　总的来说，发酵过程是一个不确定的过程，但对一些单个变量的变化规律而言，又有确定的一面。因此，对这些变量进行控制并非一定都要采用自适应控制算法。

（四）发酵过程基本的自动控制系统组成

　　发酵自动控制系统主要由传感器、变送器、执行机构、转换器、过程接口和监控计算机组成（图8-29）。除了直接用于发酵过程检测的传感器外，一些根据直接测量数据对不可测变量进行估计的变量估算器也称为传感器，这种广义传感器称作"网间"传感器或"算法"传感器。

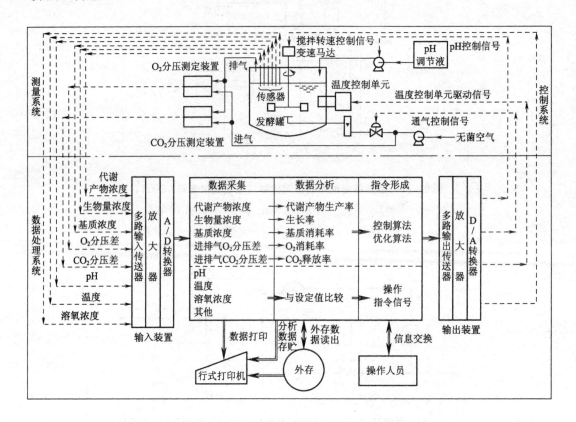

图8-29 发酵自动控制系统的硬件组成（引自熊宗贵等，2001）

在发酵工业的监测和控制中，通常使用的是条形记录仪和模拟控制器。条形记录仪用于描绘发酵过程中各变量的变化曲线，如温度、pH、溶解氧和尾气成分等，模拟控制器将这些变量控制在合适的范围内。但记录仪和控制器不能有效地监测和控制那些不能直接测量的变量，如氧消耗速率、基质消耗速率、比生长速率等，而计算机可用来估计和监测这类间接的发酵变量。过程监控计算机可用于采集和贮存发酵过程中的各种数据，用图形和列表的方式显示储存的数据，对存储的数据进行各种分析和处理，与检测仪表和其他计算机进行通讯，对模拟及参数进行辨识，并实施复杂的控制算法。有了以上的硬件，就可以组成发酵自控系统，对发酵过程实施有效的监测和控制。

（五）计算机在发酵过程自动控制中的应用

1. 计算机在发酵过程控制中的应用

随着电子技术和控制理论的发展，发酵过程的控制也在不断的改进，计算机正逐步地应用于发酵过程的自动化控制。

计算机控制发酵系统由计算机控制系统和被控对象组成，如图 8－30 所示。计算机控制系统则由控制硬件和操作软件组成。被控对象包括发酵罐、发酵液和菌种，通过计算机控制系统实现其自动控制的功能，并努力实现发酵过程的最佳状态。

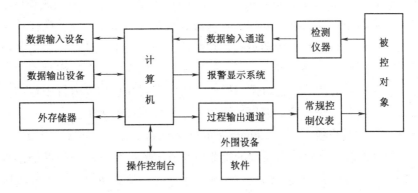

图 8－30　计算机发酵控制系统的组成（引自李德茂等，2003）

用于发酵过程控制的计算机主要有四大功能，即数据记录和处理、监督控制、直接数字控制和序列控制（图 8－31）。

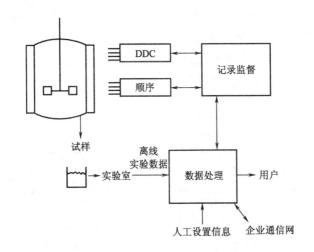

图 8－31　计算机在发酵过程中的应用（引自陈坚等，2003）

计算机用于发酵过程控制可采用在线操作和离线操作两种方式。在线操作是计算机直接与受控对象连接，将采集的数据进行计算，并将结果直接送往执行机关，从而达到对发酵过程进行直接控制的目的。而离线操作仅将计算结果提供给生产管理人员，以作为发酵控制的参考，过程的控制仍然依靠操作者执行。以下简要介绍计算机在发酵过程控制中的应用。

（1）参数采集和综合处理　随着传感器技术的发展，发酵过程中的物理参数和部分化学参数可实现在线检测，为计算机的在线控制提供了条件。计算机可在规定的时间内对所有参数进行采集和处理，并可将测定的结果进行数字显示和打印，代替和节省了大量的显示仪和记录仪。同时还可以进行快速运算，将由传感器获得的原始数据通过综合运算给出对生产具有指导意义的新参数，如微生物的氧吸收速率、发酵罐的体积氧传递系数、呼吸商、发酵液的表观黏度、发酵热和传热系数等参数。

（2）顺序控制 顺序控制是指利用计算机定时、定量和定指标地完成预订程序，完成发酵过程中的固定程序，如灭菌、接种、升降温、流加和调节 pH 以及搅拌转速、通风量等的控制，也可以完成由专家系统确定的经验操作程序的控制。顺序控制主要是通过对发酵罐上的开关阀进行控制，它与温度、压力等控制回路相连接，在发酵过程中当发酵罐的温度或压力发生变化时能及时地进行阀门操作。顺序控制在小型发酵罐中很少应用，其主要采用手动控制，但有一些小型发酵罐采用顺序控制实现自动灭菌。

（3）直接数字控制系统（Direct digital control system，简称 DDC） DDC 系统是利用计算机的分时处理功能，先将来自对象的检测值与给定值进行比较，根据偏差值和一定的算式进行计算，然后将代表控制量的相应的数字信号或开关量送出，并由数模接口转换相应的控制信号，通过执行器对对象进行控制。控制方式有比例积分微分（PID）、前馈、非线性、自适应、多参数协调等多种方式。DDC 系统可用于培养基的连续灭菌、罐压、温度、pH、搅拌、溶氧、消泡等简单的自动控制。图 8-32 所示为发酵生产中检测并控制发酵温度、pH 及溶氧浓度的流程图。首先，通过传感器把检测到的参数通过放大、模数转换传递到 CPU，CPU 根据检测到的参数与标准参数进行比较判断，发出相应的控制信号，通过数模转换、电器转换器控制调节阀门，调节发酵罐温度、pH、溶解氧浓度等。例如，

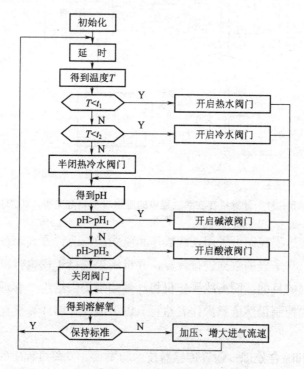

图 8-32 发酵监控总流程图（引自王高平等，2000）

罐温调节可以通过开启蒸汽和循环冷水阀门来达到升温和降温的目的；pH 则可以通过控制开启加碱液和加酸液的阀门来进行调节；溶氧浓度可以通过加大进气流速、加快搅拌转速和提高罐压来控制。

（4）设定值控制系统（set point computer control system，简称 SPC）　SPC 系统是计算机在线控制中较高级的形式，在 SPC 系统中，计算机根据过程参数信息和其他数据，按照描述生产过程的数学模型进行计算，得出最佳控制条件，并能够自动改变系统中模拟器或以 DDC 方式工作的计算机的给定值，从而实现生产始终处于最佳的工作状况。例如，在谷氨酸发酵生产中，在明确影响谷氨酸发酵生产优化主要因素的基础上，建立谷氨酸发酵过程各类数学模型或者将谷氨酸生物合成和一些经验方程结合起来，建立群体非结构模型，获得描述发酵过程菌体生长、基质消耗和产物合成的规律，进而设计一套完整的检测和控制系统（如控制发酵液的温度和 pH、调节补料的速度等），根据细胞生长和代谢的情况，及时改变控制策略，调整外部环境，以获得最大的产量。

要实现 SPC 系统的最优化控制，必须建立一个可靠的能反映发酵过程变化规律的数学模型。这种数学模型可以通过理论推导或经验归纳获得，也可以通过计算机模拟获得。但由于发酵过程中细胞反应过程十分复杂，同时发酵试验的试验数据重复性较差，许多模型还不能真正反映存在于细胞内的复杂的代谢过程，因此限制了计算机在发酵生产过程控制中的应用。为了解决这一难题，有学者根据细胞非均衡生长结构动力学模型提出了许多有价值的模型，如代谢模型、基因调控模型、产物生成模型等。由于结构动力学模型考虑了发酵过程中细胞内影响代谢变化和生物合成的因素，有的模型预测的结果与实际较为吻合，对发酵过程的计算机自动控制具有重要的意义。

2. 人工智能控制系统在发酵过程控制中的应用

近年来，人工智能控制系统在生物反应器系统控制中的应用日益受到关注。人工智能（artificial intelligence，简称 AI）是由美国科学家在 20 世纪 50 年代提出的，指的是用计算机思考问题、模拟人的思维。它能基于人的经验或采用模糊关系或采用神经网络技术而实现发酵生产的自动化、最优化的控制。以下简要介绍人工智能控制系统在发酵过程控制中的应用。

（1）模糊控制　模糊控制技术是一门利用模糊数学理论，把专家语言控制策略转化为自动控制策略，用计算机来实现操作的控制技术。它是在模糊逻辑的基础上，从人类智能活动的角度去考虑实施控制。虽然发酵过程中的微生物生长和代谢不能用确切的数学关系来描述，但不同的发酵时期，它们之间有着确定的模糊关系，可用这种关系来指导反应过程、优化操作和自动控制。例如，在酵母细胞的高密度培养中，用计算机以模糊控制器来控制葡萄糖的流加速度，保持培养基中合适的葡萄糖浓度，极大地提高了菌体量。

（2）人工神经网络控制　神经网络是根据大脑神经元化学活动抽象出来的一种多层网络结构，它由许多并排连接的多层计算单元组成，用统计程序和反向传播算法（BP）对交联回路（方程）进行闭包，根据权重函数解析每个交集（intersection）。使用神经网络的主要优点是不需要数学模型，操作者只需将因果数据提供给系统，程序就能利用数据学习关系并对过程建模，给定的目标函数选择原因（操作参数）的改变，这些改变可用于获得最佳的结果或效果（控制参数）。

神经网络模型可用于预测生化反应过程状态是否正常，预测微生物的生长阶段、代谢状态、生物量、基质和产物浓度以及反应过程中各种抑制状态的产生等。图 8 – 33 所示为神经网络在发酵过程中的应用原理示意图。例如，在青霉素发酵过程的补糖控制中，用神经网络模型来判别发酵阶段，根据不同的发酵阶段采用不同的敏感参数，如 pH、CO_2 释放速率、溶氧浓度等组成不同的补糖修正算式，控制补糖速率，从而保证获得高的发酵效价。

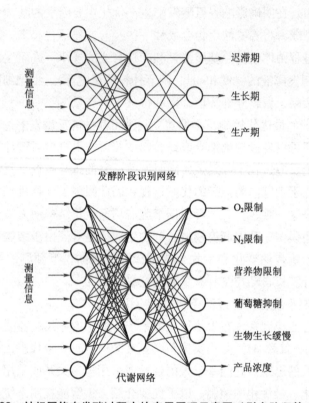

图 8 –33　神经网络在发酵过程中的应用原理示意图（引自陈坚等，2003）

（3）专家控制系统　专家控制系统是指用计算机模拟专家或专家群体解决发酵过程中问题的能力。它将专家的知识、经验模拟编制成一个带有数学模型的计算机程序数据库，以形成一些既定的控制模式或规则。当发酵过程的控制出现问题时，专家控制系统可从大量的选择中选出最好的或是最合理的方法。一些研究者利用计算机专家控制系统构建了流加补料工艺，取得了较好的成果。

计算机应用于控制发酵体系极大地推进了发酵工业的发展，其中人工智能控制技术的应用将是今后发酵工程自动控制系统的发展趋势。而将计算机新技术与传感器新技术相结合，将是更好实现发酵系统优化控制的新途径。

第九章 发酵工程工艺放大

工业发酵的目的和任务是实现生物技术成果走向规模化生产，即通过实验室小试阶段—中试试验—工业化生产这样一个过程，实现生物产品的规模化生产。而这其中，发酵工艺放大是发酵产品能否实现产业化的关键环节。发酵工艺的放大不是简单的发酵罐规模放大。虽然在不同规模的发酵罐中，所用微生物的生化反应基本特性是相同的，但随着规模的扩大，尽管采用相同的菌种、培养基和工艺，发酵水平经常出现下降的情况，造成这种下降的原因很多，主要包括发酵罐中混合、气—液—固相间的物质传递以及热量传递的差异，细胞受到的剪切差异，微生物的环境与小型发酵罐中产生差异从而造成代谢改变等。因此，如何通过估计不同规模发酵罐中的过程状态，对放大的发酵罐进行合理配置，使其进行的反应过程与实验室规模发酵罐的细胞生长和代谢过程相似，这就是发酵罐放大的基本任务。

生产菌种的制备是大规模发酵生产的第一道工序，该工序又称为种子制备。其目的在于为下一阶段（发酵阶段）提供大量接种物（种子）。随着现代发酵工业的快速发展，发酵设备正逐步向大型化发展，特别是对于某些大规模的生物产品发酵，如赖氨酸、有机酸等，其发酵规模越来越大。每只发酵罐的规模已达到几十立方米甚至几百立方米。如果按照 5% ~10% 的种子量计算，就要接入几立方米或几十立方米的种子。单靠试管或摇瓶里的少量种子直接接入发酵罐不可能达到必需的种子数量要求，必须从试管保藏的微生物菌种逐级扩大为发酵生产使用的种子。更为重要的是，作为发酵工业的种子，其质量是决定发酵成败的关键，只有将数量多。代谢旺盛、活力强的种子接入发酵罐中，才能保证发酵的正常进行。因此，如何提供发酵产量高、生产性能好、数量足而且不被其他杂菌污染的生产菌种，是生产菌种制备工艺的关键。

第一节 种子培养及放大

一、种子制备原理与过程

种子培养是指将冷冻干燥管、沙土管中处于休眠状态的工业菌种接入试管斜面活化后，再经过摇瓶及种子罐逐级扩大培养而获得一定数量和质量纯种的过程。这种纯培养物称为种子。从微生物生长的培养基种类来说，生产菌种的制备一般包括两个过程，即在固体培养基上生产大量孢子的孢子制备过程和在液体培养基中生产大量种子的种子制备过程。而从工业发酵的角度来说，生产菌种的制备可分为实验室的种子制备过程和生产车间的种子制备过程。总的工艺流程如图 9 - 1 所示。

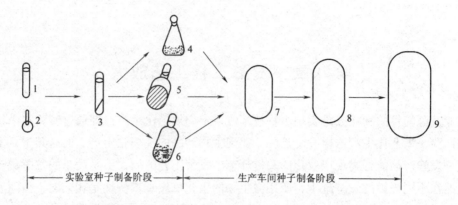

图9-1 种子扩大培养流程图（引自余龙江，2006）

1—沙土孢子　2—冷冻干燥孢子　3—斜面孢子　4—摇瓶液体培养（菌丝体）
5—茄子瓶斜面培养　6—固体培养基培养　7、8—种子罐培养　9—发酵罐

（1）实验室的种子制备　此阶段包括琼脂斜面、固体培养基扩大培养或摇瓶液体培养。首先，将保藏在冷冻干燥管、沙土管中的菌种经无菌操作接入合适的培养基进行活化；接下来的转接过程要视菌种的特性而定。对于产孢子能力强及孢子发芽、生长繁殖迅速的菌种，可以采用固体培养基培养孢子，培养后的孢子制成悬浮液后可以直接接入种子罐。此方法可以减少批与批之间的差异，具有操作方便、工艺过程简单、便于控制种子质量等优点——孢子直接进罐法已成为发酵生产的一个方向。对于产孢子能力不强或孢子发芽慢的菌种，可以采用摇瓶液体培养法，将孢子接入含液体种子培养基的摇瓶中，控制一定的温度进行振荡培养，获得的菌丝即可作为种子培养液。对于不产孢子的菌种，生产上一般采用斜面营养细胞保藏法保藏，使用时在一定条件下活化后，即可接入三角瓶液体培养基中，再在一定条件下培养一段时间后就可作为种子罐的种子。

（2）生产车间种子的制备　在实验室将孢子或摇瓶液体种子制备好后，可移至种子罐进行扩大培养。种子罐的作用就是使有限数量的孢子或菌丝繁殖成大量的菌丝体。种子罐种子的制备工艺流程，因菌种不同而异，一般可分为一级、二级和三级种子的制备。摇瓶菌丝（或孢子）接入到体积较小的种子罐中，经培养后形成的菌体称为一级种子，将其转入发酵罐内发酵，称为二级发酵。如果将一级种子再接入体积较大的种子罐内，经培养后形成更多的菌体，这样的种子称为二级种子，将其转入发酵罐内发酵称为三级发酵，以此类推。

种子罐的级数一般根据菌种的性质、菌体生长的速度以及所采用的发酵罐体积来确定。对于生长快的菌种，种子用量少，种子罐也相应的少。一般来说，在保证种子数量和质量的前提下，总希望种子罐的级数越少越好，因为这样有利于简化生产工艺和控制，可以减少因种子生长异常而造成的发酵波动。在实验室研究规模上，接种级数一般不超过二级，而在实际工业生产中种子可以进行六级发酵培养。

二、优良种子应具备的条件

种子的优劣对发酵生产至关重要，因此，发酵工业生产中的种子必须满足以下条件：

(1) 菌种细胞的生长活力强，移种至发酵罐后能迅速生长，迟滞期短；

(2) 生理性状稳定；

(3) 菌体总量及浓度能满足大容量发酵罐的要求；

(4) 无杂菌污染，保证纯种发酵；

(5) 保持稳定的生产能力。

三、影响种子质量的因素及其控制

种子质量是影响发酵水平的重要因素。种子质量的优劣主要取决于菌种本身的遗传特性和培养条件两个方面，也就是说既要有优良的菌种，又要有合理的培养条件才能获得高质量的种子。影响种子罐培养的主要因素包括营养条件、培养条件、染菌的控制、种子罐的级数和接种量控制等。这些因素相互联系，相互影响，因此必须综合考虑各种因素，认真加以控制。

1. 原材料质量

生产过程中经常会出现种子质量不稳定的现象，这主要是由于构成种子培养基的原材料质量不稳定造成的。原材料的产地、品种、加工方法不同，会导致培养基中的微量元素和其他营养成分含量的变化。例如，生产蛋白胨的原料（如鱼胨或骨胨）以及生产工艺的不同，蛋白胨中所含的微量元素、磷含量、氨基酸的组分均有所不同，这些差异势必会影响菌体的生长和种子的质量。琼脂的品牌不同，对种子的质量也有影响，这是由于不同厂家生产的琼脂所含的无机离子不同造成的。水质的影响也不能忽视，地区的不同、季节的变化和水源的污染，均可使水质发生波动。

为了避免原材料对种子质量的影响，配制培养基所用的主要原材料中，糖、氮、磷等的含量需经化学分析及实验室摇瓶发酵试验合格后才能使用。制备培养基时要将制备过程程序化并严格控制灭菌的时间和压力。为了避免水质波动对孢子质量的影响，可用蒸馏水配置斜面培养基。

2. 培养基

培养基是微生物生长的主要营养来源，培养基的设计必须满足菌种生长和繁殖的需要。微生物在吸收营养方面有它的多样性，不同的微生物对营养要求不一样。但它们所需的基本营养大体上是一致的，其中尤以碳源、氮源、无机盐、生长素和无机离子等最为重要。不同类型的微生物所需的培养基成分与浓度配比并不完全相同，必须按照实际情况加以选择。发酵产量提高是选择培养基的一个重要指标，但同时还应当要求培养基组成简单、来源丰富、价格低廉、取材方便等。一般来说，种子培养过程是培养菌体的，因此，种子培养基的营养成分应适合菌体的生长和繁殖，一般选择一些有利于孢子发芽和菌丝生长的培养基，其中糖分要少，而对微生物起主导作用的氮源和维生素含量要高，而且其中无机氮源所占的比例要大些。另一方面，培养基的营养成分要尽可能和发酵培养基接近，

发 酵 工 程

以适应发酵的需要，这样的种子一旦接入发酵罐后能够比较容易适应发酵罐的培养条件，从而大大缩短其生长过程的延滞期。任何生产所用的培养基都没有一个完全可确定的配比，对于某一菌种和具体设备条件来说，最适宜的配比完全应该进行多因素的优选，通过对比试验确定。如果菌种的特性或设备条件（如罐型、搅拌的形式和转速等）变化较大，则培养基的配比应通过试验相应地变化。只有培养基各成分的关系选择得比较恰当，才能最大限度地发挥菌种特性，提高发酵产量。

3. 种龄

种龄是指种子的培养时间。在种子罐中，随着培养时间的延长，菌体量逐渐增加，但同时基质不断消耗，代谢产物不断积累，直至菌体量不再增加，菌体趋于老化。由于不同生长阶段的菌体的生理活性差别很大，接种龄的控制就显得非常重要。一般情况下，接种龄以处于生命力旺盛的对数生长期的菌体最为合适。此时的种子能很快适应发酵的环境，生长繁殖快，可大大缩短在发酵罐中的调整期，缩短在发酵罐中的非产物合成时间，提高发酵罐的利用率，节省动力消耗。种龄过长或过短都不利于发酵的进行，如种龄过长，虽然此时的菌体量多，但菌体老化，接入发酵罐后菌体容易出现自溶，不利于发酵产量的提高；种龄过于年轻的种子接入发酵罐后，往往会导致前期生长缓慢、泡沫多、发酵周期延长，甚至会因菌体量过少，导致发酵异常。

最适种龄因菌种不同而有很大的差异。细菌种龄一般为 7～24h，霉菌种龄一般为 16～50h，放线菌种龄一般为 20～64h。同一菌种在不同工艺条件下，其种龄也有所不同，一般需要经过多次试验，根据产物的产量来确定最适种龄。

4. 接种量

接种量是指移入的种子液体积和接种后培养液体积的比例。接种量的大小与菌种特性、种子质量和发酵条件等有关。在抗生素工业中，多数抗生素发酵的接种量为 7%～15%，有时可加大到 20%～25%。霉菌素发酵的接种量为 0.1%～1%，氨基酸发酵的接种量一般为 1%～5%。

接种量的大小会直接影响发酵周期。大量接入成熟的种子，可以缩短生长过程的迟滞期，缩短发酵周期，节约发酵培养的动力消耗，提高设备的利用率，并有利于减少染菌的机会。但是，过大的接种量往往会使菌体生长过快，培养液黏度增加，造成营养物质缺乏或溶解氧不足，使发酵后劲不足，影响产物的合成。接种量过小，则会引起发酵前期菌体生长缓慢，使发酵周期延长，而且易造成染菌。一般来说，接种量和细胞生长的迟滞期长短成反比。工业生产中，接种量的大小需要经过多次试验，根据菌体的生长和产物水平来确定。

5. 培养温度

任何微生物的生长都有一个最适的温度范围，在此温度范围内，微生物生长、繁殖最快。大多数微生物的最适生长温度范围在 25～37℃，细菌的最适生长温度大多比霉菌高些。一般来说，提高培养温度，可使菌体代谢活动加快，缩短培养时间。但是，菌体的物质和能量代谢的各种酶类，对温度的敏感性是不同的。因此，培养温度不同，菌体的生理状态也不同，如果不是用最适生长温度培养的孢子，其生产能力就会下降。

　　不同生长阶段的微生物对温度的反应是不同的，处于迟滞期的细菌对温度十分敏感，将其置于最适温度附近，可以缩短其生长的迟滞期；将其置于较低的温度，则会使迟滞期延长。处于对数生长期的细菌，如果在略低于最适温度的条件下培养，即使在发酵温度中升温，温度的破坏作用也比较弱，因此，在最适温度范围内适当提高对数生长期的培养温度，既有利于菌体的生长，又可避免热作用的破坏。另外，如果所培养的微生物能够在稍高一些的温度下进行生长和繁殖，则可以减少污染杂菌的几率和夏季培养所需降温的辅助设备和费用，对工业生产有很大的好处。

　　6. pH

　　培养基的氢离子浓度对微生物的生命活动有显著影响。各种微生物都有自己生长和合成酶最适的 pH。为了达到微生物的快速生长和酶合成的目的，种子培养基必须保持适宜的 pH。选择种子最适 pH 的原则是获得适当的菌体量和高发酵水平。此外，最后一级种子的 pH 应尽量接近发酵培养基的 pH，以便种子能尽快适应新的环境。

　　7. 湿度

　　斜面孢子培养时，培养室的相对湿度对孢子形成的速度、数量和质量有很大的影响。一般来说，湿度低，孢子生长快；湿度高，孢子生长慢。例如，在相对湿度比较低的北方，培养基内的水分蒸发比较快，因此，斜面下部含有较多的水分，而上部却比较干燥，这时孢子长得较快，并且从斜面下部向上长。夏季时，情况正好相反，孢子从湿度较低的上部向下长，由于下部湿度较大，孢子的生长速度较慢。试验证明，在北方相对湿度控制在 40% ~ 45%，在南方相对湿度控制在 35% ~ 42%，所培养的孢子质量较好。

　　在培养孢子时，应认真控制培养箱的湿度。如相对湿度较低，可放入盛水的平皿。为了保证新鲜空气的交换，培养箱每天开启几次，以利于孢子的生长。

　　8. 通气和搅拌

　　不同微生物生长所要求的通气量不同，即使同一菌株，在不同生理时期对通气量的要求也不相同。在种子罐中培养的种子除保证供给适当的营养物质外，还应有足够的通气量，以保证菌种的正常代谢。通气量的大小与菌种特性、培养基性质以及培养阶段有关，在种子培养的各个时期选择多大的通气量，要根据菌种的特性和罐的结构以及培养基的性质等多种因素，通过实验确定。另外，通气量的大小，要根据氧溶解量的多少来决定。只有氧溶解的速度大于菌体的耗氧速度时，菌体才能正常的生长和代谢。在细胞生长期，随着菌体的繁殖，呼吸增强，必须按菌体的耗氧量加大通气量，以增加溶解氧的量。

　　搅拌可以提高通气效果，促进微生物的生长繁殖，但是过度剧烈的搅拌会使培养液产生大量的泡沫，增加污染杂菌的机会，也会增加能耗。另外，对于丝状微生物一般不宜采用剧烈的搅拌。

　　9. 斜面冷藏时间

　　斜面的冷藏时间对孢子的生产能力有较大的影响，其影响随菌种不同而异，总的原则是宜短不宜长，冷藏时间越长，生产能力下降越多。例如，在链霉素生产中，斜面孢子在 6℃冷藏两个月后的发酵单位比冷藏一个月降低了 18%。要保持菌种稳定的生产能力，需要定期考察和挑选菌种，对菌种进行自然分离，摇瓶发酵，测定其生产能力，从中挑选高产菌株，并及时对退化菌种进行复壮。

10. 染菌的控制

染菌是发酵生产的大敌，一旦发现种子染菌，应该及时进行处理，以免造成更大的损失。染菌的原因主要包括设备和管道的死角、阀门泄漏、灭菌不彻底、空气净化不好，以及无菌操作不严或菌种不纯。发现染菌后，应该及时找出染菌的原因，采取措施，杜绝染菌事故再现。菌种发生染菌将会使各个发酵罐都染菌，因此必须加强接种室的消毒管理工作，定期检查消毒效果，严格无菌操作技术。如果菌种不纯，则需反复分离，直至获得完全的纯种为止。平时应经常分离试管菌种，以防菌种衰退、变异和污染杂菌。要严格控制各级种子转接时的无菌操作程序，转接前必须进行镜检，确认无菌后才能向下一级种子罐或发酵罐接种。

在工业生产中，当种子罐染菌或种子质量不理想时，有时可采用倒种的方法，即倒出部分发酵液作为种子接种另一发酵罐。

四、种子制备的放大原理与技术

1. 细菌发酵时的种子扩大培养

细菌发酵过程中种子扩大培养的主要目的是为了获得大量活力强的种子，以便在发酵罐的发酵过程中尽可能地缩短迟滞期。迟滞期的长短受到种子的接种量、种龄和其生理条件的影响。所以，种子最适宜的接种时期是在对数生长期，因为此时的种子浓度已达到了一定水平，且具有较强的代谢活力。种龄对于能生成孢子的种子尤为重要，因为芽孢是在对数生长后期开始形成的，如果接种物中含有较大比例的芽孢，将会导致较长的发酵迟滞期。表 9 - 1 所示为用枯草芽孢杆菌生产杆菌肽发酵时种子扩大培养的程序。

表 9 - 1　　　　　　　　枯草杆菌生产杆菌肽发酵时种子扩大培养程序

级数	培养条件	培养时间
1	保藏菌种接种到 4L 摇瓶中	18 ~ 24h
2	一级培养物接种到 750L 发酵罐中	6h
3	750L 培养物接种到 6000L 发酵罐中	培养到形成最大生物量时
4	6000L 培养物接种到 12000L 生产发酵罐中	培养到形成最大生物量时

资料来源：引自余龙江，2006。

2. 酵母发酵时的种子扩大培养

利用酵母进行工业发酵，其中最普遍的是啤酒酿造。Hansen 报道了采用纯种培养进行酵母发酵以及酵母繁殖的流程，他将每一步的接种量规定为 10%，并将繁殖条件控制得与酿造时一致。但在现代啤酒的酿造工艺中，采用的接种量一般为 1% 甚至更低，控制的培养条件也与酿造时不同。

3. 丝状真菌发酵的种子扩大培养

制备丝状真菌发酵的种子所包含的工作内容比细菌和酵母都要多。丝状真菌既可以利用孢子，也可以利用菌丝体作为接种物接入发酵罐进行发酵。

（1）利用孢子作为接种物　工业生产中利用的丝状真菌，大多数都能形成无性孢子，因此，在接种时一般采用孢子悬浮液作为种子接入发酵罐。许多丝状真菌能够在谷类的颗粒表面形成大量孢子，如大麦、小麦和麸皮等。这使得利用丝状真菌接种的程序变得比较方便，可以将谷物一起接入发酵罐，获得比常规接种方法更高的菌体浓度。有报道介绍了曲霉产孢子的方法：在一个 2.8L 弗式烧瓶中放入 200g 去壳大麦粒和 100g 麸皮，在相对湿度 98%、28℃时培养 6d，可产生浓度为 5×10^{11} 的分生孢子。这个产量是在罗氏瓶中沙氏琼脂上培养同样时间产量的 5 倍。

（2）用丝状真菌的菌丝体作为接种物　有些丝状真菌不能产生无性孢子，因此必须用繁殖体菌丝作为接种物，如用于工业上生产赤霉素的菌种——藤肠赤霉（*Gibberella fujiku-roi*）就是这类真菌。Hansen 在赤霉素发酵生产中，将菌种接种在马铃薯葡萄糖琼脂斜面上，24℃培养一周左右，挑取生长良好的菌丝体接入一级种子罐中（9L），28℃培养 75 h后，转接到含有相同培养基成分的二级种子罐中（100L）。利用繁殖体菌丝作为初级种子的主要问题是难以获得均一的接种物。为了获得大量均一的菌丝体，有人在接种前用匀浆器将菌丝打成碎片，以形成大量的菌丝。但这种方法要根据不同的菌体特性而定。

此外，有些菌种制备种子时需要同时接入孢子和菌丝体，如利用高山被孢霉（*Mortierella alpina*）发酵生产花生四烯酸的种子制备时，当菌种活化长出孢子后用无菌水洗下孢子制成孢子悬浮液；再按 100L 种子培养基加 8 ~ 10mL 孢子悬浮液转接至一级种子罐，培养 3 ~ 5d 后，得到的菌丝体即可作为发酵生产用的种子培养物。

4. 放线菌发酵时的种子扩大培养

放线菌在工业上具有巨大的应用价值，许多抗生素和酶制剂都是由放线菌生产获得的。许多的放线菌都能产生孢子，因此其种子的扩大培养可以通过斜面培养，制备孢子悬浮液作为初级种子。但也有很多是用摇瓶菌丝体作为初级种子，这主要是根据菌种的特性和实践结果而定。

菌丝形态能够在一定程度上反映菌体的生长和代谢情况，因此可以通过观察种子罐中菌丝体形态（如链霉菌）的变化来确定适宜的移种时间，这是抗生素生产过程中的一项常用也是很有用的方法。

第二节　发酵工艺的放大

发酵工程的目的和任务是实现生物技术成果走向规模化生产。具体地，就是力求在发酵过程中保证所有规模都具有最佳的外部条件，以获得最大生产能力。工业发酵过程的研究，一般分为三种规模或三个阶段：①实验室小试阶段，进行菌种的筛选和培养基优化的研究；②中试试验，确定放大规律以及菌种培养的最佳操作条件；③进行大规模的工厂化生产，取得经济效益的过程。传统的工业放大，首先要进行摇瓶实验来对种子进行筛选，验证种子的遗传稳定性并进行培养基优化及工艺条件摸索。例如，培养基配方、培养温度、接种量、pH 范围及产物形成水平、发酵周期、耗氧程度等初步的工艺条件，具体就是通过装液量的调节、培养基成分的改变、温度、pH 的改变、摇床转速的改变来实现以上实验参数的估计。然后通过实验室小型发酵罐试验和中型发酵罐，最后通过合适的放大规律逐步转移到工业生产发酵罐实现工业化生产。而发酵能否实现产业化的重要环节就是解决设备和工艺放大的问题。

发酵工艺的放大不是简单的发酵罐规模放大。随着规模的扩大，尽管采用相同的菌种、培养基和工艺，发酵水平经常出现下降的情况。造成这种下降的原因本质上是由这两种试验规模变化所引起的。

一、摇瓶和发酵罐培养的差异

据统计，在进行发酵生产研究时，90% 以上的研究都是从摇瓶培养开始的。但是当将研究结果在发酵罐上进行放大生产时，时常会出现生产效率和产量下降的现象。这主要是由于发酵罐和摇瓶培养时的环境差异造成的。摇瓶和发酵罐培养的差异主要有以下三个方面。

（一）溶解氧和体积氧传递系数（$K_L a$）的差异

由于微生物的发酵多数是需氧发酵，所以这里我们只讨论需氧发酵的问题。氧是一种难溶气体，在 25℃ 和 101.325kPa 下，空气中的氧在纯水中的溶解度仅为 0.25mol/m^3 左右。培养基中因含有大量有机物和无机盐离子，因而氧在培养基中的溶解度就更低。有人做过这样的估算，对于菌体含量为 10^{15} 个/m^3 的发酵液，假定每个菌体的体积为 $10^{-15} m^3$（直径 5.8nm），细胞的呼吸强度为 2.6×10^{-3}（氧）/［kg（干细胞）·s］，菌体密度为 1000kg/m^3，含水量为 80%，则培养液的需氧量为 187.2mol［（氧）/（m^3·h）］。这就是说，在 1m^3 的培养液中每小时需要的氧是纯水饱和溶解氧浓度的 750 倍。如果中断供氧，菌体在几秒钟内即可把溶解氧耗尽。对大多数发酵来说，氧的不足会造成代谢异常，产量降低。因此，从摇瓶到发酵罐的放大进程中氧的供应是一个重要影响因素。发酵中氧的供需容易变成主要矛盾。培养液中氧浓度的变化是供需平衡的结果，因此溶解氧和氧传递系数、摄氧率、呼吸强度成了放大进程中必须考虑的首要因素。

表示氧溶入培养基速度大小的溶解氧系数 K_d（以大气压作为推动力，采用亚硫酸盐氧化法测定的溶解氧系数称作亚硫酸氧化值 K_d）在摇瓶发酵和发酵罐发酵中的差异很大。表 9-2 和表 9-3 所示为两种摇瓶机的 K_d 值和发酵罐中搅拌器不同转速和空气线速度时的 K_d 值。

表 9-2	两种摇瓶机的 K_d 值	
装料系数/mL	往复式[①]K_d/$\times 10^{-7}$	旋转式[②]K_d/$\times 10^{-7}$
10	17.92	11.49
20	15.42	6.87
50	11.04	2.96
100	6.51	1.96

注：①250mL 摇瓶，冲程 127mm，96 r/min。
②250mL 摇瓶，偏心距 50mm，215 r/min。

表 9 - 3　　200L 发酵罐平桨形搅拌器不同转速和空气线速度时的 K_d 值

搅拌转速/（r/min）	四种 V_s [①] 时 Kd 值			
	5.62×10^{-7}	7.04×10^{-7}	8.79×10^{-7}	10.55×10^{-7}
252	17.6	21.9	25.0	29.2
320	24.2	27.4	37.7	42.2
380	30.8	37.5	41.9	43.5

注：①V_s 为发酵罐中空气分布器出口的空气线速度（m/s）。

　　引起摇瓶发酵与发酵罐发酵供氧差异的主要原因是培养液的运动方式明显不同。摇瓶发酵是摇瓶在恒温环境中的摇瓶机上摇动。摇瓶机有两种形式：一种是往复式，摇瓶做一定频率、一定冲程的往复运动，培养液因运动惯性撞击瓶壁使液体溅散；另一种是旋转式，摇瓶做一定偏心矩和一定频率的圆周运动，使培养液在离心力与重力平衡时液体沿瓶壁做回转运动并沿瓶壁上升到一定程度，减小了液层厚度。因此，在摇瓶实验中，与氧传递相关的操作变量是瓶口无菌过滤层的厚度、摇床的振荡程度和气液界面的面积（即演变为装液量的多少）。与其传递特性有关的还有系统的物性，如液体的黏度、液体的密度、界面张力和扩散系数。无论是往复式还是旋转式摇瓶机，都是通过提高比表面积促进气体交换而达到深层培养的目的。而发酵罐则依靠通入气体并用机械搅拌培养液不断进行气液交换，利用空压或泵使培养液在罐内循环，达到气液良好混合的目的。因此，在发酵罐中，与氧传递相关的除系统的物性外，操作变量来自两方面，一是搅拌，二是通气量。

　　增大通气量可以增加罐内截面流速，增加发酵液的气含率，增大气液比表面积，利于氧的传递。但是，通过增加通气以提高氧传递速率的效果是呈递减性的，即当气流速度较大时，再增加速度对提高氧传质效率的作用变小。应当说，发酵体系溶氧对搅拌转速的改变更为敏感，也就是说，搅拌对溶氧浓度的影响效果远远大于通气量对溶氧浓度的影响。此外，搅拌对发酵体系的传质也有重要作用。但如果搅拌速度过快，会产生较大的剪切速度，容易对菌体细胞造成伤害（如下所述），不仅影响菌体的正常代谢和产物合成，还严重浪费能源。为此可通过调节搅拌转速和通气量对溶氧浓度贡献率的比例以及采用新式的发酵罐及搅拌浆来提高溶氧浓度和降低剪切力。如 Bandaiphet 等在研究阴沟肠杆菌（*Enterobacter cloacae*）WD7 发酵生产胞外多糖时发现，多糖产量随着通风量和搅拌转速升高而增加，但当搅拌转速进一步升高时（200 ~ 800r/min），多糖的合成受到影响（由 3.07 g/g 降低至 2.28 g/g）；而采用增加通风量的溶氧控制策略（由 0.5m³/（m³·min）提高至 1.25m³/（m³·min））时，多糖含量能够保持较高的水平（由 2.79 g/g 提高至 3.07 g/g）。在进行放大生产时（5L 放大至 72L），通过调控通风量和搅拌转速以保持氧传递系数 $K_L a$ 相等，使多糖产量进一步提高到 3.20 g/g。在利用安息香醛生物转化合成 L - 苯基乙酰基甲醇的研究中，Shukla 等采用了新型组合搅拌浆（盘式和斜式涡轮搅拌浆），通过控制搅拌转速和通风量以保持相似的 $K_L a$ 和呼吸速率，获得了较好的放大效果。

　　需要说明的是，提高搅拌转速一方面可以提高溶氧速率，另一方面也可以改善营养物质的混合，从而有利于细胞的生长和产物合成，因此可以通过提高通风量或直接通入纯氧获得与提高搅拌转速相同的溶氧水平，以区分产物水平的提高是由于溶氧浓度提高还是由于营养物质传递效果改善所致。

（二）菌丝受机械损伤的差异

摇瓶培养发酵时，液体只受到液体的冲击或沿着瓶壁滑动的影响，机械损伤很轻。而发酵罐培养时，菌体，特别是丝状菌丝，会受到搅拌桨叶片剪切力的影响而受到损伤。其受损程度远远大于摇瓶发酵，并与搅拌时间的长短成比例。增加培养基的黏度，仅能使受损伤的程度有所减轻。丝状菌受损之前，菌体内的低分子核酸类物质就出现漏失，高分子核酸物质的量也开始相对减少，进而影响菌体的代谢。核酸类物质的漏出速率与搅拌转速、搅拌持续时间、搅拌叶尖叶的线速度、培养基单位体积吸收的功率以及体积氧传递系数成正比例关系。另外，漏出速率还与菌丝对搅拌的敏感程度有关，如菌丝的机械强度较大，则漏出率较低，反之则大。机械搅拌还可以引起胞内质粒的流失。虽然摇瓶发酵时也会有低分子质量的核酸类物质漏出，但远远低于发酵罐的漏出率。

（三）CO_2 浓度的差异

发酵液中的 CO_2 既可随空气进入，又可以是菌体代谢产生的废气。CO_2 在水中的溶解度随着外界压力的增大而增加。发酵罐处于正压状态，而摇瓶基本上是处于常压状态，所以罐中培养液的 CO_2 浓度明显高于摇瓶。当 CO_2 浓度过高时，会对菌体的生长以及某些微生物代谢产物（如抗生素、氨基酸等）的生物合成产生抑制作用。例如，发酵液中 CO_2 浓度达到 1.6×10^{-1} mol 时就会严重抑制酵母菌的生长；当进气口 CO_2 含量占混合气体的80%左右时，酵母的活力与对照相比降低了20%；当 CO_2 分压达到 0.08×10^5 Pa，青霉素比合成速率会降低50%。CO_2 及 HCO_3^- 主要是通过改变细胞膜的结构，如改变细胞膜的流动性以及表面电荷密度，影响细胞膜的运输效率，从而导致细胞生长和产物合成受到抑制。在传统的发酵罐放大过程中，发酵罐的供氧能力是放大时考虑的首要问题，因此在放大中一般都遵循大型发酵罐和模型发酵罐传氧能力相同的原则，即通过提高通气量（对剪切敏感的发酵过程）或搅拌功率（对剪切不敏感的发酵过程）来提高发酵罐的 K_La，以满足菌体代谢的需氧量。放大后发酵罐的供氧能力可从发酵过程的溶氧水平进行衡量，但保证了发酵罐的供氧能力并不一定能确保放大的成功，例如不能同时有效地排放 CO_2 会影响对 CO_2 敏感的发酵过程的放大效果。

综上所述，以上三个原因都可能造成摇瓶发酵和发酵罐发酵结果之间存在差异。对摇瓶发酵来说，更易受到外界环境的影响，比如空气湿度、组成以及流动状况等。而发酵罐由于体系较为封闭，不易受到环境因素的影响。因此，在大多数情况下，发酵罐的水平要低于摇瓶水平，见表9-4。但也有个别菌种其发酵水平由于通气条件的改善或采用补料手段而高于摇瓶水平，如丝状真菌 D-100 的连续发酵，以及卡那霉素、林可霉素等的发酵。一般情况下，如果菌株对 K_La 和溶解氧有较高的要求，罐中的发酵水平就有可能高于摇瓶发酵，并随着 K_La 和溶解氧水平的上升而提高。如果菌株对机械损伤比较敏感，则罐中的生产能力就会低于摇瓶，并随着搅拌强度的增加而降低。有时菌株对溶氧和搅拌强度都很敏感时，其结果就随着发酵罐的结构而不同。

表 9 -4　　　　　　　　　　　　摇瓶与发酵罐发酵单位的比较

| 菌种 | 发酵单位/（μg/mL） | | 注释 |
	摇瓶	发酵罐	
井冈霉素	18000	11000 ~ 13000	化学单位
螺旋霉素	3100	2800	
壮观霉素	>1000	<1000	
红霉素	5000	<5000	
赤霉素	2000	1000	
庆大霉素	1600 ~ 1700	1300 ~ 1400	
托布霉素	>1000	300 ~ 400	
新缩霉素	300	100	
阿佛霉素	600	250	
氨基酸			摇瓶比发酵罐单位高

资料来源：引自范代娣，2000。

　　消除这两种规模发酵结果的差异，使摇瓶发酵结果能反映发酵罐的结果，是一个很重要的问题。根据已有的试验经验，在摇瓶水平上可以从上述三个方面模拟发酵罐的发酵条件。为了提高摇瓶的 $K_L a$ 和溶氧水平，可以增加摇瓶机的转速或减少培养基的装液量。为了考察因搅拌而引起的差异，可以在摇瓶中加入玻璃珠来模拟发酵罐的机械搅拌。

二、发酵罐规模放大的影响

　　发酵罐规模的变化，无论是绝对值还是相对值的变化都会引起许多物理和生物参数的改变。利用一系列几何相似的发酵罐进行对比试验，已经得到许多因发酵罐规模改变而引起的参数改变的结果。其中，改变的主要因素包括以下几点：①生产菌株稳定性的差异；②培养基的灭菌；③通气和搅拌；④热传递。现简述如下：

　　1. 生产菌株繁殖代数的差异

　　生产菌株的稳定性是发酵过程成功放大的先决条件。如果生产菌株在扩大培养中生产能力有明显下降的话，发酵过程的放大是无法进行的。发酵达到最后菌体浓度所需的繁殖代数与发酵液体积的对数呈直线的比例，如式（9 - 1）所示。

$$N_g = 1.44\ (\ln V + \ln x - \ln X_0)\qquad\qquad(9-1)$$

式中　N_g——菌体繁殖代数

　　　　V——发酵液体积，m^3

　　　　x——菌体浓度，kg/m^3

　　　　X_0——总菌体量，kg

　　在发酵过程中，发酵罐的体积越大，菌体需要进行的繁殖代数也就越多。因此，在菌体增代繁殖的过程中出现变异的可能性也就越大，特别是那些不稳定或不纯的菌株更是如此。所以，发酵液中变异株的最后比例是随着发酵规模增大而增加的，这就可能引起发酵结果的差异。另外，随着发酵规模的增大，所需要的种子液体积也越大，因此，发酵规模的放大，必须要涉及种子的培养级数和菌种繁殖的代数。规模越大，种子培养的级数越大，因而引起种子质量发生差异的几率也就越大。

Kempf 等在利用鸡葡萄球菌（*Staphylococcus gallinarum*）生产多肽抗生素 gallidermin 时，采用摇瓶多次转接的方法模拟发酵的放大，确定种子的种龄不超过 32h。接种时未进入稳定期，以 10% 的接种量接入 20L 发酵罐后，再以 10% 的接种量接入另一 20L 发酵罐中，以模拟 200L 发酵罐。通过考察第一个 20L 发酵罐的通气量、搅拌转速等工艺条件，确定了在 200L 发酵罐中的发酵工艺，提高了产物的合成水平。

2. 培养基灭菌的差异

培养基在用饱和蒸汽加热灭菌时，其所含的一些热敏物质可能会发生变化，如铵盐分解、蛋白质变性、维生素等不稳定性物质的降解等，pH 在灭菌后也会发生明显的变化。另外，由于灭菌时冷凝水的积累，还会影响灭菌后培养基的浓度。

培养基灭菌的操作方式基本上可分为分批灭菌和连续灭菌。实验室发酵罐或较小的工业发酵罐一般采用分批灭菌（实罐灭菌）的方法。对于体积很大的培养基，采用这种方式灭菌，升温和冷却的时间很长，会导致较多的热敏性物料的分解或变化，影响培养基的质量，同时锅炉或其他蒸汽源负荷波动很大，因此工业规模的发酵培养基也有采用连续灭菌的。在放大的过程中，由于培养基灭菌的差异，会导致发酵的差异。例如，在 15L 发酵罐中进行某种抗生素发酵，培养基采用实罐灭菌的方法；在 50m³ 发酵罐中放大时，培养基的组成是相同的，但采取连续灭菌的方式。表 9-5 所示为同样的培养基经实验室分批灭菌和工业连续灭菌后 3 项测定结果的对比，可以看出还原糖和氨基氮有很大的差异，从而影响放大发酵的结果。

表 9-5　　　　　　　　抗生素发酵培养基灭菌后成分的差异（相对值[①]）

项目	15L 发酵罐（实罐灭菌）		50m³ 发酵罐（连续灭菌）	
	A	B	A	B
总糖	1.00	1.01	0.99	1.17
还原糖	1.00	1.09	0.63	0.60
氨基酸	1.00	1.12	1.50	1.75

注：A 和 B 为两组平行试验结果。

①以 15L 发酵罐试验 A 结果为基准。

资料来源：引自叶勤《发酵过程原理》。

3. 通气与搅拌的差异

在发酵规模的放大过程中，发酵参数按照几何相似原则进行放大时，其单位体积消耗的功率、搅拌叶的顶端速度（即最大剪切速率）和混合时间均发生了变化，影响了放大后的结果。另外，在放大过程中，培养基的混合效果差异是影响放大结果差异的重要因素。用小型实验室发酵罐（如 5~20L）进行发酵过程研究时，通常认为发酵液得到了充分的混合，营养物质（包括溶氧）、菌体及代谢产物是均匀分布的，它们的浓度在各处都相同。然而在搅拌不很剧烈、混合不太充分的情况下，即使在小型发酵罐中也会存在物质浓度的差异。随着发酵罐规模的扩大，发酵液中的物质分布不均匀的程度更加显著，从而引起发酵最终结果的差异。当发酵液的黏度比较大时，这种差异会更加明显（如氧气的分布）。例如，在215m³鼓泡式发酵罐中培养面包酵母时，酵母对糖蜜的利用率比在10L发酵罐中降低了7%；在利用大肠杆菌发酵生产重组蛋白时，当反应器从3L扩大到9m³时，菌体对葡萄糖的利用率降低了20%。因此，大型发酵罐中的混合是影响发酵效果的关键因素之一。

4. 热传递的差异

发酵过程中，菌体的代谢要释放能量，输入的机械功（如搅拌和气体喷射）也要产生热量，随着发酵的进行，两种产热机制不断地产生热量。所释放出的总热量，又随着发酵罐规模的放大而增加，而罐的表面积随线性尺寸的平方而增加，因此发酵罐规模几何尺寸的放大，会出现热传递的差异。由于菌体的生长和代谢需要合适的温度，因此这种差异势必导致发酵结果的最终差异。

综上所述，发酵工艺的放大，不仅是单纯发酵液体积的增大，菌体本身的质量和其他发酵工艺条件也会发生改变。如果不设法消除上述的差异，放大前后的结果就会发生明显的差异。因此，无论是进行发酵设备规模的放大，还是对新菌种（或新工艺）的放大转移，都必须考虑上述的内在因素，寻找引起差异的主要原因，设法缩小其差异，才能获得良好的放大结果。

三、发酵规模的放大过程

在放大过程中，物理条件会随着规模扩大而发生明显的变化，因此必须进行科学的设计，才能使放大后的设备满足工艺放大的要求。

（一）放大的准则

发酵过程放大的前提是在小型发酵罐和大型发酵罐中的菌体所处的整个环境条件，包括化学因素（如基质浓度、前提浓度等）和物理因素（如温度、黏度、剪切力、传质等）必须是完全相同的。但实际上，这种理想的情况是很难达到的。化学因素可以通过人为的控制来保持恒定，但物理因素却与设备规模的大小密切相关，随着规模的不同而发生变化。因此，要保证规模放大过程中的"发酵单位相似"，就必须遵循一定的放大准则，即参照何种物理条件进行放大，才能使规模放大过程中发酵单位基本相似。

用来评价发酵过程的物理特征一般包括混合时间、剪切力、热量和质量传递。质量传递发生在整个发酵液内，而热量传递仅发生在热交换的边界上，这样，就可以采用与放大过程无关的方法（如用冷冻机代替冷却水或者采用外部热交换器）来获得大型发酵罐所需的热量，因此，一般不考虑热量传递的放大准则。

一个良好的发酵过程，需要考虑多方面的性能，如剪切力、宏观混合、氧传递、泡沫形成和操作成本等。因此，发酵罐的设计和操作也必须从这几个方面考虑，但可以人为改变的只有几何特征、搅拌转速和通气条件。在放大过程中，需要保持恒定的过程特性包括：① 发酵罐的几何特征；② 体积氧传递系数（$K_L a$）；③ 最大剪切力；④ 单位体积液体的气体体积流量（Q/V）；⑤ 表观气体流速；⑥ 混合时间。

发酵罐的放大到底以什么为准则呢？这要对具体情况进行具体分析。首先，要从大量的试验材料中把握和找出影响生产过程的主要矛盾，在着重解决主要矛盾的同时，不要使次要矛盾激化为新的主要矛盾。例如，单纯按照 $K_L a$ 相等为准则进行放大时，液体剪切速率可能会达到剪切率敏感系统不可接受的程度，投入生产时，就会使生产失败。在这种情况下，往往要或多或少地牺牲几何相似性原则。大小设备主要尺寸几何相似的原则使因次分析所建立的无因次数关系式获得简化，因此这个原则并不是无关紧要的，但为了解决主要的矛盾，这种牺牲及其后果是次要的。总之，放大过程中究竟采用以何种物理参数不变为依据，主要取决于哪种参数对放大过程中的"发酵单位"产生影响的程度最大。

（二）放大的方法

目前发酵规模的放大一般有两个基本手段：①根据相似论原理进行比拟放大；②对全部机制进行数学分析，利用数学模型代替过程本身去研究发酵过程的放大。由于发酵过程是一个复杂的生化过程，要使得到的数学模型能够对过程做出较好的描述，目前还有很大的距离。因此，在发酵工业中仍以第一种方法为主。相似原理的基本观点是：对任何反应系统可用数学方程描述其生物化学反应过程、流体流动与动量传递、热量和质量传递过程，如果两个系统能用相同的微分方程来描述，并具有相同的特征，则两个系统将具有统一的行为方式。如以 m_1、m_2 和 k 分别表示放大模型的变量、原型变量和放大因子，则模型反应器与放大反应器的相似性原则可表示为如下线性关系：

$$m_1 = km_2 \tag{9-2}$$

上述方程是否对所有变量有效或对部分变量有效，决定了系统是否全部或部分相似。

发酵罐比拟放大法以近似法和因次分析法的结合为主，这种方法的理论和推理是：假定发酵罐内的混合是充分的，罐内温度梯度很小，可视作恒温系统；输入液体动量的差异所引起剪切速率的变化，对传质速率以及对菌体或其催化活性均可能发生相应的影响，两者都对宏观的反应动力学发生影响。因此，比拟放大是以一定的理论为依据，结合相似性原则及因次分析法的经验放大，主要基于单位体积功率相等、氧传递系数相等、剪切速率相等或混合时间相等的原则。它是依靠对已有装置的操作经验所建立起来的以认识为主而进行的放大方法。

比拟放大的基本方法是：首先必须找出表征此系统的各种参数，将它们组成几个具有一定物理含义的无因次数，并建立它们之间的函数关系式，然后运用试验的方法在试验设备里求得次函数式中所包含的常数和指数，则此关系式便可用于与此试验设备几何相似的大型设备的设计。这个方法也是化工过程研究所常用的基本方法之一。

进行比拟放大时一般按照以下几个准则进行。

1. 几何尺寸放大

该法是发酵罐各个部件的几何尺寸按比例放大，放大倍数实际上就是罐体积的增加倍数。放大倍数 m 指罐的体积增加倍数，即 $m = V_2/V_1$（下标 1 为实验室小罐，下标 2 为生产罐）。在放大过程中，一般采用大、小发酵罐的直径之比 D_2/D_1 作为放大比。在机械搅拌发酵罐中，若放大时几何相似，则放大比还可用搅拌桨直径之比 d_2/d_1 来代替。因为几何相似，所以，$H_1/D_1 = H_2/D_2$，H 为发酵罐高度，则：

$$\frac{V_2}{V_1} = \frac{\frac{\pi}{4}D_2^2 H_2}{\frac{\pi}{4}D_1^2 H_1} = \frac{\frac{\pi}{4}D_2^2 D_2}{\frac{\pi}{4}D_1^2 D_1} = \left(\frac{D_2}{D_1}\right)^3 = m \tag{9-3}$$

所以，
$$\frac{H_2}{H_1} = \frac{D_2}{D_1} = \sqrt[3]{m} \tag{9-4}$$

按几何尺寸进行放大，即发酵罐体积放大 10 倍时，发酵罐的高度和直径均放大 $10^{1/3}$ 倍。在进行放大计算后，其他 B（搅拌器距底部的间距）、S（搅拌器层间距）、W（挡板宽度）就可以根据 H、D 值来计算，从而确定生产罐的几何尺寸。具体地，根据几何相似，$\dfrac{d_2}{D_2}$、$\dfrac{d_2}{B_2}$、$\dfrac{d_2}{S_2}$、$\dfrac{W_2}{D_2}$ 值一定，求出放大后发酵罐的 d_2、B_2、S_2、W_2 等几何尺寸。

几何尺寸确定后，就要确定放大后的操作参数，如通气线速度 W_s、搅拌转速 n。因此，相应操作参数的放大设计有两大类放大准则可供选择：一类是空气流量相等的放大准则，另一类是搅拌转速相等的放大准则。

（1）按照空气流量相等准则放大　通气量的大小不仅与氧传递速率有关，而且在通风搅拌发酵罐中，通气速率的大小还决定了反应器中发酵液搅拌的强度。与通风量有关的基本参数有以下三种：①单位体积液体的通气速率，即空气流量（VVM，L/（L·min））；②反应器中空截面的空气线速率 V_s；③体积氧传递系数 $K_L a$。

因此，空气流量的放大又有三种类型可选：①以单位培养液体积中空气流量相同的原则放大，即 Q/V 一定；②以空气线速度相同的原则放大，即 V_s 一定；③以 $K_L a$ 值相等的原则放大，即 $K_L a$ 值一定。下面分别介绍这三种放大准则对应的放大方法及结果。

①以单位培养液体积中空气流量相同的原则放大：即放大前后 VVM 一定，$VVM_1 = VVM_2$，也就是单位培养液体积中空气流量相同。

因为
$$V_s \propto \frac{(VVM)\ V_2}{pD^2} \propto \frac{(VVM)\ D}{p} \tag{9-5}$$

所以
$$\frac{V_{s2}}{V_{s1}} = \frac{D_2}{D_1} = \frac{p_1}{p_2} \tag{9-6}$$

式中　p——液面上承受的空气压力，即罐顶压力表所表示的压力，Pa

结合几何相似原理，当已知 D_1、p_1 时，可根据上式求得 D_2、p_2 以及其他相关参数。需要指出的是，当大小发酵罐中空气中氧的利用率相同时，可以按单位培养液体积中空气流量相同的原则放大。但是，当大型发酵罐中液柱较高时，空气在液体中所经过的路程和气液接触时间均长于小型发酵罐，因此大发酵罐有较高的空气利用率，在放大时大发酵罐的 VVM 值应小于小发酵罐的 VVM 值。所以，VVM 值相等一般不作为通风量放大的依据，只是在体积相差不大或液柱高度相近的反应器中有一定的借鉴作用。

②以空气线速度相同的原则放大：V_s 一定，即 $V_{s1} = V_{s2}$，也就是空气线速度相等。

因为
$$\frac{V_{s2}}{V_{s1}} = \frac{(VVM)_2}{(VVM)_1} \times \frac{p_1 D_1^2}{p_2 D_2^2} \times \frac{V_{L2}}{V_{L1}} = 1 \qquad (9-7)$$

即
$$\frac{(VVM)_2}{(VVM)_1} = \frac{p_2}{p_1} \times \frac{D_2^2}{D_1^2} \times \frac{V_{L1}}{V_{L2}} = \frac{p_2}{p_1} \times \frac{D_1}{D_2} \qquad (9-8)$$

式中　　V_L——发酵液体积

结合几何相似的原则，当已知 D_1、p_1 时，可根据上式求得 D_2、p_2 及其他相关参数。按照空气线速度相同的原则放大时，由于大罐的液柱较高，气体中氧的利用率较高，在反应器上层的发酵中，就会由于氧的利用而使空气中氧的分压减少，从而导致溶氧速率降低。这在空气中氧的利用率不是很高（如小于 30%）时可以不考虑，但当空气中氧的利用率很高时，就会有明显的影响。因此，对于空气利用率较高的反应器，大罐的 V_s 应适当提高。Wong 等采用单位培养液体积空气流量和 $K_L a$ 值相等的原则成功地将大肠杆菌 MC1061 发酵产 K99 抗原放大到 200L，其发酵罐水平达到 30.1mg/L。

③以 $K_L a$ 值相等的原则放大：即放大前后 $K_L a$ 值一定，$(K_L a)_1 = (K_L a)_2$。

经过试验和大量报道，通风量 Q 与体积氧传递系数 $K_L a$ 之间有如下的关系式：

$$K_L a \propto \left(\frac{Q}{V_L}\right) H_L^{2/3} \qquad (9-9)$$

式中　　H_L——发酵液高度

对几何相似的大小发酵罐，处理物料的物理性质相同时，就有：

$$\frac{(K_L a)_2}{(K_L a)_1} = \frac{\left(\frac{Q}{V_L}\right)_2}{\left(\frac{Q}{V_L}\right)_1 \left(\frac{H_{L2}}{H_{L1}}\right)^{\frac{2}{3}}} \qquad (9-10)$$

按照体积氧传递系数 $K_L a$ 相等的原则进行放大，则：

$$\frac{\left(\frac{Q}{V_L}\right)_2}{\left(\frac{Q}{V_L}\right)_1} = \left(\frac{H_{L1}}{H_{L2}}\right)^{\frac{2}{3}} = \left(\frac{D_1}{D_2}\right)^{\frac{2}{3}} \qquad (9-11)$$

结合几何相似的原则，当已知 D_1、H_{L1} 时，可根据上式求得 D_2、H_{L2}（H 为发酵液高度）以及其他相关参数。从上式可以看出，大罐单位体积需要的通风量要比小罐小得多。虽然式 9－11 是由无机械搅拌的通气发酵罐（鼓泡式）的氧传递系数关系式导出的，但也可以用于机械搅拌的通风发酵罐。实际上，在机械搅拌发酵罐中，通风量的放大并不严格，因为如果取 $K_L a$ 相等，可通过改变搅拌转速和搅拌直径进行调整。

范代娣等设计了一种特殊的摇瓶（图 9－2），在得到摇瓶口纱布层氧通透率的基础上，通过测定摇瓶内气、液相氧的变化得出其在发酵过程中的摄氧率（OUR）和体积氧传递系数（$K_L a$），并以 OUR 为基准进行发酵罐的放大。作者研究了三种不同通气量和搅拌转速下的放大结果，结果表明，摇瓶和发酵罐水平在菌体产量方面吻合得较好，但在 $K_L a$ 和溶氧浓度方面差异较大。这是因为 $K_L a$ 值除与系统物性有关外，还与设备的类型和操作方式等有关。

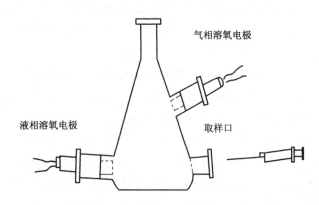

图9-2　用于研究摇瓶-发酵罐放大的特制摇瓶（引自范代娣等，1996）

（2）按搅拌功率相等的准则放大　对于机械搅拌通风发酵罐，搅拌功率是影响传质的主要因素，而发酵液的均匀混合则主要决定于搅拌功率，因而搅拌功率对发酵罐性能的影响相对较大。所以，在机械搅拌罐中，搅拌功率的放大要严于通风量的放大，因此，此方法是常用的放大方法。通常有以下两种具体放大方法来进行搅拌功率和搅拌转速的放大。

①以单位培养液体积所消耗的功率相等进行放大，即 $P/V =$ 常数。

因为
$$P\propto n^3 d^5, \quad V \propto D^3 \propto d^3$$

所以
$$\frac{P}{V}\propto n^3 D^2 \quad \frac{P}{V}\propto n^3 d^2$$

因为
$$P/V = 常数$$

所以
$$\frac{n_1^3 d_1^2}{n_2^3 d_2^2} = 1 \tag{9-12}$$

即
$$n_2 = n_1 \left(\frac{d_1}{d_2}\right)^{-\frac{2}{3}}, \quad P_2 = P_1 \left(\frac{d_2}{d_1}\right)^3$$

②以单位培养液体积所消耗的通气功率 P_g 相等进行放大，即 $P_g/V =$ 常数，这是工业上常用的放大方法。

因为
$$P\propto n^3 d^5, \quad V \propto D^3 \propto d^3, \quad Q_g \propto V_s D^2 \propto V_s d^2$$

代入 P_g 公式：
$$P_g = C \left(\frac{P^2 n d^3}{Q_g^{0.56}}\right)^{0.45} \propto \frac{n^{3.15} d^{5.34}}{V_s^{0.252}} \tag{9-13}$$

所以
$$\frac{P_g}{V}\propto \frac{n^{3.15} d^{2.34}}{V_s^{0.252}}$$

由于
$$\frac{P_g}{V} = 常数$$

所以
$$\frac{n_1^{3.15} d_1^{2.34}}{V_{s1}^{0.252}} = \frac{n_2^{3.15} d_2^{2.34}}{V_{s2}^{0.252}}$$

即
$$n_2 = n_1 \left(\frac{d_1}{d_2}\right)^{0.745} \left(\frac{V_{s2}}{V_{s1}}\right)^{0.08} \tag{9-14}$$

$$P_2 = P_1 \left(\frac{n_2}{n_1}\right)^3 \times \left(\frac{d_2}{d_1}\right)^3 = P_1 \left(\frac{d_1}{d_2}\right)^{2.235} \times \left(\frac{d_2}{d_1}\right)^5 \times \left(\frac{V_{s2}}{V_{s1}}\right)^{0.24} = P_1 \left(\frac{d_2}{d_1}\right)^{2.765} \times \left(\frac{V_{s2}}{V_{s1}}\right)^{0.24}$$

$$\tag{9-15}$$

金一平等采用单位体积所消耗的通气功率相同的放大原则，结合流加补料的方法，将利福霉素 B 从 15L 发酵罐放大到 7m³ 发酵罐和 60m³ 发酵罐，发酵效价分别达到 17249U/mL 和 19110U/mL 左右。

Rocha – Valadez 等在研究哈茨木霉（*Trichoderma harzianum*）生物合成 6 – 戊基 – α 吡喃酮（6PP）时发现，在机械搅拌反应器中，细胞比细胞生长速率、6PP 产率和细胞分化受 *P/V*（单位培养液体积所消耗功率）变化影响较大，而在摇瓶培养中，只有比产物合成速率对 *P/V* 的变化比较敏感。因此，为了避免高剪切速率对细胞生长和代谢的影响，采用 *P/V* 相等的原则进行放大（从 500 mL 摇瓶水平放大到 10L 发酵罐）。研究发现，当 P/V 值高于 0.4kW/m³ 时，由于剪切力的影响，6PP 合成水平迅速降低，但是当将 *P/V* 的范围控制在 0.08 ~ 0.4kW/m³ 时，6PP 合成水平随着 *P/V* 的升高而增加。在 10L 发酵罐中 6PP 达到了摇瓶中的最高水平（230mg/L），表明所采用的放大原则是合理的。

③以搅拌器末端线速度相等的原则进行放大，即 nd = 常数。

提高发酵液的搅拌速度能提高氧传递速率，但速度过高时因微生物菌体的剪切作用增大，会影响菌体的生长和正常代谢活动。由于发酵罐内发酵液的流速在搅拌器端最大，因此搅拌器末端线速度 nd 是比拟放大时需要考虑的因素之一。

由于 $\qquad\qquad\qquad\qquad nd = $ 常数

因此 $\qquad\qquad\qquad\qquad \dfrac{n_2}{n_1} = \dfrac{d_1}{d_2} = \dfrac{D_1}{D_2}$ $\qquad\qquad\qquad$ (9 – 16)

某些微生物菌种（大多为丝状菌）对剪切作用特别敏感，如果在小型发酵罐中搅拌器所产生的最大剪切力已接近微生物的剪应力极限，这时就必须按照搅拌器末端线速度相等的原则进行放大。

④按照搅拌雷诺准数 Re 相等的原则进行放大，即 Re = 常数。

Re 的大小表征了发酵罐内流体流动的状况，对 K_{L_a} 的大小起着决定性的作用。如果动力学相似，即 Re 值相同，在某些情况下可作为放大的依据。

因为 $\qquad\qquad\qquad\qquad Re = \dfrac{nd^2 \rho}{\mu} \propto nd$

若 Re 相等，则 $\qquad\qquad\qquad \dfrac{n_2}{n_2} = \left(\dfrac{d_1}{d_2}\right)^2$ $\qquad\qquad\qquad$ (9 – 17)

⑤按混合时间相等的原则进行放大。

混合时间 t_M 是指在反应中加入培养基，到它们混合均匀时所需的时间。在实验室发酵罐中培养基比较容易混合均匀，但在大型发酵罐中则较为困难。通过因次分析法，得到以下关系式：

$$t_M = (nd^2)^{2/3} g^{1/6} d^{1/2} H_L^{1/2} d^{3/2} \qquad\qquad (9 – 18)$$

其中，g 为重力加速度（9.81 m/s）。对于几何相似的发酵罐，$t_{M1} = t_{M2}$。

因此，从上式可以得出： $\qquad\qquad \dfrac{n_2}{n_1} = \left(\dfrac{d_1}{d_2}\right)^{\frac{1}{4}}$ $\qquad\qquad\qquad$ (9 – 19)

以上有关放大的方法，都是基于几何相似的原则，并结合某一发酵参数一致性原则进行放大设计。需要指出的是，利用反应器几何相似的原则进行放大时，大型反应器所得的各种参数不可能与模型反应器完全相同。表 9-6 所示为当以不同准则进行反应器放大时，其他各种参数的差异。如当以 P/V 进行放大时，大罐中的雷诺准数（$nd^2\rho/\mu$）是小罐的 8.5 倍。

表 9-6　　　　　　　　　　　不同放大准则对有关参数的影响

参数	实验室发酵罐（76L 发酵罐）	生产罐（9.5m³ 发酵罐）			
P	1.0	125	3125	25	0.2
P/V	1.0	(1.0)	25	0.2	0.0016
n	1.0	0.34	(1.0)	0.2	0.04
d	1.0	5.0	5.0	5.0	5.0
Q	1.0	42.5	125	25	5.0
Q/V	1.0	0.34	(1.0)	0.2	0.04
nd	1.0	1.7	5.0	(1.0)	0.2
$nd^2\rho/\mu$	1.0	8.5	25	5.0	(1.0)

注：P—搅拌功率；V—发酵液体积；n—搅拌转速；d—搅拌桨直径；Q—单位时间搅拌桨排液量；nd—搅拌桨叶端线速度；$nd^2\rho/\mu$—雷诺准数。

造成这种差异的原因很多。例如，随着反应器规模的放大，大型反应器的混合能力往往明显下降，因此以混合时间作为放大的准则可避免大型发酵罐的混合问题。但若采用混合时间相同的原则，搅拌功率需要大大增加，这势必带来了高剪切、高降温负荷等问题。因此，进行发酵罐的放大时，不能只考虑单一的因素，还要兼顾其他因素对发酵过程的影响情况，通过控制各种参数对发酵过程进行控制，以尽可能使放大后的发酵罐获得与模型发酵罐相似的环境。

Okada 等研究了吸水链霉菌（*Streptomyces hygroscopicus* subsp. *Aureolacrimosus*）发酵产米尔倍霉素（milbemycin）的放大生产情况。在 5L 和 30L 发酵罐水平上通过改变搅拌转速控制发酵罐溶氧水平在 2.0mg/L 以上（通风量、罐压和温度保持不变），产生的米尔倍霉素用相对量表示，将 5L 发酵罐的产量表示为 100%。当利用相同的控制策略（改变搅拌转速）将发酵水平放大到 12m³ 时，米尔倍霉素合成水平仅是 5L 罐的 65.4%。此时，虽然菌体浓度增加了 15%，但菌丝的形态发生了变化（变粗并且产生很多分叉），导致发酵液黏度升高（是 5L 罐的 1.7 倍），总糖消耗速度增加。同样的现象出现在 100L 和 600L 发酵罐水平上，作者认为利用搅拌转速来控制溶氧的方法不利于菌体生长和代谢。于是，作者考虑通过提高通风量（同时降低搅拌转速）来控制溶氧，但问题并没有得到最终解决，大罐中米尔倍霉素的合成水平仅为小罐的 70.8%。由于罐压和温度也是影响溶氧浓度的因素，因此作者考虑通过提高罐压和降低温度的方法来降低搅拌对菌体生长和产物合成的负面影响。首先，作者考察了不同罐压和温度对菌体生长和产物合成的影响，发现将罐压和温度分别控制在 153~304 kPa 和 27.5℃ 时，米尔倍霉素合成没有受到明显的影响。根据以上结果，作者将四种调控溶氧水平的方法（通风量、罐压、温度和搅拌转速）进行了排序，分别考察了各种操作排列顺序对产物合成的影响，最终发现当按照罐压、通风量、搅拌转速、温度的操作顺序来控制溶氧浓度时，$12m^3$ 发酵罐水平上米尔倍霉素合成水平达到 5L 罐水平的 96.4%，也没有发生菌体过度生长和菌丝体形态发生变化的情形。

2. 非几何放大

在放大的过程中，如果参数设计中矛盾突出，就要牺牲几何相似，按照非几何放大，以解决传质、混合以及剪切敏感等问题，达到放大的主要目标，即放大后的发酵单位相似。

非几何放大法的应用多限于菌株对剪切力敏感的发酵放大设计。在放大设计时，可以选用几种准则来综合设计，通过周线速度 πdn 以及输送量 Q 来评价 n、d 设计值的合理性，通常改变几何相似性来达到目的。几何相似性的改变反映在改变原有的 d/D 比值上。目前采用较多的非几何放大方法是将 $K_L a$ 与 nd 放大准则相结合，改变几何相似，调整 d/D 值，并反复调整 n、d 设计值以达到放大设计的要求。

从目前报道的文献看，在各种放大的准则中，以 $K_L a$ 值和搅拌功率相等的原则最为常用，但随着对微生物细胞代谢工程、产物合成途径中相关的酶或基因表达的认识不断深入，也出现了一些新的放大准则，如采用发酵液氧化还原电势相等的原则进行放大，或者采用基于放大前后的关键性代谢特征一致的放大原则，即发酵罐放大后微生物代谢途径中关键基因的表达以及产物合成相关酶的活性与放大前后一致。需要指出的是，以上各种放大准则不只适用于机械搅拌发酵罐，也适用于其他类型的发酵罐，如气升式发酵罐。与机械搅拌发酵罐相比，气升式反应器由于能节省大量能源，日益受到人们青睐。目前，气升式发酵罐已成功应用在单细胞蛋白和酵母的工业生产中，但在真菌和放线菌发酵的工业应用还较少。Liu 等利用根霉 MK – 96 – 1196，根据氧传递速率（Oxygen transfer rate，简称 OTR）相似的原则将 L – 乳酸发酵规模从 3L 放大到 $5m^3$，乳酸产量和生产效率分别达到 95 g/L 和 80%，下面对其放大过程进行简要的介绍。

表 9 – 7 所示为研究中所采用的各种规模气升式反应器的相关参数。

表 9 –7　　　　　　　　　　　　　气升式反应器规格

参数	3L	100L	$5m^3$
罐体积/L	3	100.0	5000
装液量/L	2	66	3300
罐直径/m	0.11	0.35	1.3
通气方式	环形喷射	环形喷射	环形喷射

氧传递速率 OTR 的表达式为：

$$OTR = K_L a \ (C^* - C) = K_L a \ (p - p^*) / H \qquad (9-20)$$

式中　C^*——对应氧分压时的饱和浓度，g/L

　　　C——发酵液中的氧浓度，g/L

　　　$K_L a$——亨利常数，0.0384 $g \cdot O_2 /$（L·atm）

H——亨利定律常数，随气体，溶液及温度而异，它表示气体溶于溶液的难易，其值越大，表示越难溶于该溶液

p——气相中氧的分压，atm

p^*——与液相中氧浓度平衡时的氧分压，atm

与 p 相比，p^* 值很小，因此式（9-20）可写为：

$$OTR = K_L a p / H \qquad (9-21)$$

由于气升式反应器中 $K_L a = 62.3 V_s$，V_s 为空气线速率（cm/s），

因此，OTR 的最终表达式为：

$$OTR = 62.3 V_s p / H \qquad (9-22)$$

为了确定 OTR 是影响 L-乳酸合成的重要因素，作者首先在不同规模的反应器中考察了空气表观速率（0.1~1.0 cm/s）对乳酸浓度、产率以及合成速率的影响（表9-8）。

表9-8　　　　　　　　　不同 OTR 对乳酸产率和合成速度的影响

3L 气升式发酵罐				
气体表观速率/（cm/s）	OTR/［gO₂/（L·h）］	乳酸浓度/（g/L）	乳酸产率/%	乳酸合成速度/［g/（h·L）］
0.10	0.05	88	73	1.1
0.26	0.13	88	73	1.4
0.52	0.25	92	77	2.3
1.04	0.51	89	74	2.4
100L 气升式发酵罐				
气体表观速率/（cm/s）	［gO₂/（L·h）］	乳酸浓度/（g/L）	乳酸产率/%	乳酸合成速度/［g/（h·L）］
0.20	0.10	78	65	1.3
0.50	0.25	94	79	1.9
1.00	0.51	92	77	2.2
5m³ 气升式发酵罐				
气体表观速率/（cm/s）	［gO₂/（L·h）］	乳酸浓度/（g/L）	乳酸产率/%	乳酸合成速度/［g/（h·L）］
0.10	0.06	80	67	1.4
0.25	0.14	88	73	1.9
0.50	0.28	94	78	2.1
1.00	0.57	95	80	2.2

注：培养条件为 pH6.0，温度 35℃。

由结果可以看出，在不同反应器中乳酸浓度和产率随着 V_s 的增加变化不大，但产物合成速率却显著增加，这表明供氧速度影响了发酵周期，即发酵周期随 OTR 的降低而延长，最终导致产物合成速率降低。另一方面，当采用相同的供气速率时，不同反应器之间除产物合成速率外，乳酸浓度和产率差异并不显著。与此相反，规模越大的反应器乳酸浓度和产率越高（最高可分别达到 95 g/L 和 80%）。由于在通气量相同的情况下，发酵液中

的溶氧浓度会随着反应器高度的增加而增加，这就说明氧气浓度是影响乳酸合成的一个重要因素。

研究还发现，在 5m³ 发酵规模中，当 OTR 为 0.06 gO₂/（L·h）时，溶氧浓度在 18 h 左右时达到最低点；当 OTR 为 0.14 gO₂/（L·h）时，溶氧浓度在 24 h 时达到最低点。这是因为氧的过早缺乏导致葡萄糖消耗速率迅速下降，菌丝体变得松散，说明低溶氧浓度影响了菌体的生长和代谢。当 OTR 提高至 0.28gO₂/（L·h）和 0.57 gO₂/（L·h）时，葡萄糖消耗速率和产物合成速率开始增加，并且不同的 OTR 下两者差异并不大，说明采用 0.28 gO₂/（L·h）的 OTR 就能够满足菌体对氧的需求。图 9－3 所示为在 3L、100L 和 5m³ 气升式发酵罐中 L－乳酸产量与 K_La 和 ORT 的关系，可以看出在各种规模的反应器中，L－乳酸产量都与 ORT 呈现一定的正比例关系，表明利用 OTR 作为根霉 MK－96－1196 发酵产 L－乳酸的放大准则是合理的。

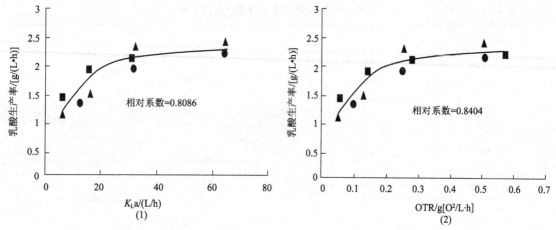

图 9－3　各种规模气升式反应器中 K_La（1）和 OTR（2）与 L－乳酸生产率的关系

3L（▲）　100L（●）　5m³（■）

众所周知，过高的氧浓度会对微生物的生长和代谢产生抑制作用。由于氧分压与发酵罐中的液面高度成正比，当反应器规模进一步放大时，随着液面高度的增加，发酵罐中的氧浓度会迅速增加，如放大到 3000m³ 时，发酵罐底部的氧浓度会达到 21mg/L，这样就产生一个问题：根霉 MK－96－1196 能否承受这么高的氧浓度呢？这是放大过程中必须要考虑的问题。为此，作者在 3L 反应器中通过控制通气量和通入纯氧考察了高氧浓度对细胞生长和乳酸合成的影响，以模拟 2000m³（液面高度为 20m）发酵罐的发酵情况。结果表明，当溶氧浓度控制在 2mg/L 和 21mg/L 左右时，两者最终的生物量和乳酸产量差异并不大，说明高溶氧浓度对细胞生长和代谢的影响不大。因此，可以利用 OTR 相等的原则进一步将反应器放大到更大规模。V_s 的取值可以通过以下公式计算得到：

由于
$$(K_L a p / H)_1 = (K_L a p / H)_2$$

因此
$$V_{s2} = \frac{(K_L a p / H)_1}{(62.3 P / H)_2} \tag{9－23}$$

式中下标 1 和 2 分别代表 5m³ 和更大规模的发酵罐。

（三）放大过程中操作和发酵工艺的调整

如前所述，在工业发酵生产中，尽管采用相同的菌种和发酵工艺，放大以后的发酵生产水平还是可能与实验室小试水平有非常明显的不同。例如，在生产某种抗生素时，当发酵规模从 15L 放大到 50m^3 时，尽管采取了相同的菌种、培养基和发酵工艺，该抗生素发酵水平还是降低了 73%。比较实验室和生产规模的差异，发现原因是多方面的，包括发酵罐性能、种子制备、培养基灭菌等，并由此引起工艺控制不能适应。通过对发酵罐的搅拌系统、种子制备、培养基调整，结合发酵工艺的不断调整，发酵罐的生产水平最终达到了实验室水平。以下以笔者研究的谷氨酰胺转氨酶（microbial transglutaminase，简称 MTG）中试放大技术为例，介绍工业发酵过程放大中对工艺的调整以及应注意的问题。

谷氨酰胺转氨酶是一种在食品工业、化妆品和制药工业中应用前景非常广泛的新型酶制剂。它通过催化蛋白质分子内的交联、分子间发生交联、蛋白质和氨基酸之间的连接以及蛋白质分子内谷氨酰胺酰胺基的水解反应，进一步改善蛋白质功能性质，提高蛋白质的营养价值。目前生产 MTG 的主要微生物为茂原链轮丝菌（*Streptoverticillium mobaraense*）。

1. 放大生产中发酵罐搅拌转速的确定

对于现有的发酵设备，发酵规模放大的关键是确定适宜的搅拌转速和通风量。由于 MTG 发酵体系具有高黏度的拟塑性流体特征，因此采用了搅拌功率相等（即 P/V 相等）的原则进行放大（从 5L 发酵罐放大到 30L、300L 和 3m^3 发酵罐），所以根据式（9 – 12）得：

$$\left(\frac{n_2}{n_1}\right) = \left(\frac{d_1}{d_2}\right)^{\frac{2}{3}} \qquad (9-24)$$

式中 d_1 和 n_1——5L 发酵罐的搅拌桨直径和转速

d_2 和 n_2——30L 发酵罐的搅拌桨直径和转速

由于 $d_1 = 0.080$mm，$d_2 = 0.120$mm，$n_1 = 400$r/min，可得 $n_2 = 304$r/min。

同理，可得 300L 发酵罐的转速 $n_3 = 224$ r/min，3m^3 发酵罐的转速 $n_4 = 178$r/min。

2. 30L 罐 MTG 分批发酵

根据以上确定的放大策略，结合 5L 罐的工艺参数，在 30L 发酵罐中控制通气量为 1.25vvm，温度为 30℃，发酵 0～32h 搅拌转速 300r/min，32h 后降至 280r/min（减轻对菌丝体的损伤）。各发酵参数变化曲线如图 9 – 4 所示，包括生物量（细胞干重，DCW）、MTG 酶活（MTGAct）、pH 和残糖浓度（RSC）。可以看出，生物量和 MTG 酶活分别在 30h 和 40h 左右达到最大值，最高酶活力为 3.40U/mL。

（1）菌体生长和产物积累过程分析 从图 9 – 4 可以看出，在发酵初期的 0～15h，菌体大量生长，15h 时达到最大值，随后生物量逐渐降低；MTG 从 5h 开始大量合成，28h 后合成速度逐渐下降，40h 左右达到最大值 3.40U/mL，随后开始降低。在发酵初期菌体生成和产物合成阶段，残糖浓度（RSC）下降很快，28h 左右降到最低值 4g/L。发酵初期 pH 稍有上升，5h 后开始下降，24h 补加硫酸铵和酵母膏后，pH 下降速度明显加快，28h 到达最低点 6.2 左右，期间菌体快速生长，产物大量合成；20～28h 期间，pH 保持在 6.2 左右，对应产物继续合成；28h 后，pH 迅速上升。

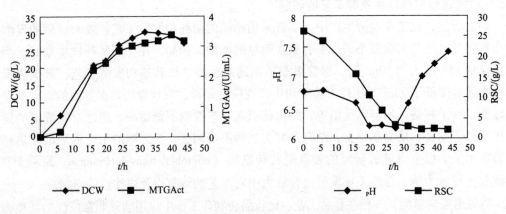

图9-4　30L发酵罐谷氨酰胺转氨酶发酵过程曲线

在发酵过程中发现有大量的泡沫产生，因此在培养基灭菌前预先加入少量消泡剂，另外适当降低转速，并增加罐压，发酵1~2h后泡沫消失并不再产生。

（2）溶氧浓度变化情况分析　30L发酵罐中的溶氧浓度明显要高于5L罐水平。发酵0~15h期间，对应着菌体的快速生长和产物的迅速生成，溶氧浓度急剧下降，并在13h左右达到最低点。随后溶氧浓度开始回升，发酵15~30h维持在20%~45%之间，期间菌体快速生长，产物大量合成，30h左右达到最大值，发酵后期溶氧浓度明显上升。30L发酵罐中MTG酶活与5L罐相比，提高了8.5%左右。由于较高的溶氧浓度对于菌体生长和MTG的合成是有利的，因此分析酶活提高的原因主要是发酵罐的溶氧条件得到了改善。

3. 300L罐MTG分批发酵

根据30L罐的实验结果和确定的放大策略，在300L发酵罐中，将通气量降低为0.8L/（L·min）；18h前将温度控制为32℃，18h后温度控制，为29℃；发酵0~24h，将搅拌转速控制在230r/min，20~24h后降至200r/min。结果发现，MTG酶活与30L发酵罐相比降低了32%左右。对发酵液进行测定发现，在产酶期发酵液中的氮源浓度较低，特别是合成MTG的关键氨基酸浓度较低，分析原因认为这主要是合成MTG的前体物质缺乏造成的，因此采取20h补加混合氮源的策略，组成为硫酸铵5g/L，酵母膏2.5g/L。经过36~38h的培养，MTG酶活提高到3.42U/mL。图9-5所示为300L罐分批发酵过程曲线。

4. $3m^3$罐MTG分批发酵

根据300L罐的实验结果和确定的放大策略，在$3m^3$发酵罐中控制通气量为$0.8m^3$（m^3·min）；18h前温度控制为32℃，18h后温度控制为29℃；发酵0~20h搅拌转速为200r/min，20h后降至180r/min；20h后，同时补加混合氮源（组成为硫酸铵5 g/L，酵母膏2.5 g/L）。但结果发现，酶活水平与300L相比下降了55%左右。对不同阶段发酵液组分进行分析，发现培养基经灭菌后葡萄糖和氮源浓度大幅度降低（与300L罐的情况相比），同时发酵液中的金属离子浓度（特别是Fe^{3+}）显著增加。经分析认为，这主要有以下两个原因：①培养基灭菌强度和时间过高和过长造成营养物质损失加剧，由于300L发酵罐采用的是夹套灭菌，而$3m^3$发酵罐采用的是蒸汽直接灭菌，因此大罐培养基中的

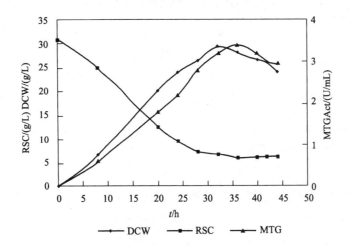

图 9 - 5　300L 发酵罐 MTG 发酵过程曲线

营养成分损失更加严重；②高浓度的 Fe^{3+} 对 MTG 合成具有一定的抑制作用，通过实验室小试（利用不同比例的水蒸气配制培养基进行摇瓶发酵试验）得到了验证。因此，对发酵工艺进行了如下的调整：①在保证灭菌效果的同时缩短灭菌时间；②对工厂的锅炉设备和蒸汽管道进行了彻底清洗。工艺改进后发现，发酵 32 ~ 36h MTG 酶活达到 3.15U/mL。结果表明，对以上工艺的调整达到了预期的目的。图 9 - 6 所示为 $3m^3$ 罐分批发酵过程曲线。

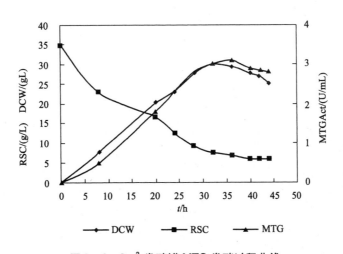

图 9 - 6　$3m^3$ 发酵罐 MTG 发酵过程曲线

表 9 - 9 所示为 30L、300L 及 $3m^3$ 发酵罐 MTG 发酵结果比较。

表9-9			30L、300L及3m³发酵罐发酵水平分析				
发酵罐	MTG Act. /(U/mL)	DCW /(g/L)	P_{MTG} /(U/L·h)	P_{cell} /[g/(L·h)]	r_{MTG} /[U/(h·g)]	Y_{MTG} /(U/g)	Y_{cell} /(g/g)
30L	3.40	31.2	69.65	0.708	3.54	180.5	1.55
300L	3.42	30.2	71.53	0.652	3.47	194.5	1.35
3m³	3.15	29.8	68.84	0.511	3.34	175.0	1.20

注：P_{MTG}—MTG合成速率；P_{cell}—细胞生长速率；r_{MTG}—MTG的平均比合成速率；Y_{MTG}—葡萄糖对MTG合成的得率系数；Y_{cell}—葡萄糖对细胞生长的得率系数。

可以看出，300L罐MTG发酵的酶活和MTG生产强度均高于30L罐。3m³罐中MTG酶活达到3.15U/mL，MTG的平均比合成速率达到3.34 U/（h·g），接近于30L罐的MTG平均比合成速率，表明所采用的通气量、搅拌转速等放大原则较为合理。

在发酵工艺的放大过程中，发酵罐的各种物理参数不可避免地会随着发酵罐规模的放大而变化，这些环境的变化随之会导致微生物生长和代谢也发生相应的变化。由于目前还不能完全掌握各种微生物的代谢规律，因此，在很多时候更多地是依赖经验进行发酵工艺的放大。正如Humphrey指出的：发酵放大尚是一项技巧而不是一门科学。但可以相信，随着关于微生物对环境变化应答规律的深入了解，结合对生物反应器中液体混合规律的了解，发酵过程放大中的问题将会被彻底解决，发酵过程的放大终将成为一门科学而不仅仅是技巧。

第十章　固态发酵

固态发酵（solid state fermentation，SSF）又称固体发酵，是指利用不溶性原料作为支持物和营养物质，在其上进行的发酵过程。固态发酵体系内无自由流动的液体。固态发酵是最古老的生物技术之一。在许多自然环境中，如堆放肥料的仓内、过期的面包上、腐烂的水果上，都存在着天然的固态发酵，其在有机物的循环中扮演着重要的角色。

从广义上讲，固态发酵是指一类使用不溶性固态基质来培养微生物的工艺过程，既包括将固态基质悬浮在液体中的深层发酵，也包括在没有或几乎没有游离可流动水的湿润固态材料上培养微生物的工艺过程。从狭义上讲，固态发酵是指利用自然固态基质作为碳源和（或）能源，或利用惰性基质作为固态支持物而在其中注入底物溶液，其体系无可流动水或几乎无可流动水的任何发酵过程。

相对于液态发酵（liquid state fermentation），固态发酵培养基水分含量较低，一般在40%～60%。但是，物料含水量并不是界定固态发酵或液态发酵的唯一标准。有的发酵，即使物料含水量较高（如湿基含水量在70%以上），但是由于物料吸水性非常好从而液态水也不能以连续相存在，物料仍然呈现较好的固态特性，这类发酵也可称为固态发酵或半固态发酵（semi–solid state fermentation），如植物原料的青贮发酵或酸菜的发酵。

固态发酵物料，或称为基质，既是微生物生长的营养源，又是微生物生长的微环境，还是发酵产物的聚集地。换句话说，反应器内的物料层是微生物菌体、培养基质及发酵产物的混合物。基质包括各种谷物原料、腐朽的木材、堆积的肥料或青贮饲料，甚至包括土壤。组成培养基的成分大多数是大分子物质，如淀粉、蛋白质或纤维素类物质。固态发酵反应器内的物料可分为两相：固相（物料层）和气相。从宏观上看，固态发酵物料层可看成是均一相。但从微观上看，物料层中同时存在固相、液相和气相三种物质状态：固态基质、与固态基质紧密结合的液体和物料颗粒间隙的气体。在某些情况下（如强制通风的填料床式固态发酵、流化床固态发酵等），气流可贯穿物料层，发酵物料颗粒（不连续的固相）可视为分布于气相为连续相的环境中。液态发酵反应器内的物料包含两相，即发酵液和分散在液相中的气泡。液态发酵反应器内的顶空层，虽然是连续的气相，但是对于发酵的传质传热影响很小，一般不考虑其影响。半固态发酵，如黄酒发酵、小曲酒发酵，由于物料含水量较高，在发酵过程中发酵基质中的大分子逐渐被分解成可溶性小分子，半固态的物料逐渐转变为以连续液相为主的状态。

近年来，固态发酵引起了越来越多的关注，尤其是因为固态发酵产品和工艺的独特性。与其他培养方式相比，固态发酵具有许多优点，如：培养基简单且来源广泛，多为便宜的天然基质或工业生产的下脚料；设备构造简单，投资少，能耗低，技术比较简单；产物的产率较高；基质含水量低，可大大减少生物反应器的体积，不需要废水处理，环境污染较少，后处理加工方便；发酵过程一般不需要严格的无菌操作；产酶活力高，酶系丰富；通气一般可由气体扩散或间歇通风完成，不需要连续通风，空气一般也不需要严格的无菌空气等。

第一节　固态发酵的历史

固态发酵应用广泛，是人类利用微生物生产产品历史最悠久的技术之一。在古代，人类就开始应用固态发酵的原理生产发酵食品。一般认为，固态发酵与古代发酵技术的兴起密切相关。固态发酵食品的种类多种多样，如亚洲的丹贝（tempeh）、酱油、腐乳，非洲的发酵高粱糖浆，欧洲和中东地区不同种类的干酪。微生物分泌的酶，把复杂的聚合物降解成小分子化合物，有利于人体的消化系统吸收。一些微生物还可以进一步把降解的化合物转化成其他类型的人体所需的代谢产物。这些产物也决定了发酵食品独特的成分、滋味、气味、致密性和颜色。

用于酱油发酵的曲霉，可以产生胞外酶，把大豆和小麦中的蛋白质和淀粉水解成氨基酸和低聚合度的糖。这些氨基酸和糖是乳酸菌和酵母菌的底物，这两种菌在发酵的第二阶段可以产生酱油的特殊风味。曲霉还可用于稻米的糖化以制备日本清酒。丹贝是印度尼西亚的一种传统食品，以根霉发酵大豆而成。它比一般豆类更容易被消化，风味和质地也更受人欢迎。丹贝消化性的提高是因为真菌产生的酶降解了大豆中的大分子聚合物。其他例子还有用木霉生产纤维素酶、用红曲霉从稻米中生产红曲，以及发酵豆腐生产腐乳等。

在西方（欧洲和中东），人们利用固体发酵的原理生产不同类型的干酪和发酵香肠。但是，1940年之后，固态发酵在这些地区没有受到进一步的重视。这可能主要是因为在世界大战中，人们需要利用深层液态发酵（submerged fermentation）技术大规模生产青霉素。此后，深层液态发酵成为发酵生产多种化合物最先进的技术。

相比于液态发酵，固态发酵一般存在如下不足：菌种限于耐低水分活性的微生物，菌种选择性少；发酵速度慢，周期较长；天然原料成分复杂，时有变化，影响发酵产物的质和量；产品种类少。在传统的固态发酵中，还容易污染杂菌，劳动强度也大。此外，在固态发酵中，微生物在不溶于水的底物界面上生长繁殖，其营养物质的输送、热量传递及微生物生长等许多方面存在不均一性，使得工艺参数难于检测，发酵过程难于控制。由于现代发酵工业对大规模、集约化生产的要求，在过去的很长一段时间内，有关固态发酵的应用研究基本停滞不前。从20世纪50年代起，在通过固态发酵进行类固醇转化和青霉素生产的研究被报道后，固态发酵又逐渐引起了人们的重视。此后，固态发酵在利用农业产业残渣（agro – industrial residues）生产富含蛋白质的家畜饲料方面也引起了广泛关注。自20世纪90年代以来，随着能源危机和环境问题的日益严重，人们开始重新审视固态发酵的优点，并不断在原料、工艺和设备等方面进行大量深入的研究，使固态发酵在酶制剂、食品、医药、饲料、燃料、农药、生物转化、生物冶金和生物修复等诸多领域取得了长足的进步。但是，固态发酵的研究相对于液态发酵技术而言仍然进展缓慢。

第二节 固态发酵概述

一、微生物

霉菌、酵母和细菌均可用于固态发酵。以前，一般认为只有丝状真菌可以在缺乏自由水的固态发酵环境中生长。由于丝状真菌具有很强的分泌水解酶的能力、独特的形态学特征以及对于低水分活性的较高耐受性，因此在固态发酵中经常被使用。用于固态发酵的首选微生物分布于藻状菌纲［如毛霉和根霉］、子囊菌纲［如曲霉和青霉］和担子菌纲（如白腐菌）。细菌和酵母可以在湿度为40%～70%的固体培养基上生长。但是以前，人们认为单细胞生物体的增殖需要有自由水的存在。目前已有一些在固态发酵中培养某些细菌菌株的报道，如：用葡萄球菌生产菊粉酶，用枯草芽孢杆菌生产 L-谷氨酸，用苏云金芽孢杆菌生产内生孢子，以及生产亚洲醋和中国传统发酵食品等。根据固态发酵微生物的特点，可以分为好氧、兼性好氧与厌氧固态发酵。

在利用霉菌进行的固态发酵中，孢子接种是一种常见的接种方式。接种真菌孢子比营养细胞有一定优势：接种方便灵活、易于保存较长时间和较高活性。但是，接种孢子也有一定的缺点：较长的滞后期、接种量较大、在孢子萌发前需诱导孢子进入代谢活动和酶系合成以防孢子休眠。某些发酵过程需要用菌丝接种，如将毛壳菌（*Chaetomium*）菌丝接入小麦秸秆中进行固态发酵。接种密度也是固态发酵的一个重要影响因子。

固态发酵可以产生大量附着于培养基颗粒表面的孢子。孢子粒径微小，在分离时容易悬浮于空气中，难以沉降和收集。常规方法分离孢子往往劳动强度大、效率低、杂质多。目前，已有专一的孢子分离器可以使用。该设备通常是在密闭状态下利用惯性分离器将孢子与固态发酵培养基颗粒分开，再利用离心场将孢子与空气分离，从而达到分离并收集孢子的目的。

二、基质

在固态发酵工艺中，选择基质有两个标准。第一个标准是对微生物自身有益，第二个标准则更多地考虑了人类的利益。理想的固态发酵基质不仅可以为微生物提供营养，还可以作为物理性支持物。另外，对于人类而言，理想的固态发酵培养基应该可以经济地利用农作物及其废料。潜在的固态发酵基质种类多样，如大豆、木薯、马铃薯、糠麸、麦秆/稻草、皮壳、甘蔗渣，以及咖啡、水果和油料加工业的残渣或废料等。

合成的和天然的惰性材料在浸渍浓缩的基质溶液后也可用于固态发酵。这种类型的材料只作为微生物生长的物理性支持，微生物需要的营养完全由添加的基质提供。在这种固态发酵中，合成的惰性材料，如苯酚甲醛离子交换树脂和聚氨基甲酸乙酯，比天然惰性材料更受青睐。采用合成惰性材料可使固态发酵产物更容易分离，且造价更低。惰性材料在研究固态发酵动力学时也经常被用到。

对于固态基质和惰性支持物，颗粒大小是影响微生物生长和活性的最关键因素。小的基质颗粒有更大的比表面积，因此为微生物提供了更大表面积的基质。但是，过小的基质颗粒会导致发酵物结块、基质层形成沟壑和通气性变差，从而导致生长缓慢。另一方面，基质颗粒太大会减少基质供给生物体的表面积。因此，对于特定的微生物、基质和产物，找到最佳的基质颗粒大小很重要。

三、产品特性和产量

通过固态发酵可以获得各种各样的产品。固态发酵的产品主要分为七类：生物活性产品、酶、有机酸、生物杀虫剂、生物燃料、芳香化合物，以及其他化合物（如谷氨酸、色素、类胡萝卜素、黄原胶、维生素、生物表面活性剂等）。

根据产品特征和产量，固态发酵在某些方面优于液态发酵。首先，由于固态发酵基质的异质性，固态发酵培养方法非常适合包括微生物形态学和代谢分化在内的一些生物学过程，例如渗透和气生菌丝分化。在食品工业中的一些例子是，用于干酪工业的娄地青霉（*P. roquefortii*）或卡门柏青霉（*P. camemberti*）的分生孢子的生产。在生物控制剂生产中的例子是，小盾壳霉（*Coniothyrium minitans*）分生孢子的生产。与深层发酵生产的真菌孢子相比，固态发酵生产的孢子具有更高的稳定性和发芽率，并且更加耐旱。这也许是因为，固态发酵生产的孢子具有更高的疏水性，如草酸青霉（*P. oxalicum*），或具有更加坚固的细胞壁和更小的体积，如哈茨木霉（*T. harzianum*）。

对于某些特定的产品，固态发酵具有更高的产量、更高的定容产率和更好的产物特性（如更高的温度和 pH 稳定性，以及更低的对底物抑制的敏感性）。此外，由于一些产物不能通过深层发酵形成，因此它们只能通过固态发酵生产，如糖化酶 B。

在混合培养方面，固态发酵则永远不能被深层发酵所取代。不同真菌的联合在天然固体基质上生长时可以产生多种酶，丝状真菌和酵母的组合可以同时进行糖化和发酵。用于食品工业的固态发酵混合培养决定了食品的特定风味。例如，通过产生不同芳香化合物的组成不明的混合培养物发酵生产竹笋，通过酵母与细菌的混合培养物发酵豆腐生产腐乳等。

四、与深层液态发酵的比较

与微生物和基质均匀地分布于液相的深层发酵相比，固态发酵则包含微生物和潮湿的固态基质之间多种的相互作用。在固态发酵中，糖类和其他营养物质可由潮湿的基质提供，微生物生长和代谢所需的氧大部分来自气相，也有部分存在于与固体基质混合在一起的水中。

固态发酵的一个典型特点是几乎没有能够自由移动的水。由于这个原因，固态发酵产品不是高度稀释的。基于同样的原因，与深层发酵相比，固态发酵水耗和能耗较低，生成的废水较少，并且发酵罐占用的空间减少。此外，固态发酵中的微生物与空气中的氧直接接触，这可以引起高效的氧气转移。固态发酵的另一个重要优势是在半无菌状态下培养的可能性。由于大多数固态发酵过程是在水分活度较小的条件下完成，因此可以将污染微生物的生长降到最低。

另一方面，缺少水也会给固态发酵造成负面影响。由于空气的比热容比水小，这将在热量转移过程中引起严重的问题，而热量转移又是固态发酵控制过程中一个需要特别注意的问题。与可以被视为均一系统的深层发酵相比，固态发酵中的温度、pH、水分活度和基质浓度的调控会更加困难。

固体发酵可以使用农业废料作为发酵底物，并且不需要大量的基质预处理，因此，固态发酵工艺创造了许多新的机会。这一优点与产品的增值一起，使固态发酵既不危害环境，又在经济上具有吸引力。

第三节　固态发酵系统描述

可用于固态发酵的微生物种类很多，在本节中以丝状真菌为例，因为它们是固态发酵中最常用的微生物。

一、微观层次

在基质上和/或基质中，真菌定植"系统"包括三部分：真菌生物体、基质颗粒和水（图 10－1）。真菌的生长开始于孢子的萌芽。在适当的条件下，孢子开始膨胀发芽。发芽的孢子在顶端继续延伸，并且很快沿着管状菌丝形成新的分枝。普遍认为，这种生长模式可以使丝状真菌占据基质的表面，并且进入基质内部以获取营养物质。

基质本身主要由聚合态的基质颗粒和水组成。稍后，不断延伸和分枝的菌丝形成一个多孔的三维网络，称为菌丝体（图 10－1）。早期的菌丝体在基质的表面（2 层）生长，并从那里向内延伸至基质颗粒间，即内部（3 层），或向外延伸至空气中（1 层）。

随着菌丝的延伸和分枝，它们分泌出酶，能够将聚合态底物降解为更小和更容易吸收的分子。聚合态底物的降解也会降低底物基质的坚固程度。这一点与存在于大多数真菌菌丝内的膨压一起，使得延伸菌丝的尖端可以进入底物基质。对于好氧真菌，由于穿透的尖端可以接触到氧气，因此，向基质内部的生长速度可以与菌丝在基质表面的延伸速度一样迅速。

随着菌丝体在基质表面的不断生长，1 层变得非常致密，以至于它的小孔内充满了水而且转入 2 层，而先前 2 层的密度和/或厚度增加至相当的水平，以至于基质的低层和更深层（3 层）的氧气被耗尽。在无氧条件下，2 层和 3 层的菌丝体停止生长并开始发酵。由于小孔内充满水，菌丝层遂被视为一个生物被膜层，或一个充满生长的生命物质的水薄层。与此同时，一个新的 1 层在 2 层之上形成。1 层的小孔内充满了气体，因此此层中的真菌生物体被称为气生菌丝体。

二、宏观层次

固态发酵系统扩大到一个较大规模时的模式如图 10－2 所示。在一个生物反应器中，为了简化，底物基质被描述为图 10－1 中具有平坦表面的一层。在真实的固态发酵中，基质颗粒的大小通常是不规则的。诸如小麦、稻米或大豆等基质颗粒具有确定的大小，而诸

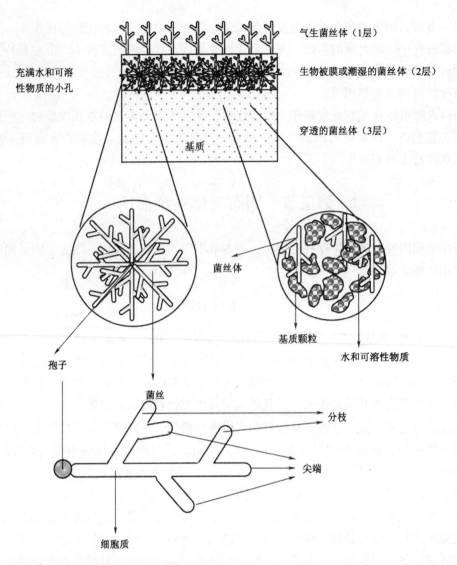

气生菌丝体（1层）

充满水和可溶
性物质的小孔

生物被膜或潮湿的菌丝体（2层）

穿透的菌丝体（3层）

基质

菌丝体

基质颗粒

水和可溶性物质

孢子

菌丝

分枝

尖端

细胞质

图 10 - 1　底物基质上的真菌定植固态发酵系统（丝状的）和丝状真菌的生长模式

如麦麸等基质颗粒的大小却是随机的。为了简化，基质颗粒被描述为球形颗粒。宏观层次的固态发酵系统也完全包括了微观层次中不同真菌菌丝体层的组成原理。气生菌丝体在真菌生物被膜的外侧形成。真菌生物被膜围绕着基质颗粒形成，并且在一定程度时进入基质颗粒内部。由于基质表面不规则和真菌自身生长的缘故，可以预计会有一些气泡在真菌生物被膜层内部形成。

　　随着菌丝体的生长，它们不断地消耗底物并且分泌出代谢产物和酶。底物的消耗和代谢产物的产生都可以引起底物和代谢产物浓度梯度的转化。由于这两个梯度，底物和代谢产物的转移得以发生。底物和产物的浓度梯度有可能引起代谢活动的局部差异。例如，诱导物或抑制物和氧气的浓度梯度可能影响酶的生成。这些梯度是固态发酵和液态发酵最典型的区别，因此可以认为这是在固态发酵和液态发酵过程中观察到的基因表达、新陈代谢、产物范围和加工效率不同的原因。转移和转化反应同时发生，因此必须同时处理。

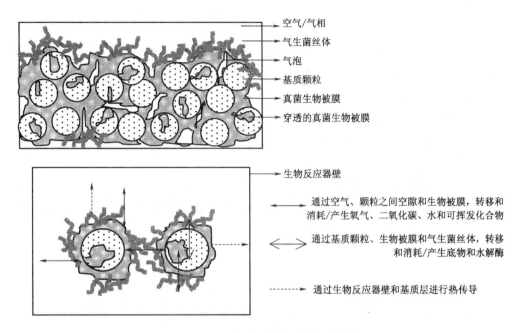

空气/气相

气生菌丝体

气泡

基质颗粒

真菌生物被膜

穿透的真菌生物被膜

生物反应器壁

通过空气、颗粒之间空隙和生物被膜，转移和
消耗/产生氧气、二氧化碳、水和可挥发化合物

通过基质颗粒、生物被膜和气生菌丝体，转移
和消耗/产生底物和水解酶

通过生物反应器壁和基质层进行热传导

图 10 - 2　宏观层次的固态发酵系统

第四节　固态发酵过程中的物质传递

尽管固态发酵前景广阔并且逐渐受到人们的重视，但是与液态发酵相比还是不够，这主要是因为对固态发酵生化工程方面了解得还很少。固态发酵本身很难标准化，并且重复性较差。目前阻碍固态发酵大规模应用的主要问题是过程控制和放大。为了提高发酵产品的产量和质量而进行的固态发酵过程调控，十分需要充分了解发酵过程中微生物与生长环境的相互作用，此处的生长环境包括底物基质和空气。但是，人们对发酵过程中的基本现象及其对发酵特性和代谢反应影响的了解还十分有限。使之变得更加复杂的是，固态发酵的批次发酵特点、真菌复杂的生理学以及真菌通过生长会移动到新的区域等。

在固态发酵的物质传递过程中存在着微观和宏观层面现象。微观层面现象包括微生物的生长、对环境变化的响应以及颗粒内部的物质传递，宏观层面现象考虑生物反应器中的整个固态发酵系统（图 10 - 2）。从宏观层面来讲，固态发酵中的物质传递过程包括：①颗粒之间的物质传递；②颗粒空隙间的对流传质；③生物反应器内外空气流动中的对流传质；④由搅拌引起的剪切力对菌丝体和基质颗粒的影响。

一、偶联反应 - 扩散现象

偶联反应和扩散现象可以用来描述和模拟很多生物反应系统，例如用于废气处理的微生物的生物被膜、生物反应器中的固定化细胞、软骨的培养等。固态发酵过程中每个小颗粒就是一个小的批次反应器，该反应器作为一个整体是在稳态作为连续体系进行操作。真菌菌丝体和底物基质中的偶联反应和扩散现象已被用来描述固态发酵。

1. 真菌生物被膜

为了给真菌生物被膜层提供合适的支撑，底物基质必须提供底物，空气必须提供氧气，同时，代谢物和酶必须要从这一层传递到底物基质内。基质颗粒的降解是从正在生长的菌丝体所占据的空间开始。

2. 底物基质

底物基质包括碳源、水和其他营养物质。底物基质中的物质传递是限制生物量增长的一个非常重要的因素。

3. 真菌生物被膜与底物基质

对于较大的底物颗粒，即较厚的底物基质中，酶的扩散比氧气的扩散更加限制真菌的生长。

4. 透过菌丝的细胞壁

一条真菌菌丝可以被看做一个长的管状生命体，以一种几乎完全刚性的细胞壁作为骨架成分围成。一条菌丝的伸长基本上是新的物质在顶端连续地插入到可塑性的细胞壁混合物中，同时可塑性材料转变为更为刚性的侧向细胞壁。

5. 菌丝内部

在菌丝内，葡萄糖运输的机制是扩散作用。扩散运输的方向是从菌丝顶部到接种点，其中顶部菌丝可以得到新的营养物。

二、其他传输现象

对于固态发酵中的真菌生物被膜层，扩散现象是存在的。至今，人们一直认为在真菌定植于食品基质上或食品基质中时，扩散是最常见的传输现象。然而，在固态发酵中，实际的过程更加复杂。例如，仅仅扩散不足以解释氧气的运输。

1. 菌丝的延长与渗入

一般认为，丝状真菌的生长基本上是菌丝尖端的伸长和尖端沿着菌丝体的产生。正在生长的顶端细胞的细胞壁与坚硬的成熟细胞的细胞壁相比，是更加多孔的或可渗透的，所以，尖端菌丝细胞能够迅速分泌蛋白质，如水解酶类。除了被动扩散之外，有渗透力的菌丝体的正在生长的尖端被认为是一个可移动的分泌酶的部位，它加速了水解酶向底物基质的运输。但是，在正在生长的菌丝体中，并非所有的菌丝体尖端细胞都产生相同产量的酶类，而是可以分辨出产量高的菌丝和产量低的菌丝。

由生长顶端延伸引起的酶的转移速度要高于由扩散引起的转移速度。对于诸如麦麸和大豆粉等工业固态发酵基质的具有典型大小（$10^{-4} \sim 10^{-2}$m）的基质颗粒，正在生长的顶端的延伸比通过扩散的酶的运输速度要快。只有对于直径小于10^{-4}m并且具有比较高的扩散系数的微小颗粒，扩散才比正在生长的顶端的延伸要快。

多孔的或可塑的正在生长的顶端壁能把蛋白质转移到基质中，也能支持葡萄糖和其他营养物的摄取。因此，正在延伸的顶端可以作为一个移动的底物收集器，并且随着不断分支所带来的真菌顶端数量的增加，底物的吸收全面加速。

但是，如果要与全部的生物量做比较，就必须考虑延伸末端（顶端细胞）或延伸的菌丝的重要性。在与氧的可得性和真菌耐受低浓度氧的能力有关时，这一点尤其重要。由于在固态培养中氧气在100m以上的深度就已经耗尽，因此，需氧真菌的有渗透力的菌丝的存在将是微不足道的。并且，低氧浓度降低分支数量，体现在菌丝生长单位的减少。菌丝生长单位是指全体菌丝长度与尖端数量的比率。

2. 水的流动

一般来说，在固态发酵系统中没有自由移动的水。但是，由于被水解的底物几乎都是可溶性溶质，因此，水对于真菌生长和代谢的作用很大。在固态发酵中，水从底物基质向真菌垫的流动是个很重要的影响因素。在气固分界面上水分蒸发，加上真菌菌丝体的水分吸收，会有大量水分损失。这意味着水分将会从基质中心大量转移到真菌菌丝体。这种水分迁移可能是碳源运输到真菌菌丝体的一个额外的方式。

3. 酶的传送

大多数在固态发酵中产生的 α – 淀粉酶仍然留在真菌菌丝体层，并不移动进入基质。除了水分向上的逆流流动，酶所表现出来的明显的固定性也可能是由于和细胞外多糖基质黏合，或者是由于被不能渗透的外壁组成成分包裹，亦或是由于和侧壁发生了交联。对于气生菌丝体，酶的明显的固定性很可能只是由于产生的胞外酶没有水可以让它移动。虽然个别菌丝能够区别地表达蛋白质，但是，当其生长进入空气时，气生菌丝可能不产生任何酶。

4. 气生菌丝体中细胞质的流动

包括气生菌丝在内的延长菌丝需要细胞质流动以进行葡萄糖转移。在气生菌丝中，葡萄糖的扩散相比于细胞质的流动引起的葡萄糖转移来说是可以忽略的。或者，葡萄糖可以以糖原微粒的形式被运输，后者能够容易地存在于真菌菌丝的内部。

在将米曲霉（A. oryzae）培养于小麦面粉圆盘上时，气生菌丝体对于氧的摄入和 α – 淀粉酶的产生是非常重要的。米曲霉产生的 α – 淀粉酶的数量与消耗的氧的数量成比例。气生菌丝体能够加速酶的产生，但是它们自身不产生这些酶。一大部分的氧气摄入存在于气生菌丝体层。但是，目前尚不明确，氧是否被气生菌丝体全部消耗，或者真菌是否拥有一种氧的主动运输方式，以供给真菌生物被膜的厌氧部分或位于底物基质深处的渗透性的菌丝体。

第五节 固态发酵的控制

固态发酵是接近于自然状态的一种发酵，其控制体现在诸多方面。

一、培养基含水量及空气湿度

固态发酵介质的含水量与水分活度有关，维持发酵基质一定的水分含量是实现固态发酵过程成败的关键。水分活度影响微生物的生长状态，还影响底物的物理状态、营养物质的扩散及利用、氧和二氧化碳的交换、通风及传热、传质过程等。低水分含量将降低营养物质传输、微生物生长、酶稳定性和基质膨胀，高水分含量将导致颗粒结块、通气不畅和染菌。

在固态发酵过程中，由于基质的水解、物质的溶出等原因，将导致水分活度降低。可以通过添加无菌水、加湿空气和安装喷湿器等方法来提高水分活度。为防止热量转移过程中尤其在通风条件下水分的蒸发损失，可以采取相应措施，如调整发酵介质的松软性、孔隙率等，或在配料中补加持水性较强的介质等。

二、通气

固态发酵系统的气体环境直接影响到生物量的大小和酶合成的程度，需要控制空气流动来调整气态环境。好氧微生物的理论呼吸商为 1.0，低于此值将阻碍微生物生长。通过测定氧气吸收速率和二氧化碳合成速率，可以判断氧气和二氧化碳的分压大小。通过改变氧气和二氧化碳的分压大小，可以控制微生物的生长和代谢，进而调节固态发酵过程。

在固态发酵中，霉菌培养相当常见，通风是好氧培养过程中的一个重要操作。通气量的大小主要取决于介质量和菌种状态，同时还要考虑到物料的水分蒸发等。在培养物料中添加相对惰性的木质纤维素等持水能力强的介质，可以减缓或避免由于强制通风等措施而引起的水分蒸发损失。

三、温度

在发酵过程中，微生物代谢产生大量的热，造成温度上升很快。如果产生的热不能及时散去，就会影响孢子发芽、生长和产物得率；而且，不同料层的温度不同，会造成发酵不均一。

固态发酵的温度变化受到系统散热效率的直接影响。系统热量去除效率对细胞产量影响很大，固态发酵系统放大设计的最大障碍就是如何有效地去除发酵产生的热量。固态底物热传导性差，导致传热效率低下，通常使用通风蒸发冷却作为固态发酵温度控制的手段。

四、基质和粒度

固态发酵的基质经常是农业副产物、天然纤维素、固体废料等具有大分子结构的原料。其惰性组织将氮源和碳源物质紧紧包裹，不利于发酵，因此原料的预处理非常重要。主要是通过物理、化学或酶水解等方法降低被包裹颗粒的粒度，提高基质可利用率。在采用天然基质进行固态发酵时，随着微生物的生长，作为基质结构的部分碳源物质被消耗，影响传质和传热。针对此种情况，通常在发酵过程中加入适量的具有稳定结构的支持物来改善。

基质粒度关系到微生物生长及传质传热效果，直接影响单位体积颗粒所能提供的反应表面积的大小，也会影响菌体进入基质颗粒内部的难易程度及氧的供给速率和代谢产物的移出速率等。小的颗粒可以提供较大微生物定植表面积，提高固态发酵反应速率。但是，太小的颗粒容易造成底物积团，颗粒间空隙率随之减小，导致阻力增大，对传热、传质产生不利的影响。另一方面，大颗粒存在较大间隙，有利于提高传质和传热效率，提供更好的呼吸及通气条件，但是微生物定植表面积较小。

五、pH

在固态发酵过程中，由于代谢活动，pH 会发生一定的变化。而且，在固态发酵过程中，对 pH 很难采用合适的技术进行在线测定和控制，可在发酵原料中加入具有缓冲能力的物质来稳定 pH。

六、搅拌

在固态发酵中，由于基质的不均匀性，而通风过程又容易造成细胞代谢发生变化，因此，可以通过搅拌来提高物料发酵、水分、温度和气态环境的均一性。但是，过分的翻动可能损伤菌丝体。间歇搅拌比连续搅拌有较好效果，对菌丝体的生长及其在基质上附着更有利。

第六节　固态发酵生物反应器

固态发酵生物反应器是目前限制固态发酵用于现代生物反应工程的一个重要因素，因此，是固态发酵技术实现的关键。发酵企业不断采用先进的固态发酵技术及高效生产设备，可以使传统固态发酵产品的更新换代得到更快发展。固态发酵常涉及气、固、液三相，使情况变得非常复杂。在固态发酵中，对于生物反应器的设计，除了氧的传递是一个限制性的因素外，更为复杂和重要的两个参数是温度和固体培养基的含水量。影响生物反应器设计的其他因素还有：菌体的形态学以及其对机械剪切力的抵抗性，是否需要无菌发酵过程等。虽然很多类型的反应器能够在实验室水平上运作，但是，在规模化生产时会由于生成大量热和系统的复杂性而变得复杂。国内外正对适用于大规模固态发酵的生物反应器进行不断的研究和发展。迄今为止，主要有如下几种。

一、浅盘发酵器（tray fermentor）

该类生物反应器非常古老，特别简单，尤其适合酒曲的加工。以前，家庭作坊常用该类生物反应器发酵各种混合在一起的农业原材料。它往往由一个密室和许多可移动的托盘组成。培养基经灭菌冷却后装入浅盘，通过空气增湿器调节空间的温湿度，通入无菌空气以满足菌体生长对氧的需求。浅盘发酵中存在空气对流，散热主要通过托盘传导，即使通电冷却也不足以去除代谢热，效果不理想，因此对发酵物料的厚度有一定限制。这种技术用于规模化生产比较容易，因为只要增加托盘的数目就行。尽管该生物反应器已经广泛用于工业中（主要是亚洲国家），但是，它需要很大的面积（培养室），而且消耗很多人力。

二、转鼓式生物反应器 (rotary bioreactor)

该类生物反应器是一个由基质床层、气相流动空间和转鼓壁等组成的多相反应系统，其基本形式是将一个圆柱形容器固定在转动系统上，转动系统主要起支撑及提供动力作用。转鼓式反应器转动速率一般为 1～16r/min，有的可达到更高转速。与传统固体发酵生物反应器不同之处在于：基质床层不是铺成平面，而是由处于滚动状态的固体培养颗粒构成。菌体生长在固体颗粒表面，转鼓以较低的转速转动，就如同设置了搅拌轴那样加速传质和传热过程。这类反应器比较适应固态发酵的特点，可以满足充分的通风和温度控制。它一般配有料气进出口及接种口等，培养基灭菌、接种、通气培养等操作均可在发酵器内进行，可以有效防止杂菌污染。其不足之处在于：有时，菌丝体和培养基颗粒会结成块；当鼓的转动速率增大时，剪切力的作用还会影响菌丝体的生长。因此，这类反应器重点要解决好物料结块和粘壁的问题，其次是容积率低。增加破碎板/网可以解决结块问题。

三、填充床生物反应器 (packed – bed bioreactor)

该类生物反应器属于静置式反应器，在设计上必须使床层的干燥最小化，因为床层的干燥会导致床层的湿度变化，进而影响微生物的生长。填充床生物反应器比浅盘发酵器更易控制发酵参数。在大的浅盘发酵器中会出现中心缺氧和温度过高。填充床反应器的优越之处在于采用动力通风，因此可以更好地控制反应器中的环境条件。这种类型反应器没有搅拌器，受新陈代谢产生的热量限制，而且床层底部到顶部往往存在温度梯度。由于存在径向温度梯度，使得反应床的高度往往受到限制。在填充床内安装内表面冷却系统，可以减少轴向温度梯度的形成。此外，在较宽大的填充床反应器中插入垂直热交换板，既可以促进水平热传递，又可以克服反应床的高度限制。

四、柱式生物反应器 (column bioreactor)

该类生物反应器根据固态好氧发酵温度控制的要求及固态介质传热特点而设计，通过蒸发冷却系统控制温度，同时充分考虑由于热量传递而引起的水分损失。

五、流化床生物反应器 (fluidized bed bioreactor)

该类反应器主要是在金属网或多孔板上铺置粉粒状基质，通过流体的上升运动使固体颗粒维持在悬浮状态进行反应。在流化床中，操作的难易主要取决于颗粒的大小和粒径分布。一般来说，粒径分布越窄的细小颗粒越容易保持流化状态。相反，易聚合成团的颗粒由于撞击、碰撞，难以维持流化状态。在流化床生物反应器中，流体从设备底部的一个穿孔的分布器流入，其流速足以使固体颗粒流态化。流出物从设备的顶部连续流出。空气（好氧）和氮气（厌氧）可以直接从反应器的底部或者通风槽引入。在反应器里，固体颗粒可以和气相充分接触。该类反应器不存在床层堵塞、高的压力降、混合不充分等问题。反应器采用封闭系统，可以较好地防止污染，而且，发酵完成后可提高空气温度，直接将产品进行干燥回收。

六、其他固态发酵生物反应器

其他固态发酵生物反应器很多，如搅拌生物反应器（mixed bioreactor）、国内研制开发的多层带式/翻板式发酵器、固体通风发酵机等。搅拌生物反应器有间歇搅拌和连续搅拌两种。多层翻板式发酵器采用链传动不锈钢翻板形式，发酵面积大，适用于发酵周期较长、代谢产热量大的产品，如纤维素酶的生产。

生物反应器是发酵过程的中心。理想的固态发酵生物反应器有以下特征：建造材料必须坚固、耐腐蚀以及必须对发酵过程中的微生物无毒；防止发酵过程中污染物的进入，同时控制发酵过程中的有机体释放到环境中（通过在空气出口安装过滤器、周详的密封设计以及对进口空气进行过滤，可以达到这种要求）；通过有效的通风调节、混合和热的移出来控制温度、水分活度、气体的氧浓度等操作参数；维持基质床层内部的均匀性（对于热量梯度的最小化非常关键）；应该使固态发酵过程中的各项操作非常方便，包括培养基的制备、培养基的灭菌、接种体的准备、产品回收之前生物量的灭菌、生物反应器的安装和拆卸等。

第七节　固态发酵的应用

随着固态发酵技术的改进和完善，固态发酵不仅可以应用于一些液态发酵不能实现的发酵过程，甚至也可以应用于一些目前已有的液态发酵过程。应用现代固态发酵技术能实现大规模生产，而且相比于液态发酵，其投资规模更大，生产成本较低，而且特别适合一些精细发酵制品的制备。一般来说，固态发酵的应用可以分为两个方面。

首先，用于环境控制，包括生产混合肥料、生产动物饲料、生物修复、生物降解和工业废物的生物解毒等。随着人类物质文明和精神文明的提高，人们对资源环境质量的要求越来越高，但是，资源环境受到的威胁和破坏越来越严重。微生物在资源环境保护中扮演着十分重要的角色，已从自然生态系统发展到活性污泥方法处理废水，并进一步扩大到工农业残渣转化、固体废弃物处理及生物修复等领域，因此，固态发酵是治理环境污染的重要手段之一。

木质纤维素作物的剩余物是动物饲料具有潜力的源泉，主要由纤维素、半纤维素及木质素组成，其难消化、味道差等特点限制了它们作为理想饲料的应用。现在已成功利用白腐菌（white rot fungi）把木质纤维素转化为蛋白质含量较高的饲料。

某些工农业残渣含有对人体有害的化合物，以咖啡因、氰化氢、聚苯化合物、鞣酸等，它们可导致严重的环境问题，并且对其难以有效利用。近年来，固态发酵已成为木薯皮（含有氰化氢、可溶鞣酸等）、油菜籽粉（含有脂肪族芥子油苷、吲哚族芥子油苷等）、咖啡皮、咖啡浆等残渣的有效解毒方法。在加工咖啡果的过程中，产生大量的咖啡肉浆和咖啡壳，这些物质含有对生理有副作用的成分，如咖啡因、聚苯化合物、鞣酸等，人们经常用丝状真菌固态发酵技术对咖啡壳进行去毒。

生物修复是利用微生物及其代谢过程来修复被人类长期生活和生产所污染和破坏的局

部环境，使之重现生机的过程。固态发酵生物技术是有毒化合物生物降解与环境生物修复的有用工具。例如，把白腐菌肺形侧耳（*Pleurotus pulmonarius*）接种到棉花或麦草混合物上可以降解除草剂莠灭净；把白腐菌污叉丝孔菌（*Dichomitus squalens*）与土壤菌侧耳菌（*Pleurotus sp.*）接种到染有 C－14 芘的麦草上，可以实现芘的生物降解。

其次，用于增加价值。例如，通过生物转化富集农作物或农作物残渣的营养（如生产食用菌），生物制浆，生产发酵食品、酶、色素、抗生素、生物杀虫剂、有机酸和风味物质，以及制曲等。

固态发酵的一个重要应用领域就是利用微生物转化农作物及其废渣。生物转化利用的菌株一般为白腐菌。木薯是非洲、亚洲及南美洲人民最重要的食物之一，但是，其蛋白质、维生素和矿物质等含量低，也缺乏含硫氨基酸，目前已有多种固态发酵方法可以改善其营养价值。蘑菇是可食用丝状真菌十分典型的代表，拥有可把许多不能食用的植物或其剩余物降解转化为食物的能力。可食用蘑菇种类繁多，目前已经有几十种利用固态发酵技术进行了商业化生产。

α－淀粉酶是目前用途最广泛、产量最大的酶制剂品种之一，生产 α－淀粉酶的菌种主要有细菌和霉菌，霉菌 α－淀粉酶大多采用固态发酵生产。固态发酵可以产生高活力淀粉酶的原因是固态发酵中培养基麸皮的碳源浓度比液态深层发酵高得多，并且，固态发酵中的营养物质从固态颗粒到细胞的传递阻力较大，从而减弱了酶合成的分解代谢阻遏，得以大量合成 α－淀粉酶。对于生产纤维素酶，固态发酵也占有很多优势，如发酵环境条件更接近于自然状态下常用微生物木霉的生长习性等。黑曲霉在固态发酵中的转化酶、果胶酶和鞣酸酶的生产具有比深层发酵更高的产率，其原因是在固态发酵中更高的生物量、更低的蛋白质分解、更高的酶产量和更低的蛋白质水解作用。

固态发酵还有很多新的和有前途的产品，例如酶抑制剂、高价值的生物大分子、制药产品和生物燃料。对于生产"低投入高产出"产品，固态发酵过程在未来可以提供合适的工艺。用工农业残渣进行固态发酵生产的生物燃料主要为乙醇，是清洁燃料工业的代表，主要原料为各种可再生性糖类物质，如天然纤维素。

第八节　固态发酵前景展望

近年来，对于固态发酵中物质转移现象的了解出现了巨大的发展。数学建模是理解并最终优化固态发酵过程的一种有用的工具。此外，为了在工业上应用固态发酵，物质转移现象需要与其他因素一起考虑。例如，生物反应器的设计。近年来，固态发酵生物反应器的设计也出现了巨大的发展。目前，一些新型的固态发酵生物反应器正在商业运行之中。

一、固态发酵的数学模型

数学模型是优化生物过程的必要工具，对研究固态发酵过程有帮助。由于固态发酵包含气生菌丝体、生物被膜层和渗透性的菌丝体，因此固态发酵的真实情况是相当复杂的。一些现象，诸如酶的产生、释放和转移，葡萄糖在无氧条件下的摄取以及生物量对于氧气的产率，都需要进一步研究。

（一）真菌生理学

真菌的初级代谢需要引起更多的注意。以前曾经认为，所有的葡萄糖都是需氧转化。然而，现在证实许多真菌具有厌氧发酵的能力。在米曲霉微球的分批培养中发现了乙醇和丙三醇，暗示无氧条件在微球的内部占优势。在生长于合成培养基上的少孢根霉（*Rhizopus oligosporus*）培养物中发现了乙醇，并且发现其呼吸商大于 1，表明是厌氧发酵；乙醇的发现表明在真菌生物被膜中存在厌氧发酵。当这种培养物的摄氧率通过抑制气生菌丝体的形成而被限制时，发现了更多的乙醇。

以上事例表明，厌氧发酵在需氧真菌的培养过程中可能是相当重要的。理解这一现象非常重要，因为它能够影响碳源浓度的状况，从而导致抑制性产物的积累或影响酶的生产和水分活度。这个现象可以依次影响固态发酵的许多其他方面。

（二）模型验证

只有少数一些固态发酵模型，特别是在颗粒尺度方面，已经被严格验证。微电极和核磁共振已被证实是进行模型验证的有价值的工具。真菌生物被膜中葡萄糖的浓度的微电极测量在一些验证事例中可能是有价值的。利用微电极可以测量硝化的生物被膜中葡萄糖的扩散系数。模型验证所用的方法必须在不费力地测量许多变量和尽可能地接近固态发酵中的真实情况之间寻找平衡。例如，利用膜过滤器以促进菌体和基质的分离。这种过滤器已经应用于许多研究，以防止真菌菌体渗入基质层，但是，它们也会降低底物基质中 α - 淀粉酶的活性，并且影响真菌生理学的许多其他方面。

数学模型不仅能指导生物反应器的设计和操作，而且能够对在发酵体系里发生的各种现象如何结合起来控制整个过程的操作提供见解。固态发酵的数学模型描述在固态发酵中发生的宏观和微观现象中各种因素的平衡，它又可以分为两种：宏观模型和微观模型。宏观模型涉及的是生物反应器的操作，它描述基质床的传质传热过程；微观模型涉及的是在颗粒表面和内部发生的各种现象。固态发酵生物反应器数学模型的目的是描述不同的操作变量如何影响反应器的性能，它由两个亚模型组成：动力学亚模型和平衡（传递）亚模型。动力学亚模型描述微生物生长速率对关键的环境参数的依赖；平衡亚模型描述在生物反应器不同相里或不同相之间的传质传热。

二、生物反应器的设计

物质转移现象的知识对于设计更好的生物反应器和最终操作固态发酵非常重要。然而，为了设计理想的固态发酵生物反应器，仅仅掌握物质转移现象的知识是不够的。在设计固态发酵反应器时，必须考虑物质转移和热量转移、其他过程参数和过程控制之间的关联。固态发酵工艺中最常用的生物反应器是填充床生物反应器。然而，在过去也应用了许多其他种类的生物反应器，包括盘式生物反应器、转鼓生物反应器、气 - 固流化床生物反应器、通气搅拌床生物反应器和摇鼓生物反应器。生物反应器设计的主要目标是反应速率和产物产量最大化。与深层发酵系统相比,固态发酵生物反应器系统会有一些与固体基质床有关的问题,如混合不均匀,这会导致形成浓度和温度梯度。近些年来,对于如何设计、操作和放大固态发酵生物反应器的理解有了很大的提高。这些提高的关键是应用数学模型描述固态发酵系统。这些模型不仅描述了物质转移,也描述了热量转移。固态发酵生物反应器模型的目的也是为了描述发酵性能如何被各种各样的操作参数影响,这些参数能够被操纵以控制工艺。在设计固态发酵生物反应器时需要考虑许多因素,如物质转移、热量转移、过程参数和过程控制等。

(一) 固态发酵过程中的热量转移

固态发酵中水的缺乏保证了更为高效的下游工序、更少的能量和水的消耗、更高的容积得率和半无菌工艺条件的可能性。另一方面,固态发酵中水的缺乏也会在热量转移中引起很严重的问题,而热量转移是固态发酵过程控制的主要因素之一。在固态发酵中,微生物的代谢活动会产生巨大的热量,由于基质和空气的导热性差以及在系统中缺少能够自由移动的水,因此,释放出的热量不会很快消散。随着发酵继续进行,微生物在底层的小孔之间生长,并且底层开始收缩,这些都降低了底层的多孔性并进一步阻碍了热量转移。在这些情况下,在固态发酵底层中出现更大的温度梯度。

微生物的代谢活动与系统的温度紧密相关。高温影响孢子萌芽、生长、产物的形成和孢子形成,而低温则对生长和其他生化反应不利。一般来说,固态发酵中的温度控制主要通过调整通气速率实现,它也被称为蒸发冷却。如果温度太低,由于微生物的呼吸,降低通气速率可以使温度升高。从另一方面讲,如果系统温度过高,加大通气速率可以促进冷却。气流带走了一部分系统中的水,因此温度就会降低。由于此种冷却方法从系统中带走了一部分水,蒸发冷却也会造成系统的干燥,因此不利于微生物的生长。为了弥补这个缺点,用于通风的空气被部分润湿,或者在系统中间歇地加入水。如果通风统一并且底层均一,蒸发冷却和水的添加的组合将非常有效。但是,大多数时候不是这种情况。因此,在某些类型的生物反应器中也采应用间断搅拌。

(二) 固态发酵过程控制

固态发酵生物反应器控制系统的主要目的是控制温度和基质层的水分含量,以使生长和产物形成达到最佳。操作变量由生物反应器的设计决定,它们包括:温度、流速、进气的湿度、搅拌频率和强度。此外,水、液体营养物质或 pH 调整溶液的时间安排和流量也需要被控制。

一般来说,温度、排出气体中的氧气和二氧化碳浓度可以在线测定,因此可以方便地用于控制系统。热电偶被用于在线温度测定,它们被放置在生物反应器的不同部位。排出气体的浓度可以利用顺磁氧气分析仪和红外线二氧化碳分析仪进行在线测定。有时也会应用其他在线测定,例如,用气相色谱测定顶空气体中易挥发的化合物,用在线传感器测定相对湿度、pH 和压降(特别是对于填充床生物反应器)。

离线测定对于系统性能的发酵后分析也很重要,并且可以用于模型验证。一些最重要的离线测定是水分含量、水分活度、pH 以及生物量的估算。生物量是表征微生物生长状况的一项基本参数,测定生物量对了解发酵过程中微生物的生长及发酵情况至关重要。与深层发酵不同,现在还没有一种令人满意的固态发酵中生物量的估算方法。固态发酵中生物量的不同估算方法包括:从固态基质中直接分离生物物质,或间接测定生物物质的成分或代谢活动。

固态发酵是微生物在没有或基本没有游离水的固态基质上的生长过程。微生物,尤其是丝状微生物在固态基质中生长时,菌丝深入培养基内部,紧密缠绕在一起,不易从底物中分离,所以很难直接测定生物量。对于间接测定方法,大致可归为3类:①测定细胞的生物活性,如ATP、酶活性和呼吸速率等的测定;②测定营养物质的消耗;③测定细胞的组分,如几丁质、麦角固醇、核酸、蛋白质等。其中,氧气的消耗和二氧化碳的生成应用最多,它们可以间接地了解生长状况的代谢活动。所有这些测定方法都有局限性,如不同的细胞组分其含量会随菌种、生长条件和培养时间的不同而改变,而且大多数分析方法比较复杂,造成分析结果和实际结果之间存在时间滞后,基质成分对分析结果也会产生干扰。测定营养的消耗只有在无外来污染物的情况下才能采用。氧气和二氧化碳可以实现在线测定,但是二氧化碳的积累并不总能反映生物量的变化。

在发酵过程中也应该保持系统的无菌状态。由于是固态处理,所以接种物的制备相当困难,而且固态处理不能像在深层发酵中一样泵送。在发酵过程中,由于水分浓度梯度而产生的局部水分活度升高有可能促进细菌污染物的生长。此外,水分活度升高还可以引起基质多孔性的降低,这会引起对微生物的局部氧气供应缺乏。因此,均匀的基质层非常重要,例如,可以使浓度和温度梯度最小化。这可以通过基质的混合操作来维持。然而,许多微生物对于混合所产生的剪切压力非常敏感,因此混合必须慎重考虑。

近些年来,固态发酵工艺和应用已经出现了很大的进步。固态发酵对于生物工艺和各种各样增值产品的生产具有一些潜在的有利条件。在许多情况下,固态发酵的产量要比深层发酵高。然而,由于本章提到的一些生物化学工程的问题,固态发酵在工业上的应用至今仍相对较少。在最佳的固态发酵生物反应器的设计中,这一点尤其受限制。一些不同型号的固态发酵生物反应器,从实验室规模的、中试规模的到工业化规模的,已经在世界范围内接受了不同研究实验室的测试。例如,荷兰瓦赫宁根大学的固态发酵研究小组最近设计出一种新型的生物反应器,并用于中试以研究一种生物杀虫剂的生产。这种生物反应器由轴上带有螺旋的圆锥形混合容器组成。生物反应器的圆锥体形状,结合螺旋的间歇混合,对于防止基质层形成窜槽很有利。由于固态发酵系统环境的不均匀和微生物的代谢活动,在发酵过程中出现窜槽。随着生物物质的增长,它会与基质颗粒结合形成团块,在此种情况下,无法实现基质层的均匀通风。然而,只有少数类型用于商业用途。

显而易见,固态发酵过程的许多方面还需要继续研究。例如,底物基质的浓度梯度很少通过实验进行测定。扩散是在定植于底物基质上的生物体中和菌丝中唯一能被严格证实的转移现象。由于以上提到的其他转移现象的重要性还不清楚,因此用实验方法检验并测定是值得的。例如,在真菌生物被膜中葡萄糖浓度的测定,可以与通过核磁共振测定水分浓度结合起来,以研究向上的水分迁移对培养物中葡萄糖分布的影响。气生菌丝中葡萄糖浓度的测定很有希望为细胞质流动提供原始资料。菌丝内葡萄糖或其他形式的碳和氧气

（需与血红蛋白结合）明显转移的测定，不仅可以给真菌生理学提供知识，也可以为建模工作提供坚实的基础。高级分子技术，例如标记，也可以对了解特定化合物的精确分布有所帮助。成像技术，例如可以使菌丝体三维可视化的共聚焦扫描激光显微镜（confocal scanning laser microscopy，CSLM），也是更加详细地研究菌丝延伸的一个不错的选择。

第十一章　发酵产物的分离和精制

在发酵产物的生产中，分离和纯化是最终获得商业产品的重要环节，发酵产物的分离和纯化所需费用占据了成本的较大部分。例如，在抗生素、乙醇、柠檬酸等的生产中，分离和精制部分占企业投资费用的60%，而在基因工程菌的发酵生产中，纯化蛋白质的费用可占整个生产费用的80%～90%。因此，分离纯化技术的进步，对于提高发酵工程产物在国际经济市场的竞争力至关重要。

第一节　发酵产物分离和纯化原理及工艺流程

微生物发酵液是复杂的多相体系，除了微生物菌体及残存的固体培养基外，还有未被微生物完全利用的糖类、无机盐、蛋白质以及微生物在发酵过程中合成和积累的各种代谢产物。在发酵液中，微生物代谢产物浓度仅为1%～10%；液相黏度大；悬浮物颗粒小，相对密度与液相相近；另外，固体粒子可压缩性大。因此，发酵液的分离和纯化存在许多困难，必须选择适当的分离纯化过程才能够获得理想的分离产物。

一、发酵产物分离纯化的基本原理

用于发酵产物分离的技术大都是根据混合物中不同组分分配率的差异，将其分配于可用机械方法分离的两个或几个物相中（如溶剂提取、盐析、结晶等），或将混合物置于某一物相中（主要是液相），外加一定的作用力，使各组分分配于不同区域，从而达到分离纯化的目的（如电泳、超离心、超滤等）。除了小分子物质如氨基酸、脂肪酸、固醇类及某些维生素外，几乎所有有机体中的大分子物质都不能融化和蒸发，只限于分配在固相和液相中。因此，可以人为地创造一定的条件，让这些大分子物质在这两相中交替转移，从而达到纯化的目的。

表11-1所示为各种主要的发酵产物分离纯化的方法和原理，以方便技术的选择。

表11-1　　　　　　　　　　　发酵产物分离纯化的方法和原理

方法	原理	设备	特点	缺点
絮凝	利用电荷中和及大分子桥联作用形成更大的粒子	贮罐	使固形物颗粒增大，容易沉降、过滤、离心，提高固液分离速度和液体澄清度	条件严苛，放大困难，引入的絮凝剂可能干扰以后的分离纯化

续表

方法	原理	设备	特点	缺点
离心	在离心产生的重力场作用下使颗粒沉降速度加快而沉淀	高速冷冻离心机	适于粒度小、热不稳定的物质回收，适于实验室应用	容量小，连续操作困难，大规模工业应用性差
		碟片式离心机	适于大规模工业应用，可连续，也可批式操作，操作稳定性好，易放大推广	半连续或批式操作时，出渣清洗繁杂；连续操作时，固形物含水量高，总的分离效率低
		管式离心机	批式操作，转速高，固形物分离效果好，含水量低，易放大推广	容量有限，处理量小，拆装频繁，噪声大
		倾析式离心机	连续操作，易放大，易工业应用，操作稳定	对很小的颗粒固形物回收困难，设备投资高
		篮式离心机	为离心力作用下的过滤，适于大颗粒固形物的回收，放大容易，操作较简单、稳定，适于工业应用	批式操作或半连续操作，转速低，分离效果较差，操作繁重，离心的设备投资高，操作成本高
过滤	依据过滤介质的孔隙大小进行分离	板框式过滤机平板（真空）过滤机真空旋转过滤机管式过滤机蜂窝式过滤器	设备简单、操作容易，适合大规模工业应用	分离速度低，分离效果受物料性质变化的影响，劳动强度大
		微孔过滤：平板、卷曲、中空纤维、管式滤器	主要用于分离细胞，操作简单，效果好，可无菌操作，适用性好，易放大	较易污染，分离效果与操作技巧关系密切，需精心保养、清洗，不适合精确分离
		超滤：平板、卷曲、中空纤维、管式滤器	用于粗分离、脱盐、浓缩过程，可无菌、批式或连续操作，适用性好，易放大	膜易污染，分离效果与物料处理及性质密切相关，需精心保养、清洗
膜分离	依据分离的分子大小和膜孔大小进行分离	反渗透：平板、卷曲、中空纤维膜滤器	主要用于无盐、无热源的水的制备和小分子物质浓缩	需要高压操作，对设备要求高，膜易污染，分离效果与物料处理及性质密切相关，需精心保养、清洗
		电渗析：半透膜型离子半透膜型	平板式设备，使用广泛，可连续进行带电荷的物质分离，也可用于纯水制备	电渗过程产生热量，对生物活性有影响

续表

方法	原理	设备	特点	缺点
细胞破碎				
X-press	压力释放时液固剪切	压力破碎机	操作简便,可连续操作,适于不同细胞	加压放热需冷却,否则活性物质失活,破碎率较低,压力不稳定,需反复破碎
珠磨破碎	固体剪切	细胞珠磨破碎机	操作简便稳定,可连续、批式操作,破碎率可控制,易放大,适于工业应用	珠磨放热,需高效冷却,不同细胞的破碎条件不同
超声破碎	超声造成空穴,产生压力冲击	超声破碎仪	操作简便,可连续或批式操作	超声产热,需冷却,破碎率低,需反复进行
渗透休克				
有机溶剂法	渗透压突变造成细胞内压力差引起细胞破碎		适用于位于胞间质的产物的释放,细胞破碎率低,但产物释放性好,纯度较高	操作比较复杂,条件严格,只适于小量处理,费用高
表面活性法	改变细胞壁或膜的通透性,使产物释放		方法简单,细胞内含物释放少,产物较纯,可大规模应用	适用性有限,只适合对有机溶剂、表面活性剂稳定的产物
碱或酶处理法	经碱或酶使细胞壁或膜破坏,使产物释放		方法简单,可大规模应用	适用性有限,只适合对碱或酶稳定的产物
萃取				
有机溶剂萃取	依靠在水和有机溶剂中的分配系数差异进行分离	搅拌混合或柱混合-离心分相机,离心萃取机,逆流萃取仪	适于有机化合物及结合有脂质或非极性侧链的蛋白质	萃取条件严格,安全性低,活性收率低
双水相萃取	依靠分离物在不相容的高分子水溶液形成的两相中的分配系数不同而分离		连续或批式萃取,设备简单,萃取容易,操作稳定,极易放大,适合大规模应用,将离子交换基团、亲和配基、疏水基团结合到高分子载体上形成的萃取剂可改进分配系数及萃取专一性	成本较高,纯化倍数较低,适合粗分离
超临界萃取	利用某些流体在高于其临界压力和临界温度时具有很高的扩散系数和很低的黏度,但具有与流体相似的密度的性质,对一些液体或固体物质进行萃取的方法	超临界萃取机	萃取能力大、速度快,且可通过控制操作压力和温度,使其对某些物质具有选择性,正开始应用于生物工程中	设备条件要求高,规模较小

续表

方法	原理	设备	特点	缺点
沉淀法				
有机溶剂法	破坏蛋白质分子的水化层，使之聚集成更大的分子团而沉淀		沉淀各种蛋白质，分级沉淀，达到粗分和浓缩的目的，应用广，简便，可大规模应用	低温下进行，沉淀时会发生蛋白质变性失活
盐析	破坏蛋白质分子水化层，中和电荷，使之聚集成更大分子团		用于蛋白质分级沉淀或沉淀，粗分离及浓缩作用，对活性有保护作用，简便，可广泛大规模应用	蛋白质回收一般，产生的废水含盐高，对环境有影响
化学沉淀法	通过化学试剂与目的产物形成新的化合物，改变溶解度而沉淀		可针对性沉淀目的产物	通用性差，回收目的产物需分离沉淀
层析法				
离子交换	利用被分离的各组分的电荷性质及数量不同、与离子交换剂的吸附和交换能力不同而达到分离的目的		适于带有电荷的大、中、小及生物活性或非生物活性物质分离纯化，纯化效率较高，应用广泛，可用于实验室和工业生产，可柱式或搅拌式操作	操作较复杂，测试消耗较大，成本高，有稀释作用，放大困难，离子交换剂需再生后方可再用
吸附层析	依靠范德华力、极性氢键等作用将分离物吸附于吸附剂上，然后改变条件洗脱，达到纯化目的		吸附剂种类繁多，可选择范围和应用范围广，吸附和解吸条件温和，不需复杂的再生，可柱式或搅拌式操作	选择性低，柱式操作放大困难
亲和层析	依据目的物与专性配基的相互作用进行分离		选择性极高，纯化倍数和效率高，生物活性收率高，可从较复杂的混合物直接分离目的产物	成本高，配基亲和稳定性差，使用寿命有限，亲和材料制备复杂，放大困难
亲和层析	依据染料分子与目的产物之间的结合专一性进行分离		选择性高，成本低，使用稳定性好，寿命长	有染料配基污染产物的可能，放大困难
疏水层析	依靠疏水相互作用进行分离		应用广，选择性较好，使用稳定性好	成本较高，放大困难，需较严格控制条件，以保证活性收率
凝胶层析	依据分子大小进行分离		适合生物大分子的分离纯化，分离条件温和，活性收率较高，选择性和分辨率高，应用广，可工业应用	放大较困难，稀释度高，操作不易掌握
反相层析	以有机溶剂为固定相，以含水的溶剂为流动相所进行的层析分离技术		反相层析可用来分离非极性、极性和离子化合物，分离效果好，速度快，后处理比较方便	易造成蛋白质构象的变化和失活，采用乙腈、甲醇等价格高且有一定毒性的试剂，使其应用受到限制

续表

方法	原理	设备	特点	缺点
干燥				
真空干燥	在一定真空度下增加溶剂分子挥发速度	真空干燥器	适合生物活性物质干燥，干燥物性状较差	能耗高，慢
真空冷冻干燥	在高真空度下加速固态水的挥发进行干燥	真空冷冻干燥机	适合生物活性产物干燥，产物不起泡、不黏结、蓬松、易溶，活性收率高	能耗高，过程需控制严格，操作复杂，设备投资高
流化床干燥	在热气流吹动下固形物半悬浮状态连续干燥	流化床干燥器	干燥速度快，易大规模使用，适于制备颗粒状产物	不适合热稳定性差的产物，设备投资较高
喷雾干燥	依靠喷雾形成的含产物的小液滴，在热气流中迅速干燥	喷雾干燥机	干燥速度快，部分生物活性物可以干燥，可大规模生产	干燥能力小，占地面积大，产品密度低、粒度小，能耗高

二、发酵产品分离纯化的工艺流程

由于所需的微生物代谢产品不同，如有的需要菌体，有的需要初级代谢产物，有的需要次级代谢产物等，而且对产品的质量也有不同的要求，所以分离纯化步骤可以有各种组合。但大多数微生物产品的分离纯化常常按生产流程的顺序分为发酵液的预处理和过滤、提取、精制、成品加工四大步骤（图11-1）。

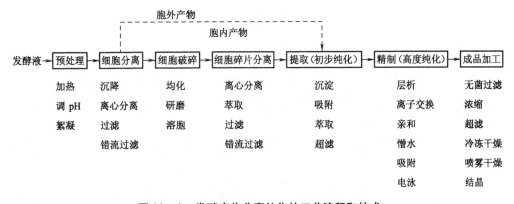

图 11-1　发酵产物分离纯化的工艺流程和技术

发酵液的预处理和过滤是采用凝聚和絮凝等技术改善发酵液过滤特性，加速固、液两相分离速度，从而提高过滤效果。

初步纯化即提取的目的是除去与目标产物性质有很大差异的杂质，这一步可以使产物浓缩，并明显地提高产品质量。常用的分离方法有沉淀、吸附、萃取、超滤等。

高度纯化（即精制）常采用对产品有高度选择性的分离技术，以除去与产物化学和物理性质相近的杂质。典型的纯化方法有层析、电泳、离子交换等。

成品加工是为了最终获得质量合格的产品，浓缩、结晶和干燥是重要的技术。总之，最终获得微生物的代谢产物，必须以先进的下游加工技术作为保障。以下将对发酵工程产物分离纯化的主要方法进行介绍。

第二节　发酵液的预处理和固液分离

微生物发酵液培养液中不仅包括大量菌体、发酵积累的多种代谢产物，还包括残存的固体培养基和未被微生物完全利用的糖类、无机盐、蛋白质等，这些物质的存在使得发酵液黏度增大、相对密度与水溶液相近，从而导致发酵液的过滤与固液分离困难。因此，必须对发酵液进行预处理，除去菌体、悬浮颗粒以及部分可溶性杂质，改善发酵液特性，提高分离速率。发酵液的预处理包括发酵液过滤特性的改变和相对纯化。

一、发酵液过滤特性的改变

发酵液过滤特性的改变是指增大悬浮液中的固体粒子，降低发酵液黏度，加快发酵液的过滤速度。常用的方法是加热、凝聚和絮凝、加助滤剂以及添加反应剂等。

（一）加热

升高温度可有效降低液体黏度，提高过滤速率。同时，加热也可以使发酵液中存在的蛋白质凝聚，形成较大的絮凝团，从而改善发酵液的过滤特性。例如，将链霉素发酵液调酸至 pH = 3 后，加热至 70℃，维持 0.5h，料液的黏度降低至 $(1.1 \sim 1.2) \times 10^{-3} Pa \cdot s$，仅为原来的 1/6，过滤速率增大 10 ~ 100 倍。加热的方法只适合对热较稳定的生化物质，必须严格控制加热温度与时间，防止目的产物的失活；其次，温度过高或时间过长，会使细胞溶解，胞内物质外溢，增加发酵液的复杂性，影响后续的产物分离与纯化。

（二）凝聚与絮凝

采用凝聚和絮凝技术能有效改变细胞、细胞碎片及溶解大分子物质的分散状态，使其聚结成较大的颗粒，便于提高过滤速率。除此之外，还能有效地除去杂蛋白质和固体杂质，提高滤液质量，因此，凝聚和絮凝是发酵液预处理最常用的方法。

1. 凝聚

凝聚是指在电解质作用下，由于胶粒之间双电层电排斥作用使电位下降，而使胶体体系不稳定的现象。

发酵液中的细胞、菌体或蛋白质等胶体粒子的表面，一般都带有电荷。带电的原因很多，主要是吸附溶液中的离子和自身基团的电离等。在生理 pH 下，发酵液中的菌体或蛋白质常常带有负电荷，由于静电引力的作用，使溶液中带相反电荷的阳离子被吸附在其周围，在界面上形成双电层。这种双电层的结构使胶粒之间不易聚集而保持稳定的分散状态。双电层的电位越高，电排斥作用越强，胶体粒子的分散程度也就越大，发酵液过滤就越困难。

凝聚作用就是向发酵液中加入某种电解质，在电解质中异电离子的作用下，胶粒的双电层电位降低，胶体体系脱稳，胶体粒子间因相互碰撞而产生凝集的现象。阳离子对带负电荷的发酵液胶体粒子凝聚能力的次序：$Al^{3+} > Fe^{3+} > H^+ > Ca^{2+} > Mg^{2+} > K^+ > Na^+ > Li^+$。常用的凝聚电解质有硫酸铝、氯化铝、三氯化铁、硫酸亚铁、石灰、硫酸锌及碳酸镁等。

2. 絮凝

采用凝聚方法得到的凝聚体，其颗粒常常是比较细小的，有时还不能有效地进行分离；采用絮凝法则常可形成粗大的聚凝体，使发酵液较易分离。絮凝作用是指在某些高分子絮凝剂存在下，使悬浮液粒子之间产生架桥作用而形成粗大絮凝团的过程。

絮凝剂通常是能溶于水的高分子聚合物，其相对分子质量可高达数万至一千万以上。它们具有长链状结构，其链节上含有许多活性官能团，根据所带电荷不同，包括带电荷的阴离子（如—COOH）或阳离子（如—NH$_2$）基团以及不带电荷的非离子型基团。它们通过静电引力、范德华引力或氢链的作用强烈地吸附在颗粒的表面。当一个高分子聚合物的许多链节分别吸附在不同的胶粒表面上，产生桥架连接时，就形成较大的絮团，这就是絮凝作用（图11-2）。絮凝效果与絮凝剂的添加量、相对分子质量和类型、溶液的 pH、搅拌转速和时间等因素有关。

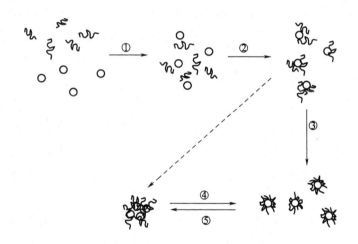

图 11-2   高分子絮凝剂的混合、吸附和絮凝作用示意图

①聚合物分子在液相中分散、均匀分布在粒子之间

②聚合物分子链在粒子表面的吸附

③高分子链包围在胶粒表面，产生保护作用，是架桥作用的平衡构象

④脱稳粒子互相碰撞，形成架桥絮凝作用

⑤絮团的打碎

对于带负电荷的菌体或蛋白质，阳离子型絮凝剂同时具有降低胶粒双电层电位和产生吸附桥架的双重机制；而非离子型和阴离子型絮凝剂主要通过分子间引力和氢键作用产生吸附架桥，它们常与无机电解质凝聚剂搭配使用。加入电解质使悬浮粒子间电层电位降低，脱稳而凝聚成微粒，然后再加入絮凝剂。无机电解质的凝聚作用为高分子絮凝剂的架桥创造了良好的条件，两者相辅相成，从而大大提高了絮凝效果。

（三）加入助滤剂

助滤剂是一种不可压缩的多孔微粒，它能使滤饼疏松，滤速增大。这是因为使用助滤剂后，悬浮液中大量的细微胶体粒子被吸附到助滤剂的表面，从而改变了滤饼结构，降低了可压缩性，减少了过滤阻力。常用的助滤剂有硅藻土、纤维素、石棉粉、珍珠岩、白土、炭粒、淀粉等，其中最常用的是硅藻土。

助滤剂的使用方法有两种：一种是在过滤介质表面涂布 $1 \sim 2mm$ 的助滤剂，另一种是直接加入发酵液，也可两种方法同时兼用。助滤剂的品种、粒度以及使用量对滤液澄清效果有很大影响。当采用预涂助滤剂的方法时，间歇操作助滤剂的最小厚度为 $2mm$；当将助滤剂直接加入发酵液时，通常助滤剂的用量与悬浮液中固形物的含量相等时，过滤速率最快。使用硅藻土时，通常细粒用量为 $500g/m^3$；中等粒度用量为 $700g/m^3$；粗粒用量为 $700 \sim 1000g/m^3$。

二、发酵液的相对纯化

发酵液中杂质很多，特别是高价无机离子（Ca^{2+}、Mg^{2+} 和 Fe^{2+}）和杂蛋白质的存在对产品质量和得率的影响最大，同时也增加了后续提取和精制的困难。例如，在采用离子交换法提取时，高价无机离子会影响树脂对生化物质的交换容量。可溶性蛋白质的存在，不仅在采用离子交换和吸附法提取时会降低其交换容量和吸附能力，而且在采用有机溶剂法或双水相萃取时，易产生乳化现象，使两相分离不清。此外，在常规过滤或膜过滤时，易使过滤介质堵塞或受污染，影响过滤速率。

（一）高价无机离子的除去

发酵液中主要的无机离子有 Ca^{2+}、Mg^{2+} 和 Fe^{2+} 等。除去钙离子，通常使用草酸。草酸是弱酸，对发酵产物的破坏较小。草酸溶解度较小，不适合用量较大的场合，当发酵液中钙离子浓度较高时，可用其可溶性盐，如草酸钙。草酸钙能促使蛋白质凝固，改善发酵液的过滤性能。

要除去镁离子的影响，可加入三聚磷酸钠，它和镁离子形成可溶性络合物：

$$Na_5P_3O_{10} + Mg^{2+} = MgNa_3P_3O_{10} + 2Na^+$$

用磷酸盐处理，也能大大降低钙离子和镁离子的浓度。

对于发酵液中的铁离子，可加入黄血盐，使其形成普鲁士蓝沉淀而除去：

$$3K_4Fe(CN)_6 + 4Fe^{3+} = Fe_4[Fe(CN)_6]_3 \downarrow + 12K^+$$

（二）杂蛋白质的除去

除去杂蛋白质可以改善发酵液过滤特性，常用的方法有：

（1）沉淀法 蛋白质是两性物质，在酸性溶液中，能与一些阴离子如三氯乙酸盐、水杨酸盐、钨酸盐、苦味酸盐、鞣酸盐、过氯酸盐等形成沉淀；在碱性溶液中，能与一些阳离子如 Ag^+、Cu^{2+}、Fe^{3+} 和 Pb^{2+} 等形成沉淀。

（2）变性法 使蛋白质变性的方法有加热、调节 pH，以及加酒精、丙酮等有机溶剂或表面活性剂等。其中，最常用的是加热法。加热不仅可以使蛋白质变性、降低蛋白质的溶解度，而且可以降低液体黏度，提高过滤速率。加热法只适合对热稳定的目的产物；极端 pH 会导致某些目的产物的失活，并且要消耗大量酸碱；而有机溶剂法通常只在处理量较小的场合使用。

（3）吸附法　加入某些吸附剂或沉淀剂吸附也可以除去杂蛋白质。例如，在四环类抗生素发酵生产中，采用黄血盐和硫酸锌的协同作用生成亚铁氰化锌钾 $\{K_2Zn_3[Fe(CN)_6]_2\}$ 的胶状沉淀来吸附蛋白质，在生产实际中已取得很好的效果。在枯草芽孢杆菌发酵液中，加入氧化钙和磷酸氢二钠生成庞大的凝胶，把蛋白质、菌体及其他不溶性粒子吸附并包裹在其中而除去，从而可加快过滤速率。

第三节　细胞破碎和固液分离

对于产生胞外产物的发酵液，可以很方便地进行预处理和固液分离，获得澄清滤液，然后继续进行提取和纯化。然而，微生物的代谢产物并非都是分泌型的，许多微生物代谢产物在发酵过程中不能分泌到胞外的培养液中，而保留在细胞内。分离胞内产物时，首先需要收集细胞体，进行细胞破碎，使产物得以释放到液相中，才能进一步分离纯化。

一、微生物细胞破碎

细胞破碎主要采用各种机械破碎法和化学破碎法（表 11 - 2），或者两种方法相互结合。化学破碎又称化学渗透，利用化学或生化试剂（酶）改变细胞壁或细胞膜的结构，增大胞内物质的溶出，或者完全溶解细胞壁，形成原生质体后，在渗透压作用下使细胞膜破裂而释放胞内物质。

表 11 - 2　　　　　　　　　　　常用的细胞破碎方法

方法	技术	原理	效果	成本	适应性
机械法	高压匀浆法	细胞在剪切力作用下破裂	剧烈	适中	可达较高破碎率，较大规模操作，不适合丝状菌和革兰阳性菌
	超声波法	利用超声波的空穴作用	剧烈	昂贵	对酵母菌效果较差，破碎过程升温剧烈，不适合大规模操作
	珠磨法	细胞被珠磨或铁珠捣碎	剧烈	便宜	可达较高破碎率，较大规模操作，大分子目的产物易失活，浆液分离困难
化学法	渗透冲击	渗透压破坏细胞壁	温和	便宜	破碎率低，常与其他方法结合使用
	酶溶法	细胞壁被消化，使细胞破碎	温和	昂贵	具有高度专一性，条件温和，浆液易分离，溶酶价格高，通用性差
	化学试剂处理	表面活性剂、有机溶剂、碱的皂化作用等溶解细胞壁	温和	适中	具有一定的选择性，但浆液难分离，且释放率较低，通用性差

续表

方法	技术	原理	效果	成本	适应性
	冻结融化法	反复冻结融化	剧烈	适中	破碎率低，不适合对冷冻敏感的目的产物
	干燥法	改变细胞的通透性	剧烈	适中	易引起大分子物质失活

二、固液分离

培养基、发酵液、某些中间产品和半成品等都需进行固液分离。发酵液固液分离的方法主要是离心分离和过滤。不同性状的发酵液应选择不同的固液分离方法与设备，如霉菌和放线菌为丝状菌，体形较大，其发酵液大多采用过滤方法处理；而细菌和酵母菌为单细胞，体形较小，外形尺寸大多在 $1 \sim 10 \mu m$，其发酵液一般采用高速离心机分离。但若对其发酵液采用适当的方法进行预处理，则细菌和酵母菌发酵液也可采用过滤方法进行固液分离，如菌体较小的氨基酸发酵液，采用絮凝和添加助滤剂等方法进行预处理后可用板框过滤机或带式过滤机进行菌体分离。

（一）离心分离

离心分离在发酵工业中的应用十分广泛，从啤酒和果酒的澄清、酵母发酵醪浓缩、谷氨酸结晶的分离，以及各种发酵液的菌体分离和流感、肝炎疫苗及干扰素生产等都大量使用各种类型的离心分离方法。与其他固液分离法比较，离心分离具有分离速率快、分离效率高、液相澄清度好等优点；缺点是设备投资高、能耗大，此外连续排料时，固相干度不如过滤设备。

表 11 - 3 所示为一些菌体细胞的大小和离心操作条件。主要的离心设备包括碟片式离心机、管式离心机和倾析式离心机。

表 11 -3　　　　　　　　　　　　**主要菌体和细胞的离心分离**

菌体、细胞	大小/μm	离心力/g	
		实验室	工业规模
大肠杆菌	2 ~4	1500	13000
酵母	2 ~7	1500	8000
血小板	2 ~4	5000	—
红血球	6 ~9	1200	—
淋巴球	7 ~12	500	—
肝细胞	20 ~30	800	—

（二）过滤

根据过滤机制的不同，过滤操作可分为澄清过滤和滤饼过滤。澄清过滤所用的过滤介质为硅藻土、砂、颗粒活性炭、玻璃珠、塑料颗粒等，填充于过滤器内即构成过滤层；也有用烧结陶瓷、烧结金属等组成的成型颗粒滤层。当悬浮液通过滤层时，固体颗粒被阻拦或吸附在滤层的颗粒上，使滤液得以澄清。澄清过滤适合固体含量少于0.1g/100mL、颗粒直径在5~100μm的悬浮液的过滤分离。

在滤饼过滤中，过滤介质为滤布，包括天然或合成纤维织布、金属织布，以及毡、石棉板、玻璃纤维纸、合成纤维等无纺布。当悬浮液通过滤布时，固体颗粒被滤布所阻拦逐渐形成滤饼，当滤饼至一定厚度时即起过滤作用，此时即可获得澄清的滤液。在滤饼过滤过程中，悬浮液本身形成的滤饼起着主要的过滤作用。此种方法适合固体含量大于0.1g/100mL的悬浮液的过滤分离。

目前，常用的过滤设备主要有板框过滤机、真空转鼓过滤机和硅藻土过滤机。

第四节　萃取

萃取是指任意两相之间的传质过程。在发酵产物分离中，传统的有机溶剂萃取可用于有机酸、氨基酸、抗生素、维生素、激素和生物碱等生物小分子的分离和纯化。20世纪60年代末以来，相继出现了可应用于生物大分子如多肽、蛋白质、核酸等分离纯化的反胶团萃取等溶剂萃取法。20世纪70年代以后，双水相萃取技术迅速发展，为蛋白质特别是胞内蛋白质的提取纯化提供了有效的手段。此外，液膜萃取以及利用超临界流体为萃取剂的超临界流体萃取技术的出现，使萃取方法更趋全面，适用于各种生物产物的分离纯化。

一、溶剂萃取

溶剂萃取是利用一种溶质组分（如产物）在两个互不相溶的液相中竞争性溶解和分配性质上的差异来进行分离操作的。

（一）分配系数和分离因数

不同溶质在两相中分配平衡的差异是实现萃取分离的主要因素，遵守溶质的分配平衡规律。分配定律即溶质的分配平衡规律，指在一定温度、压力条件下，溶质在互不相溶的两相中达到分配平衡时，其在两相中的平衡浓度之比为常数，用K表示，称为分配系数。

$$K = \frac{X}{Y} \tag{11-1}$$

式中　X——萃取相浓度

　　　　Y——萃余相浓度

应用式（11-1）时，需符合下列条件：①必须是稀溶液；②溶质对溶剂的互溶没有影响；③必须是同一种分子类型，即不发生缔合或离解。某些物质的分配系数见表11-4。

表 11 – 4 部分发酵产物萃取系统中的分配系数

溶质	溶剂	分配系数（K_0）	备注
甘氨酸	正丁醇	0.01	
丙氨酸	正丁醇	0.02	
赖氨酸	正丁醇	0.2	
谷氨酸	正丁醇	0.07	
氨基丁酸	正丁醇	0.02	
氨基己酸	正丁醇	0.3	
天青霉素	正丁醇	110	
放线菌酮	二氯甲烷	23	
红霉素	醋酸戊酯	120	
林肯霉素	正丁醇	0.17	pH4.2
短杆菌肽	苯	0.6	
新生霉素	醋酸丁酯	100	pH7.0
		0.01	pH10.5
青霉素 F	醋酸戊酯	32	pH4.0
		0.06	pH6.0
青霉素 K	醋酸戊酯	12	pH4.0
		0.1	pH6.0
葡萄糖异构酶	PEG1550/磷酸钾	3	4℃
富马酸酶	PEG1550/磷酸钾	0.2	4℃
过氧化氢酶	PEG/粗葡聚糖	3	4℃

若原来料液中除溶质 A 以外，还含有溶质 B，则由于 A、B 的分配系数不同，萃取相中 A 和 B 的相对含量就不同于萃余相中 A 和 B 的相对含量。如 A 的分配系数较 B 大，则萃取相中 A 的含量（浓度）较 B 多，这样 A 和 B 就得到了一定程度的分离。萃取剂对溶质 A 和 B 分离能力的大小可用分离因数（β）来表征：

$$\beta = \left(\frac{c_{1A}}{c_{1B}}\right) \Big/ \left(\frac{c_{2A}}{c_{2B}}\right) = \frac{\left(\dfrac{c_{1A}}{c_{2A}}\right)}{\left(\dfrac{c_{1B}}{c_{2B}}\right)} = \frac{K_A}{K_B} \qquad (11-2)$$

式中 c——浓度，下标 1、2 分别代表萃取相和萃余相，A、B 为溶质

如果 A 是产物，B 为杂质，分离因数可写为：

$$\beta = \frac{K_{产}}{K_{杂}} \qquad (11-3)$$

β 越大，A、B 的分离效果越好，即产物与杂质越容易分离。

对于任何有用的萃取操作，选择性必须大于 1。如果选择性是 1，在临界点则不能分离。

（二）萃取方式

工业上，萃取操作通常包括三个步骤：

（1）混合　料液和萃取剂充分混合形成具有很大比表面积的乳浊液，产物自料液转入萃取剂中；

（2）分离　将乳浊液分离成萃取相和萃余相。

（3）溶剂回收　从萃取相或萃余相中分离有机溶剂，并加以回收。因而工业萃取的流程中需有混合器（如搅拌混合器）、分离器（如碟片式离心机）和溶剂回收装置（如蒸馏塔）。混合萃取和分离也可在同一台设备内。

萃取操作流程一般可分为单级萃取和多级萃取，多级萃取中又有错流萃取和逆流萃取之分。

1. 单级萃取

单级萃取即使用一个混合器和一个分离器的萃取操作，如图 11 - 3 所示。

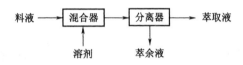

图 11 - 3　单级萃取流程

因为这种流程只萃取一次，所以萃取效率不高，产物在萃余相中的含量仍然较高。如果增加溶剂的用量，会造成萃取相产物浓度过低，增加产物回收的能耗和成本，也会增加溶剂回收的工作量。为克服这些缺点，工业上多采用多级萃取的流程。

2. 多级萃取

多级萃取又有多级逆流萃取和多级错流萃取的区别，它们各自的流程分别如图 11 - 4 和图 11 - 5 所示。

图 11 - 4　多级错流萃取流程

图 11 - 5　多级逆流萃取流程

多级错流萃取流程的特点是：每级均加新鲜溶剂，故溶剂消耗量大，得到的萃取液产物平均浓度较稀，但萃取较完全。多级逆流萃取流程的特点是：料液走向和萃取剂走向相反，只在最后一级中加入萃取剂。因此，与错流萃取相比，逆流萃取中萃取剂消耗少，萃取液产物平均浓度较高，产物收率高。在工业上除非有特殊理由，否则应采用多级逆流萃取流程。

（三）影响水相溶质溶解度的因素

影响溶剂萃取效果的因素很多，包括 pH、温度、无机盐的存在等。

1. pH

无论是物理萃取还是化学萃取，水相 pH 对弱电解质分配系数均具有显著影响。萃取时，弱酸性电解质的分配系数随 pH 降低（即氢离子浓度增大）而增大，而弱碱性电解质则正相反。因此，通过调节水相的 pH 控制溶质的分配行为，从而提高萃取率的方法广泛应用于抗生素和有机酸等弱电解质的萃取操作。pH 应尽量选择在使产物稳定的范围内。

2. 温度

温度也是影响分配系数和萃取速率的重要因素。选择适当的操作温度，有利于目标产物的回收和纯化。但由于生物产物在较高温度下不稳定，故萃取操作一般在常温或较低温度下进行。

3. 无机盐

无机盐的存在可降低溶质在水相中的溶解度，有利于溶质向有机相中分配，如萃取维生素 B_{12} 时加入硫酸铵，萃取青霉素时加入氯化钠等都可以提高溶质的提取。但盐的添加量要适当，用量过大，会使杂质也被带入有机溶剂相。

4. 带溶剂的使用

由于氨基酸和一些极性较大的抗生素的水溶性很强，在有机相中的分配系数很小甚至为零，利用一般的物理萃取效率很低，常常需要加入带溶剂。带溶剂是一类能和所提取的生物物质形成复合物，使得溶质易溶于溶剂的物质，并且此复合物在一定条件下容易分解形成原来的生物物质。

二、双水相萃取

蛋白质分子在有机溶剂中溶解度低，容易变性，因此不能采用有机溶剂萃取。随着基因工程的商业化发展，适合生物大分子的生产和快速有效的分离纯化方法更受青睐。

某些亲水性高分子聚合物的水溶液超过一定浓度后可形成两相，并且在两相中水分均占很大比例，即形成双水相系统。双水相萃取技术在生物分离过程中的应用，为蛋白质特别是胞内蛋白质的分离与纯化开辟了新的途径。

（一）双水相系统的形成

绝大多数亲水聚合物的水溶液，当与另一种亲水性聚合物混合并达到一定浓度时，就会形成两相，两种聚合物分别以不同的比例溶于互不相溶的两相中。

表 11-5 所示为各种类型的双水相系统。其中，A 类为两种非离子型聚合物；B 类为其中一种是带电荷的聚电解质；C 类为两种均是聚电解质；D 类为一种是聚合物，另一种是无机盐。

表 11 −5 几种类型的双水相系统

类型	聚合物 1	聚合物 2 或盐
A	聚丙二醇（PEG）	聚乙二醇 聚乙烯醇 葡聚糖
	聚乙二醇	聚乙烯醇 葡聚糖 聚乙烯吡咯烷酮
B	DEAE 葡聚糖·HCl	聚丙二醇或 NaCl 聚乙二醇或 Li_2SO_4
C	羧甲基葡聚糖钠盐	羧甲基纤维素钠
D	聚乙二醇 聚乙二醇 聚乙二醇	磷酸钾 硫酸铵 硫酸钠

用于生物物质分离的体系有聚乙二醇（PEG）/葡聚糖和 PEG/无机盐。这两种聚合物是无毒性的，他们的多元醇或多糖结构还能使高分子稳定。

（二）影响分配系数的各种因素

影响双水相系统物质平衡的参数主要有聚合物的种类和浓度、聚合物的平均分子质量、盐的种类和浓度、体系的 pH 和温度、菌体或细胞的种类及含量等。通过最适条件的选择，可以达到较高的分配系数和选择性。双水相萃取法的一个重要特点是不需分离细胞碎片，可直接从细胞破碎悬浮液中萃取蛋白质，从而达到固液分离和纯化两个目的。如果改变体系的 pH 和电解质浓度，还可进行反萃取。

1. 成相聚合物和浓度

成相聚合物的相对分子质量和浓度是影响分配平衡的重要因素。同一类聚合物的疏水性随分子质量的增加而增加，其大小的选择性取决于萃取过程的目的方向。若降低聚合物的相对分子质量，则蛋白质易分配于富含该聚合物的相中。例如，PEG/葡聚糖系统的上相富含 PEG，若降低 PEG 的相对分子质量，则分配系数增大；若降低葡聚糖的相对分子质量，则分配系数减小。这一规律适用于任何成相聚合物系统和生物大分子溶质。

以双水相萃取糖化酶为例，结果（表 11 −6）表明，PEG 平均分子质量增大，分配系数降低。当相对分子质量为 400 时，$K > 1$，酶主要分布于上相；当相对分子质量大于 400时，$K < 1$，酶主要分布于下相。这是因为随着 PEG 分子质量的增加，其端基数目减小，而疏水性增加，使糖化酶在上相的表面张力增大，从而转入下相。由此可见，为了让酶积聚于上相，应选用平均分子质量为 400 的 PEG。

表 11 - 6　　　　　　　　PEG 平均分子质量对糖化酶萃取分配平衡的影响

系统	K	R	Y/%
PEG400 (31.36%) / (NH₄)₂SO₄ (14.05%)	6.28	4.75	96.8
PEG1000 (21.77%) / (NH₄)₂SO₄ (12.76%)	0.26	3.0	43.5
PEG4000 (12.67%) / (NH₄)₂SO₄ (12.14%)	0.30	4.1	59.8
PEG6000 (15.76%) / (NH₄)₂SO₄ (12.34%)	0.03	1.2	2.1

注：K—分配系数；F—纯化因子（纯化后比活力/纯化前比活力）；Y—收率。

2. 盐的种类和浓度

盐的种类和浓度对分配系数的影响主要反映在对相间电位和蛋白质疏水性的影响。在双聚合物系统中，无机离子具有各自的分配系数。表 11 - 7 列出了各种离子在 PEG/葡聚糖系统中的分配系数，可以看出，不同电解质正负离子的分配系数不同。当双水相系统中含有这些电解质时，由于两相均应各自保持电中性，从而产生不同的相间电位。因此，盐的种类（离子组成）影响蛋白质、核酸等生物大分子的分配系数。

表 11 - 7　　　　　　　　一些正负离子的分配系数

正离子	分配系数（K）	负离子	分配系数（K）
K⁺	0.0824	I⁻	1.42
Na⁺	0.889	Br⁻	1.21
NH₄⁺	0.92	Cl⁻	1.12
Li⁺	0.996	F⁻	0.912

注：8%（质量分数）PEG4000，8%（质量分数）葡聚糖 500，盐浓度 0.020 ~ 0.025mol/L，25℃。

盐浓度不仅影响蛋白质的表面疏水性，而且扰乱双水相系统，改变各相中成相物质的组成和相体积比。例如，PEG/磷酸钾系统中，上下相的 PEG 和磷酸钾浓度以及 Cl⁻ 在上、下相中的分配平衡随添加的 NaCl 浓度的增大而改变。这种相组成的改变直接影响蛋白质的分配系数。离子强度对不同蛋白质的影响程度不同，利用这一特点，通过调节双水相系统的盐浓度，可有效地萃取分离不同的蛋白质。

3. pH

pH 影响蛋白质的解离度，调节 pH 可改变蛋白质的表面电荷数，因而改变分配系数。因此，pH 与蛋白质的分配系数之间存在一定的关系。另外，pH 影响磷酸盐的解离，即影响系统的相间电位和蛋白质的分配系数。对某些蛋白质，pH 的很小变化会使分配系数改变 2 ~ 3 个数量级。

4. 温度

温度影响双水相系统的相图，因而影响蛋白质的分配系数。但一般来说，当双水相系统离临界点足够远时，温度的影响很小，1 ~ 2℃ 的温度改变不影响目标产物的萃取分离。这是基于以下原因：①成相聚合物 PEG 对蛋白质有稳定作用，常温下蛋白质一般不会发生失活或变性；②常温下溶液浓度较低，容易相分离；③常温操作节省冷却费用。

大规模双水相萃取操作，一般采用在常温下进行。

（三）双水相萃取的应用

双水相萃取法可选择性地使细胞碎片分配于双水相系统的下相，而酶分配于上相，同时实现产物的部分纯化和细胞碎片的除去，从而节省利用离心或膜分离去除碎片的操作过程。因此，双水相萃取应用于酶的分离纯化是非常有利的。表 11 - 8 所示为利用双水相萃取技术纯化胞内酶的部分研究结果。

表 11 -8 双水相萃取胞内酶的示例

酶	细胞	双水相系统	收率/%	纯化倍数
过氧化氢酶	博伊丁假丝酵母 (*Candida boidinii*)	PEG/葡聚糖	81	—
甲醛脱氢酶		PEG/葡聚糖	94	—
甲醛脱氢酶		PEG/D 盐	94	1.5
异丙醇脱氢酶		PEG/D 盐	98	2.6
α - 葡萄糖苷酶	酿酒酵母 (*Saccharomyces cerevisiae*)	PEG/D 盐	95	3.2
葡萄糖 - 6 - 磷酸脱氢酶		PEG/D 盐	91	1.8
己糖激酶		PEG/D 盐	92	1.6
葡萄糖异构酶	链霉菌 (*Streptomyces* spp.)	PEG/D 盐	86	2.5
亮氨酸脱氢酶	芽孢杆菌 (*Bacillus* spp.)	PEG/D 盐	98	1.3
丙氨酸脱氢酶		PEG/D 盐	98	2.6
葡萄糖脱氢酶		PEG/D 盐	95	2.3
β - 葡萄糖苷酶		PEG/D 盐	98	2.4
D - 乳酸脱氢酶		PEG/D 盐	95	1.5
延胡索酸酶	短杆菌 (*Brevibacterium* spp.)	PEG/D 盐	83	7.5
苯丙氨酸脱氢酶		PEG/D 盐	99	1.5
天冬氨酸酶	大肠杆菌 (*Escherichia coli*)	PEG/D 盐	96	6.6
青霉素酰苷酶		PEG/D 盐	90	8.2
β - 半乳糖苷酶		PEG/D 盐	75	12.0
支链淀粉酶	肺炎克雷伯氏菌 (*Klebsiella pneumoniae*)	PEG/Dx	91	2.0

注：细胞质量浓度多为 200g/L，一般在 100~300g/L。

第五节　膜分离

膜分离是利用膜的选择性，以膜的两侧存在一定量的能量差作为推动力，由于溶液中各组分透过膜的迁移速率不同而实现分离。膜分离操作属于速率控制的传质过程，具有设备简单、可在室温或低温下操作、无相变、处理效率高、节能等优点，适用于热敏性的生物工程产物的分离纯化。

一、膜分离类型及其原理

膜分离法包含着丰富的内容，在生物分离领域应用的膜分离法包括微滤（microfiltration，MF）、超滤（ultrafiltration，UF）、反渗透（reverseosmosis，RO）、透析（dialysis，DS）、电渗析（electrodialysis，ED）和渗透气化（pervaporation，PV）等，各种膜分离法的原理和应用范围见表 11 - 9。

表 11 - 9　　　　　　　各种膜分离法的原理和应用范围

膜分离法	膜特性	传推动力	分离原理	应用范围	应用举例
微滤（MF）	对称微孔膜 $0.05 \sim 10\mu m$	压差 $(0.05 \sim 0.5MPa)$	筛分	除菌，细胞分离，固液分离	菌体、细胞和病毒的分离
超滤（MF）	不对称微孔膜 $(1 \sim 20) \times 10^{-3}\mu m$	压差 $(0.1 \sim 1.0MPa)$	筛分	酶及蛋白质等生物大分子分离	蛋白质、多肽和多糖的回收和浓缩，病毒的分离
反渗透（RO）	不对称性膜	压差 $(1.0 \sim 10MPa)$	筛分	低分子溶液浓缩	盐、氨基酸、糖的浓缩，淡水制造
电渗析（ED）	离子交换膜	电位差	荷电、筛分	离子和大分子蛋白质的分离	脱盐，氨基酸和有机酸分离

二、膜及其组件

生物分离过程常用的膜分离技术为超滤、微滤和反渗透。为实现高效率的膜分离操作，对膜材料有如下要求：起过滤作用的有效膜厚度小，超滤和微滤膜的开孔率高，过滤阻力小；膜材料为惰性，不吸附溶质（蛋白质、细胞等），从而使膜不易污染，膜孔不易堵塞；适用的 pH 和温度范围广，耐高温灭菌，耐酸碱清洗剂，稳定性高，使用寿命长；容易通过清洗恢复透过性能；满足实现分离目的的各种要求，如对菌体细胞的截留、对生物大分子的通透性或截留作用等。

目前市售膜的种类很多，主要制造材料有天然高分子、合成高分子和无机材料。下面简要介绍制造超滤、微滤和反渗透膜的各种膜材料。

1. 天然高分子材料

用于制造膜的天然高分子材料主要是纤维素的衍生物，有醋酸纤维、硝酸纤维和再生纤维素等。其中，醋酸纤维膜的截盐能力强，常用作反渗透膜，也可用作微滤膜和超滤膜。醋酸纤维膜使用的最高温度和 pH 范围有限，一般使用温度低于 45℃，pH = 3 ~ 8。再生纤维素可制造透析膜和微滤膜。

2. 合成高分子材料

市售膜的大部分为合成高分子膜，种类很多，主要制造材料有聚砜、聚丙烯腈、聚酰亚胺、聚酰胺、聚烯类和含氟聚合物等。其中聚砜是最常用的膜材料之一，主要用于制造超滤膜。聚砜膜的特点是耐高温（一般为 70 ~ 80℃，有些可高达 125℃），适用 pH 范围广（pH = 1 ~ 13），耐氯能力强，可调节孔径范围宽（1 ~ 20nm）。但聚砜膜耐压能力较低，一般平板膜的操作压力极限为 0.5 ~ 1.0MPa。聚酰胺膜的耐压能力较强，对温度和 pH 都有很好的稳定性，使用寿命较长，常用于反渗透。

3. 无机材料

用于制造膜的无机材料主要有陶瓷、微孔玻璃、不锈钢和碳素等。商品化的无机膜主要有孔径 $0.1\mu m$ 以上的微滤膜和截留相对分子质量 1×10^4 以上的超滤膜，其中以陶瓷材料的微滤膜最为常用。多孔陶瓷膜主要利用氧化铝、硅胶、氧化锆和钛等陶瓷微粒烧结而成，膜厚方向不对称。无机膜的特点是机械强度高，耐高温、耐化学试剂和耐有机溶剂；但缺点是不易加工，造价较高。

三、膜组件

由膜、固定膜的支撑体、间隔物以及收纳这些部件的容器构成的一个单元称为膜组件或膜装置。膜组件的结构根据膜的形式而异，目前市售商品膜组件主要有管式、平板式、螺旋卷式和中空纤维（毛细管）式等四种，其中管式和中空纤维式膜组件根据操作方式不同，又分为内压式和外压式。表 11 - 10 所示为各种膜组件的特性和应用范围。

表 11 - 10　　　　　　　　各种膜组件的特性和应用范围

膜组件	比表面积/（m^2/m^3）	设备费	操作费	膜面吸附层的控制	应用
管式	20 ~ 30	极高	高	很容易	UF, MF
平板式	400 ~ 600	高	低	容易	UF, MF, PV
螺旋卷式	800 ~ 1000	低	低	难	RO, UF, MF
毛细管式	600 ~ 1200	低	低	容易	UF, MF, PV
中空纤维式	约 10^4	很低	低	很难	RO, DS

四、膜的污染与清洗

膜污染不仅造成透过通量的大幅度下降，而且影响目标产物的回收率。为保证膜分离操作高效稳定地进行，必须对膜进行定期清洗，除去膜表面及膜孔内的污染物，恢复膜的透过性能。

膜的清洗一般选择水、盐溶液、稀酸、稀碱、表面活性剂、络合剂、氧化剂和酶溶液等为清洗剂。具体采用何种清洗剂要根据膜的性质（耐化学试剂的特性）和污染物的性质而定。使用的清洗剂要具有良好的去污能力，同时又不能损害膜的过滤性能。因此，选择合适的清洗剂和清洗方法不仅能提高膜的透过性能，而且可延长膜的使用寿命。如果用清水清洗就可恢复膜的透过性能，则不需使用其他清洗剂。对于蛋白质的严重吸附引起的膜污染，用蛋白酶（如胃蛋白酶，胰蛋白酶等）溶液清洗，效果较好。

清洗操作是膜分离过程中不可缺少的步骤，但清洗操作是造成膜分离过程成本增高的重要原因。因此，在采用有效的清洗操作的同时，需采取必要的措施防止或减轻膜污染。例如，选用高亲水性膜或对膜进行适当的预处理（如聚砜膜用乙醇溶液浸泡，醋酸纤维膜用阳离子表面活性剂处理），均可缓解污染程度。此外，对料液进行适当的预处理（如进行预过滤、调节 pH），也可相当程度地减轻污染的发生。

五、膜的应用

膜分离法在生物产物的回收和纯化方面的应用归纳为以下几方面：

（1）细胞培养基的除菌；

（2）发酵或培养液中细胞的收集或除去；

（3）细胞破碎后碎片的除去；

（4）目标产物部分纯化后的浓缩或洗滤除去小分子溶质；

（5）最终产品的浓缩和洗滤除盐；

（6）制备用于调制生物产品和清洗产品容器的无热原水。

第六节　离子交换

离子交换法是应用合成的离子交换树脂作为吸附剂，将溶液中的物质依靠库仑力吸附在树脂上，然后用合适的洗脱剂将吸附质从树脂上洗脱下来，达到分离、浓缩、提纯的目的。

一、离子交换树脂

离子交换树脂的单元结构由三部分组成（图 11-6）：交联的具有三维空间立体结构的网络骨架（通常以 R 表示）、联结在骨架上的功能基〔活性基，如—SO_3^{2-}、—$N(CH_3)_3^+$〕以及和活性基所带的相反电荷的活性离子（即可交换离子，如 H^+、OH^-）。惰性不溶的网络骨架和活性基是联成一体的，不能自由移动。按活性基团分类，分为含酸性基团的阳离子交换树脂和含碱性基团的阴离子交换树脂。由于活性基团的电离程度强弱不同，又可分为强酸性和弱酸性阳离子交换树脂及强碱性和弱碱性阴离子交换树脂。

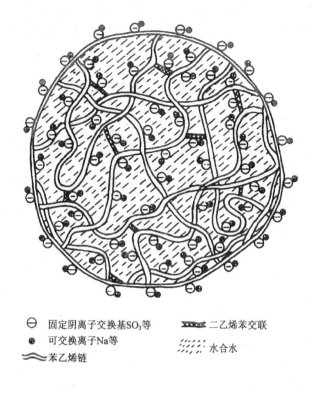

⊖ 固定阴离子交换基SO₃等　　▰ 二乙烯苯交联
● 可交换离子Na等　　▨ 水合水
〜 苯乙烯链

图 11－6　离子交换树脂结构示意图

二、离子交换

离子交换操作一般分为静态和动态操作两种。

静态交换是将树脂与交换溶液在一定的容器中混合搅拌而进行。静态法操作简单，设备要求低，是分批进行的，交换不完全，不适宜用于多种成分的分离，而且树脂有一定损耗。动态交换是先将树脂装柱，交换溶液以平流方式通过柱床进行交换。该法不需搅拌，交换完全，操作连续，而且可以使吸附与洗脱在柱床的不同部位同时进行，适合多组分分离。

离子交换完成后，将树脂所吸附的物质释放出来重新转入溶液的过程称作洗脱。洗脱方式也分静态与动态两种。一般说来，动态交换也称作动态洗脱，静态交换也称作静态洗脱。洗脱液分酸、碱、盐、溶剂等。酸、碱洗脱液旨在改变吸附物的电荷或改变树脂活性基团的解离状态，以消除静电结合力，迫使目的物被释放出来；盐类洗脱液是通过高浓度的带同种电荷的离子与目的物竞争树脂上的活性基团，并取而代之，使吸附物游离。实际工作中，静态洗脱可进行一次，也可进行多次，旨在提高目的物收率。

再生时可以采用顺流再生，即再生液自上向下流动，也可以用再生液自下而上流动。在逆流再生过程中，再生剂从单元的底部分布器进入，均匀地通过树脂床向上流动，从树脂床的表面上通过一个废液收集器而流出。在再生剂向上流动的同时，淋洗的水从喷洒器喷入，经树脂床往下流动，再由下部引出，与再生废液一齐排出。当再生剂向上流动与淋洗水向下流动达到一定的平衡状态时，树脂床不会向上浮动，因此，树脂再生时需要控制两种溶液的适当流速。

三、离子交换的选择性

影响离子交换选择性的因素很多，如离子水合半径、离子价、离子浓度、溶液环境的酸碱度、有机溶剂和树脂的交联度、活性基团的分布和性质、载体骨架等。

1. 水合离子半径

对无机离子而言，离子水合半径越小，离子对树脂活性基的亲和力就越大，也就容易被吸附。这是因为离子在水溶液中都要和水分子发生水合作用形成水化离子，此时的半径才表达离子在溶液中的大小。当原子系数增加时，离子半径亦随之增加，离子表面电荷密度相对减少；水化能降低、吸附的水分子减少，水化半径亦因之减小，离子对树脂活性基的结合力则增大。同价离子中水化半径小的能取代水化半径大的，但在非水介质中，在高温、高浓度下差别缩小，有时甚至相反。

2. 溶液的 pH

溶液的酸碱度直接决定树脂交换基团及交换离子的解离程度，不但影响树脂的交换容量，对交换的选择性影响也很大。对于强酸、强碱性树脂，溶液 pH 主要是左右交换离子的解离度，决定它带何种电荷以及电荷量，从而可知它是否被树脂吸附或吸附的强弱。对于弱酸、弱碱性树脂，溶液的 pH 还是影响树脂解离程度和吸附能力的重要因素。但过强的交换能力有时会影响到交换的选择性，同时增加洗脱的困难。对生物活性分子而言，过强的吸附以及剧烈的洗脱条件会增加变性失活的机会。另外，树脂的解离程度与活性基团的水合程度也有密切关系。

3. 离子强度

高的离子浓度必与目的物离子进行竞争，减少有效交换容量。另一方面，离子的存在会增加蛋白质分子以及树脂活性基团的水合作用，降低吸附选择性和交换速度。所以，一般在保证目的蛋白质的溶解度和溶液缓冲能力的前提下，尽可能采用低离子强度。

4. 有机溶剂的影响

离子交换树脂在水和非水体系中的行为是不同的。有机溶剂的存在会使树脂收缩，这是由于结构变紧密降低了吸附有机离子的能力而相对提高了吸附无机离子的能力的关系。有机溶剂使离子溶剂化程度降低，易水化的无机离子降低程度大于有机离子；有机溶剂会降低有机物的电离度。这两种因素就使得在有机溶剂存在时，不利于有机离子的吸附。利用这个特性，常在洗涤剂中添加适当的有机溶剂来洗脱难洗脱的有机物质。

5. 交联度、膨胀度、分子筛

对凝胶型树脂来说，交联度大、结构紧密、膨胀度小，树脂筛分能力大，促使吸附量增加，其交换常数亦大。相反，交联度小、结构松弛、膨胀度大，吸附量减少，交换常数值亦减小。

6. 树脂与离子间的辅助力

离子交换树脂与被吸附离子间的作用力除静电力外，还存在辅助力。例如，尿素是一种中性物质，因能形成氢键，常用来破坏蛋白质中的氢键。所以，尿素溶液很容易将青霉素从磺酸树脂上洗脱下来。

除氢键外，亦存在着树脂与被交换离子间的范德华力。例如，骨架内含有脂肪烃、苯环和萘环的树脂，其对芳香族化合物的吸附能力依次相应增加；酚磺酸树脂对一价季铵盐类阳离子的亲和力随离子的水合半径的增加而增加，这种现象与无机离子的交换情况相反，这是由于吸附大分子时起主导作用的是范德华力而不是静电力。

第七节　层析

层析分离精度高、设备简单、操作方便，根据各种原理进行分离的色谱法不仅普遍应用于物质成分的定量分析与检测，而且广泛应用于生物物质的制备、分离和纯化，是发酵产物最重要的高度纯化技术。

一、层析分离原理

色层分离的主体介质由互不相溶的流动相和固定相组成。色谱就是根据混合物中的溶质在两相之间分配行为的差别引起的随流动相移动速度的不同进行分离的方法。典型的柱色谱分离固定相填充于柱内，形成固定床，在柱的入口端加入一定量的待分离原料后，连续输入流动相，料液中的溶质在流动相和固定相之间发生扩散传质，产生分配平衡。溶质之间由于移动速度的不同而得到分离。

根据溶质和固定相之间的相互作用机制（如液液分配、各种吸附作用），液相色谱法可分为多种，如凝胶过滤色谱、离子交换色谱、反相色谱、疏水性相互作用色谱和亲和色谱等。本章主要介绍凝胶过滤色谱和亲和吸附。

二、凝胶过滤色谱

凝胶过滤色谱又称尺寸排阻色谱，是利用凝胶粒子（通常称为凝胶过滤介质）为固定相，根据料液中溶质相对分子质量的差别进行分离的液相色谱法。

（一）原理

在装填有一定孔径分布的凝胶过滤介质的色谱柱中，料液中相对分子质量大的溶质不能进入到凝胶的细孔中，因而从凝胶间的床层空隙流过；而相对分子质量很小的溶质能够进入到凝胶的细孔中缓慢洗脱，最终按照分子质量的大小差异将发酵产物相互分离（图 11 - 7）。

（二）凝胶过滤色谱的特点

与其他色谱法相比，凝胶过滤的最大特点是操作简便，凝胶过滤介质相对价廉易得，适合大规模分离纯化过程。因此，凝胶过滤在生物大分子的分离纯化过程中应用最为普遍，尤其被广泛应用于分离纯化过程的初级阶段以及最后成品化前的脱盐。

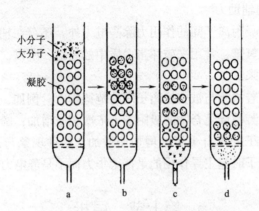

图 11 -7 凝胶色谱分离原理示意图

凝胶过滤的具体优点如下：

（1）溶质与介质不发生任何形式的相互作用，操作条件温和，产品收率可接近 100%；

（2）每批分离操作结束后不需要进行苛刻的介质清洗或再生，故容易实施循环操作，提高了产品纯度；

（3）作为脱盐手段，凝胶过滤比透析法速度快、精度高；与超滤法相比，剪切应力小，蛋白质活性收率高；

（4）分离机制简单，操作参数少，容易规模放大。

与后述的其他色谱法相比，凝胶过滤的不足之处在于：

（1）仅根据溶质之间相对分子质量的差别进行分离，选择性低，料液处理量小，一般为柱体积的 5%；

（2）经凝胶过滤洗脱展开后，产品被稀释，因此需要在具有浓缩作用的单元操作（如超滤、离子交换和亲和色谱等）后使用。

（三）凝胶过滤色谱的应用

凝胶过滤可用于相对分子质量从几百到 10^6 数量级的物质的分离纯化，是蛋白质、肽、脂类、抗生素、糖类、核酸以及病毒（50 ~ 400nm）的分离与分析中频繁使用的液相色谱法。

凝胶过滤在生物分离领域的另一主要用途是生物大分子溶液的脱盐，以及除去其中的低相对分子质量物质。例如，经过盐析沉淀获得的蛋白质溶液盐浓度很高，一般不能直接进行离子交换色谱分离，可首先用凝胶过滤脱盐。

三、亲和吸附

（一）原理

亲和吸附依靠溶质和树脂之间特殊的化学作用，这不同于依靠范德华力的传统吸附及离子交换静电吸附。亲和吸附具有更高的选择性，吸附剂由载体与配位体两部分组成。载体与配位体之间以共价键或离子键相连，但载体不与溶质反应。相反，被束缚的配位体有选择地与溶质反应，当溶质为大分子时，这种作用将涉及吸附剂上相邻的几个位点，这种作用表示为"钥匙和销"的机制。大致可分为以下三步：

（1）配基固定化　选择合适的配基与不溶性的支撑载体偶联，或共价结合成具有特异亲和性的分离介质。

（2）吸附样品　亲和吸附介质选择性吸附酶或其他生物活性物质，杂质与层析介质间没有亲和作用，故不能被吸附而被洗涤除去。

（3）样品解析　选择适宜的条件，使被吸附的亲和介质上的酶或其他生物活性物质解吸。

（二）亲和吸附载体

载体在亲和吸附中的作用是使配基固定化，同时提供了亲和配基和配体之间特异性结合的空间环境。配基和亲和配体的结合势必受到载体的影响，所以载体的性质与亲和吸附的效果有密切的关系。理想的载体应符合以下条件：

（1）载体要具有足够数量的功能基因，或能方便地引入多量的化学活性基因，以供与配基进行共价连接之用。

（2）载体必须有较好的理化稳定性和生物惰性，不易被酶破坏，也不能被微生物所利用，便于使用和保存。

（3）载体具有高度的水不溶性和亲水性，保证被吸附生物分子的稳定性，有助于亲和对达到亲和平衡，并减少因疏水力造成的非特异性吸附。

（4）载体应具有多孔的立体网状结构，能使被亲和吸附的大分子自由通过，有利于提高配基及配体的亲和有效浓度，也有利于亲和配对的两种成分在自由溶液中发生相互作用。

（5）理想的亲和吸附载体外观上应为大小均匀的刚性小球，以保持良好的流速。通常，精细载体小珠的分离作用能极大地促进扩散速率低的生物大分子达到扩散平衡，由细小的凝胶颗粒填充的亲和吸附过程，流速虽慢些，但分离效果良好。

（三）影响吸附剂亲和力的因素

为了提高亲和吸附的效果，通常希望固定相的配基与流动相的配体具有较强的亲和力。亲和力的大小除了由亲和吸附剂本身的解离常数决定外，还受许多因素的影响，其中包括亲和吸附剂的微环境、载体空间位阻、配基结构以及配基和配体的浓度、载体孔径等。

（四）亲和吸附的特点

亲和吸附的最大优点在于，利用它从粗提液中经过一次简单的处理便可得到所需的高纯度活性物质。例如，以胰岛素为配基、珠状琼脂糖为载体制得亲和吸附剂，从肝脏匀浆中成功地提取得到胰岛素受体，该受体经过一步处理就被纯化了8000倍。这种技术不但能用来分离一些在生物材料中含量极微的物质，而且可以分离那些性质十分相似的生化物质。此外，亲和吸附具有对设备要求不高、操作简便、适用范围广、特异性强、分离速度快、分离效果好、分离条件温和等优点。其主要缺点是亲和吸附剂通用性较差，要分离一种物质必须重新制备专用的吸附剂；由于洗脱条件较苛刻，需合理控制洗脱条件，以避免生物活性物质的变性失活。

第八节　结晶技术

结晶是一项重要的化工单元操作，在生物工业中也是一个应用十分广泛的产品分离技术。除了常见的食盐、蔗糖、食品添加剂等产品外，在氨基酸工业、有机酸工业、抗生素工业中，许多产品最终往往是以结晶形式出现的。较好的晶形、适当的晶体粒度和粒度分布将有利于晶体的运输、贮存，并防止运输、贮存过程中晶体产生结块。

一、结晶过程

晶体是化学均一的固体，但结晶溶液中的杂质却通常是相当多的。结晶时，溶液中溶质（产物）因其溶解度与杂质的溶解度不同，溶质结晶而杂质留在溶液中，因而互相分离；或两者的溶解度虽相差不大，但晶格不同，彼此"格格不入"而互相分离（有些场合下可能出现混晶现象）。所以，原始溶液虽含杂质，结晶出来的晶体却非常纯洁。因此，结晶是生产纯固体产品，特别是小分子产品最有效的方法之一。

溶质从溶液中结晶出来，要经过两个步骤：①首先是产生晶核；②晶核在良好的环境中长大。无论是产生晶核还是晶核长大，都需要有一个推动力，来推动结晶过程的顺利进行，这个推动力是溶液过饱和度。

过饱和度的大小会影响晶核的形成速度和晶体的长大速度，这两个速度又影响最终晶体产品的粒度和晶体粒度分布（即晶体质量）。因此，过饱和度是工业上考虑结晶问题的一个极其重要的因素。

二、晶体纯度的影响因素

1. 母液在晶体表面的吸藏

从结晶溶液（晶浆）中分离出结晶晶体后的溶液称为母液。吸藏是指母液中的杂质吸附于晶体表面，如果晶体生长过快，杂质甚至会机械地陷入晶体。吸藏的杂质可以通过重结晶的方式除去。晶体表面含有母液是影响晶体产品纯度的一个重要因素，因为母液中含有大量杂质，而母液往往会黏附于晶体表面，影响晶体纯度，常需洗涤，以降低杂质含量。从发酵液中直接结晶时，因发酵液中含有发酵菌体细胞，显微镜下可观察到大量的菌体细胞黏附在晶体表面，即使洗涤也难以除尽。

2. 包藏母液

细小晶体易形成晶簇，而晶簇中常机械地包含母液，这种情况称为包藏。粒度大且较均匀的晶体与粒度小且颗粒参差不齐的晶体相比，离心分离后晶体所夹带的母液较少，洗涤也比较容易。可见，产品粒度及粒度分布会影响晶体产品的纯度。

3. 晶习

从发酵液中直接结晶谷氨酸时，如操作不当，片状结晶很多，谷氨酸晶体（味精厂通常称之为麸酸）中就会夹带大量谷氨酸发酵的菌体细胞。过量的菌体夹带还会导致后道精制工序的中和过滤操作非常困难。

三、成核现象

溶质（如某产物）在溶液中的成核现象（生成晶核）在结晶过程中占有举足轻重的地位。成核现象可归纳为三种形式：

（1）初级均相成核　溶液在不含外来物体时自发产生晶核，称为初级均相成核。

（2）初级非均相成核　在外来物体（如大气微尘）诱导下产生晶核的现象称为初级非均相成核。初级均相成核和初级非均相成核又可统称为初级成核。

（3）二次成核　溶液中已有溶质晶体存在的条件下形成晶核的现象称为二次成核。二次成核中又以接触成核占主导。

接触成核是指新生的晶核是晶浆（有晶体存在的结晶溶液）中已有的晶体颗粒，即在结晶器中与其他固体接触碰撞时产生的晶体表层的碎粒。

工业结晶过程中的成核现象大都属于接触成核，特别是晶体与结晶器的搅拌螺旋桨或叶轮之间的碰撞而产生的晶核占有较大的份额。

四、结晶操作和结晶设备

结晶操作既要满足产品生产规模的要求，又要符合产品质量、粒度和粒度分布的要求。目前，我国发酵产品的结晶过程仍以分批操作为主，分批操作的结晶设备一般比连续结晶设备简单。

（一）分批结晶

为了控制晶体的生长，获得粒度较均匀的产品，必须尽一切可能防止不需要的晶核生成，小心地将溶液的状态控制在介稳区内。有时可在适当时机向溶液中添加适量的晶种，使被结晶的溶质只在晶体表面生长。用温和的搅拌，使晶体较均匀地悬浮在整个溶液中，并尽量避免二次成核现象。

溶液中有晶种存在，且降温速率得到控制，在操作过程中，溶液始终保持在介稳状态，而晶体的生长速率完全由冷却速度加以控制，可使溶液不致进入不稳区，所以不会发生初级成核现象。这种"控制结晶"的操作方法能够产生预定粒度的、合乎质量要求的匀整晶体。

（二）连续结晶

连续结晶的操作有以下几项要求：符合质量要求的产品粒度分布；高的生产强度；尽量降低晶垢产生速度，以延长连续结晶的操作周期；维持结晶器的操作稳定性。因此，在连续结晶的操作中往往要采用"细晶消除"、"粒度分级排料"、"清母液溢流"等技术，从而使结晶设备成为所谓的"复杂构型结晶器"。

1. 细晶消除

在工业结晶过程中，由于成核速率难以控制，或者说晶核生成速率过高，一方面使晶体平均粒度过小，粒度分布过宽；另一方面也使结晶收率下降。因此，"细晶消除"就成为连续结晶操作中提高晶体平均粒度、控制粒度分布、提高结晶收率的必不可少的手段。

通常采用的细晶消除的办法是根据淘析原理，在结晶器内部或下部建立一个澄清区，在此区域内，晶浆以很低的速度上流，因较大的晶粒有较大的沉降速度，当沉降速度大于晶浆上流速度时，晶粒沉降下来，回到结晶器的主体部分，重新参与器内晶浆循环而继续长大。细小的晶粒则随着溶液从澄清区溢流而出，进入细晶消除系统。以加热或稀释的办法使之溶解，然后经循环泵重新回到结晶器中。

2. 产品粒度分级排料

这种操作方法有时被混合悬浮型连续结晶器所采用，以实现对晶体粒度分布的调节。它是将结晶器中流出的产品先流过一个分级排料器，然后排出系统。分级排料器可以是淘析腿、旋液分离器或湿筛，它将小于某一产品分级粒度的晶体截留后返回结晶器继续长大，达到产品分级粒度后才有可能作为产品排出系统。采用淘析腿时，调节腿内淘析液的上流速度也可改变分级粒度。

3. 清母液溢流

清母液溢流是调节结晶器内晶浆密度的主要手段，增加清母液溢流量无疑可有效地提高器内晶浆的密度。清母液溢流有时与细晶消除相结合，从澄清区溢流出来的母液总会含有小于某一粒度的细小晶粒，所以不存在真正的清母液。由于它含有一定量的细晶，所以对结晶器而言也必然起着某种消除细晶的作用。有些情况下，将从澄清区溢流出来的母液分为两部分：一部分排出结晶系统；另一部分则进入细晶消除系统，消除细晶后再回到结晶器中。

第九节　干燥

干燥是指利用热能使湿物料中水分汽化并排除蒸汽，从而得到较干物料的过程。干燥所采用的设备称为干燥器。干燥的主要目的是：一是产品便于包装、贮存和运输；二是许多生物制品在水分含量较低的状态下较为稳定，从而使生物制品有较长的保质期。干燥的应用范围很广，所处理的物料种类多，物料的性质差异大，它几乎是生产所有固态产品的最后一道工序。

一、气流干燥技术

气流干燥是一种连续式高效固体流态化干燥方法。它把呈泥状、粉粒状或块状的湿物料送入热气流中，与之并流，从而得到分散成粒状的干燥产品。气流干燥是对流干燥的一种。在气流干燥中，除一般使用的干燥介质为不饱和热空气外，在高温干燥时可采用烟道气。为避免物料被污染或氧化，可采用过热水蒸气。对含有机溶剂的物料干燥，也可采用氮或溶剂的过热蒸汽作为干燥介质。

气流干燥有以下特点：

（1）干燥强度大　气流干燥由于气流速度高，粒子在气相中分散良好，可以把粒子的全部表面积作为干燥的有效面积，因此，干燥的有效面积大大增加。

（2）干燥时间短　气固两相的接触时间极短，干燥时间一般在 0.5~2s，最长为 5s。因此，对于热敏性或低熔点物料不会造成过热分解而影响其质量。

（3）热效率高　气流干燥采用气固相并流操作，而且在表面汽化阶段，物料始终处于与其接触的气体的湿球温度，一般不超过 65℃，产品温度不会超过 80℃，因此，可以使用高温气体。

（4）处理量大　一根直径为 0.7m、长为 10~15m 的气流干燥管，每小时可处理 25t 煤或 18t 硫铵。

（5）设备简单　气流干燥器设备简单，占地小，投资省。同时，可以把干燥、粉碎、筛分、输送等单元过程联合操作，不但流程简化，而且操作易于自动控制。

（6）应用范围广　气流干燥适用于各种粒状物料。

二、喷雾干燥技术

喷雾干燥是将溶液、乳浊液、悬浊液或浆料在热风中喷雾成细小的液滴，在它下落过程中，水分被蒸发而成为粉末状或颗粒状的产品。喷雾干燥具有以下优点：

（1）干燥速度快　料液经喷雾后，表面积大，例如将 1L 料液雾化，在高温气流中，瞬间就可蒸发 95%~98% 的水分，完成干燥时间一般仅需 5~40s。

（2）干燥过程中液滴的温度不高，产品质量较好　喷雾干燥使用的温度范围非常广，即使采用高温热风，其排风温度仍不会很高。在干燥初期，物料温度不超过周围热空气的湿球温度，干燥产品质量较好，例如不容易发生蛋白质变化、维生素损失、氧化等缺陷。对热敏性物料、生物和药物的质量，基本上能接近于真空下干燥的标准。

（3）产品具有良好的分散性、流动性和溶解性　由于干燥过程是在空气中完成的，产品基本上能保持与液滴相近似的球状，具有良好的分散性、流动性和溶解性。

（4）生产过程简化，操作控制方便　喷雾干燥通常用于处理水分含量为 40%~60% 的湿物料，达到一次干燥成粉状产品。特殊物料即使水分含量高达 90%，也可不经浓缩，同样达到相同的干燥效果。

（5）适宜连续化大规模生产　喷雾干燥能适应工业上大规模生产的要求，干燥产品经连续排料，在后处理时可结合冷却器和风力输送，组成连续生产作业线。

三、冷冻干燥

在冷冻干燥过程中，被干燥的产品首先要进行预冻，然后在真空状态下进行升华，使水分直接由冰变成气体而获得干燥。在整个升华阶段，产品必须保持在冻结状态，不然就不能得到性状良好的产品。在产品的预冻阶段，还要掌握合适的预冻温度，如果预冻温度不够低，则产品可能没有完全冻结实，在抽空升华的时候会膨胀起泡；如果预冻的温度太低，不仅会增加不必要的能量消耗，而且对于某些产品会降低冻干后的成活率。冷冻干燥器的一般特点：

（1）因物料处于冷冻状态下干燥，水分以冰的状态直接升华成水蒸气，故物料的物理结构和分子结构变化极小。

（2）由于物料在低温真空条件下进行干燥操作，故对热敏感的物料也能在不丧失其酶活力或生物试样原来性质的条件下长期保存，所以干燥产品十分稳定。

（3）因为干燥后的物料在被除去水分后，其原组织的多孔性能不变，故若添加水或汤，即可在短时间内基本上完全恢复干燥前的状态。

（4）因干燥后物料的残存水分很低，故若防湿包装优良，可在常温条件下长期贮存。

参考文献

1. Amanullah A. , Serrano C. L. , Castro B. , et al . The influence of impeller type in pilot scale xanthan fermentations. Biotechnol Bioeng, 1998, 57 (1) : 95 ~ 108.

2. Aronson A. I. , Angelo N. , Holt S. C. Regulation of extracellular protease production in Bacillus cereus T: characterization of mutants producing altered amounts of protease. J Bacteriol. 1971, 106 (3): 1016 ~ 1025.

3. Bailey J. E. , Sburlati A. , Hatzimanikatis V. , et al. Inverse metabolic engineering: A strategy for directed genetic engineering of useful phenotypes. Biotechnol Bioeng, 1996, 52: 109 ~ 121.

4. Bailey J. E. Toward a science of metabolic engineering. Science, 1991, 252: 1668 ~ 1675.

5. Bandaiphet C. , Prasertsan P. Effect of aeration and agitation rates and scale – up on oxygen transfer coefficient, kLa in exopolysaccharide production from Enterobacter cloacae WD7. Carbohydr Polym. 2006, 66: 216 ~ 228.

6. Barrios – González J. , Fernándes F. J. , Tomasini A. , Mejía A. Secondary metabolites production by solid – state fermentation. Mal J Microbiol, 2005, 1 (1): 1 ~ 6.

7. Bassham J. , Benson A. and Calvin M. The path of carbon in photosynthesis. J Biol Chem, 1950, 185 (2): 781 ~ 787.

8. Berovic M. Scale – Up of Citric Acid Fermentation by Redox Potential Control. Biotechnol Bioeng, 1999, 64 (5): 552 ~ 557.

9. Boyer P. D. The Enzymes: Structure and control. Acad Press, 1970.

10. Brian J. B. Wood. Microbiology of fermented foods (Second Edition) . Blackie Acad Pro. 1998.

11. Bylund F. , Collet E. , Enfors S. Q. , et al. Substrate gradient formation in the large scale bioreactor lowers cell yield and increase by – product formation, Bioprocess Eng, 1999, 18: 171 ~ 180.

12. Codd G. A. , Kuenen J. G. , Physiology and biochemistry of autotrophic bacteria. Anton Leeuw, 1987, 53: 3 ~ 14.

13. Daniel L. Purich, R. Donald Allison. Handbook of biochemical kinetics. Acad Press, 2000.

14. Ddelhoven W. J. Enzyme repression in the arginine pathway of Saccharomyces cerevisiae. Anton Leeuw, 1969, 35: 215 ~ 226.

15. Deutscher Josef. The mechanisms of carbon catabolite repression in bacteria. ? Curr Opin Microbiol, 2008, 11 (2): 87 ~ 93.

16. Dijkhuizen L. and Harder W. Current views on the regulation of autotrophic carbon dioxide fixation via the Calvin cycle in bacteria. Anton Leeuw, 1984, 50 (5 – 6), 473 ~ 487.

17. Dulaney, E. L. , Dulaney, D. D. Mutant populations of Streptomyces viridifaciens. Trans. N. Y. Acad Sci, 1967, 29 (6): 782 ~ 799.

18. George S. , Larson G. , Enfors S. Q. Comparison of the baker yeast process performance in laboratory and production scale. Bioprocess Eng, 2001, 18: 135 ~ 142.

19. Hostálek Z. , Tint? rová M. , Jechová V. , Blumauerová M. , Such? J. , Van? k Z. Regulation of biosynthesis of secondary metabolites. I. Biosynthesis of chlortetracycline and tricarboxylic acid cycle activity. Biotechnol Bioeng, 1969, 11 (4): 539 ~ 548.

20. Humphrey A. Shake flask of fermentor: what have we learn. Biotechnol Prog, 1998, 14: 3 ~ 7.

21. Jacoba F. , Monod J Genetic regulatory mechanisms in the synthesis of proteins. J Mol Biol, 1961, 3 (3): 318 ~ 356.

22. James E. Bailey, David F. Ollis. Biochemical engineering fundamentals (2ed edition) . McGraw – Hill, 1986.

23. Junker B. H, Wang H. Y. Bioprocess monitoring and computer control: key roots of the current PAT initiative. Biotechnol Bioeng, 2006, 95 (2): 226 ~ 261.

24. Kempf M. , Theobald U. , Fiedler H. P. Production of antibiotic gallidermin by Staphylococcus gallinarum – development of a scale – up procedure. Biotechnol Lett, 2000, 22: 123 ~ 128.

25. Kotaka M. , Ren J. , Lockyer M. , Hawkins A. R. , Stammers D. K. . Structures of R – and T – state? Escherichia coli? Aspartokinase III: Mechanisms of the allosteric transition and inhibition by lysine. J Biol Chem, 2006, 281 (42): 31544 ~ 31552.

26. Lengeler J. W. , Drews G, Schlegel H. G. Biology of the prokaryotes. Georg Thieme Verlag. Stuttgart, Germany, 1999.

27. Liu T. J. , Miura S. , Yaguchi M. Scale – Up of L – Lactic Acid Production by Mutant Strain Rhizopus sp. M K – 96 – 1196 from 0. 003 m3 to 5 m3 in Airlift Bioreactors, J Biosci Bioeng, 2006, 101 (1): 9 ~ 12.

28. Maas W. K. , McFall E. Genetic Aspects of Metabolic Control. Annu Rev Microbiol, 1964, 18: 95 ~ 110.

29. Martin J. F. , Demain A. L. Control of antibiotic biosynthesis. Microbiol Rev, 1980, 44 (2): 230 ~ 251.

30. Miura S. , Arimura T. , Hoshino M. Optimization and scale – up of L – lactic acid fermentation by mutant strain Rhizopus sp. MK – 96 – 1196 in airlift bioreactors. J Biosci Bioeng, 2003. 96: 65 ~ 69.

31. Momose H, Takagi T. Glutamic acid production in biotin – rich media by temperature sensitive mutants of Brevibacterium lactofermentum, a novel fermentation process. Agric Biol Chem, 42: 1911 ~ 1917.

32. Nester, E. W. , Jensen R. A. Control of aromatic acid biosynthesis in Bacillus subtilis: sequential feedback inhibition. J Bacteriol, 1966, 91: 1594 ~ 1598.

33. Nielsen, J. Physiological engineering. In physiological engineering aspects of *penicillium chrysogenum*. World Scientific, 1997: 23 ~ 62.

34. Nienow A. Agitations for mycelial fermentations. Biotechnol, 1990, 8: 61 ~ 71.

35. Oldshue J. Y. Fermentation mixing scale – up techniques. Biotechnol Bioeng, 1966, 8: 3 ~ 24.

36. Ostergaard S. , Olsson L. , Nielsen J. Metabolic engineering of Saccharomyces cerevisiae. Microbiol Mol Biol Rev, 2000, 64: 34 ~ 50.

37. Park S. , Stephanopoulos G. Packed bed bioreactor with porous ceramic beads for animal cell culture. Biotechnol Bioeng, 1993, 41 (1): 25 ~ 34.

38. Perlman D. Advances in applied microbiology (Vol. 24) . Acad Press, 1978

39. Rahardjo Y. S. P. Fungal Mats in Solid – State Fermentation. PhD thesis, Wageningen University, The Netherlands. 2005.

40. Sasaki T. , Yamasaki M. , Takatsuki A. , Tamura G. Accumulation of cell – bound alpha – amylase in Bacillus subtilis cells in the presence of tunicamycin. Biochem Biophys Res Commun, 1980, 92 (1): 334 ~ 341.

41. Seletzky J. M, Noak U. , Fricke J. Scale – Up From Shake Flasks to Fermenters in Batch and Continuous Mode With Corynebacterium glutamicum on Lactic Acid Based on Oxygen Transfer and pH. Biotechnol Bioeng, 2007, 98 (4): 800 ~ 811.

42. Shukla V. B. , Veera U. P. , Kulkarni P. R. Scale – up of biotransformation process in stirred tank reactor using dual impeller bioreactor. Biochem Eng J, 2001, 8: 19 ~ 29.

43. Stadtman E. R. Enzyme multiplicity and function in the regulation of divergent metabolic pathways. Bacteriol Rev, 1963, 27 (2): 170 ~ 181.

44. Staphanopoulus G. Artificial intelligence in the development and design of biochemical processes. Trends in Biotechnol, 1986, 4: 241~249.

45. Johnson T. R. Laboratory Experiments in Microbiology (Sixth Edition) (st. Olaf College), Christine L. Case (Skyline College). Addison Wesley Longman, Inc. 2001.

46. Tharakan J. P., Chau P. C. A radial flow hollow fiber bioreactor for the large-scale culture of mammalian cells. Biotechnol Bioeng, 1986, 28 (3): 329~342.

47. Willey J., Sherwood L., Woolverton C. Prescott Harley Klein's Microbiology (7 Edition). McGraw-Hill Science/Engineering/Math, 2007.

48. Wong I., Hernandez A., Garcia M. A. Fermentation scale up for recombinant K99 antigen production cloned in Escherichia coli MC1061. Process Biochem, 2002, 37: 1195~1199.

49. Yoshida F., Yamane T., Nakamoto K. I. Fed-batch hydrocarbon fermentation with colloidal emulsion feed. Biotechnol Bioeng, 1973, 15 (2): 257~270.

50. Zhang Y. P., Zhu Y., Zhu Y., Li Y. The importance of engineering physiological functionality into microbes. Trends Biotechnol, 2009, 27: 664~672.

51. Zhou G., Smith J. L, Zalkin H. Binding of purine nucleotides to two regulatory sites results in synergistic feedback inhibition of glutamine 5-phosphoribosylpyrophosphate amidotransferase. J Biol Chem, 1994, 269 (9): 6784~6789.

52. 白秀峰. 发酵工艺学. 北京：中国医药科技出版社, 2003.

53. 蔡谨, 孙章辉, 王隽等. 补料发酵工艺的应用及其研究进展. 工业微生物, 2005, 35 (1): 42~48.

54. 曹卫军, 马辉文, 张甲耀. 简明微生物工程. 北京：科学出版社, 2008.

55. 曹卫军, 马辉文. 微生物工程. 北京：科学出版社, 2002.

56. 岑沛霖, 关怡新, 林建平. 物反应工程. 北京：高等教育出版社, 2005.

57. 曾宇, 张庆文, 刘永垒等. 工业发酵中泡沫控制方法探讨. 中国酿造, 2011, (9): 169~172.

58. 陈坚, 堵国成, 李寅, 华兆哲. 发酵工程实验技术. 北京：化学工业出版社, 2003.

59. 陈坚, 堵国成, 卫功元, 华兆哲. 微生物重要代谢产物. 北京：化学工业出版社, 2005.

60. 陈坚, 李寅. 发酵工程优化原理与实践. 北京：化学工业出版社, 2001.

61. 陈丽娟. 微生物学实验技术. 陕西：天则出版社, 1993.

62. 陈五岭, 段东霞, 高再兴等. 微生物发酵果渣蛋白饲料研究 I. 菌种选育及理化性质测定. 西北大学学报 (自然科学版), 2003, 33 (1): 91~93.

63. 陈咏竹, 孙启玲. γ-多聚谷氨酸的性质、发酵生产及其应用. 微生物学通报, 2004, 31 (1): 122~126.

64. 成喜雨, 何姗姗, 刘春朝等. 植物组织培养生物反应器技术研究进展. 生物加工过程, 2003, 11 (2): 18~22.

65. 程殿林. 微生物工程技术原理. 北京：化学工业出版社, 2007.

66. 董树沛, 宋家骊. 国产生物反应器及其在病毒培养中的应用. 生物工程学报, 1993, 9 (2): 137~141.

67. 范代娣, 俞俊棠. 以摇瓶所得摄氧率为基准进行发酵放大. 生物工程学报, 1996, 12 (3): 301~306.

68. 付建红, 崔春生, 谢玉清等. 微生物发酵法生产 L-丝氨酸的研究. 新疆农业科学, 2004, 41 (3): 169~172.

69. 高畅，高树贤，张艳芳. 葡萄酒发酵罐分析综述. 包装与食品机械，2005，23（1）：35～39.

70. 高孔荣. 发酵设备. 北京：中国轻工业出版社，1991.

71. 何德员. 发酵罐中蛇形半圆管外夹套的设计. 化工设计，1997（3）：32～35.

72. 侯霖，薛冬桦，陆军等. 生物质预处理及水解生成可发酵性糖研究./2008年生物基化学品技术成果交流会论文集. 2008：50～54.

73. 胡荣章，叶海峰，金丽等. γ-聚谷氨酸高产菌株筛选及发酵条件优化. 中国生物工程杂志，2005，25（12）：62～65.

74. 黄儒强，李玲. 生物发酵技术与设备操作. 北京：化学工业出版社，2006.

75. 黄志坚，虞培清，苏扬，周国忠. 发酵罐用搅拌器的工业应用进展. 医药工程设计杂志，2004，25（1）：1～4.

76. 机械设计手册编委会. 机械设计手册. 北京：机械工业出版社，2004.

77. 金一平，金志华. 利福霉素 B 发酵放大Ⅱ从15L发酵罐到7m³发酵罐和60m³发酵罐流加补料发酵放大. 中国抗生素杂志，2002，27（8）：456～458.

78. 雷肇祖，钱志良，章健等. 工业菌种改良述评. 工业微生物，2004，34（1）：39－51.

79. 李爱江，张敏，辛莉等. 发酵生产过程中发酵条件对微生物生长的影响. 农技服务，2007，24（4）：124～124，126.

80. 李德茂，刘四新，陈利海. 计算机控制发酵系统研究进展. 热带农业科学，2003，23（1）：74～78.

81. 李盛贤，扬宝庭，艾冬，贾树彪. 新型大容积酒精发酵罐的设计. 酿酒，2001，28（2）：78～79.

82. 李义勇，张亚雄. 基因重组技术在工业微生物菌种选育中应用的研究进展. 中国酿造，2009，（1）：11～14.

83. 李寅，曹竹安. 微生物代谢工程：绘制细胞工厂的蓝图. 化工学报，2004，55：1573～1580.

84. 李玉英. 发酵工程. 北京：中国农业大学出版社，2009.

85. 梁世中. 生物工程设备. 北京：中国轻工业出版社，2006.

86. 刘莉，孙君社，康利平等. 甜高粱茎秆生产燃料乙醇. 化学进展，2007，19（7）：1109～1115.

87. 伦世仪. 生化工程. 北京：化学工业出版社，2006.

88. 罗大珍，林雅兰. 现代微生物发酵及技术手册. 北京：北京大学出版社，2006.

89. 罗立新. 微生物发酵生理学. 北京：化学工业出版社，2010.

90. 吕红线，郭利美. 工业微生物菌种的保藏方法. 山东轻工业学院学报（自然科学版），2007，21（1）：52～55.

91. 马齐，李利军等著. 酿造发酵产品质检化验技术. 陕西：陕西科学技术出版社. 2005.

92. 毛忠贵主编. 生物工业下游技术. 北京：中国轻工业出版社，2010.

93. 欧阳平凯主编. 生物分离原理及技术. 北京：化学工业出版社，1999.

94. 彭守兴. 大型发酵罐的改进设计. 医药工程设计杂志，2002.23（3）：7～10.

95. 戚以政，汪叔雄. 生化反应动力学与反应器. 第二版. 北京：化学工业出版社，1999.

96. 戚以政，汪叔雄. 生物反应动力学与反应器. 北京：化学工业出版社，2007.

97. 秦海斌，张伟国. 金属离子及添加表面活性剂对谷氨酸发酵的影响. 食品工业科技，2009，10：167～169，173.

98. 裘晖，吴振强，梁世中. 通用发酵罐结构的改进. 机械与设计，2003，5：29～30.

99. 曲音波，林建强，肖敏. 微生物技术开发原理. 北京：化学工业出版社，2005.

100. 山根恒夫著. 生物反应工程. 邢新会译. 北京：化学工业出版社，2006.

101. 山根恒夫著. 生化反应工程. 周斌编译. 西安：西北大学出版社，1992.

102. 施巧琴，吴松刚主编. 工业微生物育种学. 北京：科学出版社，2003.

103. 施庆珊，陈仪本，欧阳友生. 影响发酵过程中氧利用效率的一些因素. 发酵通讯科技，2008，37（3）：35～38.

104. 石荣华，虞军. 大型发酵罐设计及实例. 医药工程设计杂志，2002，23（1）：5～10.

105. 史仲平，潘丰. 发酵过程解析、控制与检测技术. 北京：化学工业出版社，2005.

106. 苏东海，石坚，刘萍等. 秸秆固态发酵酒精过程中湿度变化的研究. 农业工程学报，2005，21（3）：189～191.

107. 苏东海，孙君社. 提高纤维素酶水解效率和降低水解成本. 化学进展，2007，19（7）：1147～1152.

108. 孙君社，苏东海，刘莉等. 秸秆生产乙醇预处理关键技术. 化学进展，2007，19（7）：1122～1128.

109. 孙彦编著. 生物分离工程. 北京：化学工业出版社. 2005.

110. 汤斌，陈中碧，张庆庆等. 酒精糟发酵产燃料乙醇的研究. 食品与发酵工业，2008，34（12）：69～71.

111. 田洪涛. 现代发酵工艺原理与技术. 北京：化学工业出版社，2007.

112. 汪多仁著. 绿色发酵与生物化学品. 北京：科学技术文献出版社，2007.

113. 王高平，范艳峰，刘素华. 发酵过程的计算机检测和控制. 基础自动化，2000.3（7）：28～30.

114. 王鸿磊，王红艳，宋俊芬等. 双孢菇培养料工厂化发酵过程中微生物及物质变化研究. 安徽农业科学，2011，39（1）：94～96.

115. 王凯. 搅拌设备设计. 北京：化学工业出版社，2006.

116. 王绍树著. 食品微生物实验. 天津：天津大学出版社，1996.

117. 王岁楼，熊卫东. 生化工程. 北京：中国医药科技出版社，2002.

118. 王天利. 100m³ 谷氨酸发酵罐的设计. 发酵通讯科技，1990，19（4）：33～36.

119. 卫功元，王大慧. 稀硫酸水解稻壳制备可发酵性糖. 化学与生物工程，2007，24（10）：56～58.

120. 吴根福，杨志坚. 发酵工程实验指导. 北京：高等教育出版社，2006.

121. 吴松刚. 微生物工程. 北京：科学出版社，2004.

122. 熊宗贵. 发酵工艺原理. 北京：中国医药科技出版社，2001.

123. 熊宗贵主编. 发酵工艺原理. 北京：中国医药科技出版社，2000

124. 严希康编著. 生化分离工程. 北京：化学工业出版社，2001.

125. 杨瑞，张伟，陈炼红等. 发酵条件对泡菜发酵过程中微生物菌系的影响. 食品与发酵工业，2005，31（3）：90～92.

126. 杨卓娜，李建，黄秀梅等. 利用甘蔗糖蜜厌氧发酵产丁二酸的研究. 中国酿造，2010，（5）：35～38.

127. 姚汝华，周世水. 微生物工程工艺原理. 广州：华南理工大学出版社，2005.

128. 姚汝华. 微生物工程工艺原理. 广州：华南理工大学出版社，1996.

129. 叶勤. 发酵过程原理. 北京：化学工业出版社，2005.

130. 伊廷存，袁建国，李峰，高艳华. 精氨酸产生菌的代谢机制及选育进展. 食品与药品，2010，12（5）：202～205.

131. 尹光琳. 发酵工业全书. 北京：中国医药科技出版社，1992.

132. 尹红梅，贺月林，张德元等. 发酵床微生物接种试验研究. 家畜生态学报，2010，31（6）：49～5.

133. 余龙江. 发酵工程原理与技术应用. 北京：化学工业出版社，2006.

134. 余强，庄新姝，袁振宏等. 生物质稀酸水解动力学及其反应器的研究进展. 化工进展，2009，28

(9)：1657～1661.

135. 俞俊棠，孝轩. 工艺学. 上海：华东化工学院出版社，1992.

136. 愿庆辉. 发酵生产设备. 北京：轻工业出版社，1990.

137. 张国强. 产类细菌素乳酸菌的分离、筛选与鉴定及发酵条件研究. 西北农林科技大学，2008.

138. 张建新，岳文斌，李建英等. 玉米渣发酵菌种筛选及其发酵条件研究. 中国畜牧杂志，2002，38 (6)：25～26.

139. 张彭湃. 微生物菌种选育技术的发展与研究进展. 生物学教学，2005，30 (9)：3～5.

140. 张穗生，陆琦，陈东等. 甘蔗糖蜜酒精高产酵母的发酵特性研究. 广西科学，2010，17 (4)：363～367.

141. 赵丽坤，郭会灿. 微生物培养基优化方法概述. 石家庄职业技术学院学报，2008，20 (4)：50～52.

142. 郑昕. 不同糖化工艺中可发酵性糖的 HPLC 动态分析. 酿酒科技，2008，(8)：86～88.

143. 周德庆主编. 微生物学教程. 北京：高等教育出版社，2002.

144. 周建伟，周勇，刘星等著. 新能源化学. 河南：郑州大学出版社. 2009.

145. 周梅先，董钧锋. 抗生素菌种选育的研究进展. 生物学通报，2006，41 (8)：3～4.

146. 周世宁. 现代微生物生物技术. 北京：高等教育出版社，2007.

147. 周维燕. 物细胞工程原理与技术. 北京：中国农业大学出版社，2000.

148. 朱雪琴. 通风发酵搅拌技术的研究. 无锡轻工大学学报，1995，14 (3)：233～236.

149. 诸葛健，沈微主编. 工业微生物育种学. 北京：化学工业出版社，2006.